高等职业教育课程改革创新教材
高 职 高 专 机 电 类 教 材 系 列

传感器技术及应用

（第二版）

李德尧　胡汉辉　主　编
张宇驰　胡邦南　副主编
谭耀辉　邱丽芳　主　审

科　学　出　版　社
北　京

内 容 简 介

本书是编者在多年从事"传感器技术及应用"课程教学改革的基础上编写而成的。作者在编写时充分研究了高职高专学生的特点及知识结构、教学规律和培养目标等内容，编写中吸取了部分学校教学改革、教材建设等方面取得的经验。

本书内容主要包括测量技术概述、参量传感器、发电传感器、物性传感器、数字式传感器、传感器信号处理技术、传感器技术的综合应用等。通过本书的学习，学生应能够根据工程需要选用合适的传感器，掌握实用测试系统设计、安装和调试方法。

本书可作为高职高专院校电气工程与自动化、机械设计制造及其自动化、电子信息工程、测控技术与仪器等专业的教材，也可供其他相关专业选用，还可供有关工程技术人员参考。

图书在版编目（CIP）数据

传感器技术及应用/李德尧，胡汉辉主编. —北京：科学出版社，2022

ISBN 978-7-03-023938-9

Ⅰ. 传… Ⅱ. ①李…②胡… Ⅲ. 传感器-高等学校：技术学校-教材
Ⅳ. TP212

中国版本图书馆 CIP 数据核字（2009）第 008521 号

责任编辑：张振华 刘建山 / 责任校对：赵 燕
责任印制：吕春珉 / 封面设计：耕者设计工作室

科 学 出 版 社 出版
北京东黄城根北街 16 号
邮政编码：100717
http：//www.sciencep.com
天津翔远印刷有限公司印刷
科学出版社发行 各地新华书店经销
*
2009 年 2 月第 一 版 开本：787×1092 1/16
2022 年 1 月第 二 版 印张：18
2022 年 1 月第八次印刷 字数：420 000

定价：45.00 元

（如有印装质量问题，我社负责调换〈翔远〉）
销售部电话 010-62136131 编辑部电话 010-62135120-2005

前　言

本书是编者在多年从事传感器技术及应用教学改革的基础上编写而成的。作者在编写时充分研究了高职高专学生的特点及知识结构、教学规律和培养目标等内容，编写中吸取了部分学校教学改革、教材建设等方面取得的经验。本书可作为高职高专院校、职工大学、业余大学电类专业的教材，也可供其他相关专业选用，还可供有关工程技术人员参考。

本教材具有以下几个特点：

1. 始终以高职高专培养目标和要求为指导思想，根据现代科学技术发展的需要，在内容取舍上以本课程基本知识、基本理论为主线，使基本理论与各种新技术有机结合起来，更好地激发学生的学习兴趣和创新意识。

2. 注重体现高职高专教育特色，以能力为本位，注意学生实践能力的培养，如在第7章安排了“传感器的选择，传感器在过程量检测、家用电器和现代汽车中的应用”等内容。

3. 注重引导学生掌握本课程的学习方法，理论讲授、练习等做到少而精，而且具有启发性、实用性、新颖性，使学生在探索中学习，在学习中得到收获。

4. 内容及结构方面，在兼顾知识相关性和连贯性的基础上灵活多样，具有开放性和弹性，在合理安排基本内容的基础上留有选择和拓展的空间，以满足不同专业、不同学生学习和发展的需要。

本书由李德尧编写第1章和第7章的第7.3～7.5节，胡汉辉编写第2章和第4章，张宇驰编写第3章，何其文编写第5章，胡邦南编写第6章，谢芳芳编写第7章的第7.1和7.2节。谭耀辉、邱丽芳主审时提出了许多宝贵意见，在此表示诚挚的谢意。

由于编者水平有限，书中不足之处在所难免，恳切希望读者批评指正。

目　录

第1章 测量技术概述

❖ **知识点**

1. 测量的基本概念、方法、分类。
2. 误差的基本概念、分类、估计及校正。
3. 传感器的概念、用途、基本结构、分类和发展趋势。
4. 传感器的静特性和动特性。

❖ **要求**

1. 掌握测量的基本概念、方法、分类。
2. 掌握传感器的概念、用途、基本结构和分类。
3. 掌握传感器静特性、动特性的概念和线性度、迟滞、灵敏度、分辨力等静态指标的概念及表示方法。
4. 了解传感器的发展趋势。
5. 了解动态特性的研究方法。

在人类社会的各项生产活动和科学实验中，为了了解和掌握整个过程的进展及其最后结果，经常需要对各种基本参数或物理量进行测量，从而获得必要的信息。测量得到的是定量的结果，可以作为分析、判断和决策的依据。人类生产力的发展促进了测量技术的进步。商品交换必须有统一的度量衡；天文、地理也离不开测量；17 世纪工业革命对测量提出了更高的要求，如蒸汽机必须配备压力表、温度表、流量表、水位表等仪表。现代社会要求测量必须达到更高的准确度、更小的误差、更快的速度、更高的可靠性，测量的方法也日新月异。本章主要介绍测量的基本概念、测量方法、误差分类、测量结果的数据统计处理以及传感器的基本特性等内容，是传感器技术的理论基础。

1.1 测量的一般知识

1.1.1 测量的基本概念

测量是指人们用实验的方法，借助于一定的仪器或设备，将被测量与同性质的单位标准量进行比较，并确定被测量对标准量的倍数，从而获得关于被测量的定量信息。测量过程中使用的标准量应该是国际或国内公认的性能稳定的量，称为测量单位。

测量的结果包括数值大小和测量单位两部分。数值的大小可以用数字表示，也可以是曲线或者图形。无论表现形式如何，在测量结果中必须注明单位，否则测量结果是没有意义的。

一切测量过程都包括比较、示差、平衡和读数等四个步骤。例如，用钢卷尺测量棒料长度时，首先将卷尺拉出，与棒料平行紧靠在一起，进行“比较”；然后找出卷尺与棒料的长度差别，即“示差”；进而调整卷尺长度使两者长度相等，达到“平衡”；最后从卷尺刻度上读出棒料的长度，即“读数”。

测量过程的核心是比较，但被测量能直接与标准量比较的场合并不多，在大多数情况下是将被测量和标准量变换成双方易于比较的某个中间变量来进行的。例如，用弹簧秤称重，被测重量通过弹簧按比例伸长转换为指针位移，而标准重量转换成标尺刻度。这样，被测量和标准量都转换成位移这一中间变量，可以进行直接比较。

此外，为了提高测量精度，并且能够对变化快、持续时间短的动态量进行测量，通常将被测量转换为电压或电流信号，利用电子装置完成比较、示差、平衡和读数的测量过程。这种测量方法叫非电量电测法。非电量电测法的主要优点有：

1）能够连续、自动地对被测量进行测量和记录。

2）电子装置精度高、频率响应好，不仅能适用于静态测量，选用适当的传感器和记录装置还可以进行动态测量甚至瞬态测量。

3）电信号可以远距离传输，便于实现远距离测量和集中控制。

4）电子测量装置能方便地改变量程，因此测量的范围广。

5）可以方便地与计算机相连，进行数据的自动运算、分析和处理。

1.1.2　测量方法

测量方法是实现测量过程所采用的具体方法，应当根据被测量的性质、特点和测量任务的要求来选择适当的测量方法。按照测量过程的特点可以将测量方法分为直接测量和间接测量；按照获得测量值的方式可以将测量方法分为偏差式测量、零位式测量和微差式测量；此外，根据是否与被测对象直接接触，可将测量方法分为接触式测量和非接触式测量；而根据被测对象的变化特点又可将测量方法分为静态测量和动态测量等。

1. 直接测量与间接测量

（1）直接测量

用事先分度或标定好的测量仪表，直接读取被测量测量结果的方法称为直接测量。例如，用温度计测量温度，用电压表测量电压等。

直接测量是工程技术中大量采用的方法，其优点是直观、简便、迅速，但不易达到很高的测量精度。

（2）间接测量

首先，对和被测量有确定函数关系的几个量进行测量，然后再将测量值代入函数关系式，经过计算得到所需结果，这种测量方法属于间接测量。例如，测量直流电功率时，根据 $P=IU$ 的关系，分别对 I、U 进行直接测量，再计算出功率 P。在间接测量中，测量结果 y 和直接测量值 x_i（$i=1$，2，3，…）之间的关系式可用下式表示，即

$$y = f(x_1, x_2, x_3, \cdots)$$

间接测量手续多、花费时间长，当被测量不便于直接测量或没有相应直接测量的仪表时才采用。

2. 偏差式测量、零位式测量和微差式测量

（1）偏差式测量

在测量过程中，利用测量仪表指针相对于刻度初始点的位移（即偏差）来决定被测量的测量方法称为偏差式测量。在使用这种测量方法的仪表内并没有标准量具，只有经过标准量具校准过的标尺或刻度盘。测量时，利用仪表指针在标尺上的示值读取被测量的数值。它以间接方式实现被测量和标准量的比较。

偏差式测量仪表在进行测量时，一般利用被测量产生的力或力矩，使仪表的弹性元件变形，从而产生一个相反的作用，并一直增大到与被测量所产生的力或力矩相平衡时，弹性元件的变形就停止了，此变形即可通过一定的机构转变成仪表指针相对标尺起点的位移，指针所指示的标尺刻度值就表示了被测量的数值。例如，电流表测量电流就是偏差式测量。

偏差式测量简单、迅速，但精度不高，这种测量方法广泛应用于工程测量中。

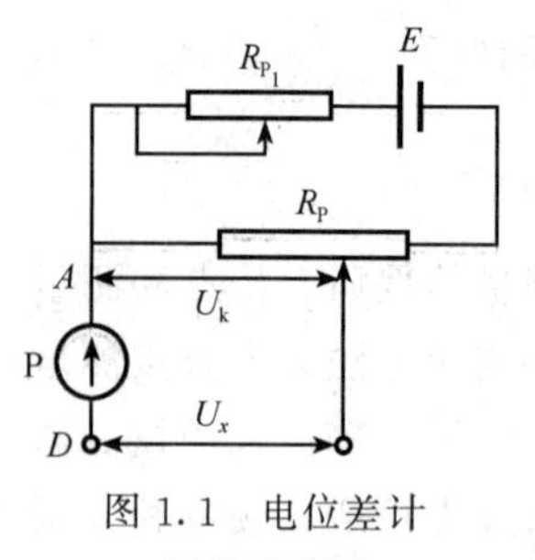

图 1.1　电位差计原理示意图

(2) 零位式测量

用已知的标准量去平衡或抵消被测量的作用，并用指零式仪表来检测测量系统的平衡状态，从而判定被测量值等于已知标准量的方法称做零位式测量。

用天平测量物体的质量就是零位式测量的一个简单例子。用电位差计测量未知电压也属于零位式测量，图 1.1 所示的电路是电位差计的原理示意图。

图中 E 为工作电池的电动势，在测量前先调节 R_{P_1}，校准工作电流使其达到标准值，接入被测电压 U_x 后，调整电位器的活动触点，改变标准电压的数值，使检流计 P 回零，达到 A、D 两点等电位，此时标准电压 U_k 等于 U_x，从电位差计读取的 U_k 的数值就表示了被测未知电压 U_x。

在零位式测量中，标准量具处于测量系统中，它提供一个可调节的标准量，被测量能够直接与标准量相比较，测量误差主要取决于标准量具的误差，因此可获得比较高的测量精度。另外，指零机构愈灵敏，平衡的判断愈准确，愈有利于提高测量精度。但是这种方法需要平衡操作，测量过程较复杂，花费时间长，即使采用自动平衡操作，反应速度也受到限制，因此只能适用于变化缓慢的被测量，而不适于变化较快的被测量。

(3) 微差式测量

这是综合零位式测量和偏差式测量的优点而提出的一种测量方法。基本思路是将被测量 x 的大部分作用先与已知标准量 N 的作用相抵消，剩余部分即两者差 $\Delta=x-N$，这个差值再用偏差法测量。微差式测量中，总是设法使差值 Δ 很小，因此可选用高灵敏度的偏差式仪表测量之。即使差值的测量精度不高，但最终结果仍可达到较高的精度。

例如，测定稳压电源输出电压随负载电阻变化的情况时，输出电压 U_0，可表示为 $U_0=U+\Delta U$，其中 ΔU 是负载电阻变化所引起的输出电压变化量，相对 U 来讲为一小量。如果采用偏差法测量，仪表必须有较大量程以满足 U_0 的要求，因此对 ΔU 这个小量造成的 U_0 的变化就很难测准。当然，可以改用零位式测量，但最好的方法是采用如图 1.2 所示的微差式测量。

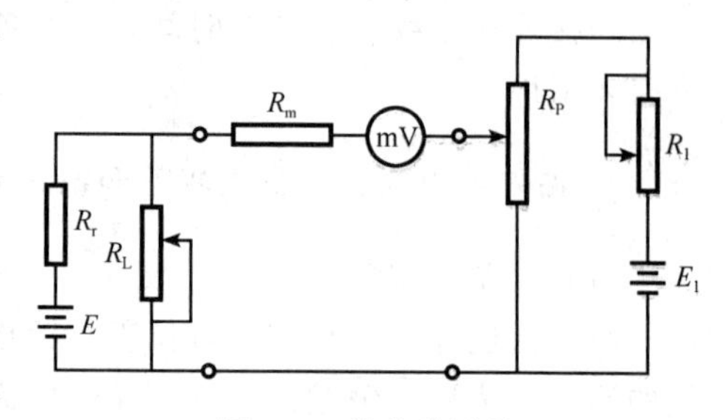

图 1.2　微差式测量

图 1.2 中使用了高灵敏度电压表——毫伏表和电位差计，R_r 和 E 分别表示稳压电源的内阻和电动势，R_L 表示稳压电源的负载，E_1、R_1 和 R_w 表示电位差计的参数。在测量前调整 R_1，使电位差计工作电流 I_1 为标准值。然后，使稳压电源负载电阻 R_L 为额定值。调整电位器的活动触点，使毫伏表指示为零，这相当于事先用零位式测量出额定输出电压 U。正式测量开始后，只需增加或减小负载电阻 R_L 的值，负载变动所引起的稳压电源输出电压 U 的微小波动值 ΔU 即可由毫伏表指示出来。根据 $U_0=U+\Delta U$，稳压电源输出电压在各种负载下的值都可以准确地测量出来。

微差式测量法的优点是反应速度快、测量精度高，特别适合于在线控制参数的测量。

微差式测量装置在使用时要定期用标准量校准（包括调零和调满度），才能保证其测量精度。

1.2　测量误差及其分类

1.2.1　误差的概念

1. 真值的概念

测量的目的是希望通过测量求取被测量的真值。所谓真值，是指在一定条件下被测量客观存在的实际值。在测量之前，真值是未知的，但可以有以下几种情况：理论真值、约定真值、相对真值。例如：一个平面四边形的四个内角之和为 360°，这种真值称为理论真值；在标准大气压下，水的冰点和沸点分别为 0℃ 和 100℃，这种真值称为约定真值；凡精度高一级或几级的仪表的测量值可以认为是精度低的仪表的相对真值。相对真值在误差测量中的应用最为广泛。

2. 误差的概念

在检测过程中，被测对象、检测系统、检测方法和检测人员都会受到各种变动因素的影响，而且对被测量的转换，有时也会改变被测对象原有的状态，这就造成了测量结果和被测量的客观真值之间存在一定的差别，这个差值称为测量误差。误差公理告诉我们：任何实验结果都是有误差的，误差自始至终存在于一切科学实验和测量之中，被测量的真值是永远难以得到的。尽管如此，我们仍然可以设法改进检测工具和实验手段，并通过对检测数据的误差分析和处理，使测量误差处在允许的范围之内，或者说达到一定的测量精度。这样的测量结果就被认为是合理的、可信的。

测量误差的主要来源可以概括为工具误差、环境误差、方法误差和人员误差等。

1.2.2　误差的分类

为了便于对误差进行分析和处理，人们通常把测量误差从不同角度进行分类。误差按照表示方法可以分为绝对误差和相对误差；按照误差出现的规律可以分为系统误差、随机误差和粗大误差；按照被测量与时间的关系可以分为静态误差和动态误差等。

1. 绝对误差与相对误差

（1）绝对误差

绝对误差 Δ 是仪表的指示值即测量值 A_x 与被测量的真值 A_0 之间的差值，即

$$\Delta = A_x - A_0 \tag{1.1}$$

绝对误差有符号和单位，它的单位与被测量相同。在实验室和计量工作中，常用修正值α表示。修正值又称校正量，它与绝对误差的数值相等，但符号相反，即

$$\alpha = -\Delta = A_0 - A_x \tag{1.2}$$

引入绝对误差和修正值后，被测量真值可以表示为

$$A_0 = A_x - \Delta = A_x + \alpha \tag{1.3}$$

测量值加上修正值之后，可以消除误差的影响。在计量工作中，通常采用加修正值的方法来保证测量值的准确可靠。仪表送上级计量部门检定，其主要目的就是获得一个准确的修正值。例如，得到一个测量值修正表或修正曲线。

（2）相对误差

绝对误差愈小，说明指示值愈接近真值，测量精度愈高，但这一结论只适用于被测量值相同的情况，而不能说明不同值的测量精度。例如，某测量长度的仪器，测量10mm的长度，绝对误差为0.001mm。另一仪器测量200mm长度，绝对误差为0.01mm。这就很难按绝对误差的大小来判断测量精度高低了。这是因为后者的绝对误差虽然比前者大，但它相对于被测量的值却显得较小。为此，人们引入了相对误差的概念。相对误差百分比的形式表示一般多取正值。相对误差可分为：

1）实际相对误差γ_A。实际相对误差γ_A是测量值的绝对误差Δ与被测量真值A_0的百分比，即

$$\gamma_A = \frac{\Delta}{A_0} \times 100\% \tag{1.4}$$

2）示值（标称）相对误差γ_x。示值（标称）相对误差γ_x是测量值的绝对误差Δ与被测量值A_x的百分比，即

$$\gamma_x = \frac{\Delta}{A_x} \times 100\% \tag{1.5}$$

3）满度（引用）相对误差γ_m。满度（引用）相对误差γ_m是测量值的绝对误差Δ与仪器满度值A_m的百分比，即

$$\gamma_m = \frac{\Delta_m}{A_m} \times 100\% \tag{1.6}$$

相对误差比绝对误差能更好地说明测量的精确程度。在上面的例子中显然，后一种长度测量仪表更精确。

（3）仪表精度等级

引用相对误差中，当绝对误差Δ取最大值Δ_m时，引用相对误差常被用来确定仪表的精度等级S，即

$$S = \left|\frac{\Delta_m}{A_m}\right| \times 100 \tag{1.7}$$

根据精度等级S及量程范围，可以推算出仪表可能出现的最大绝对误差Δ_m。精度等级S规定取一系列标准值。我国电工仪表中常用的模拟仪表的精度等级有下列七种：0.1，0.2，0.5，1.0，1.5，2.0，2.5，5。它们分别表示对应仪表的满度相对误差所不超过的百分

比。等级数值越小，仪表价格越贵。从仪表面板上的标志可以判断出仪表的精度等级。

根据精度等级 S 可以求出仪表的最大绝对误差。例如，量程为10V的电压表，精度等级 S 为1.0，即

$$\gamma_m = \frac{\Delta_m}{A_m} \times 100\% = 1.0\%$$

则有

$$\Delta_m = 10 \times 1.0\% = 0.1V$$

这就是说无论指示在该度的哪一点，其最大绝对误差 Δ_m 不超过0.1V。

【例1.1】 某电压表精度为0.5级量程为0～300V和1.0级量程为0～100V的两个电压表。要测量80V的电压，问：采用哪个电压表好？

解　用0.5级量程为0～300V的电压表测量时，可能出现的最大示值相对误差 γ_{m1} 为

$$\gamma_{m1} = \frac{\Delta_{m1}}{A_{m1}} \times 100\% = \frac{300 \times 0.5\%}{80} \times 100\% = 1.875\%$$

用1.0级量程为0～100V的电压表测量时，可能出现的最大示值相对误差 γ_{m2} 为

$$\gamma_{m2} = \frac{\Delta_{m2}}{A_{m2}} \times 100\% = \frac{100 \times 1.0\%}{80} \times 100\% = 1.25\%$$

计算结果表明：用1.0级量程为0～100V的电压表比用0.5级量程为0～300V的电压表示值相对误差反而小，所以更合适。

上例说明，在选用仪表时应兼顾精度等级和量程，一般使其最好能工作地不小于满该度值2/3的区域。

2. 系统误差、随机误差和粗大误差

(1) 系统误差

在相同的条件下，多次重复测量同一量时，误差的大小和符号保持不变，或按照一定的规律变化，这种误差称为系统误差。其误差的数值和符号不变的称为恒值系统误差，反之称为变值系统误差。变值系统误差又可分为累进性的、周期性的和按复杂规律变化的几种类型。

检测装置本身性能不完善、测量方法不完善、测量者对仪器使用不当、环境条件的变化等原因都可能产生系统误差。例如，某仪表刻度盘分度不准确，就会造成读数偏大或偏小，从而产生恒值系统误差。温度、气压等环境条件的变化和仪表电池电压随使用时间的增长而逐渐下降，则可能产生变值系统误差。

系统误差的特点是可以通过实验或分析的方法，查明其变化规律和产生原因，通过对测量值的修正，或者采取一定的预防措施，就能够消除或减少它对测量结果的影响。

系统误差的大小表明测量结果的正确度。它说明测量结果相对真值有一恒定误差，存在着按确定规律变化的误差。系统误差愈小，则测量结果的正确度愈高。

（2）随机误差

在相同条件下，多次测量同一量时，其误差的大小和符号以不可预见的方式变化，误差称为随机误差。随机误差是测量过程中许多独立的、微小的、偶然的因素引起的综合结果。或者这种在任何一次测量中，只要灵敏度足够高，随机误差总是不可避免的。而且在同一条件下，重复进行的多次测量中，它或大或小，或正或负，既不能用实验方法消除，也不能修正。但是利用概率论的一些理论和统计学的一些方法，可以掌握看似毫无规律的随机误差的分布特性，确定随机误差对测量结果的影响。

随机误差的大小表明测量结果重复一致的程度，即测量结果的分散性。通常，用精密度表示随机误差的大小。随机误差大，测量结果分散，精密度低；反之，测量结果的重复性好，精密度高。

精确度是测量的正确度和精密度的综合反映。精确度高意味着系统误差和随机误差都很小。精确度有时简称为精度。图 1.3 形象地说明了系统误差、随机误差对测量结果的影响，也说明了正确度、精密度和精确度的含意。

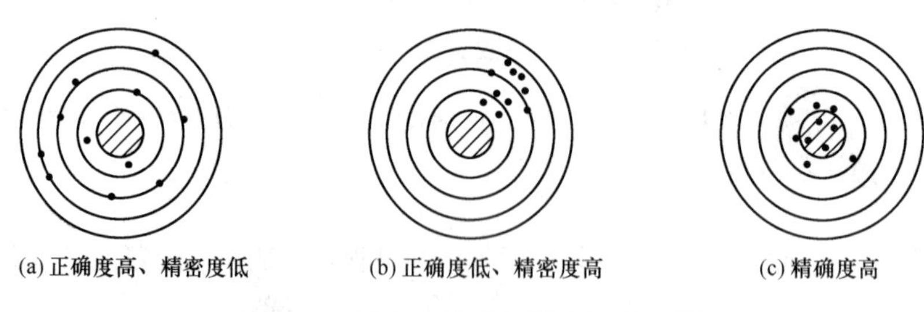

图 1.3　正确度、精密度和精确度示意图

图 1.3（a）的系统误差较小，正确度较高，但随机误差较大，精密度低。图 1.3（b）的系统误差大，正确度较差，但随机误差小，精密度较高。图 1.3（c）的系统误差和随机误差都较小，即正确度和精密度都较高，因此精确度高。显然，一切测量都应当力求精密而又正确。

（3）粗大误差

明显歪曲测量结果的误差称做粗大误差，又称过失误差。粗大误差主要是人为因素造成的。例如，测量人员工作时疏忽大意，出现了读数错误、记录错误、计算错误或操作不当等。另外，测量方法不恰当、测量条件意外的突然变化也可能造成粗大误差。

含有粗大误差的测量值称为坏值或异常值。坏值应从测量结果中剔除。在实际测量工作中，由于粗大误差的误差数值特别大，容易从测量结果中发现，一经发现有粗大误差，可以认为该次测量无效，测量数据应剔除，从而消除它对测量结果的影响。

坏值剔除后，正确的测量结果中不包含粗大误差。因此，要分析处理的误差只有系统误差和随机误差两种。

3. 静态误差和动态误差

（1）静态误差

在被测量不随时间变化时所得的误差称为静态误差。前面讨论的误差多属于静态误差。

（2）动态误差

当被测量随时间迅速变化时，系统的输出在时间上不能与被测量的变化精确吻合，这种误差称为动态误差。例如，用笔式记录仪记录测量结果时，由于记录有一定的惯量，所以记录的结果在时间上滞后于被测量的变化，这种误差就属于动态误差。

1.2.3　测量误差的估计和校正

测量误差中包括系统误差和随机误差，它们的性质不同，对测量结果的影响及处理方法不同。

1. 随机误差的影响及统计处理

在测量中，当系统误差被尽力消除或减小到可以忽略的程度之后，仍会出现对同一被测量进行多次测量时有读数不稳定的现象，这说明有随机误差存在。由随机误差性质可知，它服从统计规律，它对测量结果的影响可用均方根误差来表示。

均方根误差（又称标准误差）σ 为

$$\sigma = \sqrt{\frac{\sum_{i=1}^{n} \Delta A_{xi}^2}{n}} \tag{1.8}$$

式中，n——测量次数；

$\Delta A_{xi} = A_{xi} - A_0$，其中 A_0 为真值，A_{xi} 为第 i 次测量值。

在实际测量中，测量次数 n 是有限的，真值 A_0 不易得到，因而用 n 次测量值的算术均值 $\overline{A}$ 代替真值，第 i 次测量误差 $\Delta A_{xi} = A_{xi} - \overline{A}$，这时的均方根误差则为

$$\sigma_s = \sqrt{\frac{\sum_{i=1}^{n} (A_{xi} - \overline{A})^2}{n-1}} \tag{1.9}$$

用 $\overline{A}$ 代替真值 A_0 产生的算术平均值的标准误差 $\bar{\sigma}$ 为

$$\bar{\sigma} = \frac{\sigma_s}{\sqrt{n}} \tag{1.10}$$

测量结果可表示为

$$A_x = \overline{A} \pm \bar{\sigma} \text{ 或 } A_x = \overline{A} + 3\bar{\sigma} \tag{1.11}$$

均方根误差的物理意义是：在测量结果中随机误差出现在 $-\sigma \sim +\sigma$ 范围内的概率是 68.3%，出现在 $-3\sigma \sim +3\sigma$ 范围内的概率是 99.7%。3σ 是置信限，大于 3σ 的随机误差被认为是粗大误差，则该测量结果无效，此数据应予以剔除。

2. 系统误差的消除

测量结果中一般都含有系统误差、随机误差和粗大误差。我们可以采用 3σ 准则，剔除含有粗大误差的坏值，从而消除粗大误差对测量结果的影响。虽然随机误差是不可能消除的，但我们可以通过多次重复测量，利用统计分析的方法估算出随机误差的取值范围。

对于系统误差，尽管其取值固定或按一定规律变化，但往往不易从测量结果中发现它的存在和认识它的规律，也不可能像对待随机误差那样，用统计分析的方法确定它的存在和影响，而只能针对具体情况采取不同的处理措施，对此没有普遍适用的处理方法。总之，系统误差虽然是有规律的，但实际处理起来往往比无规则的随机误差困难得多。对系统误差的处理是否得当，很大程度上取决于测量者的知识水平、工作经验和实验技巧。为了尽力减小或消除系统误差对测量结果的影响，可以从两个方面入手：首先，在测量之前，必须尽可能预见一切可能产生系统误差的来源，并设法消除它们或尽量减弱其影响。例如，测量前对仪器本身性能进行检查，必要时送计量部门检定，取得修正曲线或表格；使仪器的环境条件和安装位置符合技术要求的规定；对仪器在使用前进行正确的调整；严格检查和分析测量方法是否正确等。其次，在实际测量中，采用一些有效的测量方法，来消除或减小系统误差。下面介绍几种常用的方法。

（1）交换法

在测量中，将引起系统误差的某些条件（如被测量的位置等）相互交换，而保持其他条件不变，使产生系统误差的因素对测量结果起相反的作用，从而抵消系统误差。

例如，以等臂天平称量时，由于天平左右两臂长的微小差别，会引起称量的恒值系统误差。如果被称物与砝码在天平左右秤盘上交换，称量两次，取两次测量平均值作为被称物的质量，这时测量结果中就不含有因天平不等臂引起的系统误差。

（2）抵消法

改变测量中的某些条件（如测量方向），使前后两次测量结果的误差符号相反，取其平均值以消除系统误差。

例如，千分卡有空行程，即螺旋旋转时，刻度变化，量杆不动，在检定部位产生系统误差。为此，可从正反两个旋转方向对线，顺时针对准标志线读数为 d_1，不含系统误差时值为 a，空行程引起系统误差 ε，则有 $d_1=a+\varepsilon$，第二次逆时针旋转对准标志线，读数 d_2，则有 $d_2=a-\varepsilon$，于是正确值 $a=(d_1+d_2)/2$，正确值 a 中不再含有系统误差。

（3）代替法

这种方法是在测量条件不变的情况下，用已知量替换被测量，达到消除系统误差的目的。仍以天平为例，如图 1.4 所示。先使平衡物 T 与被测物 X 相平衡，则 $X=\frac{L_2}{L_1}T$；然后取下被测物 X，用砝码 P 与 T 达到平衡，得到 $P=\frac{L_2}{L_1}T$，取砝码数值作为测量结果。由此得到的测量结果中，同样不存在因 L_1、L_2 不等而带来的系统误差。

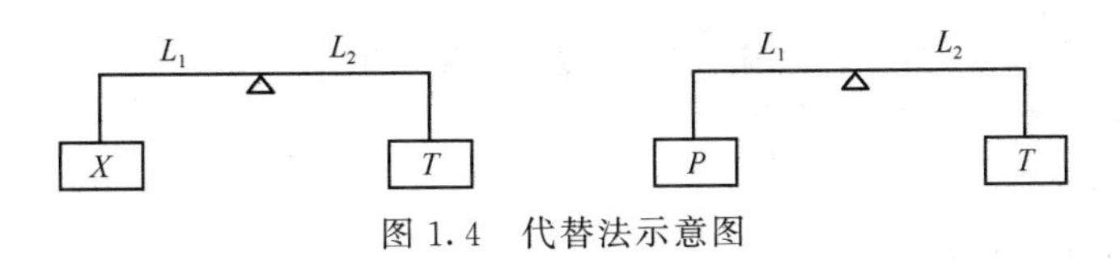

图 1.4　代替法示意图

(4) 对称测量法

这种方法用于消除线性变化的系统误差。下面我们通过利用电位差计和标准电阻 R_N 精确测量未知电阻 R_x 的例子来说明对称测量法的原理和测量过程。

如图 1.5 所示，如果回路电流 I 恒定不变，只要测出 R_N 和 R_x 上的电压 U_N 和 U_x，即可得到 R_x 值为

$$R_x = \frac{U_x}{U_N} R_N$$

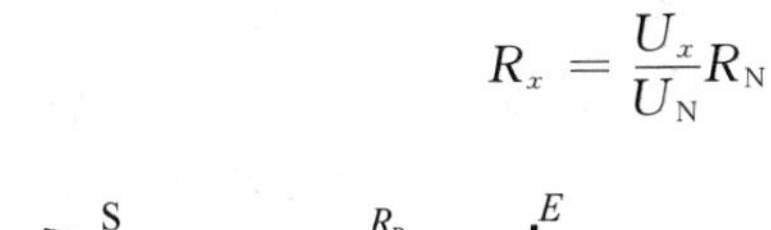
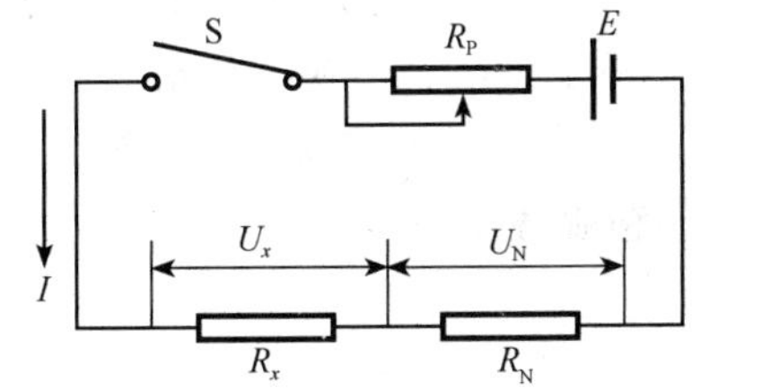

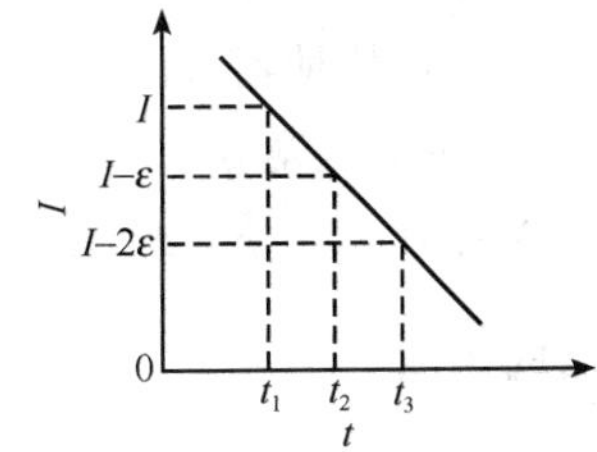

图 1.5　对称测量法示意图

但 U_N 和 U_x 的值不是在同一时刻测得的，由于电流 I 在测量过程中的缓慢下降而引入了线性系统误差。在这里我们把电流的变化看作均匀地减小，与时间 t 成线性关系。

在 t_1、t_2 和 t_3 三个等间隔的时刻，按照 U_x、U_N、U_x 的顺序测量。时间间隔为 $t_2 - t_1 = t_3 - t_2 = \Delta t$，相应的电流变化量为 ε。

在 t_1 时刻，R_x 上的电压 $U_1 = IR_x$；

在 t_2 时刻，R_N 上的电压 $U_2 = (I - \varepsilon)R_N$；

在 t_3 时刻，R_x 上的电压 $U_3 = (I - 2\varepsilon)R_x$。

解由上述三个方程组成的方程组可得

$$R_x = \frac{U_1 + U_3}{2U_2} R_N$$

这样按照等距测量法得到的 R_x 值已不受测量过程中电流变化的影响，消除了因此而产生的线性系统误差。

在上述过程中，由于三次测量时间间隔相等，t_2 时刻的电流值恰好等于 t_1、t_3 时刻电流值的算术平均值。虽然在 t_2 时刻我们只测了 R_N 上的电压 U_2，但 $(U_1 + U_2)/2$ 正好相当于 t_2 时刻 R_x 上的电压。这样就很自然地消除了电流 I 线性变化的影响。

(5) 补偿法

在测量过程中，由于某个条件的变化或仪器某个环节的非线性特性都可能引入变值系统误差。此时，可在测量系统中采取补偿措施，自动消除系统误差。

例如，热电偶测温时，冷端温度的变化会引起变值系统误差。在测量系统中采用补偿电桥，就可以起到自动补偿作用。

1.3 传感器概述

1.3.1 传感器的基本概念

传感器是一种以一定的精确度把被测量转换为与之有确定对应关系的、便于应用的某种物理量的测量装置。这一概念包含下面四个方面的含义：

1）传感器是测量装置，能完成信号获取任务。

2）它的输入量是某一被测量，可能是物理量，也可能是化学量、生物量等。

3）它的输出量是某种物理量，这种量要便于传输、转换、处理、显示等，可以是气、光、电量，但主要是电量。

4）输出输入有对应关系，且应有一定的精确程度。

1.3.2 传感器的组成

传感器的功用是一感二传，即感受被测信息，并传送出去。传感器一般由敏感元件、转换元件、转换电路三部分组成，如图 1.6 所示。

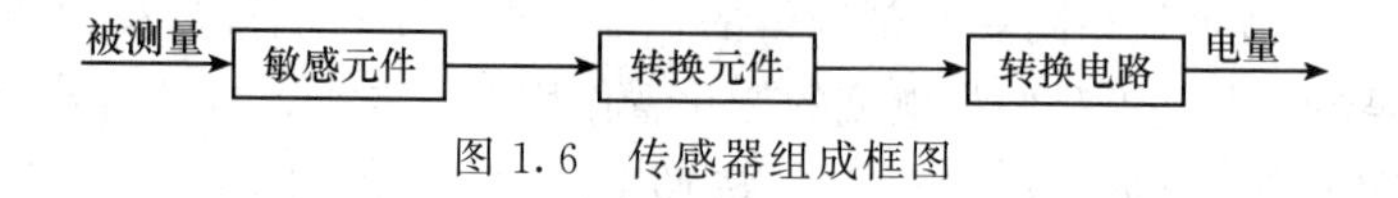

图 1.6　传感器组成框图

1. 敏感元件

它是直接感受被测量、并输出与被测量成确定关系的某一物理量的元件。

2. 转换元件

敏感元件的输出就是它的输入，它把输入转换成电路参数量。

3. 转换电路

上述电路参数接入转换电路，便可转换成电量输出。

实际上，有些传感器很简单，有些则较复杂，也有些是带反馈的闭环系统。最简单的传感器由一个敏感元件（兼转换元件）组成，它感受被测量时直接输出电量，如热电偶。有些传感器由敏感元件和转换元件组成，没有转换电路，如压电式加速度传感器，其中质量块是敏感元件，压电片是转换元件。有些传感器转换元件不止一个，要经过若干次转换。

由于传感器空间限制等其他原因，转换电路常装入电箱中。然而，为数不少的传感器要在通过转换电路之后才能输出电量信号，从而决定了转换电路是传感器的组成部分之一。

1.3.3　传感器的分类

传感器的种类很多，目前尚没有统一的分类方法，下面介绍几种常用的分类方法。

1. 按输入量（被测对象）分类

输入量即被测对象，按此方法分类，传感器可分为物理量传感器、化学量传感器和生物量传感器三大类，其中物理量传感器又可分为温度传感器、压力传感器、位移传感器等。这种分类方法给使用者提供了方便，使之容易根据被测对象选择所需要的传感器。

2. 按转换原理分类

从传感器的转换原理来说，传感器通常分为结构型、物性型和复合型三大类。结构型传感器是利用机械构件（如金属膜片等）在动力场或电磁场的作用下产生变形或位移，将外界被测参数转换成相应的电阻、电感、电容等物理量，它是利用物理学运动定律或电磁定律实现转换的。物性型传感器是利用材料的固态物理特性及其各种物理、化学效应（即物质定律，如胡克定律、欧姆定律等）实现非电量的转换，它是以半导体、电介质、铁电体等作为敏感材料的固态器件。复合型传感器是由结构型传感器和物性型传感器组合而成的，兼有两者的特征，例如电阻式、电感式、电容式、压电式、光电式、热敏、气敏、湿敏、磁敏等。这种分类方法清楚地指明了传感器的原理，便于学习和研究。

3. 按输出信号的形式分类

按输出信号的形式，传感器可分为开关式、模拟式和数字式。

4. 按输入和输出的特性分类

按输入、输出特性，传感器可分为线性和非线性两类。

5. 按能量转换的方式分类

按转换元件的能量转换方式，传感器可分为有源型和无源型两类。有源型也称能量转换型或发电型，它把非电量直接变成电压量、电流量、电荷量等，如磁电式、压电式、光电池、热电偶等。无源型也称能量控制型或参数型，它把非电量变成电阻、电容、电感等量。

后三种分类方法便于选择测量电路。

表 1.1 按传感器转换原理分类给出了各类型传感器的名称及典型应用。

表 1.1 传感器分类

传感器分类		转换原理	传感器名称	典型应用
转换形式	中间参量			
电参数	电阻	移动电位器触点改变电阻	电位器传感器	位移
		改变电阻丝或片的尺寸	电阻应变传感器、半导体应变传感器	微应变、力、负荷
		利用电阻的温度效应（电阻温度系数）	热丝传感器	气流速度、液体流量
			电阻温度传感器	温度、辐射热
			热敏电阻传感器	温度
		利用电阻的光敏效应	光敏电阻传感器	光强
		利用电阻的湿度效应	湿敏电阻传感器	湿度
	电容	改变电容的几何尺寸	电容传感器	力、压力、负荷、位移
		改变电容的介电常数		液位、厚度、含水量
	电感	改变磁路几何尺寸、导磁体位置	电感传感器	位移
		涡流去磁效应	涡流传感器	位移、厚度、硬度
		利用压磁效应	压磁传感器	力、压力
	互感	改变互感	差动变压器	位移
			自整角机	位移
			旋转变压器	位移
	频率	改变谐振回路中的固有参数	振弦式传感器	压力、力
			振筒式传感器	气压
			石英谐振传感器	力、温度等
	计数	利用莫尔条纹	光栅	大角位移、大直线位移
		改变互感	感应同步器	
		利用拾磁信号	磁栅	
	数字	利用数字编码	角度编码器	大角位移
电量	电动势	温差电动势	热电偶	温度、热流
		霍尔效应	霍尔传感器	磁通、电流
		电磁感应	磁电传感器	速度、加速度
		光电效应	光电池	光强
	电荷	辐射电离	电离室	离子计数、放射性强度
		压电效应	压电传感器	动态力、加速度

1.3.4 传感器的作用、应用与地位

1. 传感器的作用

现代科学技术使人类社会进入了信息时代，来自自然界的物质信息都需要通过传感器进行采集才能获取。人们把电子计算机比作人的大脑，传感器比作人的五种感觉器

官，执行器比作人的四肢，便有了工业机器人的现实。尽管传感器与人的感觉器官相比还有许多不完善的地方，但在诸如高温、高湿、深井、高空等环境及高精度、高可靠性、远距离、超细微等方面是人的感官所不能代替的。传感器的作用可包括信息的收集、信息数据的交换及控制信息的采集。

2. 传感器的应用

无论现在还是将来，传感器不仅充当着计算机、机器人、自动化设备的感觉器官及机电结合的接口，而且已渗透到军事和人类生命、生活的各个领域，从太空到海洋、从各种复杂的工程系统到人们日常生活的衣食住行都已经离不开各种各样的传感器。

（1）传感器在工业检测和自动控制系统中的应用

在石油、化工、电力、钢铁、机械等工业生产中需要及时检测各种工艺参数的信息，通过电子计算机或控制器对生产过程进行自动化控制。传感器是任何一个自动控制系统必不可少的环节。

（2）传感器在汽车中的应用

目前，传感器在汽车上不只限于测量行驶速度、行驶距离、发动机旋转速度以及燃料剩余量等有关参数，而且对一些新设施，如汽车安全气囊、防滑控制等系统，防盗、防抱死、排气循环、电子变速控制、电子燃料喷射等装置以及汽车黑匣子等都安装了相应的传感器。例如，美国为实现汽车自动化，曾在一辆汽车上安装 90 多只传感器去检测不同的信息。

（3）传感器在家用电器中的应用

现代家庭中，用电厨具、空调器、电冰箱、洗衣机、电子热水器、安全报警器、吸尘器、电熨斗、照相机、音像设备等都用到了传感器。

（4）传感器在机器人中的应用

在生产用的单能机器人中，传感器用来检测臂的位置和角度；在智能机器人中，传感器用作视觉和触觉。在日本，机器人成本的$\frac{1}{2}$是耗费在高性能的传感器上。

（5）传感器在人体医学上的应用

在医疗上应用传感器对人体温度、血压、心脑电波及肿瘤等进行准确的诊断。

（6）传感器在环境保护中的应用

为保护环境，研制用以监测大气、水质及噪声污染的传感器，已为世界各国所重视。

（7）传感器在航空航天技术中的应用

飞机、火箭等飞行器上，要使用传感器对飞行速度、加速度、飞行距离及飞行方向、飞行姿态等进行检测。

（8）传感器在遥感技术中的应用

在飞机及卫星等飞行器上利用紫外、红外光电传感器及微波传感器来探测气象、地质等；在船舶上利用超声波传感器进行水下探测。

（9）传感器在军事方面的应用

利用红外探测可以发现地形、地物及敌方各种军事目标；红外雷达具有搜索、跟踪、测距等功能，可以搜索几十到上千公里的目标；其他还有红外制导、红外通信、红外夜视、红外对抗等。再如，用压电陶瓷制成的压电引信称为弹丸起爆装置，它具有瞬发度高、灵敏度低、不用配置电源等特点，常用在破甲弹上。

3. 传感器的地位

综上所述，传感器技术不仅对现代化科学技术、现代化农业及工业自动化的发展起到基础和支柱的作用，同时也被世界各国列为关键技术之一，可以说没有传感器就没有现代化的科学技术，没有传感器也就没有人类现代化的生活环境和条件。

1.3.5 传感器的发展方向

现代科学技术和生产的发展对传感器技术提出了更高的要求，也为传感器技术提供了丰富的物质手段和技术条件，因而促进其不断发展。目前，传感器技术的发展趋势可从以下几个方面进行综述。

1. 不断扩大测量范围

例如，为了满足超低温技术开发的需要，利用超导体的约瑟夫逊效应已开发出能检测 10^{-6}K 超低温传感器；利用热电偶测温最高可达 3000℃，辐射温度传感器原理上最高可测 10^{5}K；而要测可控聚核反应的理想温度（10^{8}K）仍是新的课题。

2. 提高测量精度及可靠性

科学技术的发展对检测精度的要求亦愈来愈高。仍以温度检测为例，一般实用温度计的测温精度为±0.1～±1℃，标准铂电阻温度计的精度可达±0.01℃。人体各部位的温度分布构成的温度场，在病变时变化量很小，需要用精度为$\pm 10^{-2} \sim 10^{-3}$℃的温度计才能检测出来。在用于测量微生物的传感器中，则需要能分辨出小于 10^{-3}℃温差的热敏元件。

随着人类探求自然奥秘的范围不断扩大，检测环境变得越来越复杂，对传感器可靠性的要求也越来越高。例如，科学探测卫星里装有探测太空各种参量的传感器，不仅要求其体积小、省电，而且要求其具有极高的可靠性和工作寿命，能在极低温、强辐射下保持正常工作。在现代化大规模连续生产过程中同样需要高精度、高可靠性的传感器。

3. 开发新领域与新技术

随着人类活动领域的扩大，测量对象也在扩展。目前传感器技术正向宏观世界和微观世界发展。航天技术、地球物理学、射电天文技术、海洋科学、地震预测预报、气象学等都要求测试技术满足观测、研究宏观世界的要求。细胞生物学、遗传工程、光合作用、医学、超微细加工技术等又希望传感器技术跟上研究微观世界的步伐。传感器的应用领域正向着自然界无限的物理量、化学量和生物量不断拓展。

开发非接触式传感器取代接触式传感器有着重要的意义。现已开发的非接触式传感器有光、磁、超声波、同位素、微波传感器等。目前非接触式传感器尚存在精度不高、品类不多等问题，人们正在研究利用新的原理和方法开发新型非接触式传感器。

4. 传感器的微型化与智能化

在大规模集成电路技术和微机技术的支持下，传感器的发展出现了“多样、新型、集成、智能”的趋势。

（1）新型

其含意有三个方面：

1）采用新型敏感材料、新原理、新效应或新工艺。

2）根据被测物理量的要求，巧妙地将原有的物理、化学效应运用于传感技术，如谐振式传感器近年来广泛用于温度、湿度、气体和力等参数的测量。

3）利用集成技术和计算机技术开发的新型传感器。

（2）集成化

其含义也有三个方面：

1）将众多单体敏感元件集成在同一衬底上，构成一维或二维图像的敏感元件，主要用于光、图像传感器领域。例如作为工业视觉，电荷耦合器件（CCD）和 MOS 摄像元件就是典型的例子。

2）把传感器与放大、运算及温度补偿等环节集成在一个基片上，体积小、重量轻、可靠性和稳定性好，如集成压力传感器就是将硅膜片、压阻电桥、放大器和温度补偿电阻集成为一个器件。

3）将两种或两种以上敏感元件集成在一起，称为多功能传感器，如用 $MgCr_2O_4$-TiO_3 陶瓷做成的湿-气敏元件，用 $BaTiO_3$-$SrTiO_3$ 陶瓷材料制成温-湿度传感器等。

（3）智能化

固体化和智能化的结果逐渐模糊了检测系统和传感器的界限，智能化传感器本身就是智能化检测系统，从而开创了“材料、器件、电路、仪表”一体化的新途径。

仿生学的研究、微电子技术的发展及微处理机的应用为检测技术固体化、智能化发展开辟了广阔道路，但是真正的智能今天还称不上，关键仍在于开发传感技术。例如相当于人的视觉、听觉、触觉和嗅觉的敏感元件已达到一定水平，而相当于味觉的敏感元件才刚刚问世。随着科学技术的发展，人们完全应该相信传感器技术不久必将攀登一个新的高峰。

1.4　传感器特性

传感器的特性参数有很多，且不同类型的传感器，其特性参数的要求和定义也各有差异，但都可以通过其静态特性和动态特性进行全面描述。传感器动态特性的研究与控制理论中介绍的相似，本书不再重复。静态特性表示传感器在被测各量值处于稳定状态时的输入与输出的关系，它主要包括灵敏度、分辨力（或分辨率）、测量范围及误差特性等。

1.4.1 静态特性

1. 灵敏度

灵敏度是指稳态时传感器输出量变化值和输入量变化值之比，用 K 表示，即

$$K=\frac{dy}{dx}\approx\frac{\Delta y}{\Delta x} \tag{1.12}$$

式中，y——输出量；

x——输入量。

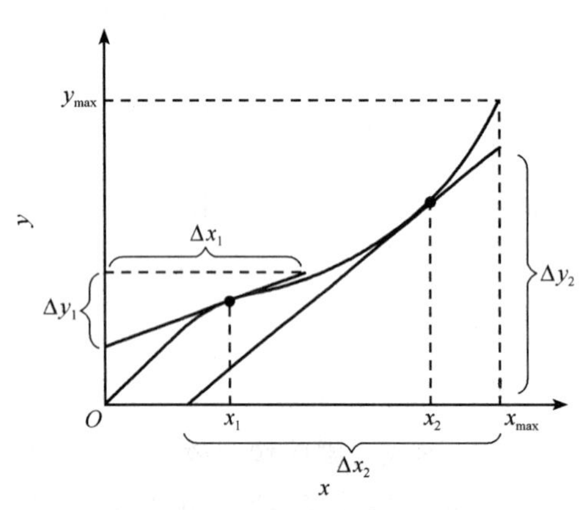

图 1.7　用作图法求取传感器的灵敏度

对线性传感器而言，灵敏度为一常数；对非线性传感器而言，灵敏度随输入量的变化而变化。从输出曲线来看，曲线越陡，灵敏度越高。可以通过作输出曲线的切线的方法（作图法）来求得曲线上任一点的灵敏度。如图 1.7 所示，由其切线的斜率可以看出，x_2 点的灵敏比 x_1 点高。

2. 分辨力

分辨力是指传感器能检测出被测信号的最小变化量，是有量纲的数。当被测量的变化小于分辨力时，传感器对输入量的变化无任何反应。对数字仪表而言，如果没有其他附加说明，一般可以认为该表的最后一位所表示的数值就是它的分辨力。一般地说，分辨力的数值均小于仪表的最大绝对误差。但是若没有其他附加说明，有时也认为分辨力就等于它的最大绝对误差。

3. 线性度

人们总是希望传感器的输出与输入关系具有线性特性，这样可使显示仪表刻度均匀，在整个测量范围内具有相同的灵敏度，并且不必采用线性化环节，从而简化了测量电路。但实际上由于传感器存在着迟滞、蠕变摩擦、间隙和松动等各种因素以及外界条件的影响，其输出、输入特性总是具有不同程度的非线性。

线性度（又称非线性误差）说明输出与输入量的实际关系曲线偏离其拟合直线的程度。一般用输出量与输入量的实际关系曲线和拟合直线之间的最大偏差与满量程输出的百分比来表示线性度，即

$$E_f=\frac{\Delta_m}{y_{FS}}\times 100\% \tag{1.13}$$

由于线性度（非线性误差）是以所参考的拟合直线为基准线算得的，所以基准线不同，所得线性度就不同。拟合直线的选取方法很多，采用理论直线作为拟合直线而确定的线性度称为理论线性度。理论直线通常取连接理论曲线坐标零点和满量程输出点的直线，如图 1.8 所示。

采取不同的方法选取拟合直线，可以得到不同的线性度。如使拟合直线通过实际特性曲线的起点和满量程点，可以得到端基线性度。使拟合直线与特性曲线上各点偏差的平方和为最小，可得到最小二乘法线性度等。

4. 迟滞

传感器在正（输入量增大）反（输入量减少）行程中输出-输入特性曲线不重合程度称为迟滞。如图 1.9 所示，也就是说，达到同样大小的输入量所采用的行程方向不同时，尽管输入为同一输入量，但输出信号大小却不相等，产生这种现象的主要原因是传感器机械部分存在不可避免的缺陷，如轴承摩擦、间隙、紧固件松动、材料内摩擦、积尘等。

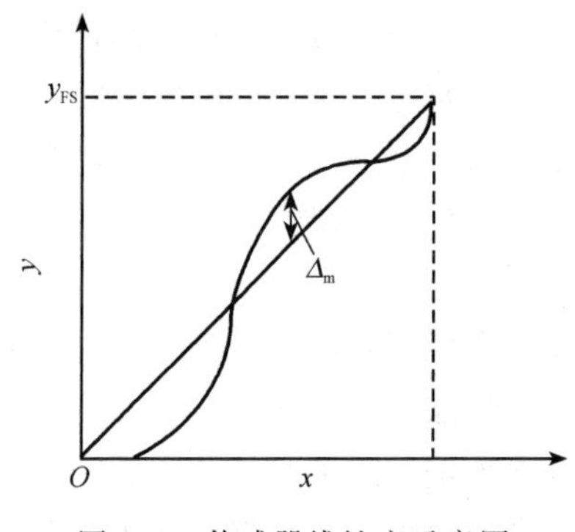

图 1.8　传感器线性度示意图

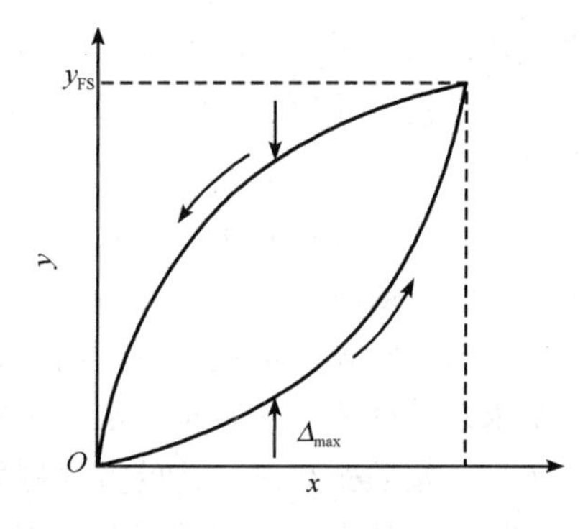

图 1.9　迟滞特性示意图

迟滞误差大小一般由实验方法确定。用最大输出差值 Δ_{max} 对满量程输出 y_{FS} 的百分比来表示，即

$$\delta_H = \pm \frac{\Delta_{max}}{2y_{FS}} \times 100\% \tag{1.14}$$

迟滞误差的另一名称为回程误差。回程误差常用绝对误差来表示，检测回程误差时，可选择几个测试点进行正反行程测试。对应于每一点的输入信号，得到输出信号的差值，差值中最大者即为回程误差。

1.4.2　动态特性

随着自动化生产和科学技术的发展，对于随时间快速变化的动态量，进行测量的机会越来越多。这时测量除了满足静态特性要求之外，还应当对变化中的被测量保持足够响应，即具有良好的动态特性。只有这样，才能迅速准确地测出被测量的大小或再现被测量的波形。

在实际工作中，测量的动态特性通常是用实验方法求得的。我们可以根据对一些标准输入信号的响应来评定它的动态特性。因为对标准输入信号的响应和对任意输入信号的响应之间存在一定的关系，知道了前者就可以推算后者。在时域内，研究动态特性时常用阶跃信号来分析系统的瞬态响应，包括超调量、上升时间、响应时间等。在频域内，研究动态特性时，则采用正弦输入信号来分析系统的频率响应，包括幅频特性和相频特性。

对检测系统动态特性的理论研究，通常是先建立系统的数学模型，通过拉氏变换找出传递函数表达式，再根据输入条件得到相应的频率特性，并以此来描述系统的动态特性。大部分检测系统可以简化为单自由度一阶或二阶系统。因此，我们可以方便地应用自动控制原理中的分析方法和结论，本书不再重复。

小　结

1. 测量的一般知识

测量是指人们用实验的方法，借助于一定的仪器或设备，将被测量与同性质的单位标准量进行比较，并确定被测量对标准量的倍数，从而获得关于被测量的定量信息。为了提高测量精度，并且能够对变化快、持续时间短的动态量进行测量，通常将被测量转换为电压或电流信号，利用电子装置完成比较、示差、平衡和读数的测量过程，这种测量方法叫非电量电测法。

测量方法是实现测量过程所采用的具体方法，应当根据被测量的性质、特点和测量任务的要求来选择适当的测量方法。按照测量过程的特点可以将测量方法分为直接测量和间接测量。按照获得测量值的方式测量方法可以分为偏差式测量、零位式测量和微差式测量。此外，根据是否与被测对象直接接触，测量方法可区分为接触式测量和非接触式测量，而根据被测对象的变化特点测量方法又可分为静态测量和动态测量等。

2. 误差的基本概念

测量结果和被测量的客观真值之间存在一定的差别，这个差值称为测量误差。按照误差的表示方法测量误差可以分为绝对误差和相对误差；按照误差出现的规律，测量误差可以分为系统误差、随机误差和粗大误差；按照被测量与时间的关系，测量误差可以分为静态误差和动态误差等。

3. 仪表精度等级

我国电工仪表中常用的模拟仪表的精度等级有下列七种：0.1，0.2，0.5，1.0，1.5，2.0，2.5，5.0。它们分别表示对应仪表的满度相对误差所不超过的百分比。等级数值越小，仪表价格越贵。从仪表面板上的标志可以判断出仪表的精度等级。根据精度等级 S 可以求出仪表的最大绝对误差。

4. 传感器特性

传感器是将被测量转换成与被测量有确定对应关系的电量的器件，它是检测和控制系统中最关键的部分。传感器的性能由传感器的静态特性和动态特性来评价。

传感器的静态特性是指传感器变换的被测量的数值处在稳定状态时传感器的输出与输入的关系。传感器静态特性的主要技术指标包括灵敏度、分辨力、线性度和迟滞。

灵敏度是指稳态时传感器输出量变化值和输入量变化值之比，用 K 表示，即

$$K=\frac{\mathrm{d}y}{\mathrm{d}x}\approx\frac{\Delta y}{\Delta x}$$

分辨力是指传感器能检测出被测信号的最小变化量，是有量纲的数。当被测量的变化小于分辨力时，传感器对输入量的变化无任何反应。对数字仪表而言，如果没有其他附加说明，一般可以认为该表的最后一位所表示的数值就是它的分辨力。

线性度（又称非线性误差）说明输出与输入量的实际关系曲线偏离其拟合直线的程度，它一般用输出量与输入量的实际关系曲线与拟合直线之间的最大偏差与满量程输出的百分比来表示，即

$$E_{\mathrm{f}}=\frac{\Delta_{\mathrm{m}}}{y_{\mathrm{FS}}}\times 100\%$$

传感器在正（输入量增大）反（输入量减少）行程中输出-输入特性曲线不重合程度称为迟滞。

传感器的动态特性是指传感器测量动态信号时，传感器输出反映被测量的大小和波形变化的能力。研究传感器的动态特性有两种方法：时域的阶跃响应法和频率响应法。在时域内，研究动态特性时常用阶跃信号来分析系统的瞬态响应，包括超调量、上升时间、响应时间等。在频域内，研究动态特性时，则采用正弦输入信号来分析系统的频率响应，包括幅频特性和相频特性。

习　　题

1.1　选择题。

（1）电工实验中，采用平衡电桥测量电阻的阻值是属于________测量，而用水银温度计测量水温的微小变化是属于________测量。

A. 偏差式　　B. 零位式　　C. 微差式

（2）在选购线性仪表时，必须在同一系列的仪表中选择适当的量程。这时必须考虑到应尽量使选购的仪表量程为欲测量的________左右为宜。

A. 3倍　　B. 10倍　　C. 1.5倍　　D. 0.75倍

（3）用万用表交流电压挡测量100kHz，10V左右的高频电压，发现示值不到2V，该误差属于________。用该表直流电压挡测量5号干电池电压，发现每次示值均为1.8V，该误差属于________。

A. 系统误差　B. 粗大误差　C. 随机误差　D. 动态误差

1.2　非电量电测法有哪些优点？

1.3　什么是测量误差？测量误差有几种表示方法？各有什么用途？

1.4　有一只电压表，其测量范围为0～500V，精度等级为0.5级，现用它测量400V的电压，求仪表的最大绝对误差和示值相对误差。

1.5　欲测240V左右的电压，要求测量示值相对误差绝对值不大于0.6%，问：若选用量程为250V电压表，其精度应选哪一级？若选用量程为300V和500V的电压表，其精度又应分别选哪一级？

1.6　有三台测温仪表量程均为0～600℃，精度等级分别为2.5级、2.0级和1.5级，现要测量500℃的温度，要求相对误差不超过2.5%，选哪台仪表合理？

1.7　已知待测拉力约为70N左右，现有两只测力仪表，一只为0.5级，测量范围为0～500N，另一只为1.0级，测量范围为0～100N。问：选用哪一只测力仪表较好？为什么？

1.8　传感器静态特性有哪些技术指标？它们各自的定义是什么？

1.9　通常用传感器的________和________来描述传感器的输出-输入特性。

1.10　有一台测量压力的仪表，测量范围为0～10MPa，压力p与仪表输出之间的关系为

$$U_0 = a_0 + a_1 p + a_2 p^2$$

式中的$a_0=1\text{V}$，$a_1=0.6\text{V/MPa}$，$a_2=-0.02\text{V/(MPa}^2)$。求：

(1) 该仪表的输出特性方程。

(2) 画出输出特性曲线（x轴、y轴均要标出单位）。

(3) 该仪表的灵敏度表达式（注：用求导法）。

(4) 用求导法计算$p_1=2\text{MPa}$和$p_2=8\text{MPa}$的灵敏度K_1，K_2。$K_1 \neq K_2$说明什么？

(5) 画出灵敏度曲线图。

(6) 用作图法求出该仪表的端基线性度。

1.11　某测温系统由以下四个环节组成，各自的灵敏度如下：

铂电阻温度传感器，0.35Ω/℃；电桥，0.01V/Ω；放大器，100（放大倍数）；笔式记录仪，0.1cm/V。求：

(1) 测温系统的总灵敏度。

(2) 记录仪笔位移4cm时所对应的温度变化值。

第 2 章

参量传感器

❖ 知识点

1. 电阻应变式传感器的工作原理、结构、特点、测量转换电路、温度误差与补偿。
2. 热电阻测温原理、常用热电阻测温材料、热电阻的类型、热电阻的测量转换电路。
3. 热敏电阻的特性、分类及选择。
4. 气敏电阻的工作原理、特性。
5. 湿敏电阻的工作原理、特性。
6. 自感式传感器的工作原理、特性、测量转换电路。
7. 差动变压器式传感器的工作原理、零点残余电压及其补偿、测量转换电路。
8. 电涡流式传感器的工作原理、特性、测量转换电路。
9. 电容式传感器的工作原理、特性、测量转换电路。

❖ 要求

1. 掌握电阻应变式传感器的工作原理、主要特性、转换电路的形式及计算温度误差与补偿。
2. 掌握热电阻测温原理、热电阻测量转换电路，了解常用热电阻测温材料、热电阻类型及应用。
3. 掌握自感式传感器的工作原理、特性、测量转换电路。
4. 掌握差动变压器式传感器的工作原理、零点残余电压及其补偿、测量转换电路。

5. 掌握电容式传感器的工作原理、结构类型，电容式传感器的特点、转换电路。
6. 了解应变片的类型、粘贴工艺和电阻应变式传感器的应用。
7. 了解热敏电阻的特性、分类、选择、应用。
8. 了解气敏、湿敏电阻的工作原理、特性、应用。
9. 了解自感式传感器的应用。
10. 了解差动变压器式传感器的应用。
11. 了解电涡流式传感器的工作原理、特性、测量转换电路、应用。
12. 了解电容式传感器的应用。

本章主要讨论参量传感器，这些传感器都有一个特点，就是需要有电源支持，输出信号为易于处理的电量。参量传感器包括电阻应变式传感器，热电阻传感器，气敏、湿敏电阻传感器，自感式传感器，差动变压器式传感器，电涡流传感器，电容式传感器等。

2.1　电阻应变式传感器

电阻式传感器的基本原理是将被测的非电量转化成电阻值的变化，再通过转换电路以电压形式输出，主要包括应变式传感器及压阻式传感器。本节主要讨论的电阻应变式传感器可以用来测量力、压力、位移、应变、加速度和温度等非电量参数，且其结构简单、性能稳定、灵敏度较高，有的还可用于动态测量。

2.1.1　工作原理

电阻应变式传感器是利用电阻应变片受力后发生应变致使电阻值发生变化的原理来测量被测物理量的大小。导体或半导体材料在外力作用下产生机械形变时，其电阻值也相应发生变化的现象称为电阻应变效应。下面以金属丝应变片为例分析这种效应。

设有一长度为 l、截面积为 A、电阻率为 ρ 的金属丝，它的电阻 R 可表示为

$$R=\rho\frac{l}{A} \tag{2.1}$$

当金属丝受轴向应力 δ 作用被拉伸时，由于应变效应其电阻值将发生变化，例如金属丝受拉时 l 将变长，A 变小，均导致 R 变大。我们将其电阻相对变化表示为

$$\frac{\mathrm{d}R}{R}=\frac{\mathrm{d}l}{l}-\frac{\mathrm{d}A}{A}+\frac{\mathrm{d}\rho}{\rho} \tag{2.2}$$

式中，$\mathrm{d}l/l$——长度相对变化量，用应变 ε 表示为

$$\varepsilon=\frac{\mathrm{d}l}{l} \tag{2.3}$$

$\mathrm{d}A/A$——圆形电阻丝的截面积相对变化量，设 r 为电阻丝的半径，微分后可得 $\mathrm{d}A=2\pi r\mathrm{d}r$，则

$$\frac{\mathrm{d}A}{A}=2\frac{\mathrm{d}r}{r} \tag{2.4}$$

根据材料力学，在弹性范围内，金属丝受拉力时沿轴向伸长，沿径向缩短，轴向应变和径向应变的关系可表示为

$$\frac{\mathrm{d}r}{r}=-\mu\frac{\mathrm{d}l}{l}=-\mu\varepsilon \tag{2.5}$$

其中，μ 为电阻丝材料的泊松比，负号表示应变方向相反。可推得

$$\frac{\frac{\mathrm{d}R}{R}}{\varepsilon}=(1+2\mu)+\frac{\frac{\mathrm{d}\rho}{\rho}}{\varepsilon} \tag{2.6}$$

由此我们可定义电阻丝的灵敏系数，即单位应变所引起的电阻相对变化量，其值 K 的表达式为

$$K=\frac{\frac{\mathrm{d}R}{R}}{\varepsilon}=1+2\mu+\frac{\frac{\mathrm{d}\rho}{\rho}}{\varepsilon} \tag{2.7}$$

灵敏系数 K 受两个因素影响：一是应变片受力后材料几何尺寸的变化，即 $1+2\mu$；二是应变片受力后材料的电阻率发生的变化，即 $(\mathrm{d}\rho/\rho)/\varepsilon$。对于金属材料而言，$K$ 的影响以 $1+2\mu$ 为主；而对于半导体材料，K 主要由材料的电阻率相对变化 $(\mathrm{d}\rho/\rho)/\varepsilon$ 决定。

大量实验证明，在电阻丝拉伸极限内，电阻的相对变化与应变成正比，即 K 为常数。

2.1.2 电阻应变片的类型、结构与粘贴技术

1. 应变片的类型与结构

常用的电阻应变片有金属应变片和半导体应变片两大类。

(1) 金属电阻应变片

金属电阻应变片有丝式、箔式及薄膜式等结构形式。

丝式应变片如图 2.1 (a) 所示，它是将金属丝按一定形状弯曲后用粘合剂贴在衬底上而成，基底可分为纸基、胶基和纸浸胶基等。电阻丝两端焊有引出线，使用时贴于弹性体上，并且价格便宜，多用于要求不高的应变、应力的大批量、一次性实验，其缺点在于丝式应变片蠕变较大，易脱胶。

箔式应变片如图 2.1 (b) 所示，它的敏感栅是通过光刻、腐蚀等工艺制成的。箔的材料多为电阻率高、热稳定性好的铜镍合金，其厚度一般为 0.001～0.01mm 之间，其表面积比丝式应变片大得多，所以散热条件好，允许通过较大的电流，蠕变也相对较小，灵敏度系数较高，且箔式应变片一致性较好，适合批量生产，有逐渐取代丝式应变片的趋势。

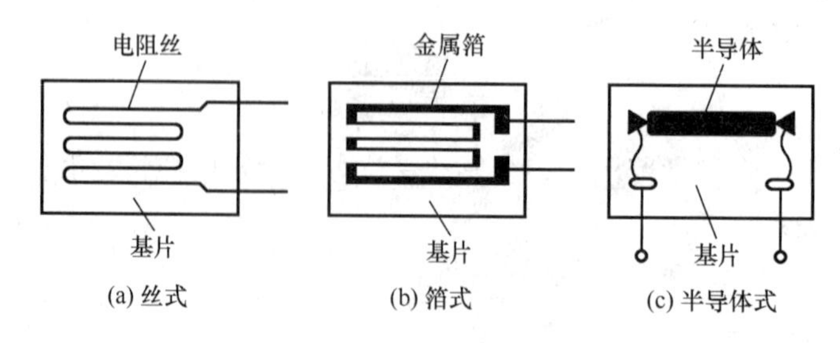

图 2.1　电阻应变片结构

薄膜式应变片主要是采用真空蒸镀技术，在薄的基底材料上蒸镀上金属材料薄膜，最后加以保护层形成。这种应变片有较高的灵敏度系数，允许通过的电流较大，工作温度范围广。

（2）半导体应变片

半导体应变片是利用半导体材料的压阻效应而制成的，对半导体材料的某一轴向施加一定应力时，其电阻率会发生变化，这种现象称为压阻效应。

半导体应变片如图 2.1（c）所示，它是用半导体材料敏感栅制成的，其主要优点是灵敏度高，缺点是灵敏度一致性差、温漂大、电阻与应变间非线性严重。在使用时，需采用温度补偿及非线性补偿措施。其主要包括体型半导体应变片、薄膜型半导体应变片、扩散型半导体应变片三种类型。

表 2.1 列出了几种应变片的主要技术指标。

表 2.1　应变片主要技术参数

参数名称	工作尺寸/(mm×mm)	电阻值/Ω	灵敏度	电阻温度系数/(1/℃)	灵敏度温度系数/(1/℃)	极限工作温度/℃	最大工作电流/mA
PZ-120 型	2.8×15	120	1.9～2.1	—	—	—	—
PJ-120 型	11×5	120	1.9～2.1	—	—	—	—
BE-120 型	2×2	120	1.9～2.2	—	—	—	—
BA-120 型	1×1	120	1.9～2.2	—	—	—	—
PBD-1K 型	6×0.5	1000±10%	140±5%	<0.4%	<0.4%	60	15
PBD-120 型	6×0.5	120±10%	120±5%	<0.2%	<0.2%	60	25

2. 应变片的粘贴技术

应变片在使用时通常是用粘合剂粘贴在弹性体或试件上，所以粘贴技术对传感器的质量起着重要的作用。

应变片的粘合剂种类很多，必须要适合应变片基片材料和被测件材料，还要根据应变片的工作条件、工作温度和湿度、有无腐蚀剂、加温加压、粘贴时间长短等多种因素合理选择。常用的粘合剂有硝化纤维素、酚醛树脂胶、502 胶水等。

应变片的粘贴必须遵循正确的粘贴工艺，保证粘贴质量，这些直接影响应变测量的精度。

应变片的粘贴工艺如下。

（1）应变片的检查与选择

首先要对应变片进行外观检查，看其敏感栅是否整齐、均匀，是否短路、断路和折弯。其次要对应变片阻值进行测量，合理选择合适阻值的应变片对传感器的平衡调整起着至关重要的作用。

（2）试件的表面处理

为保证良好的粘合强度，必须对试件表面进行处理，清除杂质、油污及表面氧化层等。粘贴表面应保持平整、光滑。一般处理方法可用砂纸打磨，或用无油喷砂法，为了表面清洁，可用化学清洗剂如四氯化碳、甲苯等反复清洗，也可用超声波清洗。

（3）确定贴片位置

在应变片上标出敏感栅的纵、横向中心线，在试件上按测量要求划出中心线，还可以用光学投影方法来确定贴片位置。

（4）贴片

将应变片底面用清洁剂清洗干净，然后在试件表面和应变片底面各涂上一层薄而均匀的粘合剂，稍干后，将应变片对准划线位置迅速贴上，再在应变片上盖上一张聚乙烯塑料薄膜并加压，将多余的胶水和气泡排出。

（5）固化

贴好后，根据所使用的粘合剂的固化工艺要求进行固化处理和时效处理。

（6）粘贴质量检查

首先检查粘贴位置是否正确，粘合层是否有气泡和漏贴、破损等，然后测试应变片敏感栅是否有短路或者断路现象，以及敏感栅的绝缘性能等。

（7）引线的焊接与防护

检查合格后即可焊接引出导线。引出导线要用柔软、不易老化的胶合物适当地加以固定，应变片之间通过粗细合适的漆包线连接组成桥路。连接长度应尽量一致，不宜过长。还要涂一层保护层，防止大气对应变片的腐蚀，保证应变片长期工作的稳定性。

2.1.3 电阻应变片的选择

应变片的选择主要考虑尺寸、初始电阻、绝缘电阻及允许工作电流。

（1）应变片的几何尺寸

应变片的几何参数主要是指敏感栅基长 l、基宽 a 和曲率半径 r。一般基长 l 在 3～35mm 范围内，基宽 a 为 0.03～10mm，圆角丝栅的曲率半径 r 为 0.1～0.3mm。

（2）应变片的初始电阻和绝缘电阻

应变片的初始电阻值 R_0 有 60Ω，120Ω，200Ω，350Ω，600Ω 或 1000Ω 的。绝缘电阻是指敏感栅与基底间的电阻，应防止应变片与试件间的漏电而造成误差。

（3）允许工作电流和逸散功率

通常在测静态量时允许电流小于 25mA，在测动态量时允许电流高一些。应变片的逸散功率是指当电流通过应变片时，在温度允许范围内单位时间传给周围介质的热量。

2.1.4 电阻应变片传感器测量转换电路

图 2.2（a）所示电路为桥式测量转换电路。为了使电桥在测量前的输出为零，应该选择四个桥臂电阻，使 $R_1R_3=R_2R_4$ 或 $R_1/R_2=R_4/R_3$。但实际使用中，R_1、R_2、

R_3、R_4 不可能严格成比例关系，所以即使在未受力时，桥路的输出也不一定能为零，因此必须设置调零电路，如图 2.2（b）所示。调节 R_P，最终可以使 $R_1/R_2=R_4/R_3$，电桥趋于平衡，U_o 被预调到零位，这一过程称为调零。图中的 R_5 是用于减小调节范围的限流电阻（这种方法在电子秤等仪器中被广泛使用）。电桥的一个对角线结点接入电源电压 U_i，另一个对角线结点为输出电压 U_o。当每个桥臂电阻变化值 $\Delta R_i \ll R_i$，且电桥输出端的负载电阻为无限大时，电桥输出电压可近似用下式表示，即

$$U_o=\frac{R_1R_2}{(R_1+R_2)^2}\left\{\frac{\Delta R_1}{R_1}-\frac{\Delta R_2}{R_2}+\frac{\Delta R_3}{R_3}-\frac{\Delta R_4}{R_4}\right\}U_i \tag{2.8}$$

通常采用全等臂形式工作，即 $R_1=R_2=R_3=R_4$（初始值），这样式（2.8）可变为

$$U_o=\frac{U_i}{4}\left\{\frac{\Delta R_1}{R_1}-\frac{\Delta R_2}{R_2}+\frac{\Delta R_3}{R_3}-\frac{\Delta R_4}{R_4}\right\} \tag{2.9}$$

由于 $\Delta R/R=K\varepsilon_x$（$\varepsilon_x$ 为应变片的轴向应变），当各桥臂应变片的灵敏度 K 都相同时

$$U_o=\frac{U_i}{4}K(\varepsilon_1-\varepsilon_2+\varepsilon_3-\varepsilon_4) \tag{2.10}$$

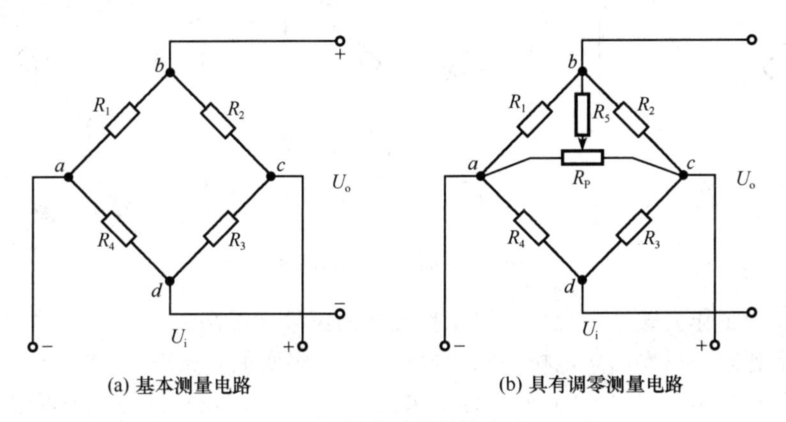

图 2.2　桥式测量转换电路

根据不同的要求，应变电桥有不同的工作方式，下面我们讨论其几种较为典型的工作方式。

1. 单臂半桥工作方式

如图 2.3（a）所示，R_1 为应变片电阻，其应变为 ε，其余各臂为固定电阻，则式（2.9）变为

$$U_o=\frac{U_i}{4}K\varepsilon \tag{2.11}$$

2. 双臂半桥工作方式

如图 2.3（b）所示，R_1、R_2 为应变片电阻，设其应变 $\varepsilon_1=-\varepsilon_2=\varepsilon$，$R_3$、$R_4$ 为固

定电阻，则式（2.9）变为

$$U_o=\frac{U_i}{2}K\varepsilon \tag{2.12}$$

3. 全桥工作方式

如图 2.3（c）所示，电桥的四个桥臂都为应变片，设其应变 $\varepsilon_1=-\varepsilon_2=-\varepsilon_3=\varepsilon_4=\varepsilon$，则式（2.9）变为

$$U_o=U_iK\varepsilon \tag{2.13}$$

上面讨论的三种工作方式中的 ε_1、ε_2、ε_3、ε_4 可以是试件的纵向应变，也可以是试件的横向应变，取决于应变片的粘贴方向。若是拉应变，ε 应以正值代入；若是压应变，ε 应以负值代入。

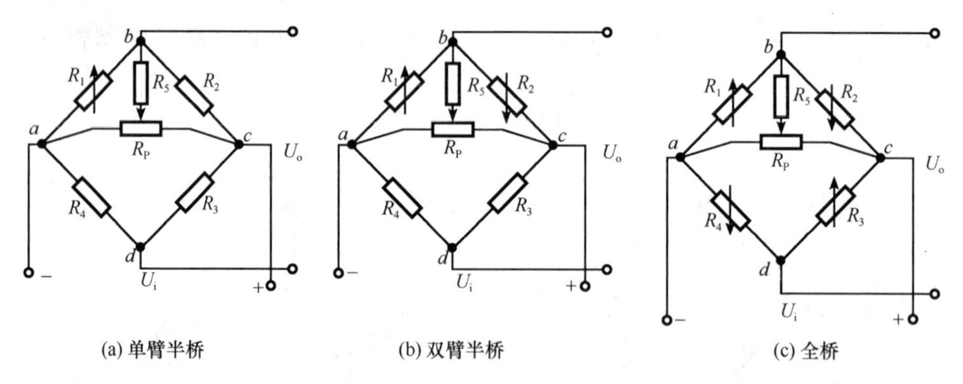

图 2.3　直流电桥工作方式

上述三种工作方式中，全桥四臂工作方式的灵敏度最高。

由以上各式可以看出，电桥的输出电压 U_o 与应变值 ε 成正比。应当指出的是，上面讨论的各式都是在式（2.8）的基础上求得的，而式（2.8）只是一个近似式。对于单臂电桥，实际输出 U_o 与电阻变化值及应变之间存在一定的非线性。当应变值较小时，非线性可忽略。而对半导体应变片，尤其是测大应变时，非线性误差则不可忽视。对于上述的双臂半桥，两应变片处于差动工作状态，即一片感受正应变，另一片感受负应变，经理论推导，此时的非线性误差较小，全桥电路也是如此，因此实际使用时应尽量采用这两种型式。采用恒流源作为桥路电源也能减小非线性误差。

2.1.5　温度补偿

在实际应用中，除了应变 ε 能导致应变片电阻变化外，温度变化也会导致应变片电阻变化，这将给测量带来误差，因此必须对测量电桥进行温度补偿。下面介绍常用的补偿片法。

所谓补偿片法即选用两个相同的应变片，它们处于相同的温度环境，但受力情况不同，一个（R_1）处于受力状态，称为工作应变片，另一个（R_2）处于不受力状态，称

为补偿应变片，如图 2.4 所示。使用时 R_1 和 R_2 接在电桥的相邻桥臂上，如图 2.5 所示。由式（2.9）可知

$$U_o=\frac{U_i}{4}\left\{\frac{\Delta R_{1\varepsilon}+\Delta R_{1t}}{R}-\frac{\Delta R_{2t}}{R}\right\}$$

式中，$\Delta R_{1\varepsilon}$——工作应变片 R_1 受力后产生的电阻变化；

ΔR_{1t}，ΔR_{2t}——由温度变化引起的工作应变片电阻 R_1、补偿应变片电阻 R_2 的变化。

由于 $R_1=R_2$，且工作应变片和补偿应变片所受温度相同，则两者所产生的热应变相等，即 $\Delta R_{1t}=\Delta R_{2t}$，所以

$$U_o=\frac{U_i}{4}\frac{\Delta R_{1\varepsilon}}{R}=\frac{U_i}{4}K\varepsilon$$

补偿片法不影响电桥的输出，从而起到温度补偿的作用。这种补偿方法的优点是简单、方便，在常温下补偿效果比较好；缺点是温度变化梯度较大时比较难掌握。

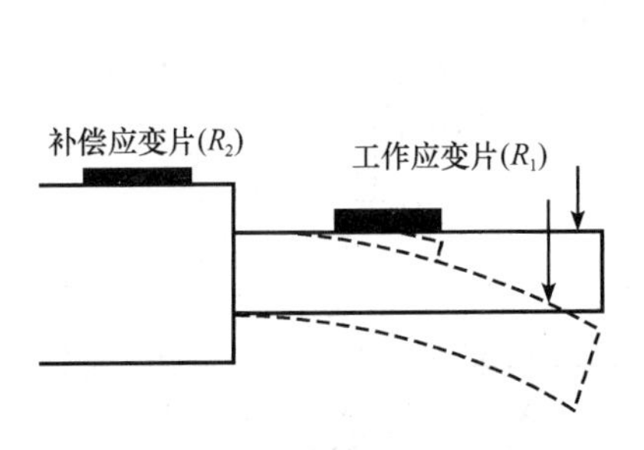

图 2.4　补偿片法结构示意图

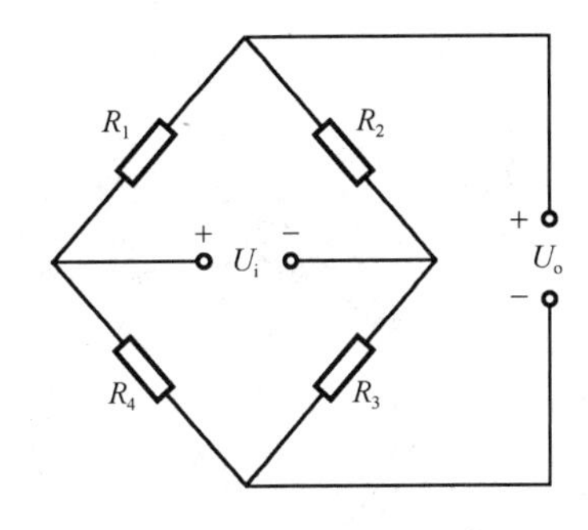

图 2.5　桥式测量电路

2.1.6　电阻应变式传感器的应用

电阻应变片除了可以测量试件应力外，还可以制造成各种传感器用于测量力、荷重、扭矩、加速度、位移、压力等多种物理量。

1. 电阻应变式力传感器

电阻应变式力传感器主要测量荷重和力，作为各种电子称与材料试验机的测力元件，并用于发动机的推力测试、水坝坝体承载状况监测等。应变式力传感器的弹性元件主要有柱式、筒式、环式、悬臂式等，如图 2.6（a～d）和图 2.7（a，b）所示。

图 2.8 是荷重传感器用于测量汽车重量的汽车衡示意图。汽车衡便于在称重现场和控制室让驾驶员和计量员同时了解测量结果，并打印测量数据。

2. 应变式容器内液体重量传感器

图 2.9 所示为应变式容器内液体重量传感器原理，其中感压膜感受上面液体的压力。

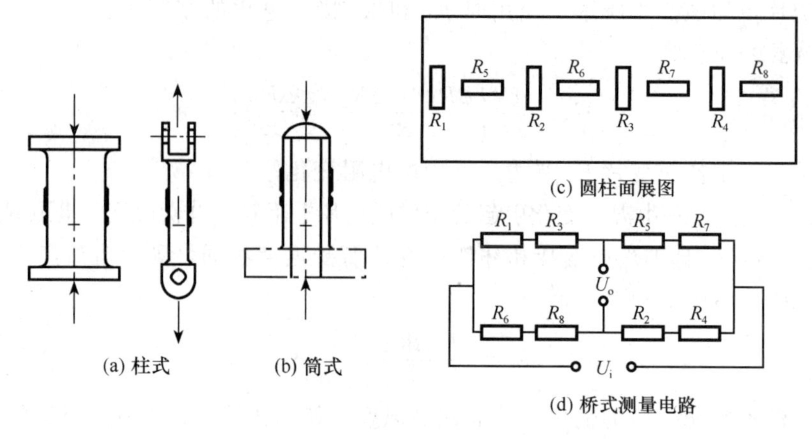

图 2.6　圆柱（筒式）力传感器

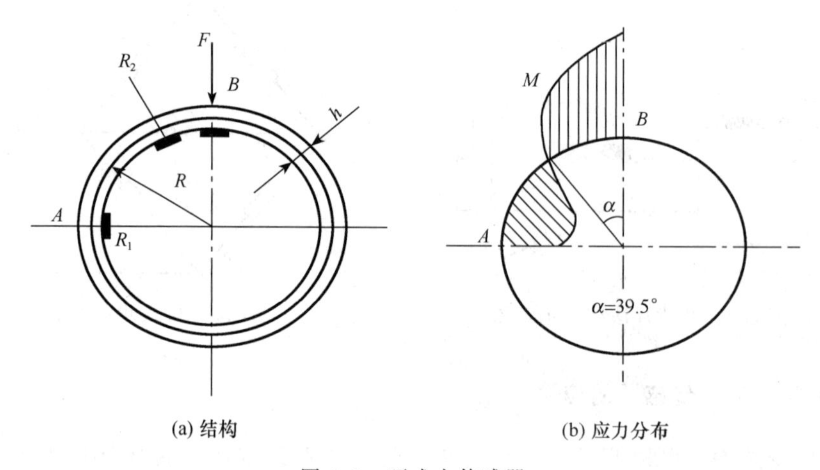

图 2.7　环式力传感器

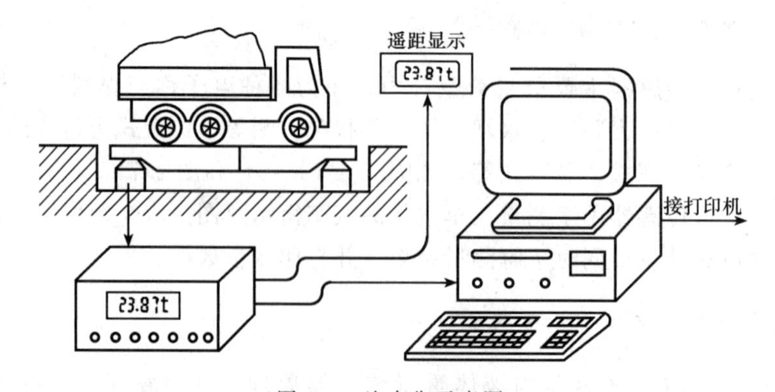

图 2.8　汽车衡示意图

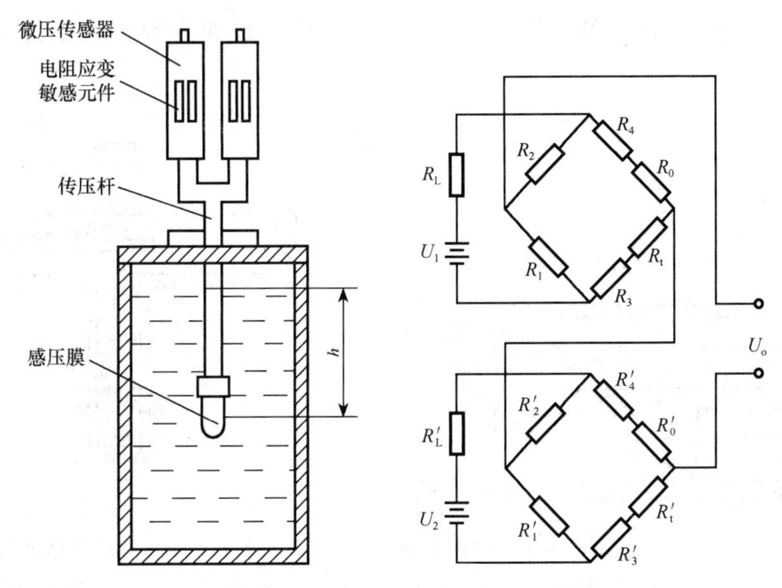

图 2.9　应变式容器内液体重量传感器原理

当容器中溶液增多时，感压膜感受的压力就增大。将其上两个传感器（R_t）的电桥接成正向串接的双电桥电路，此时输出电压为

$$U_o = U_1 + U_2 = \frac{K_1 + K_2}{A}Q$$

式中，K_1，K_2——传感器传输系数；

Q——容器内储存的溶液重量；

A——容器的底面积。

电桥输出电压与柱式容器内感压膜上面溶液的重量成线性关系，因此可以测量容器内储存的溶液重量。

3. 电阻应变式加速度传感器

电阻应变式加速度传感器主要用于物体加速度的测量。图 2.10 为电阻应变式加速度传感器结构示意图。测量时将传感器壳体与被测对象刚性连接，当被测物体以加速度 a 运动时，质量块受到一个与加速度方向相反的惯性力作用，使悬臂梁形变，该形变被粘贴在悬臂梁上的应变片感受到并随之产生应变，从而使应变片的电阻发生变化。电阻的变化引起应变片组成的桥路出现不平衡，从而输出电压，即可得出加速度 a 值的大小。值得注意的是，这类传感器不适用于频率较高的振动和冲击场合，一般适用频率为 10～60Hz 范围。

4. 电阻应变式位移传感器

电阻应变式位移传感器是测量直线位移与位移有关物理量的传感器，这种传感器线性度较好，分辨率高，结构简单，使用方便。图 2.11 所示是悬臂梁式位移传感器示意图。

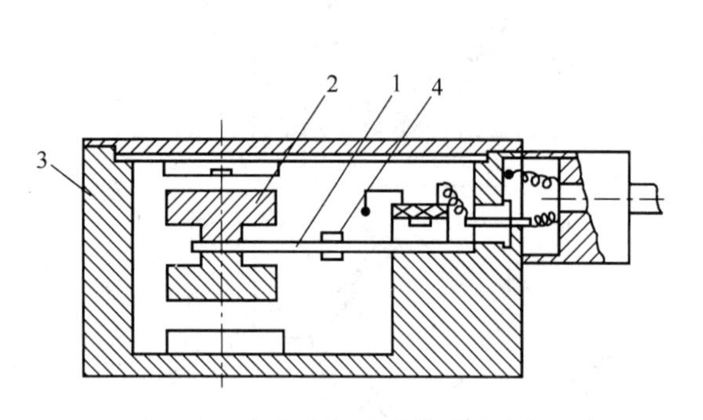

图 2.10　电阻应变式加速度传感器结构示意图

1. 等强度梁；2. 质量块；3. 壳体；4. 电阻应变片

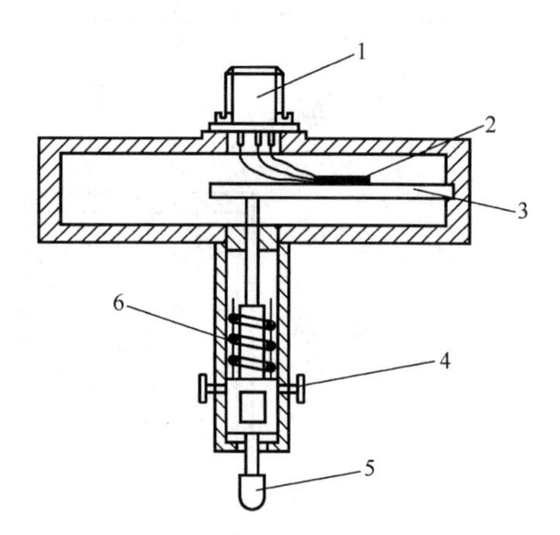

图 2.11　悬臂梁式位移传感器示意图

1. 插头座；2. 应变片；3. 等宽悬臂梁；4. 调整螺钉；5. 顶杆；6. 弹簧

2.2　热电阻传感器

热电阻传感器主要用于测量温度以及与温度有关的参量，在工业上它被广泛用来测量－200～＋960℃范围内的温度。按性质不同，热电阻可分为金属热电阻和半导体热电阻两大类，前者简称热电阻，而后者的灵敏度比前者高十倍以上，所以又称为热敏电阻。

2.2.1　热电阻

热电阻是中低温区最常用的一种温度检测器，它的主要特点是测量精度高、性能稳定。其中铂热电阻的测量精确度是最高的，它不仅广泛应用于工业测温，而且被制成标准的基准仪。

1. 热电阻测温原理及材料

热电阻测温是基于金属导体的电阻值随温度的增加而增加这一特性来进行温度测量的。虽然几乎所有的物质都有这一特性，但作为测温用的热电阻应该具有以下特性：

1）电阻与温度变化具有良好的线性关系。

2）电阻温度系数大，便于精确测量。

3）电阻率高，热容量小，反应速度快。

4）在测温范围内具有稳定的物理性质和化学性质。

5）材料质量要纯，容易加工复制，价格便宜。

根据以上特性，热电阻大都由纯金属材料制成，目前应用最多的是铂和铜，此外现在已开始采用镍、锰和铑等材料制造热电阻。

（1）铂电阻

铂易于提纯，物理性质稳定，电阻率较大，能耐较高的温度，因此用铂电阻作为复现温标的基准器。铂电阻的电阻值与温度之间的关系可用下式表示，即

$$\left.\begin{aligned} 0\sim 650℃：R_t &= R_0(1+At+Bt^2) \\ -200\sim 0℃：R_t &= R_0[1+At+Bt^2+C(t-100)t^3] \end{aligned}\right\} \tag{2.14}$$

式中，R_t——温度为 t 时的电阻值；

R_0——温度为 0℃时的电阻值；

A，B，C——温度系数。

常用的铂电阻有 Pt100，测温范围为－200～660℃；Pt100 的 $R(0℃)=100\Omega$，分度见表 2.2。

表 2.2　铂电阻（分度号为 Pt100）分度

温度/℃	0	10	20	30	40	50	60	70	80	90
	电阻值/Ω									
－200	18.49	—	—	—	—	—	—	—	—	—
－100	60.25	56.19	52.11	48.00	43.37	39.71	35.53	31.32	27.08	22.80
－0	100.00	96.09	92.16	88.22	84.27	80.31	76.32	72.33	68.33	64.30
0	100.00	103.90	107.79	111.67	115.54	119.40	123.24	127.07	130.89	134.70
100	136.50	142.29	146.06	149.82	153.58	157.31	161.04	164.76	168.46	172.16
200	175.84	179.51	183.17	186.32	190.45	194.07	197.69	201.29	204.88	208.45
300	212.02	215.57	219.12	222.65	226.17	229.67	233.17	236.65	240.13	243.59
400	247.14	250.48	253.90	257.32	260.72	264.11	267.49	270.86	274.22	277.56
500	280.90	284.22	287.53	290.83	294.11	297.39	300.65	303.91	307.15	310.38
600	313.59	316.80	319.99	323.18	326.35	329.51	332.66	335.79	338.92	342.03
700	345.13	348.22	351.30	354.37	357.42	360.47	363.50	366.52	369.53	372.52
800	375.51	378.48	381.45	384.40	387.34	390.26	—	—	—	—

（2）铜电阻

铂是贵重金属，因此在一些测量精度要求不高、测温范围较小（－50～150℃）的情况下普遍采用铜电阻。铜电阻具有较大的电阻温度系数，材料容易提纯，铜电阻的阻值与温度之间接近线性关系，铜的价格比较便宜，所以铜电阻在工业上得到广泛应用。铜电阻的缺点是电阻率较小，稳定性也较差，容易氧化。铜电阻的电阻值与温度间的关系为

$$R_t = R_0(1+\alpha t) \tag{2.15}$$

式中，R_t——温度为 t 时的电阻值；

R_0——温度为 0℃时的电阻值；

α——温度为 0℃时的电阻温度系数。

目前国标规定的铜热电阻有 Cu50 和 Cu100 两种，其 R（0℃）分别为 50Ω 和 100Ω，其分度见表 2.3 和表 2.4。

表 2.3　铜电阻（分度号为 Cu50）分度

温度/°C	0	10	20	30	40	50	60	70	80	90
	电阻值/Ω									
−0	50.00	47.85	45.70	43.55	41.40	39.24	—	—	—	—
0	50.00	52.14	54.28	56.42	58.56	60.70	62.84	64.98	67.12	69.26
100	71.40	73.54	75.68	77.83	79.89	82.13	—	—	—	—

表 2.4　铜电阻（分度号为 Cu100）分度

温度/°C	0	10	20	30	40	50	60	70	80	90
	电阻值/Ω									
−0	100.00	95.70	91.40	87.10	82.80	78.49	—	—	—	—
0	100.00	104.28	108.56	112.84	117.12	121.40	125.68	129.96	134.24	138.52
100	142.80	147.08	151.36	155.66	159.96	164.27	—	—	—	—

工业用热电阻温度计铂电阻用 0.03～0.07mm 的铂丝绕在云母片制成的片形支架上，绕组的两面用云母片夹住绝缘。铜电阻由直径 0.1mm 的绝缘铜丝绕在圆形骨架上。为了使热电阻能得到较长的使用寿命，热电阻加有保护套管。

2. 热电阻的类型

（1）普通型热电阻

普通型热电阻由感温元件（金属热电阻丝）、支架、引出线、保护套及接线盒等基本部分组成。为避免电感分量，电阻丝常采用双线并绕。铂、铜热电阻结构如图 2.12 和图 2.13 所示。从热电阻的测温原理可知，被测温度的变化是直接通过热

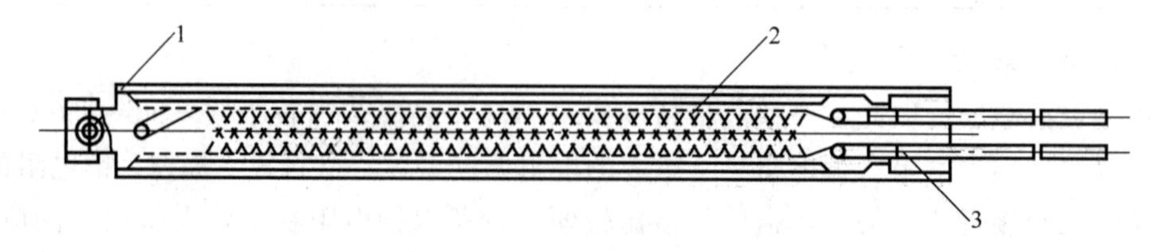

图 2.12　铂热电阻内部构造

1. 铆钉；2. 铂电阻丝；3. 银质引脚

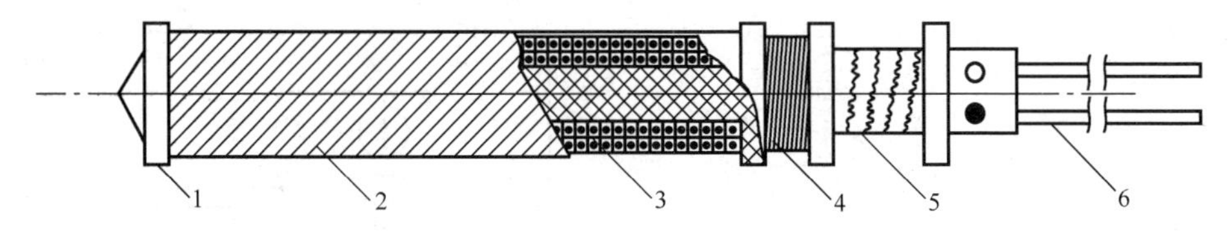

图 2.13　铜热电阻结构

1. 线圈骨架；2. 保护层；3. 铜电阻丝；4. 扎线；5. 补偿绕组；6. 铜质引脚

电阻阻值的变化来测量的，因此热电阻体的引出线等各种导线电阻的变化会给温度测量带来影响。

(2) 铠装热电阻

铠装热电阻是由感温元件（电阻体）、引线、绝缘材料、不锈钢套管组合而成的坚实体，它的外径一般为 2～8mm，最小可达 2mm。与普通型热电阻相比，它有下列优点：①体积小，内部无空气隙，热惯性上测量滞后小；②机械性能好，耐振，抗冲击；③能弯曲，便于安装；④使用寿命长。

(3) 端面热电阻

端面热电阻感温元件由特殊处理的电阻丝材料绕制，紧贴在温度计端面。它与一般轴向热电阻相比，能更正确和快速地反映被测端面的实际温度，适用于测量轴瓦和其他机件的端面温度。

(4) 隔爆型热电阻

隔爆型热电阻通过特殊结构的接线盒把其外壳内部爆炸性混合气体因受到火花或电弧等影响而发生的爆炸局限在接线盒内，生产现场不会引起爆炸。隔爆型热电阻可用于 Bla～B3c 级区内具有爆炸危险场所的温度测量。

3. 热电阻的测量转换电路

通常工业上用于测温是采用铂电阻和铜电阻作为敏感元件，测量电路用得较多的是电桥电路。为了克服环境温度的影响常采用图 2.14 所示的三导线$\frac{1}{4}$电桥电路。采用这种电路，热电阻的两根引线的电阻值被分配在两个相邻的桥臂中，如果 $R_1'=R_2'$，则由环境温度变化引起的引线电阻值变化造成的误差被相互抵消。

4. 热电阻的应用

图 2.15 是一个热电阻流量计的原理图。两个铂电阻探头 R_{t1} 和 R_{t2}，R_{t1} 放在管道中央，它的散热情况受介质流速的影响。R_{t2} 放在温度与流体相同，但不受介质流速影响的小室中。当介质处于静止状态时，电桥处于平衡状态，流量计没有指示。当介质流动时，由于介质流动带走热量，温度的变化引起阻值变化，电桥失去平衡而有输出，电流计的指示直接反映了流量的大小。

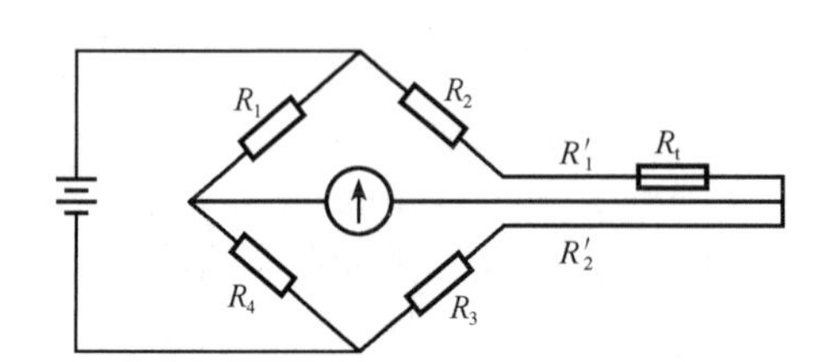

图 2.14　热电阻的测量转换电路

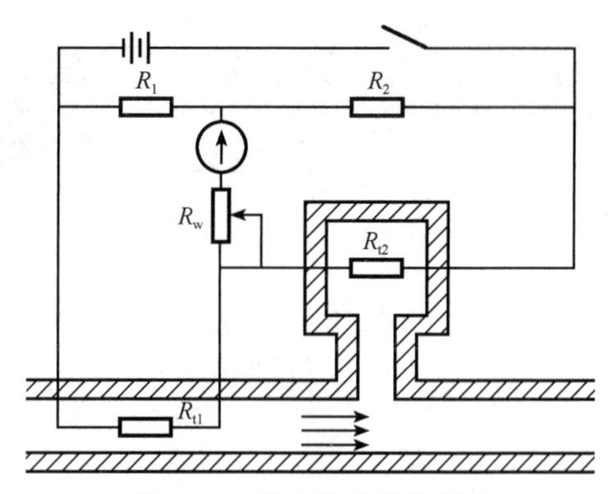

图 2.15　热电阻流量计原理

2.2.2　热敏电阻

热敏电阻是一种利用半导体制成的敏感元件，其特点是电阻率随温度而显著变化。热敏电阻因其电阻温度系数大、灵敏度高、热惯性小、反应速度快、体积小、结构简单、使用方便、寿命长、易于实现远距离测量等特点得到广泛的应用。热敏电阻的缺点是互换性较差，同一型号的产品特性参数有较大差别。再就是其热电特性是非线性的，这给使用带来一定不便。尽管如此，热敏电阻灵敏度高、便于远距离控制、成本低、适合批量生产等突出的优点使得它的应用范围越来越广泛。随着科学技术的发展、生产工艺的成熟，热敏电阻的缺点都将逐渐得到改进，在温度传感器中热敏电阻已取得了显著的优势。

1. 热敏电阻的分类

按温度特性热敏电阻可分为三类：正温度系数热敏电阻（PTC）负温度系数热敏电阻（NTC）和临界负温度系数热敏电阻（CTR）。NTC 热敏电阻以 MF 为其型号，PTC 热敏电阻以 MZ 为其型号。

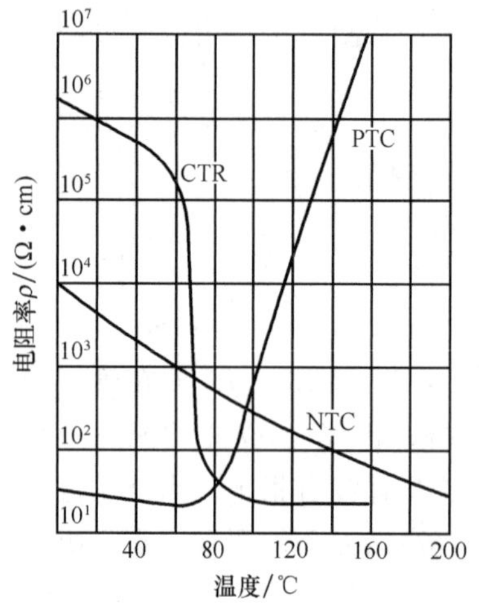

图 2.16　热敏电阻温度特性曲线

（1）正温度系数热敏电阻

正温度系数热敏电阻简称 PTC。在工作温度范围内，其电阻随温度的升高而非线性增大，温度特性曲线如图 2.16 所示。常用的缓变型 PTC 其阻值随温度变化非常缓慢，具有恒温、调温和自动控温的功能，只发热，不发红，无明火，不易燃烧，交、直流电压 3～440V 均可，使用寿命长，非常适用于电动机等电器装置的过热探测。

（2）负温度系数热敏电阻

负温度系数热敏电阻简称 NTC。在工作温度范围内，其阻值随温度的升高而非线性下降，温度特性曲线如图 2.16 所示。负温度系数热敏电阻类型很多，使用区分低温（－60～300℃）、中温（300～600℃）、高温（＞600℃）三种，有灵敏度高、稳定性好、响应快、寿命长、价格低等优点，广泛应用于需要定点测温的温度自动控制电路，如冰箱、空调、温室等的温控系统。

(3) 临界负温度系数热敏电阻

临界负温度系数热敏电阻简称 CTR。CTR 是一种开关型 NTC，在临界温度附近，其电阻随温度上升而急剧减小，温度特性曲线如图 2.16 所示。

2. 热敏电阻的结构

热敏电阻的结构形式很多，如图 2.17（a～c）所示。家用电器中常用的精密型 NTC 温度传感器的外形和尺寸如图 2.18 所示，可根据使用需要选取。

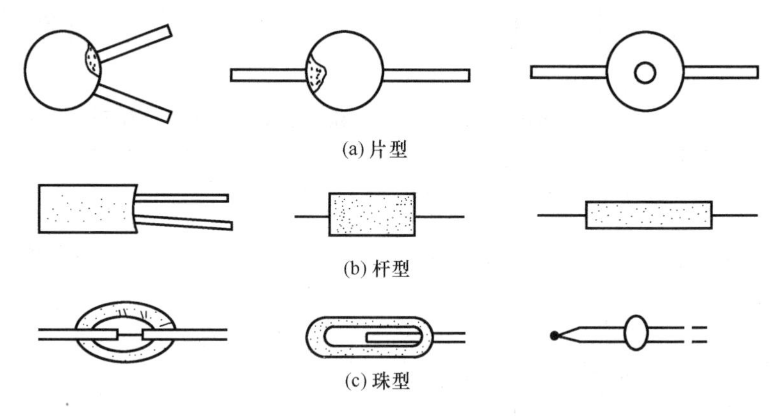

图 2.17　热敏电阻的结构形式

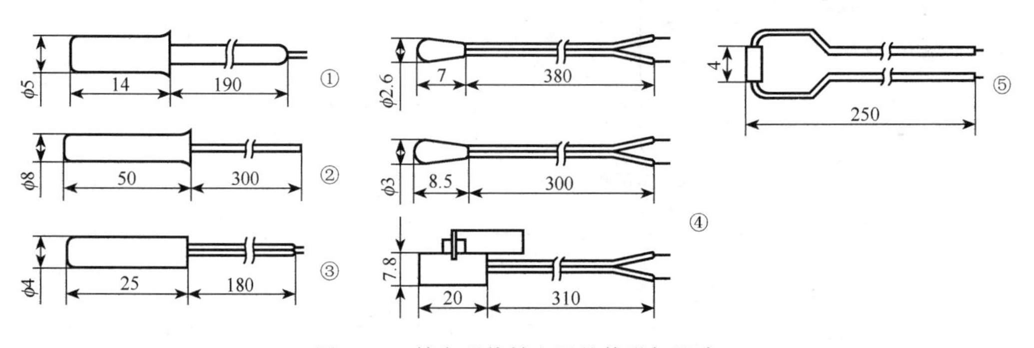

图 2.18　精密型热敏电阻的外形与尺寸

3. 热敏电阻的选择

(1) 热敏电阻的类型选择

根据不同的使用目的，参考表 2.5 和表 2.6 选择相应的热敏电阻的类型、参数及结构。

表 2.5　热敏电阻的类型、参数选择

使用目的	适用类型	常温电阻率/Ω·cm	阻值稳定性	误差范围	结　构
温度测量与控制	NTC	0.1～1	0.5%	±(2%～10%)	珠状
流速、流量、真空、液位	NTC	1～100	0.5%	±(2%～10%)	珠状，薄膜型
温度补偿	NTC PTC	1～100 0.1～100	5%	±10%	珠状，杆状，片状 珠状，片状
继电器等动作延时 直接加热延时	NTC CTR	1～100 0.1～100	5%	±10%	ϕ10 以上盘状 ϕ0.3～0.6 珠状
电泳抑制 过载保护 自动增益控制	CTR PTC NTC	1～100 1～100 0.1～100	5% 10% 2%	±10% ±20% ±10%	ϕ10 以上盘状 盘状 ϕ0.3～0.6 珠状

表 2.6　部分国产热敏电阻温度传感器的型号、规格和外形

型号及名称	主要参数		外形结构	用途及测温范围
	R_{25}及偏差	B 值及偏差		
CWF51A 温度传感器	5000Ω±5%	3620k±2%	见图 2.18 中①	冰箱、冰柜、淋浴器（−40～+80℃）
CWF51B 温度传感器	2640Ω±5%	3650k±2%	见图 2.18 中②	用于东芝冰箱维修更换（−40～+80℃）
CWF52A 温度传感器	20 000Ω±5%	4000k±2%	见图 2.18 中③	用于乐声空调机维修更换（−40～+80℃）
CWF52B 温度传感器	15 000Ω±5%			
CWF52C 温度传感器	10 000Ω±3%	4000k±2%	见图 2.18 中④	用于三菱空调机维修更换（−40～+80℃）
CWF52D 温度传感器	12 000Ω±5%			
MF58F 温度传感器	50kΩ ±5%，100kQ	(3560～4500)k ±2%	见图 2.18 中⑤	电饭锅，电开水器、电磁炉、恒温箱（−40～+80℃）
说明：标称电阻值 R_{25}	它指 NTC 热敏电阻的设计电阻值，通常指在 25℃时测得的零功率电阻值			
说明：B 值	B 值是 NTC 热敏电阻的热敏系数，一般 B 值越大，绝对灵敏度越高			
说明：精度	表示 R_{25}的偏差范围和 B 值偏差范围。精密型 NTC 温度传感器的精度分档为±1%、±2%、±3%、±5%、±10%			

（2）NTC 伏-安特性区的选择

NTC 热敏电阻的伏-安特性如图 2.19 所示，可分为三个特性区，图中 H 为耗散系数。应用时三个特性区的选择如下：

1）在峰值电压降 U_m 左侧（a 区）适用于检测温度及电路的温度补偿。

2）在峰值电压降 U_m 附近（b 区）可用做电路保护、报警等开关元件。

3）在峰值电压降 U_m 右侧（c 区）适用于检测与耗散系数有关的流速、流量、真空度及自动增益电路、RC 振荡器稳幅电路等。

PTC 还常用于彩色电视机的消磁电路开关、电冰箱启动开关、空调电辅加热等。

4. 热敏电阻的应用

（1）热敏电阻测温度

测量温度的热敏电阻一般结构较简单，价格较低廉。没有外面保护层的热敏电阻只能应用在干燥的地方。密封的热敏电阻不怕湿气的侵蚀，可以使用在较恶劣的环境下。由于热敏电阻的阻值较大，故其连接导线的电阻和接触电阻可以忽略，因此热敏电阻可以在长达几千米的远距离温度测量中应用。

测量电路多采用桥路。图 2.20 是热敏电阻测量温度的原理图。该原理还可以用于其他测温、控温电路。调试时，必须先调零，再调满度，最后再验证刻度盘中其他各点的误差是否在允许范围内，上述过程称为标定。具体做法如下：将绝缘的热敏电阻放入 32℃（表头的零位）的温水中，待热量平衡后调节 R_{P_1}，使指针指在 32℃上，再加入热水，用更高一级的数字式温度计监测水温，使其上升到 45℃。待热量平衡后，调节 R_{P_2}，使指针指在 45℃上。再加入冷水，逐渐降温，检查 32～45℃范围内刻度的准确性。如果不准确，则：①可重新刻度；②带微机的情况下，可用软件修正之。目前上述热敏电阻温度计均已数字化，其外形类似于圆珠笔。图 2.20 只是其原理图。上述调试、标定的基本原理是检测技术人员必须掌握的最基本的技术，必须在实践环节反复训练类似的调试基本功。

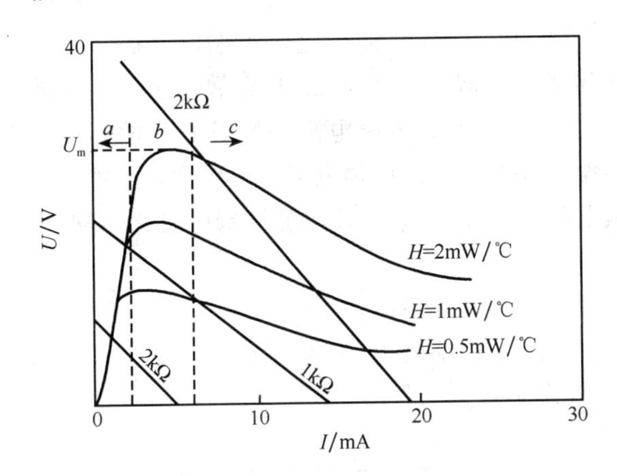

图 2.19　NTC 热敏电阻的伏-安特性

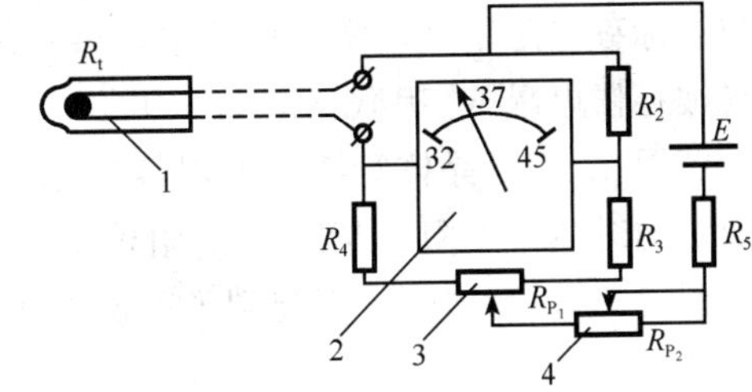

图 2.20　热敏电阻体温表原理

1. 热敏电阻；2. 指针式显示表；
3. 调零电位器；4. 调满度电位器

（2）热敏电阻在过热保护电路中的应用

图 2.21 是电动机绕组过热保护电路，图中 R_{t1}，R_{t2}，R_{t3} 为三只特性相同的负温度系数热敏电阻，分别安放在各相绕组中，并用黏合剂紧靠绕组固定。当电动机正常工作时，温度较低，热敏电阻阻值较大，三极管 T 因偏置小而截止，继电器 J 不动作。当电动机过负荷或断相或一相接地，电动机绕组温度急剧上升，热敏电阻阻值急剧减小，

三极管T因偏置上升而导通，继电器J动作，切断电源，起到保护作用。R_1，R_2 为偏置电阻，阻值可根据电动机各种绝缘等级的允许温升实验调节。

图2.22是三极管过热保护电路。R_t 为正温度系数热敏电阻，紧贴被保的三极管T放置，当达到设定的温度时，热敏电阻 R_t 阻值增加，三极管T基极偏置减小，从而有效地限制三极管集电极电流的增加，起到保护三极管的作用。

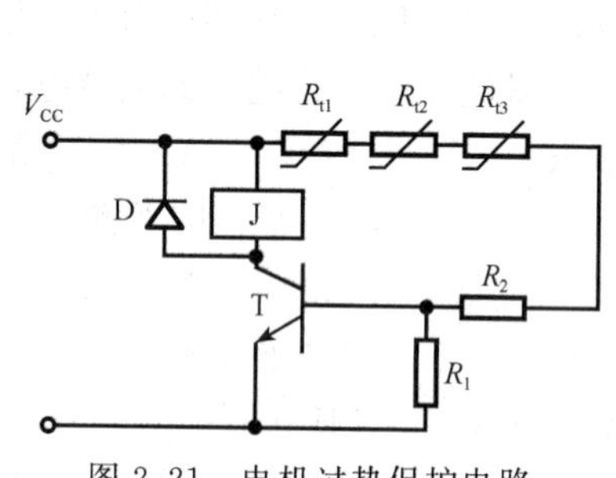

图2.21　电机过热保护电路

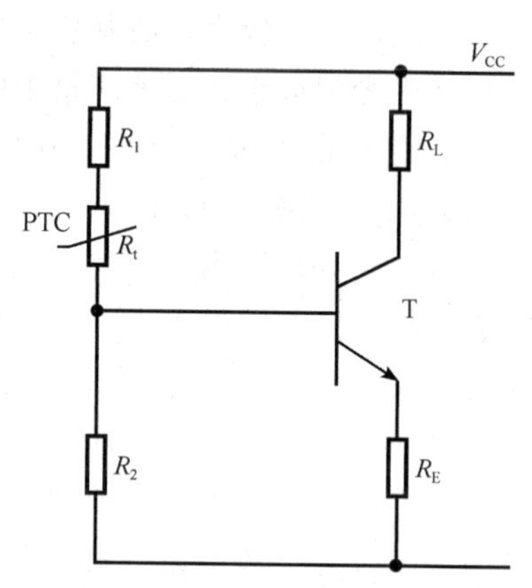

图2.22　三极管过热保护电路

（3）热敏电阻在温度补偿中的应用

在电子线路中，经常会遇到因温度升高某些元器件特性变化而影响电路的正常工作，选择合适的热敏电阻予以补偿，可使问题得以解决。图2.23是金属电阻（例如线圈、游丝、弹簧、线绕电阻等）的温度补偿电路。因为金属电阻一般具有正的温度系数，故选用负温度系数的热敏电阻进行补偿。热敏电阻的标称电阻一般较大，不能直接与被标称电阻串联，实际应用中，将热敏电阻 R_t 与温度系数较小的锰铜电阻 R_1 并联后与被补偿电阻 R_2 串联（图2.23）。

图2.24是晶体管特性的温度补偿电路。当温度升高时，晶体管集电极电流 I_C 增加，同时热敏电阻（NTC）的阻值 R_t 减小，晶体管基极电位 U_b 下降，引起 I_b 减小，抑制了 I_C 的增加，从而起到了稳定晶体管静态工作点的作用。

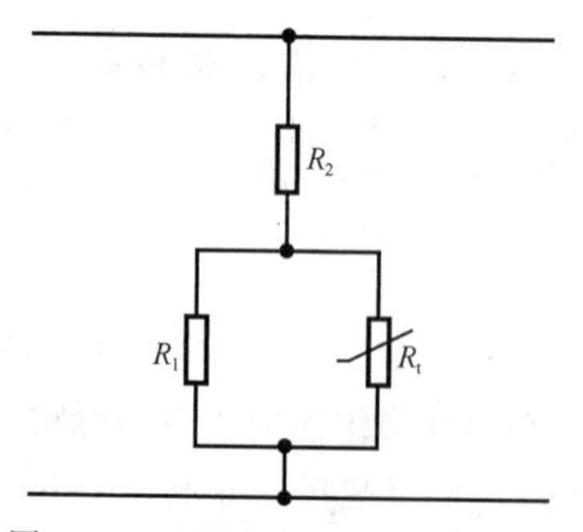

图2.23　金属电阻的温度补偿电路

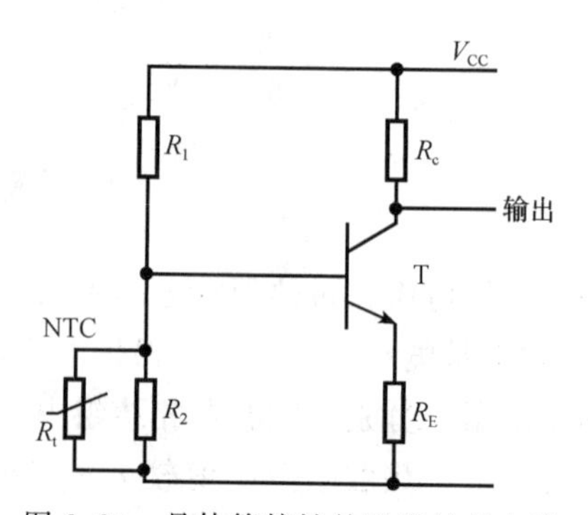

图2.24　晶体管特性的温度补偿电路

(4) 热敏电阻在温度控制中的应用

图 2.25 是双限温度控制器电路图，该控制器可将室温有效地控制在 0～80℃范围内的任意一个预置的温度区间，因此能够满足育秧、菌种培育、孵化等多种农、牧生产的需要。

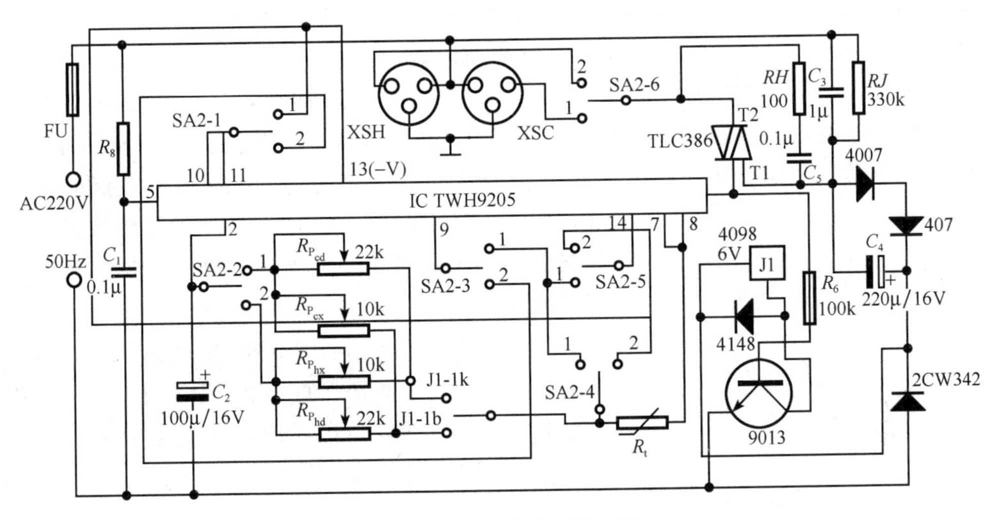

图 2.25　双限温度控制器电路图

图中核心部件是热敏电阻 R_t 和多功能过零型同步驱动集成电路 TWH9205，控制器实现温度的检测和加热、制冷的控制。SA2 为六刀双掷小型波段开关，实现“冷关断”和“热关断”工作模式的切换。XSC 是为制冷机提供电源的插座，XSH 是为加热器提供电源的插座。

“冷关断”工作模式：当环境温度高于上限温度时，XSC 插座得电，制冷机启动“制冷”；当环境温度低于下限温度时，XSC 插座失电，制冷机停止。“冷关断”工作模式适用于环境温度比较高的场合和季节。

“热关断”工作模式：当环境温度低于下限温度时，XSH 插座得电，加热器启动“加热”；当环境温度高于上限温度时，XSH 插座失电，加热器停止。“热关断”工作模式适用于环境温度比较低的场合和季节。

2.3　气敏、湿敏电阻传感器

2.3.1　气敏电阻传感器

在现代社会的生产和生活中，人们往往会接触到各种各样的气体，需要对它们进行检测和控制，比如化工生产中气体成分的检测与控制，煤矿瓦斯浓度的检测与报警，环境污染情况的监测，煤气泄漏，火灾报警，燃烧情况的检测与控制等。气敏电阻传感器就是一种将检测到的气体的成分和浓度转换为电信号的传感器。

1. 气敏电阻的工作原理及特性

气敏电阻是一种半导体敏感器件，它是利用气体的吸附而使半导体本身的电导率发生变化这一机理来进行检测的。人们发现某些氧化物半导体材料如 SnO_2、ZnO、Fe_2O_3、MgO、NiO、$BaTiO_3$ 等都具有气敏效应。

以 SnO_2 气敏元件为例，它由 0.1～10μm 的晶体集合而成，这种晶体是作为 N 型半导体而工作的，在正常情况下是处于氧离子缺位的状态，当遇到离解能较小且易于失去电子的可燃性气体分子时，电子从气体分子向半导体迁移，半导体的载流子浓度增加，因此电导率增加。而对于 P 型半导体来说，它的晶格是阳离子缺位状态，当遇到可燃性气体时其电导率则减小。

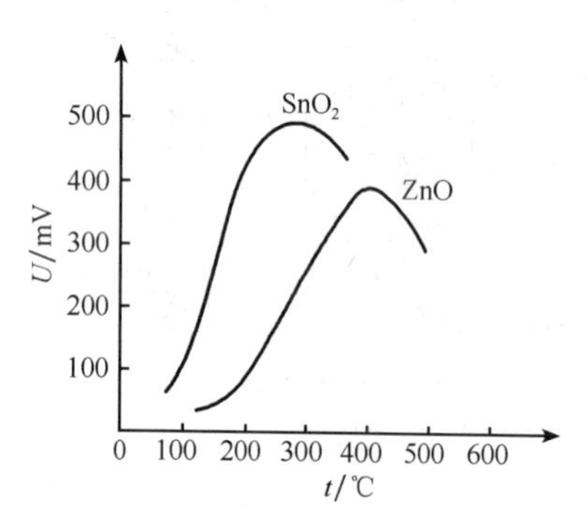

图 2.26 气敏电阻灵敏度与温度的关系

气敏电阻的温度特性如图 2.26 所示，图中纵坐标为灵敏度，即由于电导率的变化而引起在负载上所得到的信号电压。由曲线可以看出，SnO_2 在室温下虽能吸附气体，但其电导率变化不大。但当温度增加后，电导率就发生较大的变化，因此气敏元件在使用时需要加温。此外，在气敏元件的材料中加入微量的铅、铂、金、银等元素以及一些金属盐类催化剂可以获得低温时的灵敏度，也可增强对气体种类的选择性。

2. 常用的气敏电阻

气敏电阻根据加热的方式可分为直热式和旁热式两种，直热式消耗功率大，稳定性较差，故应用逐渐减少。旁热式性能稳定，消耗功率小，其结构上往往加有封压双层的不锈钢丝网防爆，因此安全、可靠，应用面较广。

(1) 氧化锌系气敏电阻

ZnO 是属于 N 型金属氧化物半导体，也是一种应用较广泛的气敏器件。通过掺杂而获得不同气体的选择性，如掺铂可对异丁烷、丙烷、乙烷等气体有较高的灵敏度，而掺钯则对氢、一氧化碳、甲烷，烟雾等有较高的灵敏度。ZnO 气敏电阻的结构如图 2.27 所示，这种气敏元件的结构特点是：在圆形基板上涂敷 ZnO 主体成分，当中加以隔膜层与催化剂分成两层而制成。例如生活环境中的一氧化碳浓度达 0.8～1.15mL/L 时，就会出现呼吸急促、脉搏加快、甚至晕厥等状态，达 1.84mL/L 时则有在几分钟内死亡的危险，因此对一氧化碳检测必须快而准。利用 SnO_2 金属氧化物半导体气敏材料，通过对颗粒超微细化和掺杂工艺制备 SnO_2 纳米颗粒，并以此为基体掺杂一定催化剂，经适当烧结工艺进行表面修饰，制成旁热式烧结型 CO 敏感元件，能够探测 0.005%～0.5%范围的 CO 气体。

(2) 氧化铁系气敏电阻

图 2.28 是 γ-Fe_2O_3 材料制成的气敏电阻整体结构。当还原性气体与多孔的 γ-Fe_2O_3 接触时，气敏电阻的晶粒表面受到还原作用转变为 Fe_3O_4，其电阻串迅速降低。这种敏感元件用于检测烷类气体特别灵敏。

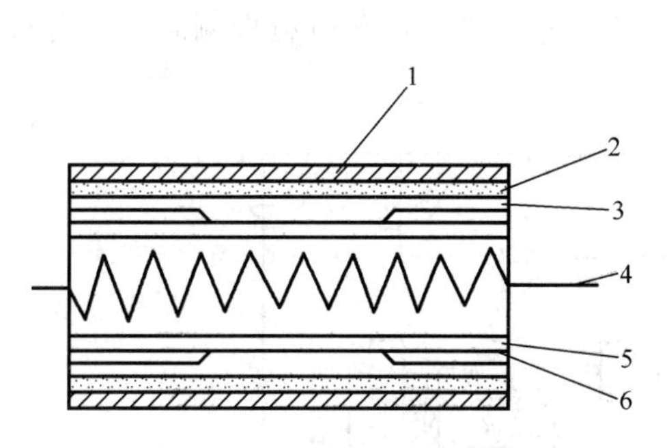

图 2.27　ZnO 气敏电阻结构

1. 催化剂；2. 隔膜；3. ZnO 涂层；
4. 加热丝；5. 绝缘基板；6. 电极

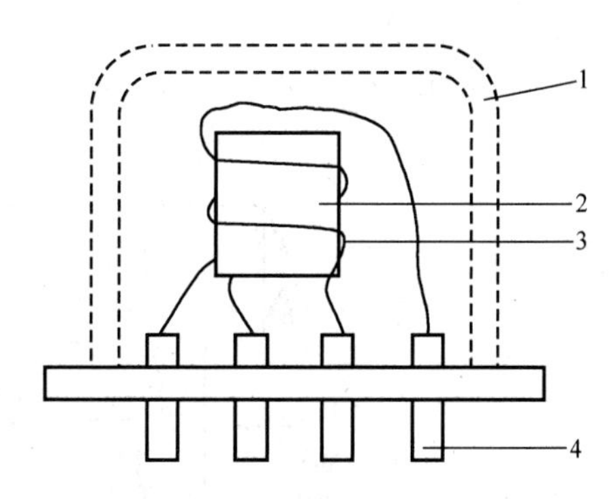

图 2.28　γ-Fe_2O_3 气敏电阻结构

1. 双层网罩；2. 烧结体；
3. 加热线圈；4. 引脚

表 2.7 列出了常用的气敏电阻元件的适用范围。

表 2.7　常用的气敏电阻元件的适用范围

型　号	适用范围
MQ-K6 型	液化石油气、汽油
MQ-K7 型	天然气、甲烷
MQ-K1 型	可燃性气体及可然性液体蒸汽（天然气、煤气、液化石油气、氢气、烯烃类气体、汽油、煤油、一氧化碳、乙炔、氨类、醚类蒸汽、烟雾等）
MQ-K8 型	城市煤气或氢气、乙炔、乙烯等可燃性气体
MQ-J1 型	各种酒气及乙醇气体
MQ-Y1 型	一氧化碳
MQ-Z 型	可燃性气体及可燃性蒸汽（天然气、煤气、液化石油气、氢气、烯烃类气体、汽油、烟雾等）
MQ-N5 型	可燃性气体（天然气、煤气、液化石油气、氢气、烷烃类、烯烃类、炔烃类气体、汽油、煤油、柴油、氨类、醇类、醚类等可燃液体蒸汽及烟雾等）

3. 气敏电阻的应用

气敏电阻由于具有灵敏度高、响应时间长、恢复时间短、使用寿命长、成本低等特点，广泛应用于防灾报警，如可制成液化石油气、天然气、城市煤气、煤矿瓦斯以及有毒气体等方面的报警器，也可用于对大气污染进行监测以及在医疗上用于对 O_2、CO_2 等气体的测量，生活中则可用于空调机、烹调装置、酒精浓度探测等方面。

（1）气体检漏仪

它是利用气敏元件的气敏特性，将其作为电路中的气-电转换元件配以相应的电路、指示仪表或声光显示部分而组成的气体检测仪器。该类仪器具有灵敏度高、体积小、使用方便等特点。图 2.29 是采用 MQ-N5 型气敏元件组成的简易袖珍式气体检漏仪原理图，其电路简单、集成化，仅用了一块四与非门集成电路，可用镉镍电池供电，用压电蜂鸣器和发光二极管进行声光报警。气敏元件安装在探测杆端部进行探测时，它可从机内拉出。

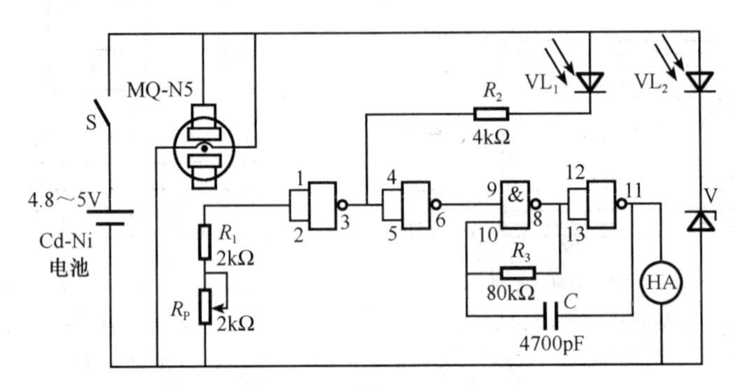

图 2.29　采用 MQ-N5 型气敏元件组成的简易袖珍式气体检漏仪原理

对检漏现场有防爆要求时，必须用防爆气体检漏仪进行检漏，与普通检漏仪相比，这种检漏仪仪器壳体结构及有关部件要根据探测气体和防爆等级要求进行设计，采用 MQ-N5 型气敏元件作气-电转换元件，用电子吸气泵进行气体取样，用指针式仪表指示气体浓度，由蜂鸣器进行报警。

（2）有毒有害气体报警器

如图 2.30 所示，在室内空气正常情况下，555 电路输出端 3 脚为高电平。当气敏元件检测到可燃性气体（如煤气、液化石油气、汽油、酒精、烟雾等有毒、有害气体）时，气敏电阻急剧下降，555 的 2 脚电位高于$\frac{1}{3}V_{DD}=4V_V$ 时，555 工作状态返转，3 脚变为低电平，继电吸合，接通报警器电源，报警发出报警声，提醒用户注意，同时发光二极管 LED_2（红色）闪亮。正常情况下，LED_1（绿色）亮，可用作电源指示。气敏电阻需要一个稳定的加热电压，其值约 5V，可通过 R_{P_1}、R_1 的分压来确定。电位器 R_{P_2} 用于调整 555 触发端 2 脚的触发电平，正常条件下约为 3.5V。本电路中的继电器还可控制机外的报警器或排气扇等设施。

（3）矿灯瓦斯报警器

图 2.31 为矿灯瓦斯报警器原理图。瓦斯探头由 MQ-N5 型气敏元件、R_1 及 4V 矿灯蓄电池等组成。R_P 为瓦斯报警设定电位器。当瓦斯超过某一设定点时，R_P 输出信号通过二极管 V_1 加到 V_2 基极上，V_2 导通，V_3，V_4 便开始工作。V_3，V_4 为互补式自激多谐振荡器，它们的工作使继电器吸合与释放，信号灯闪光报警。

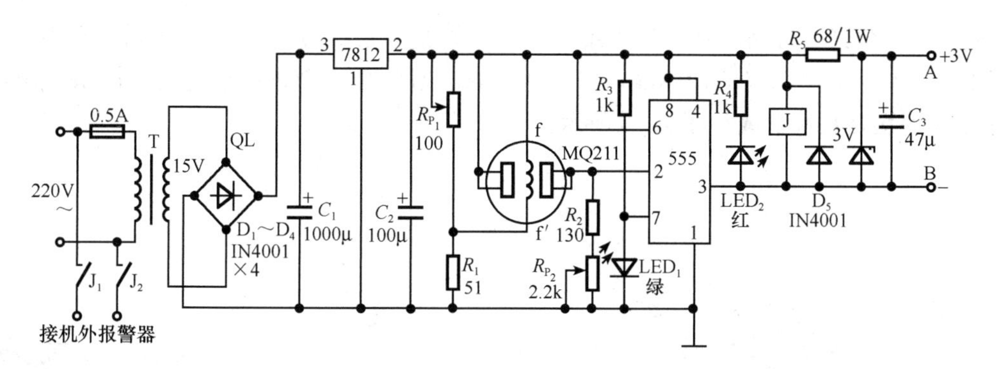

图 2.30　有毒有害气体报警器电路

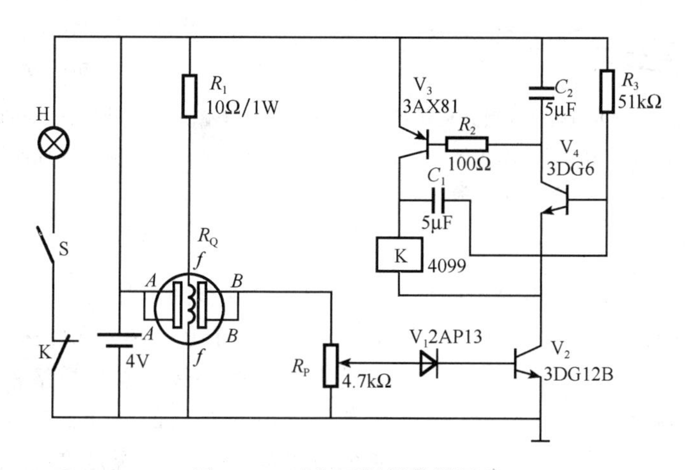

图 2.31　矿灯瓦斯报警器原理

2.3.2　湿敏电阻传感器

随着现代工业技术的发展，纤维、造纸、电子、建筑、食品、医疗等部门提出了高精度高可靠性测量和控制湿度的要求，各种湿敏电阻传感器随之不断出现。利用湿敏电阻传感器进行湿度测量和控制具有灵敏度高、体积小、寿命长、不需维护、可以进行遥测和集中控制等优点。湿敏电阻传感器是利用湿敏材料吸收空气中的水分而导致本身电阻值发生变化这一原理而制成的。

1. 湿敏电阻常见类型

（1）半导体陶瓷湿敏元件

铬酸镁-二氧化钛陶瓷湿敏元件是较常用的一种湿度传感器，它是由 $MgCr_2O_4$-TiO_2 固熔体组成的多孔性半导体陶瓷。这种材料的表面电阻值能在很宽的范围内随湿度的增加而变小，即使在高湿条件下，对其进行多次反复的热清洗，其性能仍不改变。图 2.32 为这种湿敏元件的结构示意图。该元件采用了 $MgCr_2O_4$-TiO_2 多孔陶瓷，电极材料二氧化钛通过丝网印制到陶瓷片的两面，在高温烧结下形成多孔性电极。在陶瓷片周围装置有电阻丝绕制的加热器，以 450℃/min 对陶瓷表面进行热清洗。湿敏电阻的电阻-相对湿度特性曲线如图 2.33 所示。

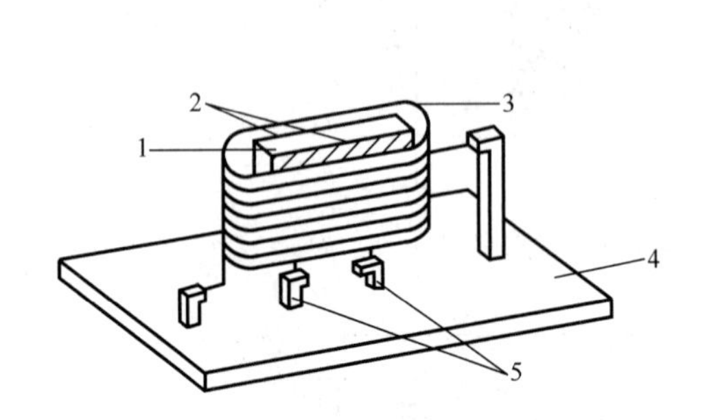

图 2.32　$MgCr_2O_4$-TiO_2 湿敏元件结构

1. 感湿陶瓷；2. 二氧化钛电极；3. 加热器；4. 基板；5. 引线

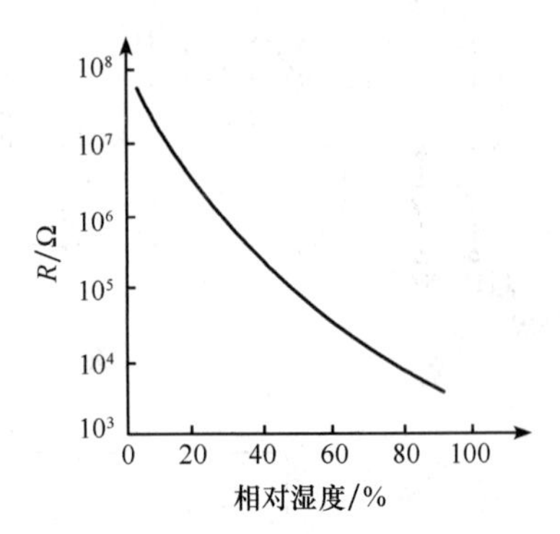

图 2.33　湿敏电阻的电阻-相对湿度特性曲线

（2）氯化锂湿敏电阻

图 2.34 是氯化锂湿敏电阻的结构图。它是在聚碳酸酯基片上制成一对梳状金电极，然后浸涂溶于聚乙烯醇的氯化锂胶状溶液，其表面再涂上一层多孔性保护膜而成。氯化锂是潮解性盐，这种电解质溶液形成的薄膜能随着空气中水蒸气的变化而吸湿或脱湿。感湿膜的电阻随空气相对湿度变化而变化，当空气中湿度增加时感湿膜中盐的浓度降低。

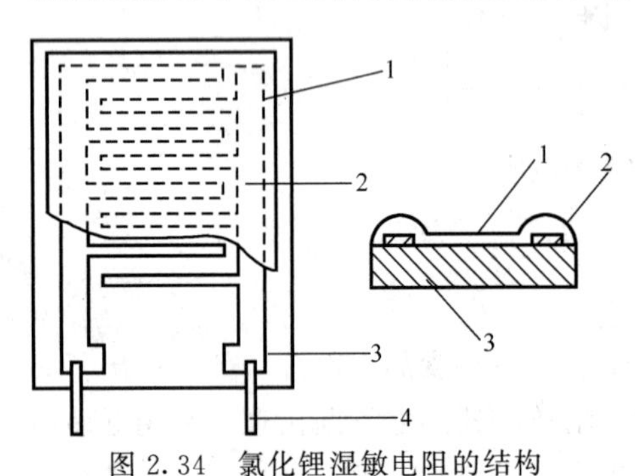

图 2.34　氯化锂湿敏电阻的结构

1. 感湿膜；2. 电极；3. 绝缘基板；4. 引线

（3）有机高分子膜湿敏电阻

有机高分子膜湿敏电阻是在氧化铝等陶瓷基板上设置梳状型电极，然后在其表面涂以具有感湿性能、又有导电性能的高分子材料的薄膜，再涂覆一层多孔质的高分子膜保护层。这种湿敏元件是利用水蒸气附着于感湿薄膜上，电阻值与相对湿度相对应这一性质。由于使用了高分子材料，所以它适用于高温气体中湿度的测量。图 2.35 是三氧化二铁-聚乙二醇高分子膜湿敏电阻的结构及与特性。

2. 湿敏电阻的应用

（1）湿敏传感器应用注意事项

1）电源选择。湿敏电阻必须工作于交流回路中。若用直流供电，会引起多孔陶瓷表面结构改变，湿敏特性变劣。采用交流电源频率过高，将由于元件的附加容抗而影响测湿灵敏度和准确性，因此应以不产生正、负离子积聚为原则，使电源频率尽可能低。

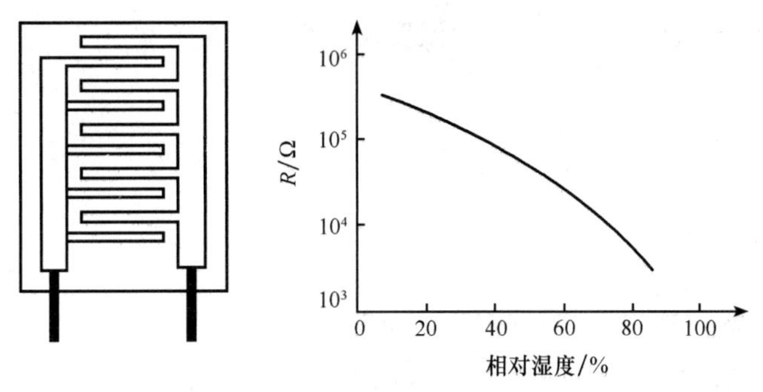

图 2.35　高分子膜湿敏电阻及与特性

对离子导电型湿敏元件，电源频率应大于 50Hz，一般以 1000Hz 为宜。对电子导电型湿敏元件，电源频率应低于 50Hz。

2）线性化。一般湿敏元件的特性均为非线性，为便于测量，应将其线性化。

3）温度补偿。通常氧化物半导体陶瓷湿敏电阻温度系数为 0.1～0.3，故在测湿精度要求高的情况下必须进行温度补偿。

4）测湿范围。电阻式湿敏元件在湿度超过 95%RH 时，湿敏膜因湿润溶解，其厚度会发生变化，若反复结露与潮解，特性变坏而不能复原。电容式传感器在 80%RH 以上高湿及 100%RH 以上结露或潮解状态下也难以检测。另外，切勿将湿敏电容直接浸入水中或长期用于结露状态，也不要用手摸或嘴吹其表面。

（2）简易湿度测量

湿度测量的关键在于湿度传感器，本测量器采用湿度传感器 H204C，该器件的主要特性参数如表 2.8 所示。

表 2.8　H204C 特性

功耗（AC）	<0.5mW				
工作频率	50Hz～lkHz				
线性误差	≤±5%RH				
温度系数	≤1%RH/℃				
响应时间（30%～90%）	≤2min				
温度（%RH）	10	30	50	70	90
阻值/kΩ	900	420	150	63	27

由表 2.8 可知，传感器 H204C 工作时要求加交流电信号，因为加直流电压将因器件内部发生电解作用而减少使用寿命，甚至损坏。为此，在电路中采用了 555 振荡源，如图 2.36 所示，555 和 R_1、R_{P_1}、C_1 组成无稳态多谐振荡器，$f=1.44/(R_{P_1}+2R_1)C_1$，图示参数的振荡频率在 700～1000Hz 范围，调节 R_{P_1}，以选定最佳工作交流电压提供给传感器 H204C。IC_2、IC_3 选用低功耗四运放 LM2902，H204C 跨接在 IC_2 输出端 1 脚和反相端 2 脚之间，与 R_4、C_3 等组成对数压缩电路。$IC_3\left(\frac{1}{4}\text{LM2902}\right)$接成 AC/DC 转换电路，将 IC_2 来的 1000Hz 交流信号变换成直流信号，经滤波后加至数字电压表或

150μA 左右量程的直流电表，用以指示温度及其变化情况。

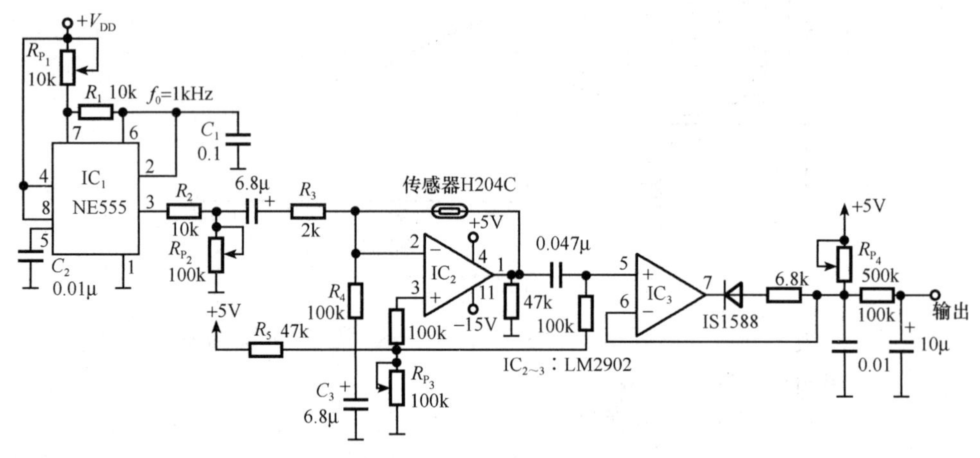

图 2.36　简易湿度测量电路

（3）室内湿度控制

如图 2.37 所示，湿度控制器由降压整流电路、湿度传感头、定时控制（排气扇）电路等组成，用于当室内的相对湿度超过某一值（如 80%）时，启动排气扇，直至相对湿度降至规定的值。

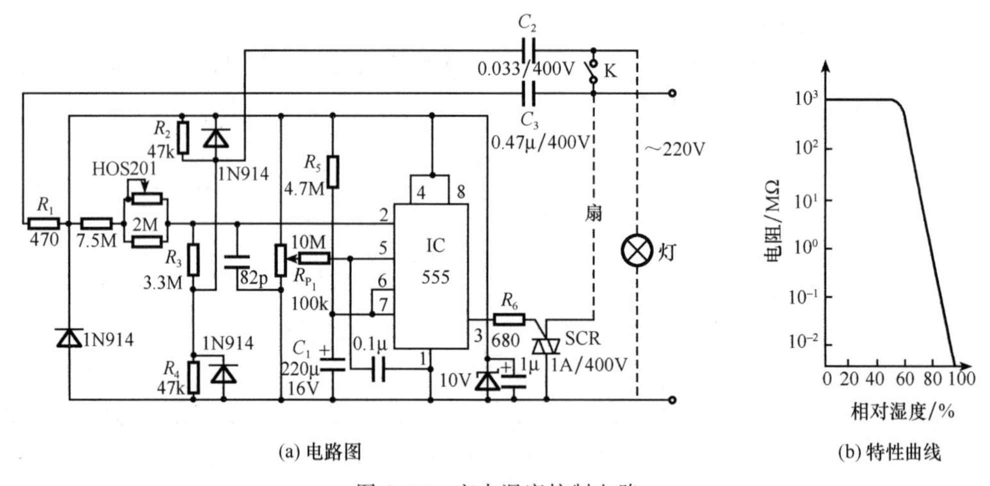

图 2.37　室内湿度控制电路

降压整流电路为控制器提供 $V_{DD}=10V$ 的电源电压。湿度传感器采用型号为 HOS201 的湿敏电阻，它的特性如图 2.37（b）所示。当相对湿度从 40%～88%变化时，阻值从约 700MΩ 变至约 700kΩ，因而使 IC（555）的 2 脚电平从低电平变至高电平$\left(>\frac{1}{3}V_{DD}\right)$。IC 和湿敏传感网络及 R_5、C_1 等组成单稳态定时电路。当湿度超过预定值时，555 的 2 脚呈高电平，SCR 触发导通，将排气扇电源接通，进行排气降温。排放时间由定时时间常数 R_5C_1 和控制端 5 脚的电平决定。调节 R_{P_1}，便可预置排放时间。

2.4　自感式传感器

自感式传感器是利用线圈自感或互感系数的变化来实现非电量电测的一种装置。利用电感式传感器，能对位移、压力、振动、应变、流量等参数进行测量。自感式传感器具有结构简单、灵敏度高、输出功率大、输出阻抗小、抗干扰能力强及测量精度高等一系列优点，因此在机电控制系统中得到广泛的应用。它的主要缺点是响应较慢，不宜于快速动态测量，而且传感器的分辨率与测量范围有关，测量范围大，分辨率低，反之则高。

自感式传感器种类很多，一般分为自感式和互感式两大类。人们习惯上讲电感式传感器通常指自感式传感器，而互感式传感器由于是利用变压器原理，又往往做成差动式，故常称为差动变压器式传感器。本节主要讨论的是自感式传感器。

自感式传感器主要由线圈、铁芯、衔铁等组成。工作时，衔铁通过测杆与被测物体相接触，被测物体的位移将引起线圈电感值的变化。当传感器线圈接入一定的测量电路后，电感的变化将转换成电压、电流或频率的变化，完成了非电量到电量的转换。这里主要将其分为气隙型和螺管型两种结构。

2.4.1　气隙型自感传感器

1. 工作原理

如图 2.38（a，b）所示，它由线圈、铁芯和衔铁等组成。设磁路中空气隙总长度为 2δ，由磁路基本知识知，线圈自感为

$$L=\frac{N_2}{R_m} \tag{2.16}$$

式中，N——线圈匝数；

R_m——磁路总磁阻（铁芯与衔铁磁阻和空气隙磁阻）。

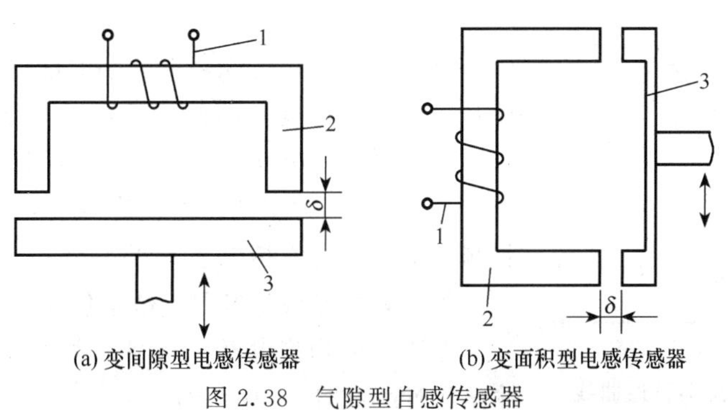

图 2.38　气隙型自感传感器

1. 线圈；2. 铁芯；3. 衔铁

气隙式自感传感器因为气隙较小（2δ 为 0.1～1mm），所以认为气隙磁场是均匀的，若忽略磁路铁损，则磁路总磁阻为

$$R_m = \frac{l_1}{\mu_1 S_1} + \frac{l_2}{\mu_2 S_2} + \frac{2\delta}{\mu_0 S} \tag{2.17}$$

式中，l_1——铁芯磁路长；

l_2——衔铁的磁路长；

S——气隙磁通截面积；

S_1——铁芯横截面积；

S_2——衔铁横截面积；

μ_1——铁芯磁导率；

μ_2——衔铁磁导率；

μ_0——真空磁导率，$\mu_0 = 4\pi \times 10^{-7}\,\mathrm{H/m}$；

2δ——气隙总长。

因此，有

$$L = \frac{N_2}{R_m} = N^2 \bigg/ \left(\frac{l_1}{\mu_1 S_1} + \frac{l_2}{\mu_2 S_2} + \frac{2\delta}{\mu_0 S} \right) \tag{2.18}$$

由于自感传感器的铁芯一般在非饱和状态下，其磁导率远大于空气的磁导率，因此铁芯磁阻远较气隙磁阻小，所以上式可简化为

$$L = \frac{N^2 \mu_0 S}{2\delta} \tag{2.19}$$

可见，自感 L 是气隙截面积和长度的函数，即 $L = f(S, \delta)$，如果 S 保持不变，则 L 为 δ 的单值函数，构成变间隙型电感传感器；若保持 δ 不变，使 S 随位移变化，则构成变面积型电感传感器。电感传感器特性曲线如图 2.39 所示。

2. *灵敏度*

对于变间隙型电感传感器，由（2.19）式可知，其输出特性为非线性，其灵敏度为

$$K = \frac{\mathrm{d}L}{\mathrm{d}\delta} = -\frac{N^2 \mu_0 S}{2\delta^2} = \frac{L}{\delta} \tag{2.20}$$

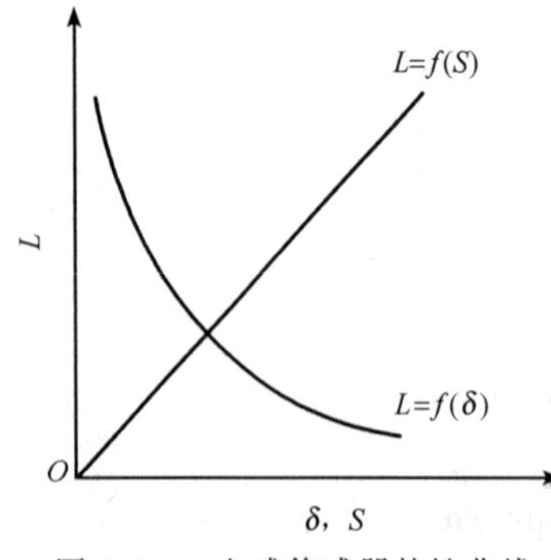

图 2.39　电感传感器特性曲线

由式（2.20）可知，在 δ 小的情况下，电感传感器具有较高的灵敏度，因此传感器的初始间隙 δ_0 之值不能过大，但太小装配又比较困难，通常取 $\delta_0 = 0.1 \sim 0.5\mathrm{mm}$。为了使传感器有较好的线性度，必须限制测量范围，通常衔铁移动的位移不超过（0.1～0.2）δ_0，因此这种传感器多用于微小位移测量。

对于变面积型电感传感器，由式（2.19）可知，其输出特性为线性，其灵敏度为

$$K = \frac{dL}{dS} = -\frac{N^2 \mu_0}{2\delta} = 常数 \tag{2.21}$$

这种传感器在改变截面时，其衔铁行程受到的限制小，故测量范围较大，又因衔铁易做成转动式，故多用于角位移测量。

2.4.2　螺管型自感传感器

螺管型自感传感器的结构如图 2.40 所示，其主要元件为一只螺管线圈和一根圆柱形铁芯。传感器工作时，铁芯在线圈中伸入长度的变化引起螺管线圈自感值的变化，当用恒流源激励时，则线圈的输出电压与铁芯的位移量有关。

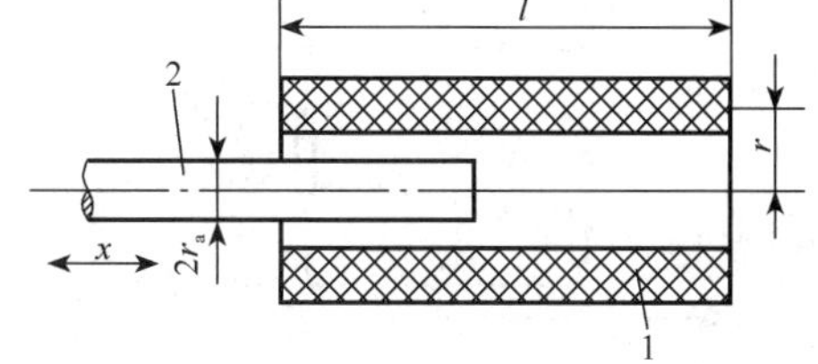

图 2.40　螺管型自感传感器

1. 线圈；2. 衔铁

这种传感器结构简单，制作容易，但灵敏度低，且衔铁在螺线管中间部分工作时才能获得较好的线性度。螺管型自感传感器适用于测量稍大一点的位移。

2.4.3　差动式电感传感器

在实际使用中，常采用两个相同的传感器线圈共用一个衔铁，构成差动式电感传感器，这样可以提高传感器的灵敏度，减小测量误差。图 2.41（a～c）是变间隙型、变面积型及螺管型三种类型的差动式电感传感器。

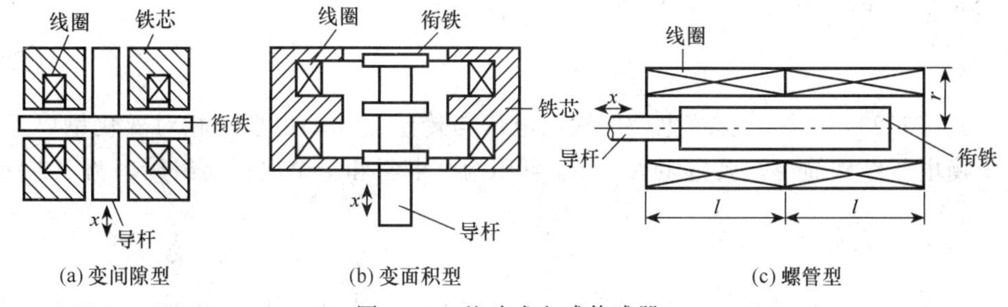

图 2.41　差动式电感传感器

差动式电感传感器的结构要求两个导磁体的几何尺寸及材料完全相同，两个线圈的电气参数和几何尺寸完全相同。差动式结构除了可以改善线性、提高灵敏度外，对温度变化、电源频率变化等影响也可以进行补偿，从而减少了外界影响造成的误差。

2.4.4　测量转换电路

交流电桥是自感传感器的主要测量电路，它的作用是将线圈电感的变化转换成电桥电路的电压或电流输出。

1. 电阻平衡电桥

电阻平衡电桥如图 2.42（a）所示。为了提高灵敏度、改善线性度，自感线圈一般

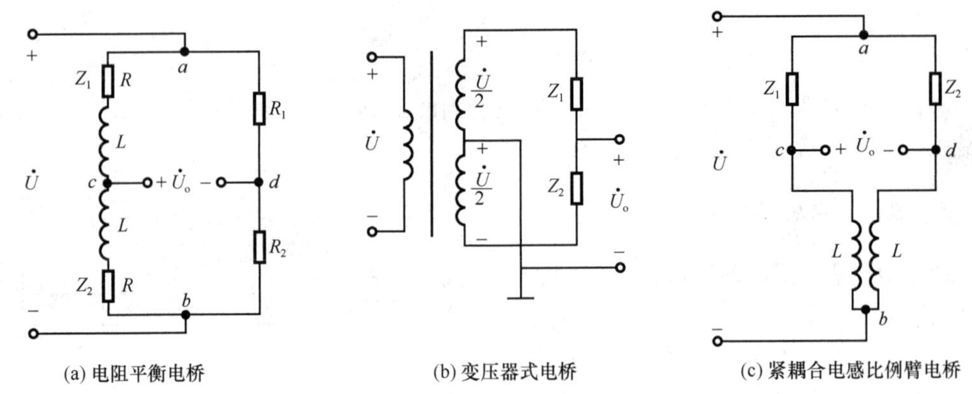

图 2.42　自感式电感传感器的测量电路

接成差动形式，Z_1，Z_2 为工作臂，即线圈阻抗，R_1，R_2 为电桥的平衡臂。

电桥平衡条件为

$$\frac{Z_1}{Z_2}=\frac{R_1}{R_2}$$

设 $Z_1=Z_2=Z=R+j\omega L$，$R_1=R_2=R$，$L_1=L_2=L$。工作时，$Z_1=Z+\Delta Z$ 和 $Z_2=Z-\Delta Z$，电桥输出电压为

$$\dot{U}_o=\frac{Z_1}{Z_1+Z_2}\dot{U}-\frac{R_1}{R_1+R_2}\dot{U}=\frac{\dot{U}\Delta Z}{2Z}=\frac{\dot{U}\Delta L}{2L} \tag{2.22}$$

当 $\omega L\gg R$ 时，式（2.22）可写为

$$\dot{U}_o=\frac{\dot{U}\Delta L}{2L} \tag{2.23}$$

由式（2.23）可知，交流电桥的输出电压与传感器线圈电感的相对变化量成正比。电阻平衡电桥结构简单，其电阻 R_1、R_2 可用两个电阻和一个电位器组成，调零方便。

2. 变压器式电桥

变压器式电桥如图 2.42（b）所示，它的平衡臂为变压器的二次绕组，当负载阻抗无穷大时，输出电压为

$$\dot{U}_o=\frac{\dot{U}Z_2}{Z_1+Z_2}-\frac{\dot{U}}{2}=\frac{\dot{U}}{2}\,\frac{Z_2-Z_1}{Z_1+Z_2} \tag{2.24}$$

由于是双臂工作形式，当衔铁下移时 $Z_1=Z-\Delta Z$，$Z_2=Z+\Delta Z$，则

$$\dot{U}_o=\frac{\dot{U}}{2}\,\frac{\Delta Z}{Z}$$

同理，当衔铁上移时，则

$$\dot{U}_o=-\frac{\dot{U}}{2}\,\frac{\Delta Z}{Z}$$

可见，衔铁上移和下移时，输出电压相位相反，且随 ΔL 的变化输出电压也相应地改变，但由于是交流信号，因此还必须经过适当电路处理才能判别这种电路可判别衔铁

位移的大小和方向。

图 2.43 是一个采用了带相敏整流的交流电桥。差动电感式传感器的两个线圈作为交流电桥相邻的两个工作臂，指示仪表是中心为零刻度的直流电压表或数字电压表。

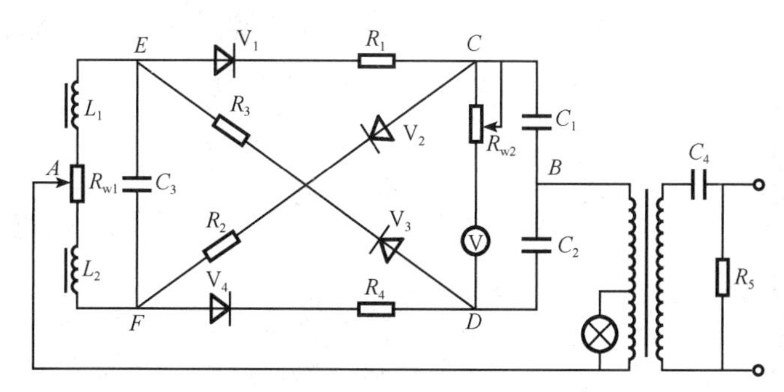

图 2.43　带相敏整流的交流电桥

设差动电感传感器的线圈阻抗分别为 Z_1 和 Z_2。当衔铁处于中间位置时，$Z_1=Z_2=Z$，电桥处于平衡状态，C 点电位等于 D 点电位，电表指示为零。

当衔铁上移，上部线圈阻抗增大，$Z_1=Z+\Delta Z$，则下部线圈阻抗减少，$Z_2=Z-\Delta Z$。如果输入交流电压为正半周，则 A 点电位为正，B 点电位为负，二极管 V_1，V_4 导通，V_2，V_3 截止。在 A—E—C—B 支路中，C 点电位由于 Z_1 增大而比平衡时的 C 点电位降低；而在 A—F—D—B 支路中，D 点电位由于 Z_2 的降低而比平衡时 D 点的电位增高，所以 D 点电位高于 C 点电位，直流电压表正向偏转。

如果输入交流电压为负半周，A 点电位为负，B 点电位为正，二极管 V_2，V_3 导通，V_1，V_4 截止，则在 A—F—C—B 支路中，C 点电位由于 Z_2 减少而比平衡时降低（平衡时，输入电压若为负半周，即 B 点电位为正，A 点电位为负，C 点相对于 B 点为负电位，Z_2 减小时，C 点电位更负）；而在 A—E—D—B 支路中，D 点电位由于 Z_1 的增加而比平衡时的电位增高，所以仍然是 D 点电位高于 C 点电位，电压表正向偏转。

同样可以得出结果：当衔铁下移时，电压表总是反向偏转，输出为负。

可见采用带相敏整流的交流电桥，输出信号既能反映位移大小又能反映位移的方向。

3. 紧耦合电感比例臂电桥

它由差动形式工作的传感器的两个阻抗作为电桥的工作臂，而紧耦合的两个电感作为固定臂，从而组成了电桥电路，如图 2.42（c）所示。

该电桥电路的优点是：与输出端并联的任何分布电容对平衡时的输出毫无影响，这就使桥路平衡稳定，简化了桥路接地和屏蔽的问题，大大改善了电路的零稳定性。

2.4.5　电感式传感器的应用

1. 轴向电感式位移计

图 2.44 为轴向电感式位移计结构图。它由引线 1、固定磁筒 2、衔铁 3、线圈 4、

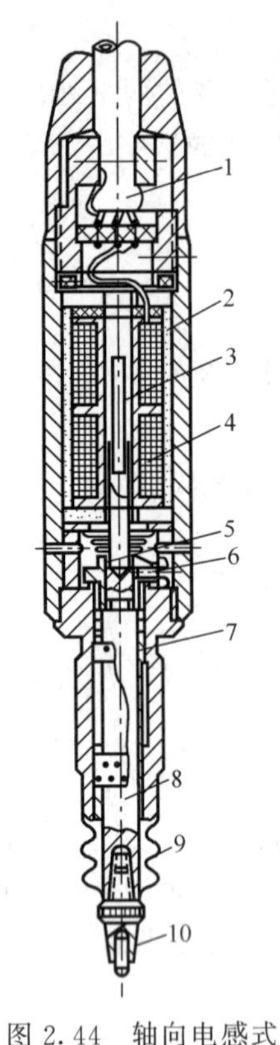

图 2.44　轴向电感式位移计的结构

1. 引线；2. 固定磁筒；3. 衔铁；4. 线圈；5. 弹簧；6. 防转销；7. 钢球导轨；8. 测杆；9. 密封套；10. 测端

弹簧 5、防转销 6、钢球导轨 7、测杆 8、密封套 9 和测端 10 等部件组成。可换测端 10 连接测杆 8，测杆受力后钢球导轨 7 作轴向移动，带动上端的衔铁 3 在线圈 4 中移动。两个线圈接成差动形式，通过导线 1 接入测量电路。测杆的复位靠弹簧 5，端部装有密封套 9，以防止灰尘等脏物进入传感器。

这种电感式传感器的自由行程较大，且结构简单、安装容易，缺点是灵敏度低，且不宜测量快速变化的位移。

2. 电感式滚柱直径分选

用人工测量和分选轴承用滚柱的直径是一项十分费时且容易出错的工作。图 2.45 是电感式滚柱直径分选装置的示意图。

如图 2.45 所示，由机械排序装置（振动料斗）送来的滚柱按顺序进入落料管 5。电感测微器的测杆在电磁铁的控制下，先是提升到一定的高度，气缸推杆 3 将滚柱推入电感测微器测头正下方（电磁限位挡板 8 决定滚柱的前后位置），电磁铁释放，钨钢测头 7 向下压住滚柱，滚柱的直径决定了衔铁的位移量。电感传感器的输出信号经相敏检波后送到计算机，计算出直径的偏差值。

完成测量后，测杆上升，限位挡板 8 在电磁铁的控制下移开，测量好的滚柱在推杆 3 的再次推动下离开测量区域。这时相应的电磁翻板 9 打开，滚柱落入与其直径偏差相对应的容器（料斗）10 中，同时推杆 3 和限位挡板 8 复位。从图 2.45 中的虚线可以看到，批量生产的滚柱直径偏差概率符合随机误差的正态分布。上述测量和分选步骤均是在计算机控制下进行的。若在轴向再增加一只电感传感器，还可以在测量直径的同时将轴的长度一并测出，请读者自行思考。

3. 电感传感器在仿形机床中的应用

在加工复杂机械零件时，采用仿形加工是一种较简单和经济的办法，图 2.46 是电感式仿形机床的示意图。

设被加工的工件为凸轮。机床的左边转轴上固定一只已加工好的标准凸轮，毛坯固定在右边的转轴上，左、右两轴同步旋转。铣刀与电感测微器安装在由伺服电动机驱动的、可以顺着立柱的导轨上、下移动的龙门架上。电感测微器的硬质合金测端与标准凸轮外表轮廓接触。当衔铁不在差动电感线圈的中心位置时，测微器有输出。输出电压经伺服放大器放大后，驱动伺服电动机正转（或反转），带动龙门框架上移（或下移），直

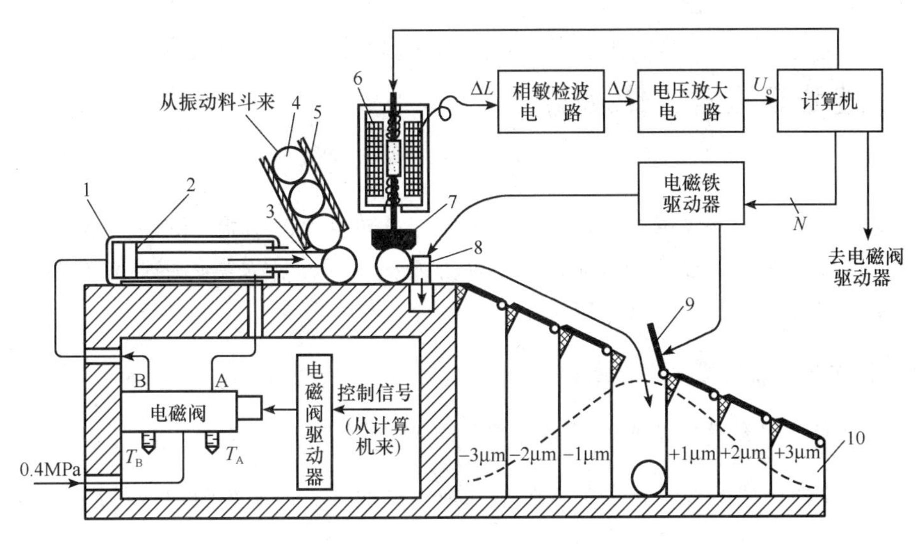

图 2.45　电感式滚柱直径分选装置

1. 气缸；2. 活塞；3. 推杆；4. 被测滚柱；5. 落料管；6. 电感测微器；7. 钨钢测头；8. 限位挡板；9. 电磁翻板；10. 容器（料斗）

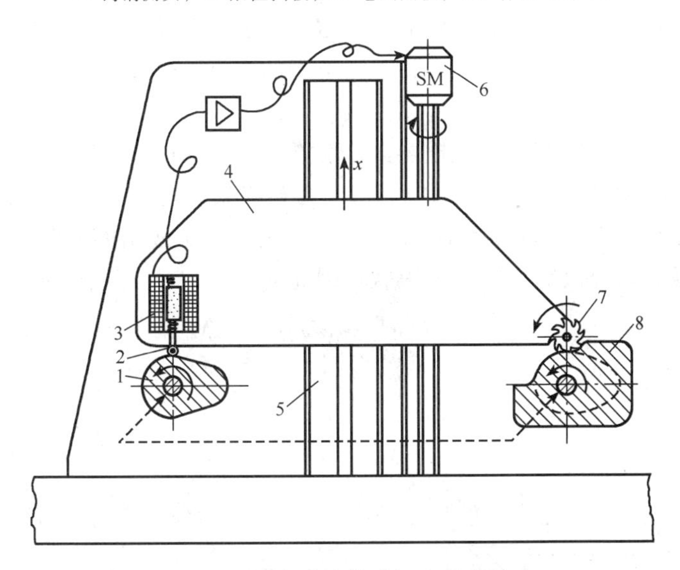

图 2.46　电感式仿形机床示意图

1. 标准靠模样板；2. 测端（靠模轮）；3. 电感测微器；4. 铣刀龙门框架；5. 立柱；6. 伺服电动机；7. 铣刀；8. 毛坯

至测微器的衔铁恢复到差动电感线圈的中间位置为止。龙门框架的上下位置决定了铣刀的切削深度。当标准凸轮转过一个微小的角度时，衔铁可能被顶高（或下降），测微器必然有输出，伺服电动机转动，使铣刀架也上升（或下降），从而减小（或增加）切削深度。这个过程一直持续到加工出与标准凸轮完全一样的工件为止。由上述分析可知，该加工检测装置采用了零位式测量。

2.5 差动变压器式传感器

差动变压器是互感式传感器，它把被测物理量转换为传感器线圈的互感系数和变化量，由于这种传感器常常做成差动式，故称为差动变压器。这类传感器具有结构简单、灵敏度高、测量范围广等优点，应用较为广泛。

2.5.1 差动变压器传感器工作原理

1. 差动变压器结构、原理及等效电路

差动变压器传感器按结构分为气隙型和螺管型两种。由于气隙型行程很小，结构复杂，目前多采用螺管型差动变压器。

如图 2.47 所示，其基本元件有衔铁、初级线圈、次级线圈和线圈框架等。初级线圈作为差动变压器激励用，相当于变压器的原边，而次级线圈由结构尺寸和参数相同的两个线圈反相串接而成，相当于变压器的副边。螺管型差动变压器根据初、次级线圈排列不同有二节型、三节型和多节型几种。三节型的零点电位较小，二节型比三节型灵敏度高、线性范围大，多节型改善了传感器线性度。

在理想情况下（忽略线圈寄生电容及衔铁损耗）差动变压器的等效电路如图 2.48 所示，图中 e_1 为初级线圈激励电动，L_1，R_1 为初级线圈电感和电阻，M_1，M_2 分别为初级线圈与次级线圈 1，2 间的互感，L_{21}，L_{22} 为两个次级线圈的电感，R_{21}，R_{22} 为两个次级线圈的电阻。两个次级线圈反相串联，因此 $e_2=e_{21}-e_{22}$，由电路分析理论可知

$$e_2 = k(M_1 - M_2) = k\Delta M \tag{2.25}$$

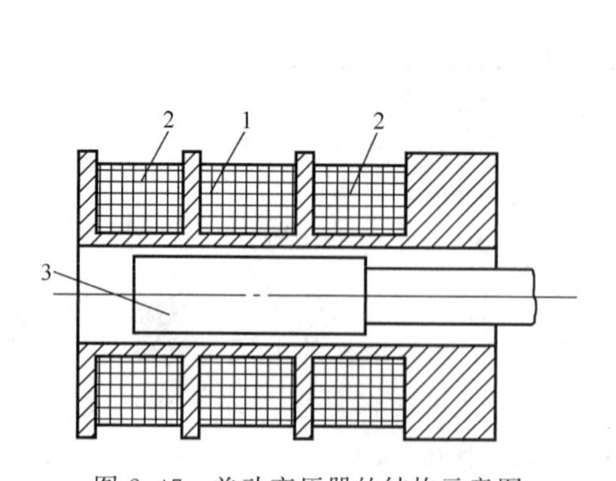

图 2.47 差动变压器的结构示意图

1. 初级线圈；2. 次级线圈；3. 衔铁

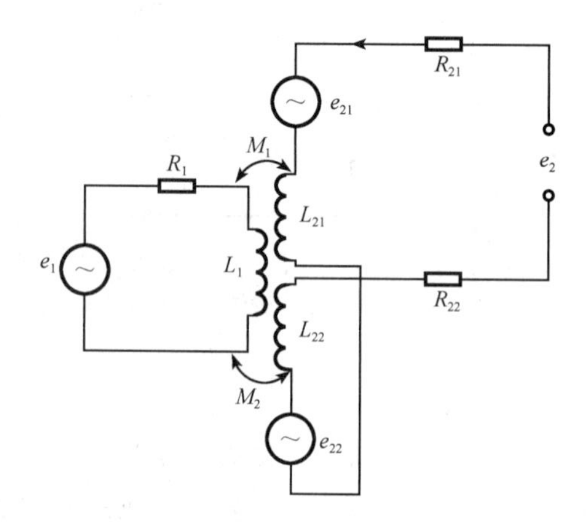

图 2.48 差动变压器的等效电路

在一定范围内 ΔM 与衔铁偏离中心位置的位移 x 成线性关系，当 $x=0$ 时，$\Delta M=0$，则 $e_2=0$。

2. 差动变压器的特性

(1) 差动变压器的输出特性

差动变压器的理想输出特性如图 2.49 (a) 所示，其中 x 表示衔铁偏离中心位置的位移。在线性范围内，输出电动势随衔铁正、负位移增大而线性增大。

(2) 零点残余电动势

实际上，由于工艺上的原因，差动变压器两次绕组不可能完全对称；其次，由于线圈中的铜损、磁性材料的铁损和材质的不均匀性、线圈匝间分布电容的存在以及导磁材料磁化特性的非线性引起电流波形畸变而产生的高次谐波，励磁电流与所产生的磁通不同相，当位移 x 为零时输出电动势 e_2 不等于零，该不为零的输出电动势称零点残余电动势，如图 2.49 (b) 所示。

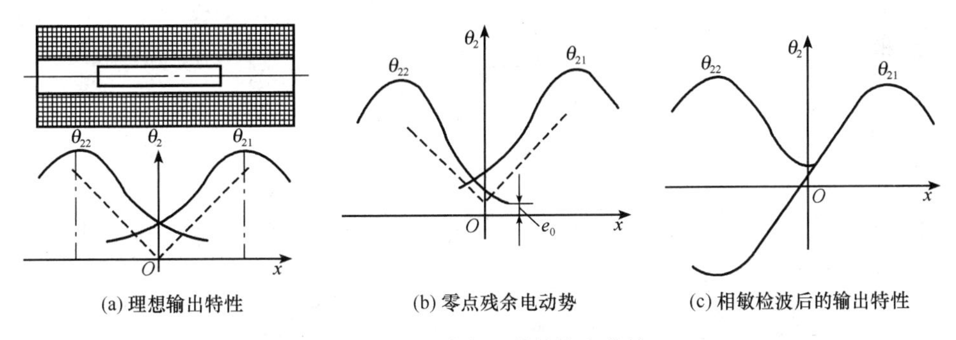

图 2.49　差动变压器的输出特性

(3) 灵敏度与激励电动势的关系

差动变压器灵敏度与激励电动势有关，用 (mV/mm)/V 来表示。e_1 越大，灵敏度越高。但 e_1 也不能过大，过大时将会使差动变压器绕组发热而引起输出信号漂移，e_1 可取零点几伏到数伏，常取 3～8V。

(4) 灵敏度与激励电源频率的关系

激励电源频率过高或过低都会使灵敏度降低，常选 4～10kHz。

(5) 灵敏度与二次绕组匝数的关系

二次绕组匝数越多，灵敏度越高，两者成线性关系。但是匝数增加，零点残余电压也随之变大。

3. 减小零点残余电动势的几种方法

由绕组不对称引起的零点残余电动势会使传感器的输出特性在零点附近不灵敏，给测量带来误差，为了减小零点残余电动势，可采用以下三种方法：

1）从设计和工艺上尽量保证绕组和磁路对称，选用高性能的导磁材料，导磁体必须经过热处理，消除残余应力，以提高磁性能的均匀性和稳定性。

2）选择适合的测量电路，如相敏检波电路，不仅可以鉴别衔铁的移动方向，而且有利于改善输出特性，减小零点残余电动势。相敏检波后的输出特性如图 2.49（c）所示。

3）采用适当的补偿电路，如图 2.50 所示。其中，电阻是用康铜丝绕制的，串联时的阻值为 0.5～5Ω，并联时的阻值为数十至数百千欧，并联电容的数值在 100～500pF 范围内。实际补偿元件的参数都要通过实验来确定。

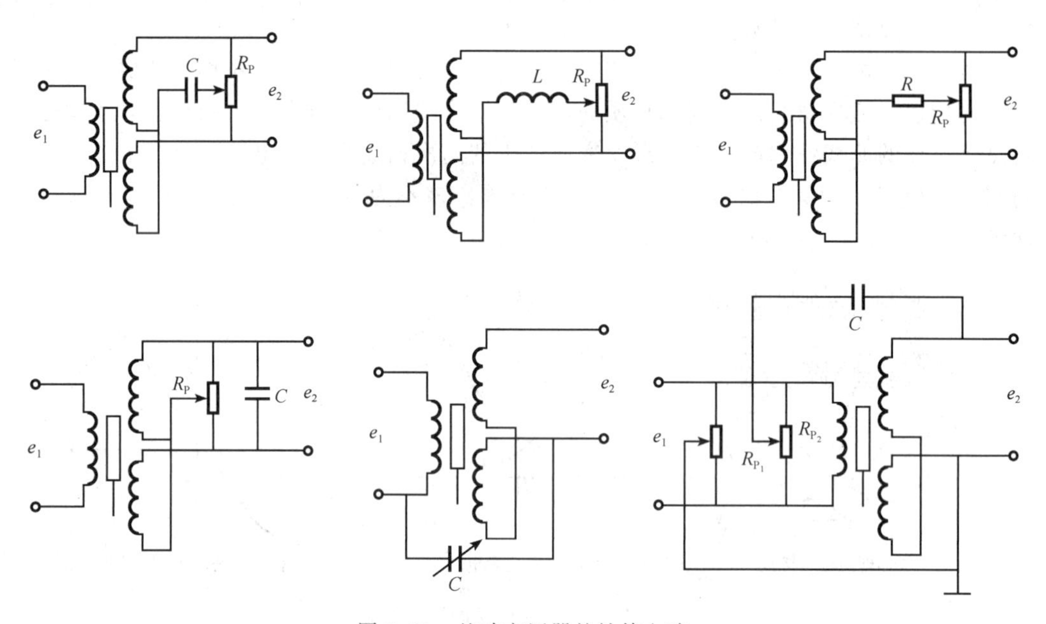

图 2.50　差动变压器的补偿电路

2.5.2　测量转换电路

差动变压器的输出电压为交流，它与衔铁位移成正比。用交流电压表测量其输出值只能反映衔铁位移的大小，不能反映移动的方向，因此常采用差动整流电路和相敏检波电路进行测量。

1. *差动整流电路*

差动整流电路及波形如图 2.51 所示，其波形是根据半导体二极管单向导通原理进行解调的。假设传感器的一个次级线圈的输出瞬时电压极性，在 f 点为"＋"，e 点为"－"，则电流路径是 $fgdche$（参见图 2.51）；反之，如 f 点为"－"，e 点为"＋"，则电流路径是 $ehdcgf$。可见，无论次级线圈的输出瞬时电压极性如何，通过电阻 R 的电流总是从 d 到 c。同理可分析另一个次级线圈的输出情况。输出的电压波形（参见图 2.51），其值为 $U_{SC}=e_{ab}+e_{cd}$。

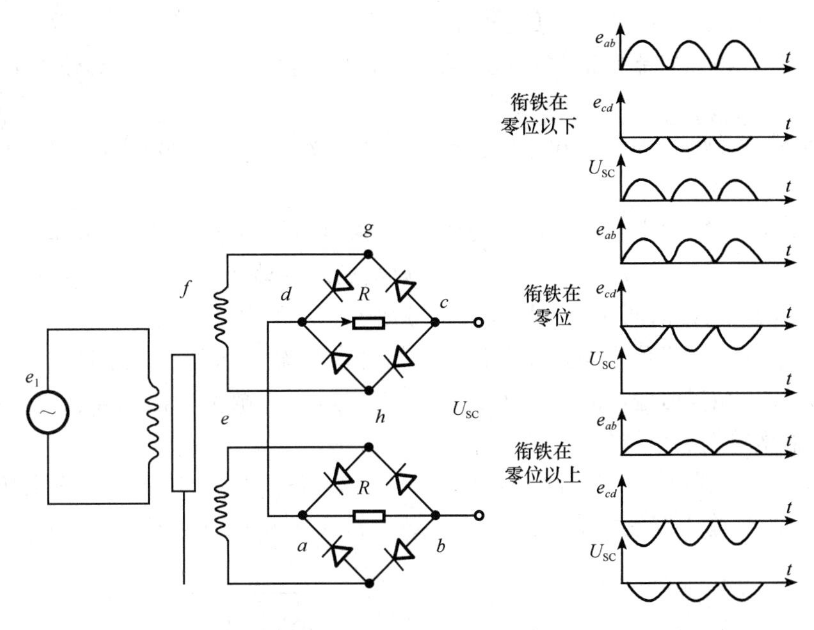

图 2.51　差动整流电路及波形

2. 相敏检波电路

图 2.52 为相敏检波电路原理图。图中调制电压 e_r 和 e 同频，经过移相器使 e_r 和 e 保持同相或反相，且满足 $e_r \gg e$。调节电位器 R 可调平衡，图中电阻 $R_1=R_2=R_0$，电容 $C_1=C_2=C_0$，输出电压为 U_{CD}。

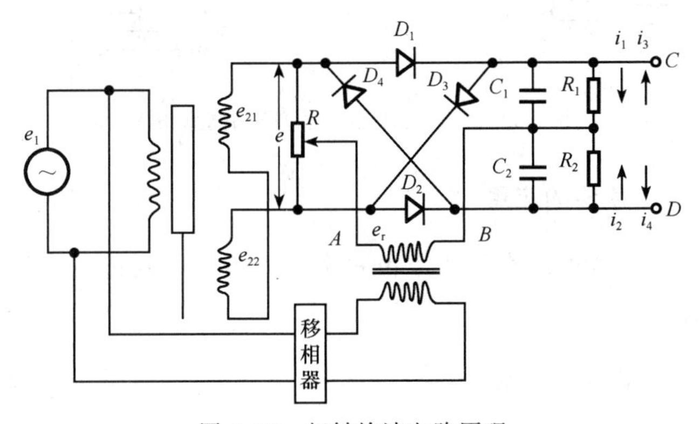

图 2.52　相敏检波电路原理

当铁芯在中间时，$e=0$，只有 e_1 起作用，输出电压 $U_{CD}=0$。若铁芯上移，$e\neq 0$，设 e 和 e_r 同相位，由于 $e_r \gg e$，故 e_r 正半周时 D_1、D_2 仍导通，但 D_1 回路内总电势为 e_r+e，而 D_2 回路内总电势为 e_r-e，故回路电流 $i_1>i_2$，输出电压 $U_{CD}=R_0(i_1-i_2)>0$。当 e_r 负半周时，$U_{CD}=R_0(i_4-i_3)>0$，因此铁芯上移时输出电压 $U_{CD}>0$。当铁芯下移

时，e 和 e_r 相位相反。同理可得 $U_{CD}<0$。

由此可见，该电路能判别铁芯移动的方向，相敏检波电路容易做到输出平衡，便于阻抗匹配。

随着集成技术的发展，现在相敏检波电路广泛采用集成运算放大器，下面介绍一种新型相敏检波电路。

图 2.53（a）是一种由集成运算放大器构成的相敏检波电路，它由运放 A_1，A_2，A_3，A_4、振荡器 OSC、反相器和 4 个二极管组成。差动变压器输出电压经 A_1 放大加于 A_2 的反相端和 A_3 的同相端，振荡器信号加于 A_3 的反相端并经反相加于 A_2 的同相端。当差动变压器输出信号与振荡器信号同相时，A_3 输出大于 A_2 输出，经 A_4 放大输出正相位，相位相反时输出相位也相反。振荡信号经 A_4 放大输出相互抵消。因此，经 A_4 只放大输出差动变压器的输出信号。

图 2.53（b）是差动变压器信号处理的专用集成电路 LM1946，工作电压为 30V，常用±9V；信号输入端最大电压为±5V；载波输入端为+5V；偏置电流为 12mA。

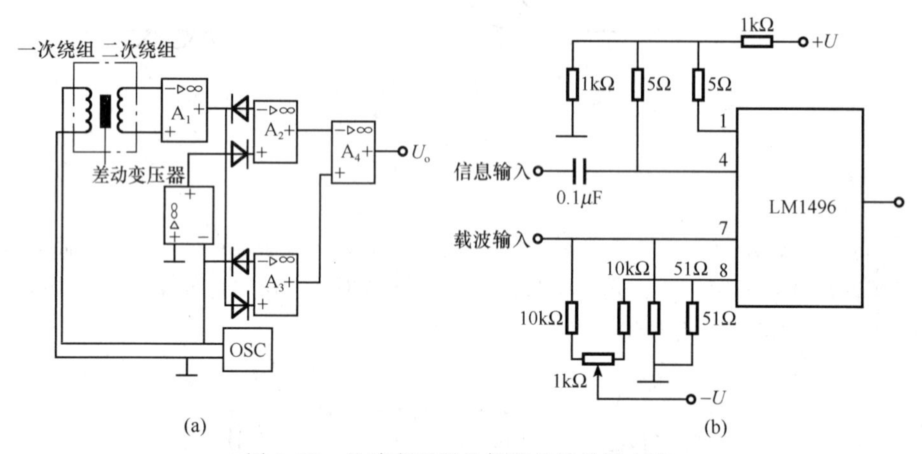

图 2.53　差动变压器的新型相敏检测电路

2.5.3　差动变压器传感器的应用

差动变压器式传感器可以直接用于位移测量，也可以测量与位移有关的任何机械量，如振动、加速度、应变、比重、张力和厚度等。

1. 差动变压器位移计的结构

图 2.54 为差动变压器位移计的结构。测头 1 通过轴套 2 与测杆 3 连接，活动铁芯 4 固定在测杆上。线圈架 5 上绕有三组线圈，中间是初级线圈，两端是次级线圈，它们都是通过导线 6 与测量电路相接。线圈的外面有屏蔽筒 7，用以增加灵敏度和防止外磁场的干扰。测杆用圆片弹簧 8 作导轨，以弹簧 9 获得恢复力，为了防止灰尘侵入测杆，装有防尘罩 10。

此差动变压器位移计的测量范围约为±0.5～+75mm，分辨力可达 0.1～0.5μm，

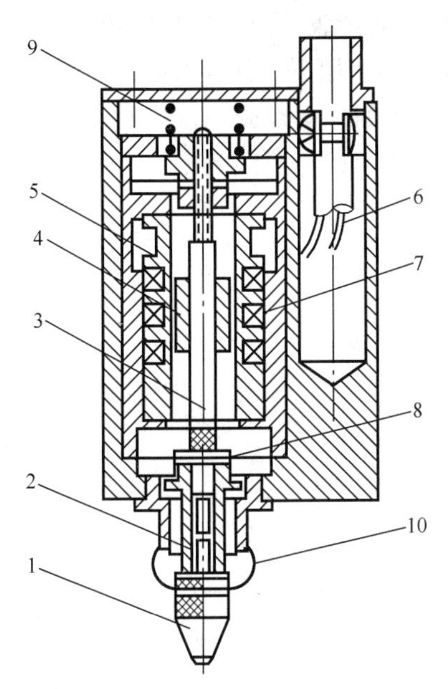

2.54　差动变压器位移计的结构

1. 测头；2. 轴套；3. 测杆；4. 活动铁芯；5. 线圈架；6. 导线；7. 屏蔽筒；8. 圆片弹簧；9. 弹簧；10. 防尘罩

差动变压器中间部分的线性比较好，非线性误差约为 0.5%，其灵敏度比差动电感式高，当测量电路输入阻抗高时，用电压灵敏度来表示，当测量电路输入阻抗低时，用电流灵敏度来表示。当用 400Hz 以上高频激磁电源时，其电压灵敏度可达 0.5～2V/(mm·V)，电流灵敏度可达 0.1mA/(mm·V)。由于其灵敏度较高，测量大位移时可不用放大器，因此测量电路较为简单。

2. 差动变压器式加速度传感器

图 2.55 为测量振动与加速度的差动变压器加速度传感器，它由悬臂梁 1 和差动变压器 2 构成。测量时，将悬臂梁底座及差动变压器的线圈骨架固定，而将衔铁与被测振动体相连。当被测体带动衔铁以 $\Delta x(t)$ 振动时，导致差动变压器的输出电压也按相同规律变化。用于测定振动物体的频率和振幅时，其激磁频率必须是振动频率的 10 倍以上，才能得到精确的测量结果。其可测量的振幅为0.1～5mm，振动频率为 0～150Hz。

3. 差动变压器压力变送器

图 2.56 (a) 为差动变压器压力变送器的结构图，图 2.56 (b) 为其测量电路图。差动变压器压力变送器适用于测量各种生产流程中液体、水蒸气及气体压力。当被测压力未

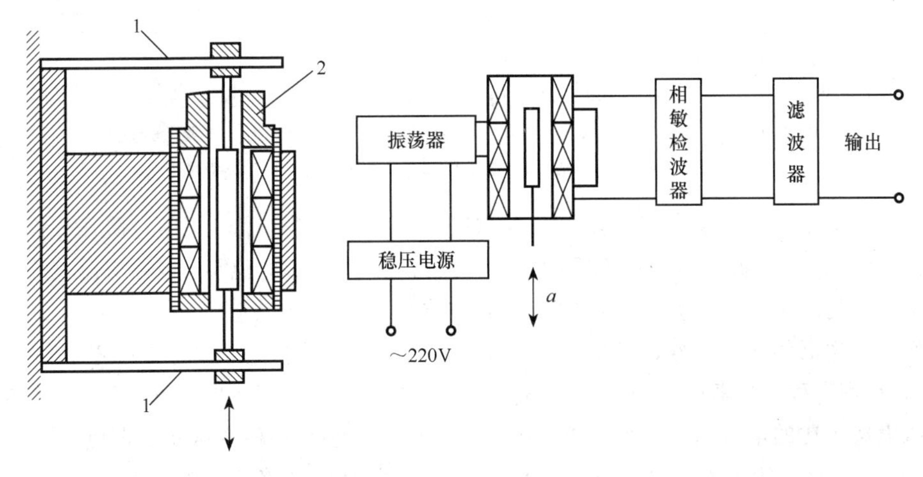

图 2.55　差动变压器加速度传感器

1. 悬臂梁；2. 差动变压器

导入传感器时，膜盒 2 无位移，这时活动衔铁在差动线圈中间位置，因而输出电压为零。当被测压力从输入口 1 导入膜盒 2 时，膜盒在被测介质的压力作用下，其自由端产生一个正比于被测压力的位移，测杆使衔铁向上位移，在差动变压器的二次线圈中产生的感应电动势发生变化而有电压输出，此电压经过安装在印制电路板 4 上的电子线路处理后送给二次仪表，加以显示。

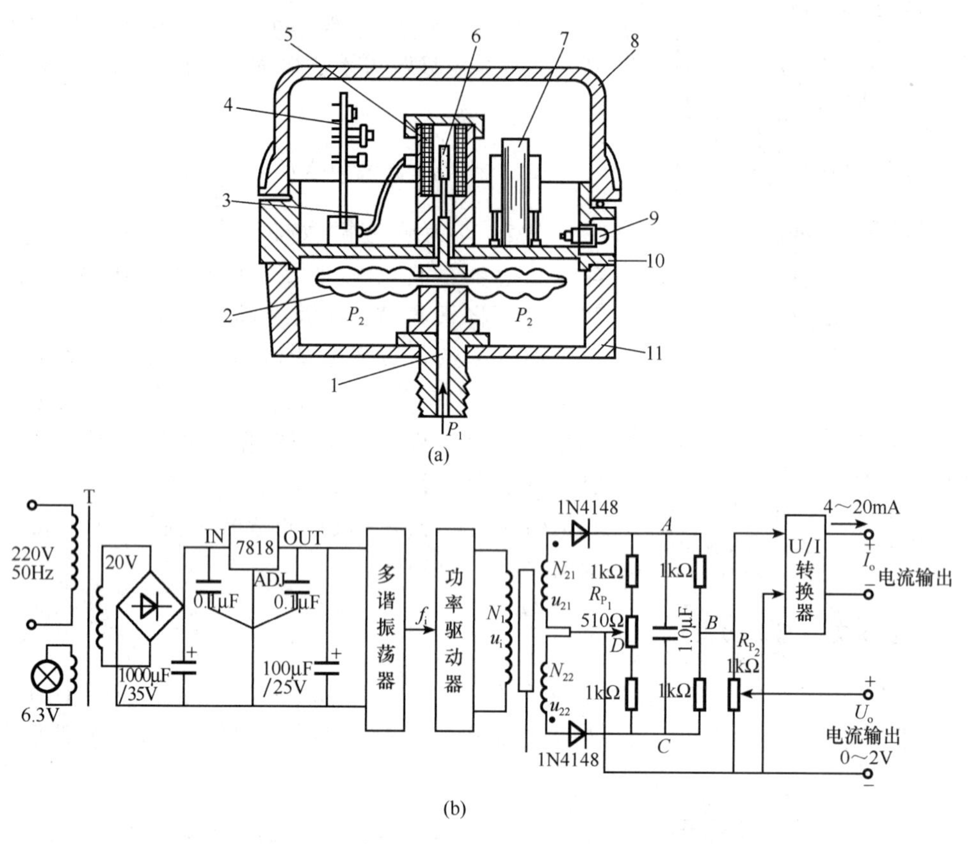

图 2.56　差动变压器压力变送器的结构及测量电路

1. 压力输入口；2. 波纹膜盒；3. 电缆；4. 印制电路板；5. 差动力变压器；6. 衔铁；7. 电源变压器；8. 罩壳；9. 指示灯；10. 密封隔板；11. 安装底座

这种压力变送器的电气框图如图 2.56（b）所示。220V 交流电压通过降压、整流、滤波、稳压后，由多谐振动器及功率驱动电路转变为 6V、2kHz 的稳频、稳幅交流电压，作为差动变压器的激励源。差动变压器的二次侧输出电压通过半波差动整流电路、滤波电路后，作为变送器的输出信号，可接入二次仪表加以显示。电路中的 R_{P_1} 是调零电位器的电阻，R_{P_2} 是调量程电位器的电阻。差动整流电路的输出也可以进一步作电压/电流变换，输出与压力成正比的电流信号，称为电流输出型变送器，它在各种变送器中占更大的比例。

图 2.56 所示的压力变送器已经将传感器与信号处理电路组合在一个壳体中，这在工业中被称为一次仪表。一次仪表的输出信号可以是电压，也可以是电流。由于电流信

号不易受干扰，且便于远距离传输（可以不考虑线路压降），所以在一次仪表中多采用电流输出型。

新的国家标准规定电流输出为 4～20mA，电压输出为 1～5V（旧国标为 0～10mA 或 0～2V）。4mA 对应于零输入，20mA 对应于满度输入。不让信号占有 0～4mA 这一范围的原因，一方面是有利于判断线路故障（开路）或仪表故障；另一方面，这类一次仪表内部均采用微电流集成电路，总的耗电还不到 4mA，因此还能利用 0～4mA 这一“本底”电流为一次仪表的电路提供工作电流，使一次仪表成为两线制仪表。

所谓两线制仪表是指仪表与外界的联系只需两根导线。多数情况下，其中一根为 +24V 电源线，另一根既作为电源负极引线，又作为信号传输线。在信号传输线的末端通过一只标准负载电阻（也称取样电阻）接地（也就是电源负极），将电流信号转换成电压信号，接线方法如图 2.57 所示。两线制仪表的另一个好处是：可以在仪表内部，通过隔“直”、通“交”电容，在电流信号传输线上叠加数字脉冲信号，作为一次仪表的串行控制信号和数字输出信号，以便远程读取，成为网络化仪表。

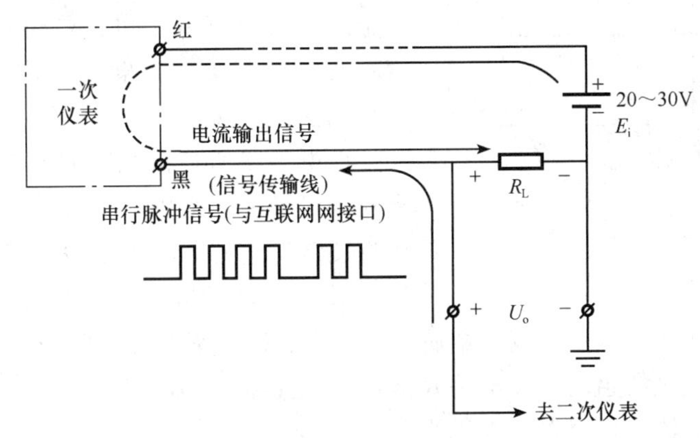

图 2.57　两线制仪表接线方法

2.6　电涡流式传感器

电涡流式传感器是基于电涡流效应原理制成的传感器。电涡流传感器不但具有测量范围大、灵敏度高、抗干扰能力强、不受油污等介质的影响、结构简单、安装方便等特点，而且又具有非接触测量的优点，因此可广泛用于工业生产和科学研究的各个领域。近几年来，测量位移、振幅、厚度等参数的电涡流传感器在国内外各个生产和科研部门已得到广泛重视和应用。

2.6.1　电涡流式传感器的工作原理

穿过闭合导体的磁通发生变化，就会产生感应电流，其方向可用右手定则确定。因

此，一个绕组中的电流发生变化就会在相邻其他绕组中感应出电动势，称为互感。两绕组的互感系数 M 为

$$M = K\sqrt{L_1 L_2} \tag{2.26}$$

式中，K——耦合系数；

L_1——绕组 1 的自感系数；

L_2——绕组 2 的自感系数。

成块的金属物体置于变化着的磁场中，或者在磁场中运动时，在金属导体中会感应出一圈圈自相闭合的电流，称为电涡流。电涡流式传感器是一个绕在骨架上的导线所构成的空心绕组，它与正弦交流电源接通，通过绕组的电流会在绕组周围空间产生交变磁场。当导电的金属靠近这个绕组时，金属导体中便会产生电涡流，如图 2.58 所示。涡流的大小与金属导体的电阻率 ρ、磁导率 μ、厚度 d、绕组与金属导体的距离 x 以及绕组励磁电流的角频率 ω 等参数有关。如果固定其中某些参数，就能由电涡流的大小测量出另外一些参数。

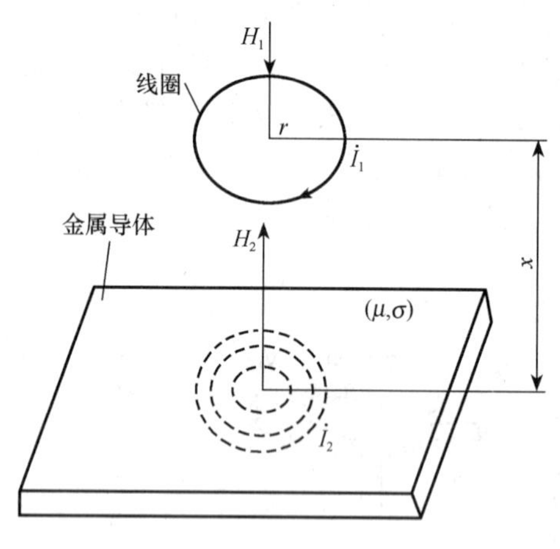

图 2.58　电涡流作用原理

由电涡流所造成的能量损耗将使绕组电阻有功分量增加，由电涡流产生反磁场的去磁作用将使绕组电感量减小，从而引起绕组等效阻抗 Z 及等效品质因数 Q 值的变化。所以，凡是能引起电涡流变化的非电量，例如金属的电导率、磁导率、几何形状、绕组与导体的距离等，均可通过测量绕组的等效电阻 R、等效电感 L、等效阻抗 Z 及等效品质因数 Q 来测量，这便是电涡流式传感器的工作原理。

2.6.2　电涡流式传感器的结构

电涡流式传感器的结构主要是一个绕制在框架上的绕组，目前使用比较普遍的是矩形截面的扁平绕组。绕组的导线应选用电阻率小的材料，一般采用高强度漆包铜线，如果要求高一些可用银线或银合金线，在高温条件下使用时可用铼钨合金线。对绕组框架要求用损耗小、电性能好、热膨胀系数小的材料，一般可选用聚四氟乙烯、高频陶瓷、环氧玻璃纤维等。

图 2.59 为 CZF1 型涡流式传感器的结构图，它是采用把导线绕制在框架上形成的，框架采用聚四氟乙烯，CZF1 型涡流式传感器的性能如表 2.9 所示。

这种传感器的线圈与被测金属之间是磁性耦合的，并利用这种耦合程度的变化作为测量值，无论是被测体的物理性质，还是它的尺寸和形状都与测量装置的特性有关，所以作为传感器的线圈装置仅为实际传感器的一半，而另一半是被测体。因此，在电涡流式传感器的设计和使用中，必须同时考虑被测物体的物理性质和几何形状及尺寸。

表 2.9　CZF1 型涡流式传感器的性能

型　　号	线性范围/μm	线圈外径/mm	分辨率/μm	线性误差/%	使用温度范围/℃
CZF1-1000	1000	7	1	<3	−15～+80
CZF1-3000	3000	15	3	<3	−15～+80
CZF1-5000	5000	28	5	<3	−15～+80

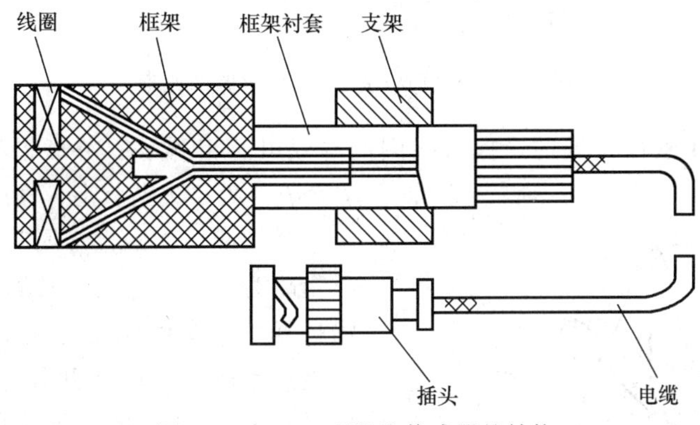

图 2.59　CZF1 型涡流传感器的结构

2.6.3　测量电路

1. 电桥电路

电桥法将传感器线圈的阻抗变化转换为电压或电流的变化。图 2.60 是电桥电路的原理图，图中线圈 A 和 B 为传感器线圈。传感器线圈的阻抗作为电桥的桥臂，起始状态时电桥平衡。在进行测量时，由于传感器线圈的阻抗发生变化，电桥失去平衡，将电桥不平衡造成的输出信号进行放大并检波，就可得到与被测量成正比的电压或电流输出。电桥法主要用于两个电涡流线圈组成的差动式传感器。

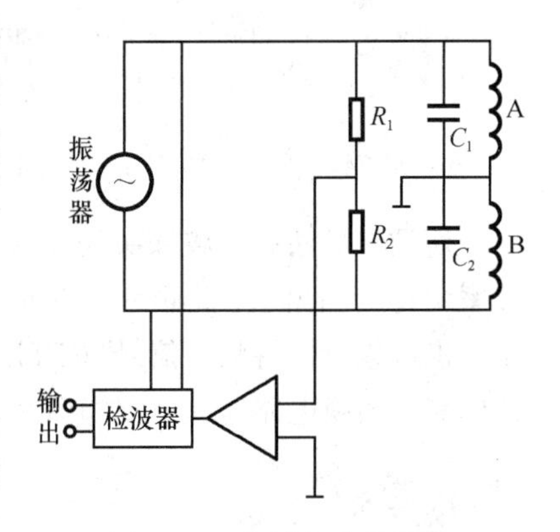

图 2.60　电桥电路的原理

2. 调幅法电路

调幅法以输出高频信号的幅度来反映电涡流探头与被测金属导体之间的关系。图 2.61 是高频调幅测量转换电路的原理框图。石英晶体振荡器通过耦合电阻 R 向由探头线圈和一个微调电容 C_0 组成的并联谐振回路提供一个稳频稳幅的高频激励信号，相当于一个恒流源。当被测金属导体距探头相当远时，调节 C_0，使 LC_0 的谐振频率等于石英晶体振荡器的频率 f_0，此时谐振回路的 Q 值和阻抗 Z 也最大，恒定电流 I_i 在 LC_0 并联谐振回路上的压降 U_o 也最大，即

$$\dot{U}_o = \dot{I}_i Z \tag{2.27}$$

当被测体靠近探头时，探头线圈的等效电阻升高，引起 Q 值下降，U_o 必然下降。

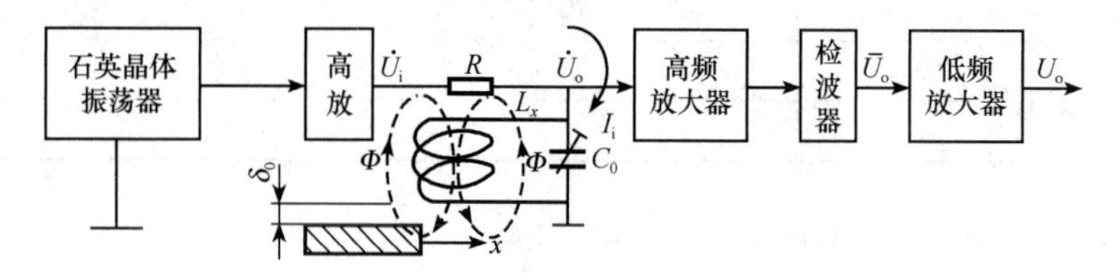

图 2.61　高频调幅测量转换电路的原理

当被测体为非磁性金属时，探头线圈的等效电感 L 减小，并联谐振回路谐振频率 $f_1 > f_0$，处于失谐状态，输出电压大大降低。

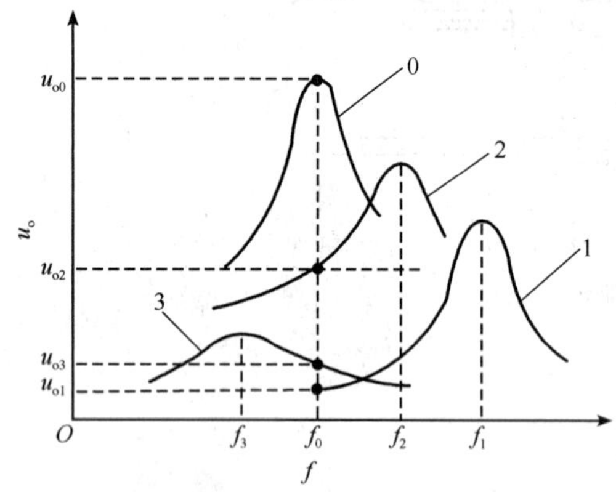

图 2.62　定频调幅谐振曲线
0. 探头与被测体间距很远时；
1. 非磁性金属、间距很小时；
2. 非磁性金属、间距与探头线圈直径相等时；
3. 磁性金属、间距很小时

当被测体为磁性金属时，探头线圈的电感量略为增大，但由于被测磁性金属体的磁滞损耗，探头线圈的 Q 值亦大大下降，输出电压也降低。以上几种情况见图 2.62 的曲线 0～3。被测体与探头的间距越小，输出电压就越低。经高放、检波、低放之后，输出的直流电压反映了被测物的位移量。

调幅法的输出电压 U_o 与位移 x 不是线性关系，必须用千分尺逐点标定，并用计算机线性化之后才能用数码管显示出位移量。调幅法还有一个缺点，就是电压放大器的放大倍数的漂移会影响测量精度，必须采取各种温度补偿措施。

3. 调频法电路

所谓调频法就是将探头线圈的电感量 L 与微调电容 C_0 构成 LC_0 振荡器，以振荡器的频率 f 作为输出量，此频率可以通过 f/V 转换器（又称为鉴频器）转换成电压，由表头显示，也可以直接将频率信号（TTL 电平）送到计算机的计数定时器，测量出频率。调频法的测量转换电路原理框图如图 2.63（a）所示。我们知道，并联谐振回路的谐振频率为

$$f = \frac{1}{2\pi\sqrt{LC_0}} \tag{2.28}$$

当电涡流线圈与被测导体的距离 x 变小时，电涡流线圈的电感量 L 也随之变小，引起 LC_0 振荡器的输出频率变高，此频率的变化可直接用计算机测量。如果要用模拟仪表进行显示或记录时，必须使用鉴频器，将 Δf 转换为电压 ΔU_o，鉴频器的特性如图 2.63（b）所示。调频法受温度、电源电压等外界因素的影响较小。

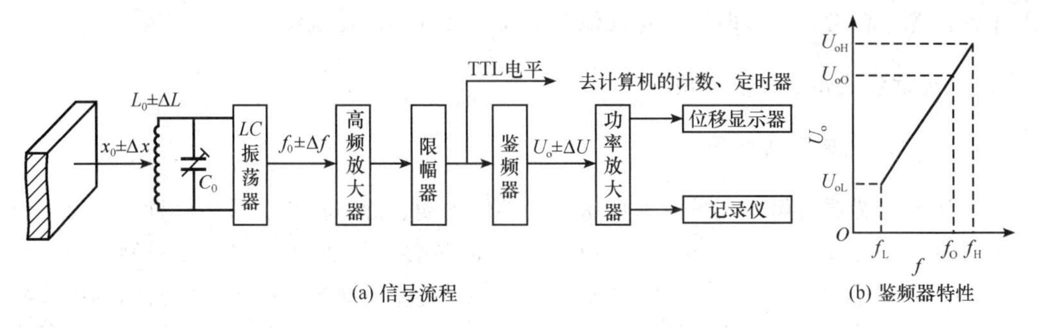

(a) 信号流程　　(b) 鉴频器特性

图 2.63　调频测量转换电路原理

2.6.4　电涡流传感器使用须知

应该指出，电涡流式传感器是以与被测金属物体之间磁耦合程度变化作为测试基础的，传感器的绕组装置仅为实际测试系统的一部分，而另一部分是被测体，因此电涡流式传感器在实际使用时还必须注意以下问题：

1）电涡流轴向贯穿深度的影响。所谓电涡流轴向贯穿深度是指涡流密度等于表面涡流密度 $1/e$ 处离开导体表面的距离。涡流在金属导体中的轴向分布是按指数规律衰减的，衰减深度 t 可以表示为

$$t = \sqrt{\frac{\rho}{\mu_0 \mu_r \pi f}} \tag{2.29}$$

式中，ρ——导体电阻率；

μ_0——真空的磁导率；

μ_r——被测介质的磁导率；

f——励磁电源的频率。

为充分利用电涡流以获得准确的测量效果，使用时应注意：①利用电涡流式传感器测距离时，应使导体的厚度远大于电涡流的轴向贯穿深度；采用透射法测厚度时，应使导体的厚度小于轴向贯穿深度。②导体材料确定之后，可以改变励磁电源频率来改变轴向贯穿深度。电阻率大的材料应选用较高的励磁频率，电阻率小的材料应选用较低的励磁频率。

2）电涡流的径向形成范围。绕组电流所产生的磁场不能涉及无限大的范围，电涡流密度也有一定的径向形成范围。在绕组轴线附近，涡流的密度非常小，愈靠近绕组的外径处涡流的密度愈大，而在等于绕组外径 1.8 倍处涡流将衰减到最大值的 5%。为了充分利用涡流效应，被测金属导体的横向尺寸应大于绕组外径的 1.8 倍；而当被测物体为圆柱体时，它的直径应大于绕组外径的 3.5 倍。

3）电涡流强度与距离的关系。电涡流强度随着距离与绕组外径比值的增加而减少，当绕组与导体之间距离大于绕组半径时，电涡流强度已很微弱。为了能够产生相当强度的电涡流效应，通常取距离与绕组外径的比值为 0.05～0.15。

4）非被测金属物的影响。由于任何金属物体接近高频交流绕组时都会产生涡流，

为了保证测量精度，测量时应禁止其他金属物体接近传感器绕组。

2.6.5 电涡流式传感器的应用

1. 电涡流传感器测位移

电涡流传感器可用于测量各种形状金属零件的动、静态位移。采用此种传感器可以做成测量范围为 0～15μm、分辨率为 0.05μm 的位移计，也可以做成测量范围为 0～500mm、分辨率为 0.1%的位移计。凡是可以变换为位移量的参数，都可用电涡流传感器来测量。这种传感器可用于测量汽轮机主轴的轴向窜动、金属件的热膨胀系数、钢水液位、纱线张力、流体压力等，如图 2.64 所示。

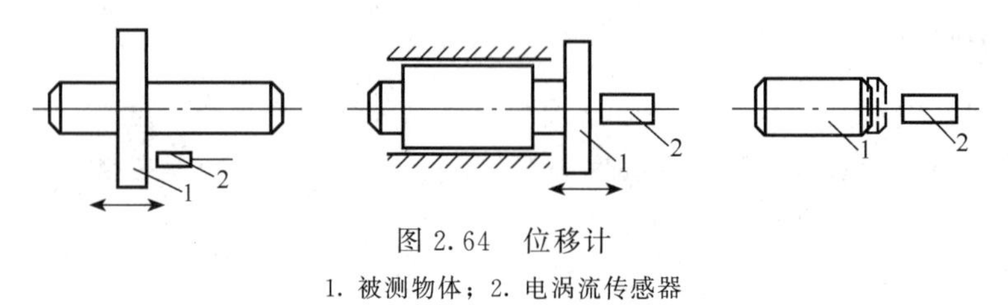

图 2.64 位移计

1. 被测物体；2. 电涡流传感器

2. 电涡流传感器测量振幅

电涡流式传感器可以无接触地测量各种振动的振幅、频谱分布等参数。在汽轮机、空气压缩机中常用电涡流式传感器来监控主轴的径向、轴向振动，也可以测量发动机涡流叶片的振幅。在研究机器振动时，常常采用多个传感器放置在机器不同部位进行检测，得到各个位置的振幅值和相位值，从而画出振型图。振幅测量方法如图 2.65（a～c）所示。通常，由于机械振动是由多个不同频率的振动合成的，所以其波形一般不是正弦波，可以用频谱分析仪来分析输出信号的频率分布及各对应频率的幅值。

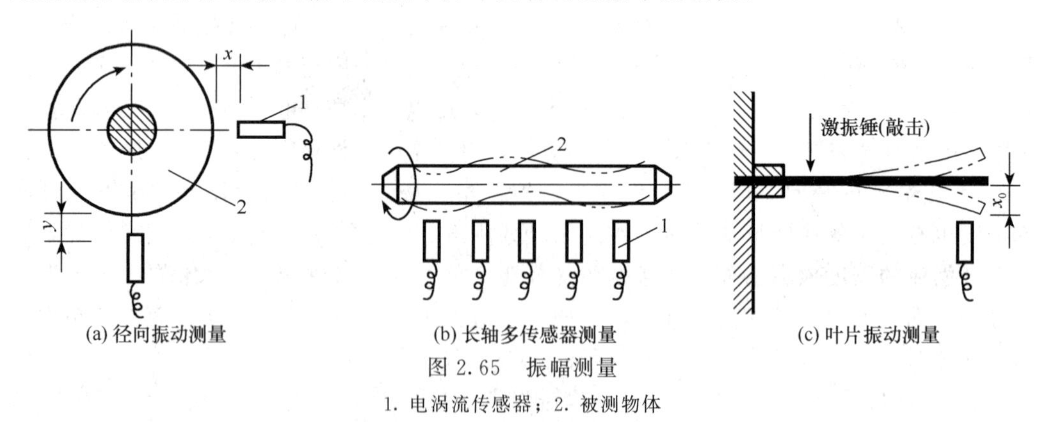

图 2.65 振幅测量

1. 电涡流传感器；2. 被测物体

3. 电涡流传感器测速度

在金属旋转体上开一条或数条槽，或做成齿，旁边安装一个电涡流式传感器，如

图 2.66 所示。当转轴转动时，传感器与转轴之间的距离在周期地改变着，于是它的输出信号也周期性地发生变化，此输出信号经放大、变换后，可以用频率计测出其变化频率，从而测出转轴的转速。若转轴上开 Z 个槽，频率计的读数为 f(Hz)，则转轴的转速 n(rad/min) 为

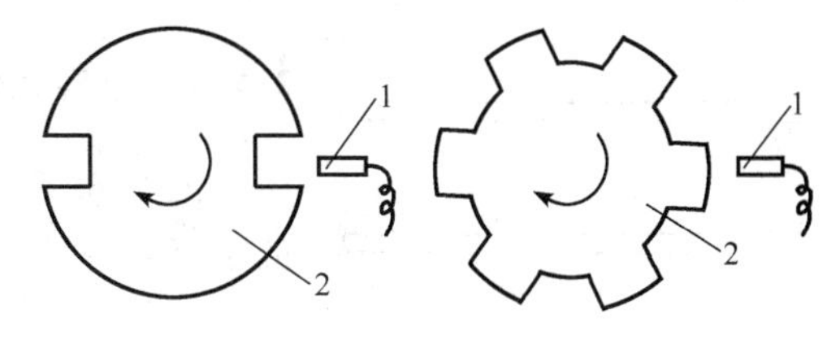

图 2.66　转速测量
1. 传感器；2. 转轴

$$n = \frac{60f}{Z} \tag{2.30}$$

4. 电涡流传感器测厚度

电涡流传感器可无接触地测量金属板厚度和非金属板的镀层厚度，如图 2.63 所示，当金属板的厚度变化时，传感器与金属板间距离改变，从而引起输出电压的变化。由于在工作过程中金属板会上下波动，这将影响其测量精度，因此常用比较的方法测量，在板的上下各装一涡流传感器，如图 2.67 所示，其距离为 D，而它们与板的上下表面分别相距为 d_1 和 d_2，这样板厚度为

$$h = D - (d_1 - d_2) \tag{2.31}$$

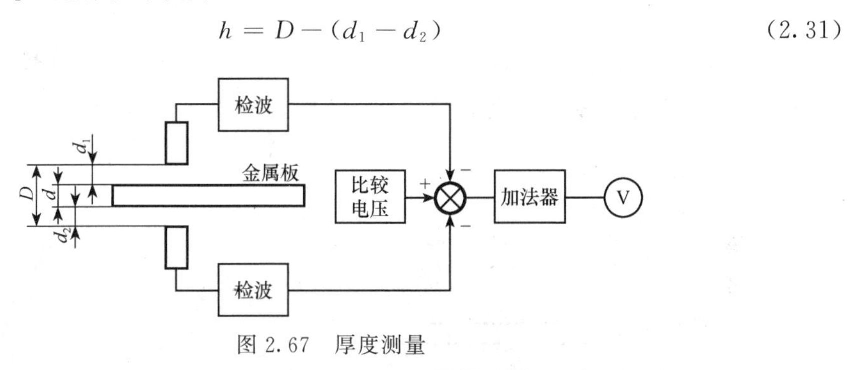

图 2.67　厚度测量

当两个传感器在工作时分别测得 d_1 和 d_2，转换成电压值后送加法器，相加后的电压值再与两传感器间距离 D 相应的设定电压相减，则得到与板厚相对应的电压值。

2.7　电容式传感器

电容式传感器是将被测量的变化转换成电容量变化的一种装置，实质上就是一个具有可变参数的电容器。电容式传感器具有结构简单、动态响应快、易实现非接触测量等突出的优点。随着电子技术的发展，它所存在的易受干扰和分布电容影响等缺点不断得以克服，而且还开发出容栅位移传感器和集成电容式传感器，广泛应用于压力、位移、加速度、液位、成分含量等测量之中。

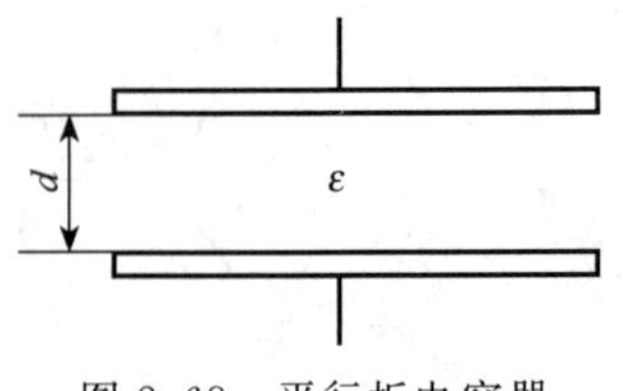

图 2.68　平行板电容器

2.7.1　电容式传感器的工作原理和结构

图 2.68 所示为由绝缘介质分开的两个平行金属板组成的平板电容器，如果不考虑边缘效应，其电容量为

$$C=\frac{\varepsilon A}{d}=\frac{\varepsilon_0\varepsilon_r A}{d} \tag{2.32}$$

式中，ε——电容极板间介质的介电常数；

ε_0——真空介电常数，$\varepsilon_0=8.85\times10^{-12}$F/m；

ε_r——极板间介质相对介电常数；

A——两平行板所覆盖的面积；

d——两平行板之间的距离。

当被测参数变化使得式中的 A，d 或 ε 发生变化时，电容量 C 也随之变化。如果保持其中两个参数不变，而仅改变其中一个参数，就可把该参数的变化转换为电容量的变化，通过测量电路就可转换为电量输出。因此，电容式传感器可分为变极距型、变面积型和变介质型三种类型。

1. 变极距型电容传感器

图 2.69 (a) 为变极距型电容式传感器的原理图。图中极板 1 为定极板，极板 2 为动极板。当传感器的 ε_r 和 A 为常数，初始极距为 d_0 时，可知其初始电容量 C_0 为

$$C_0=\frac{\varepsilon_0\varepsilon_r A}{d_0} \tag{2.33}$$

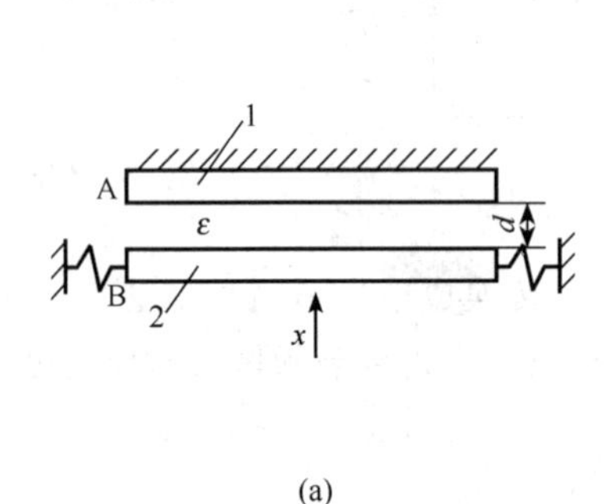

(a)

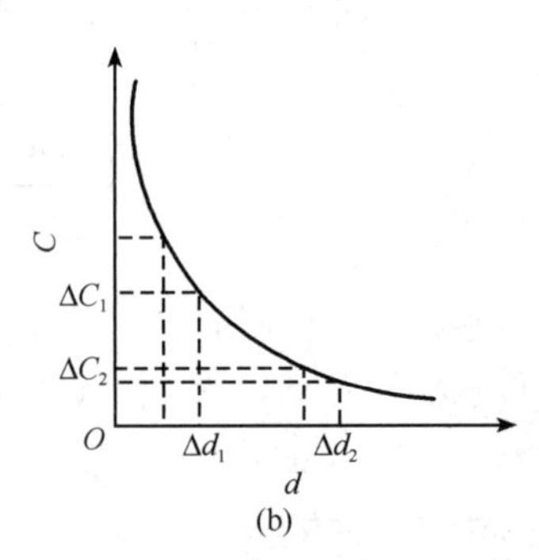

(b)

图 2.69　变极距型电容传感器

1. 定极板；2. 动极板

当动极板受被测物体作用引起位移，使极板间距减小 Δd 后，其电容量增大 ΔC，当 $\Delta d\ll d$，则有

$$C=C_0+\Delta C=\frac{\varepsilon_0\varepsilon_r A}{d_0-\Delta d}-C_0\left(1+\frac{\Delta d}{d_0}\right) \tag{2.34}$$

由式 (2.34) 可知，传感器的输出特性 $C=f(d)$ 不是线性关系，如图 2.69 (b)

所示。只有当 $\Delta d \ll d$ 时，才近似成线性关系，所以变极距型电容传感器只有在 $\Delta d/d_0$ 很小时才有近似的线性输出。

一般变极板间距离电容式传感器的起始电容在 20～100pF 之间，极板间距离在 25～200μm 的范围内，最大位移应小于间距的 1/10，故其在微位移测量中应用最广。

2. 变面积型电容传感器

（1）直线位移型变面积电容传感器

如图 2.70（a）所示直线位移型变面积电容传感器，当动极板移动 x 后，覆盖面积就发生变化，电容量也随之改变，其值为

$$\Delta C = C - C_0 = -\frac{\varepsilon b}{d}\Delta x = -C_0\frac{x}{a_0} \tag{2.35}$$

其灵敏度为

$$K = \frac{\Delta C}{\Delta x} = -\frac{\varepsilon b}{d_0} \tag{2.36}$$

由式（2.36）可知，变面积型电容传感器的灵敏度为常数，即输出与输入呈线形关系。若增大极板长度 b，减小极距 d_0，可提高灵敏度，但 d_0 太小时容易引起短路，b 太小则允许活动的范围（行程）也变得很短。

（2）角位移型变面积电容传感器

图 2.70（b）所示为角位移型变面积电容传感器。当动片有一角位移时，两极板间覆盖面积就发生变化，从而导致电容量的变化，此时电容值为

$$C = \frac{\varepsilon A(1-\theta/\pi)}{d_0} = C_0\left(1-\frac{\theta}{\pi}\right) \tag{2.37}$$

其灵敏度为

$$K = \frac{\mathrm{d}C}{\mathrm{d}\theta} = -\frac{\varepsilon A}{\pi d_0} \tag{2.38}$$

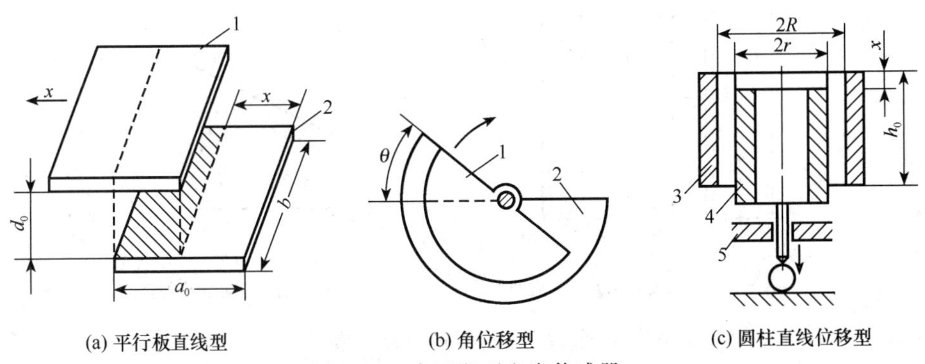

图 2.70　变面积型电容传感器

1. 动极板；2. 定极板；3. 外圆柱；4. 内圆柱；5. 导轨

在实际使用中，可增加动极板和定极板的对数，使多片同轴动极板在等间隔排列的

定极板间隙中转动，以提高灵敏度。由于动极板与轴连接，所以一般动极板接地，但必须制作一个接地的金属屏蔽盒，将定极板屏蔽起来。

（3）圆柱形变面积电容传感器

图 2.70（c）所示是圆柱形变面积电容传感器。外圆筒不动，内圆筒在外圆筒内作上、下直线运动。在实际设计时，必须使用导轨来保持两圆筒的间隙不变。设内、外圆筒的半径分别为R和r，两者原来的遮盖长度为h_0，当内圆筒向下位移x时，则这两个同心圆筒的遮盖面积将减小，所构成的电容器的电容量也随之减小，电容值为

$$C=\frac{2\pi\varepsilon(h_0-x)}{\ln(R/r)}=C_0\left(1-\frac{x}{h_0}\right) \tag{2.39}$$

其灵敏度为

$$K=\frac{\mathrm{d}C}{\mathrm{d}x}=-\frac{2\pi\varepsilon}{\ln(R/r)} \tag{2.40}$$

由式（2.40）可知，内外圆筒的半径差越小，灵敏度越高。实际使用时，外圆筒必须接地，这样可以屏蔽外界电场干扰，并且能减小周围人体及金属体与内圆筒的分布电容，以减小误差。

3. 变介电常数型电容传感器

因为各种介质的相对介电常数不同，所以在电容器两极板间插入不同介质时，电容器的电容量也就不同。这种传感器可用来测量物位或液位，也可测量位移。

图 2.71（a）所示的是一种变极板间介质的电容传感器用于测量液位的结构原理图。

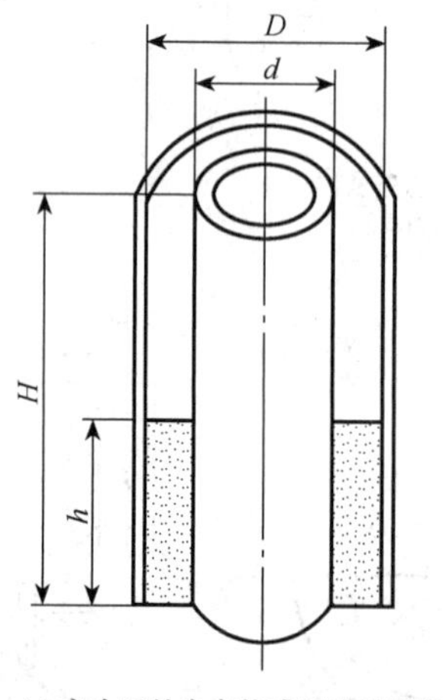

(a) 变介质的电容传感器结构原理

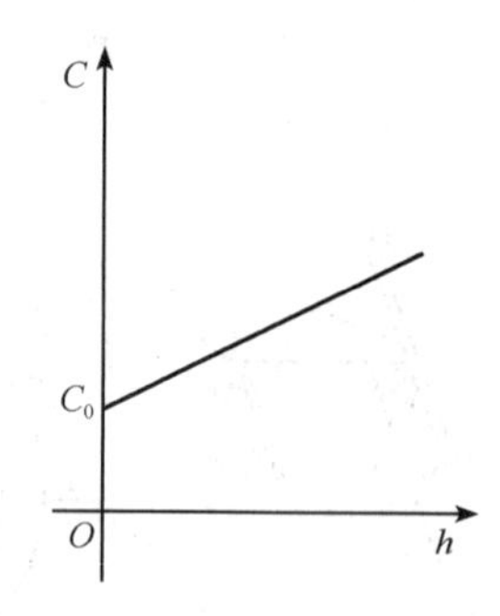

(b) 变介质的电容传感器输出特性

图 2.71　变介质的电容传感器

设被测介质的介电常数为ε_1，液面高度为h，电容器总高度为H，内筒外径为d，外筒内径为D，则此时电容器电容为

$$C=\frac{2\pi\varepsilon_1 h}{\ln D/d}+\frac{2\pi\varepsilon_0(H-h)}{\ln D/d}=\frac{2\pi\varepsilon_0 H}{\ln D/d}+\frac{2\pi h(\varepsilon_1-\varepsilon_0)}{\ln D/d}$$
$$=C_0+\frac{2\pi\varepsilon_0(\varepsilon_{r1}-1)h}{\ln D/d} \tag{2.41}$$

式中，ε_0——空气介电常数；

ε_{r1}——被测液体的相对介电常数；

ε_1——被测液体的介电常数，$\varepsilon_1=\varepsilon_{r1}\varepsilon_0$；

C_0——初始电容值，$C_0=\dfrac{2\pi\varepsilon H}{\ln D/d}$。

由式（2.41）可知，输出电容 C 与液面高度 h 成线性关系，其输出特性如图 2.71（b）所示。其灵敏度为常数，其值为

$$K=\frac{dc}{dh}=\frac{2\pi\varepsilon_0(\varepsilon_{r1}-1)}{\ln D/d} \tag{2.42}$$

4. 差动式电容传感器

在实际应用中，为了提高灵敏度，减小非线性误差，大都采用差动式结构。图 2.72 为变极距型差动平板式电容传感器结构示意图，中间为动极板（接地），上下两块为定极板。当动极板向上移动后，C_1 减小，C_2 增大，C_1 和 C_2 形成差动变化，经过信号测量转换电路后，灵敏度提高一倍，线性也得到改善。

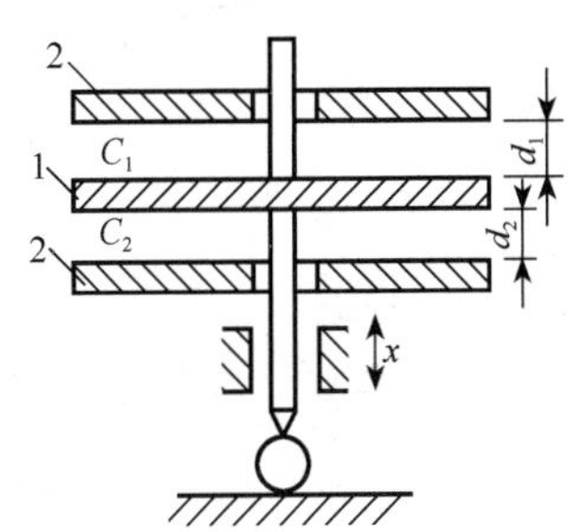

图 2.72　差动电容器结构示意图

1. 动极板；2. 定极板

2.7.2　电容传感器的测量转换电路

电容传感器中电容值以及电容变化值都十分微小，这样微小的电容量还不能直接为目前的显示仪表所显示，也很难为记录仪所接受，不便于传输。这就必须借助于测量转换电路检出这一微小电容增量，并将其转换成与其成单值函数关系的电压、电流或者频率。电容转换电路有调频电路、运算放大器式电路、二极管双 T 型交流电桥、脉冲宽度调制电路等。

1. 变压器电桥电路

图 2.73 所示为变压器电桥测量转换电路。其中图 2.73（a）为单臂接法的桥式测量电路，1MHz 左右的高频电源经变压器接到电容桥的一条对角线上，电容 C_1，C_2，C_3，C_x 构成电桥的四臂，C_x 为电容传感器。交流电桥平衡时

$$\frac{C_1}{C_2}=\frac{C_x}{C_2},\quad \dot{U}_o=0$$

当 C_x 改变时，$\dot{U}_o\neq 0$，有输出电压。

在图 2.73（b）中接有差动电容传感器，其空载输出电压可用下式表示，即

$$\dot{U}_o = \frac{\dot{U}}{2}\frac{C_{x1}-C_{x2}}{C_{x1}+C_{x2}} = \frac{\dot{U}}{2}\frac{(C_0 \pm \Delta C)-(C_0 \mp \Delta C)}{(C_0 \pm \Delta C)+(C_0 \mp \Delta C)} = \pm\frac{\dot{U}}{2}\frac{\Delta C}{C_0} \tag{2.43}$$

式中，C_0——传感器的初始电容值；

ΔC——差动电容的差值。

该线路的输出还应经过相敏检波电路才能分辨 U_o 的相位。

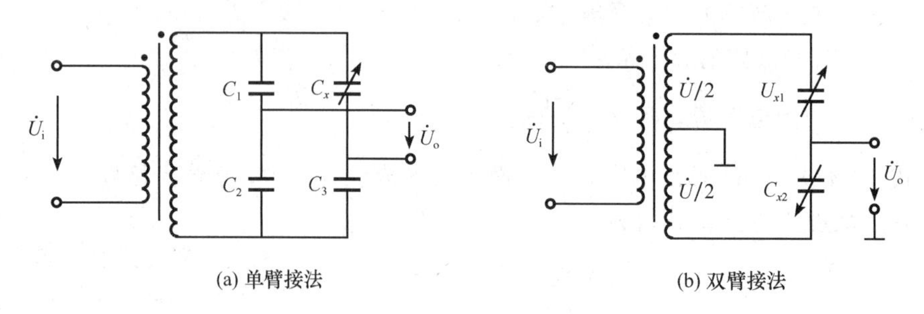

图 2.73 变压器电桥电路

2. 二极管双 T 型电桥电路

图 2.74 所示是二极管双 T 型交流电桥电路。u_1 是高频方波电源，VD_1、VD_2 为特性完全相同的两个二极管，$R_1=R_2=R$，C_1、C_2 为传感器的两个差动电容。当传感器没有输入时，$C_1=C_2$。电路工作原理如下：

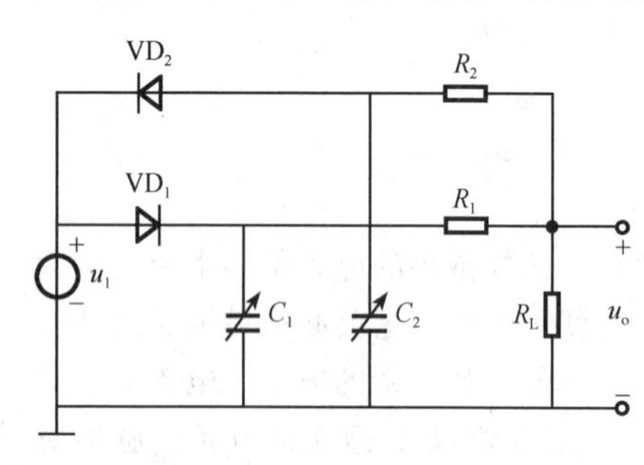

图 2.74 二极管双 T 型交流电桥电路

当 u_1 为正半周时，二极管 VD_1 导通、VD_2 截止，于是电容 C_1 充电；在随后负半周出现时，电容 C_1 上的电荷通过电阻 R_1，负载电阻 R_L 放电，流过 R_L 的电流为 i_1。在负半周内，VD_2 导通、VD_1 截止，则电容 C_2 充电；在随后出现正半周时，C_2 通过电阻 R_2，负载电阻 R_L 放电，流过 R_L 的电流为 i_2。根据上面所给的条件，则电流 $i_1=i_2$，且方向相反，在一个周期内流过 R_L 的平均电流为零。

若传感器输入不为零，即 $C_1 \neq C_2$，那么 $i_1 \neq i_2$，此时 R_L 上必定有信号输出，其输出电压在一个周期内的平均值为

$$u_o = \frac{R(R+2R_L)}{(R+R_L)^2}R_L u_1 f(C_1-C_2) \tag{2.44}$$

式中，f——电源频率。

当 R_L 已知，设 $M=\frac{R(R+2R_L)}{(R+R_L)^2}R_L$，则 M 为常数，可得

$$u_o = Mu_1 f(C_1-C_2) \tag{2.45}$$

由式（2.45）可知，输出电压 u_o 不仅与电源电压的幅值和频率有关，而且与 T 型

网络中的电容 C_1 和 C_2 的差值有关。当电源电压确定后，输出电压 u_o 与电容 C_1 和 C_2 之差具有线性关系。另外，二极管双 T 型电桥电路可以作动态测量。

3. 调频测量电路

调频测量电路把电容传感器作为振荡器谐振回路的一部分。当输入量导致电容量发生变化时，振荡器的振荡频率就发生变化。虽然可将频率作为测量系统的输出量，用以判断被测非电量的大小，但此时系统是非线性的，不易校正，因此加入鉴频器，将频率的变化转换为振幅的变化，经过放大就可以用仪器指示或记录仪记录下来。也可以将频率信号直接送到计算机的计数定时器进行测量。调频测量电路原理框图如图 2.75 所示。

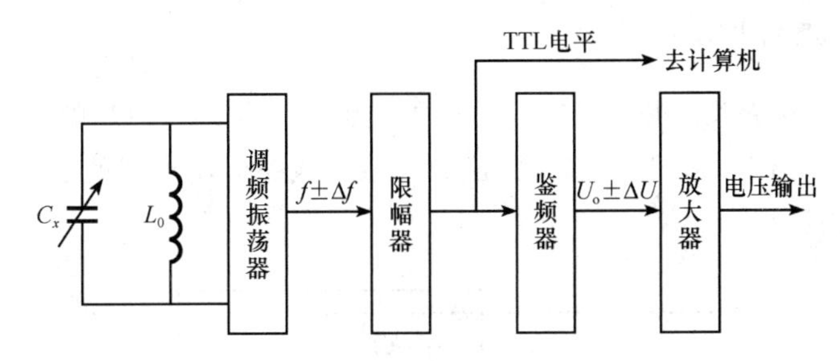

图 2.75　调频测量电路原理

调频振荡器的振荡频率为

$$f=\frac{1}{2\pi\sqrt{L_0C}}$$

式中，L_0——振荡回路的电感；

C——振荡回路的总电容。

C 包括传感器的电容 C_x、振荡回路固有电容 C_1 和传感器电缆分布电容 C_2，即 $C=C_x+C_1+C_2$。

调频测量电路具有较高灵敏度，可以测至 0.01μm 级位移变化量；频率输出易于用数字仪器测量和与计算机通信；抗干扰能力强；可以发送、接收以实现遥测遥控等优点。其缺点是振荡频率受电缆分布电容的影响大。随着电子技术的发展，可以将振荡器直接装在电容传感器旁，这样就可以克服电缆电容的影响。

4. 运算放大器测量电路

运算放大器的放大倍数 K 非常大，而且输入阻抗 Z_i 很高。运算放大器的这一特点可以使其作为电容式传感器的比较理想的测量电路。

图 2.76 是运算放大器测量电路图。C_x 为传感器电容，u_i 是交流电源电压，u_o 是输出信号电压，由运算放大器工作原理可得

$$u_o=-u_i\frac{C_0}{C_x} \tag{2.46}$$

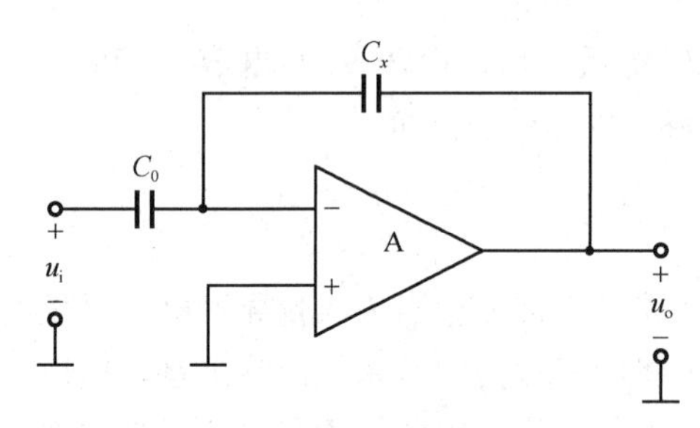

图 2.76　运算放大器测量电路

如果传感器是一只平板电容，则 $C_x=\varepsilon A/d$，则有

$$u_o=-u_i\frac{C_0}{\varepsilon A}d \tag{2.47}$$

式中“－”号表示输出电压的相位与电源电压反相。式（2.47）说明运算放大器的输出电压与极板间距离 d 成线性关系。运算放大器电路解决了单个变极板间距离式电容传感器的非线性问题，但要求 Z_i 及 K 足够大。为保证仪器精度，还要求电源电压的幅值和固定电容 C 值稳定。

5. 脉冲宽度调制电路

脉冲宽度调制电路图如图 2.77 所示，根据差动电容 C_1 和 C_2 的大小控制直流电压的通断，所得方波与 C_1 和 C_2 有确定的函数关系。线路的输出端就是双稳态触发器的两个输出端。

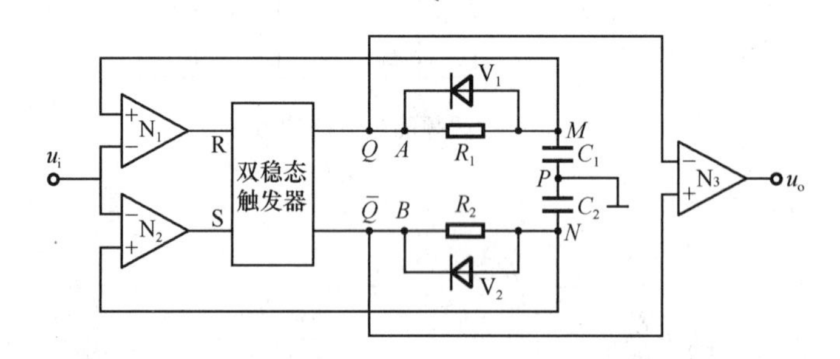

图 2.77　脉冲宽度调制电路

当双稳态触发器的 Q 端输出高电平时，则通过 R_1 对 C_1 充电，直到 M 点的电位等于参考电压 U_r 时，比较器 N_1 产生一个脉冲，使双稳态触发器翻转，Q（A）端为低电平，$\bar{Q}$（B）端为高电平。这时二极管 V_1 导通，C_1 放电至零，而同时 $\bar{Q}$ 端通过 R_2 向 C_2 充电。当 N 点电位等于参考电压 U_r 时，比较器 N_2 产生一个脉冲，使双稳态触发器又翻转一次，这时 Q 端为高电平，C_1 处于充电状态，同时二极管 V_2 导通，电容 C_2 放电至零。以上过程周而复始，在双稳态触发器的两个输出端产生一宽度受 C_1，C_2 调制的脉冲方波。图 2.78 为电路上各点的电压波形。

由图 2.78 看出，当 $C_1=C_2$ 时，两个电容充电时间常数相等，两个输出脉冲宽度相等，输出电压的平均值为零。当差动电容传感器处于工作状态，即 $C_1\neq C_2$ 时，两个电容的充电时间常数发生变化，T_1 正比于 C_1，而 T_2 正比于 C_2，这时输出电压的平均值不等于零。输出电压为

$$u_o=\frac{T_1}{T_1+T_2}u_1-\frac{T_2}{T_1+T_2}u_1=\frac{T_1-T_2}{T_1+T_2}u_1 \tag{2.48}$$

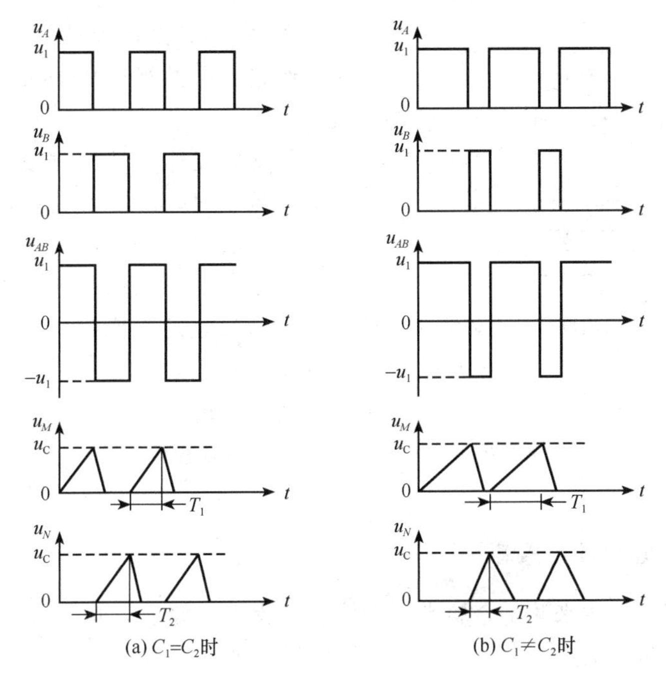

图 2.78　电压波形

当 $R_1=R_2=R$ 时，则有

$$u_o=\frac{C_1-C_2}{C_1+C_2}u_1 \tag{2.49}$$

可见，输出电压与电容变化成线性关系。

2.7.3　电容式传感器的应用

1. 电容式压力传感器

图 2.79 所示为差动电容式压力传感器的结构图。图中所示为一个膜片动电极和两个在凹形玻璃上电镀成的固定电极组成的差动电容器。当被测压力或压力差作用于膜片并使之产生位移时，形成的两个电容器的电容量，一个增大，一个减小。该电容值的变化经测量电路转换成与压力或压力差相对应的电流或电压的变化。

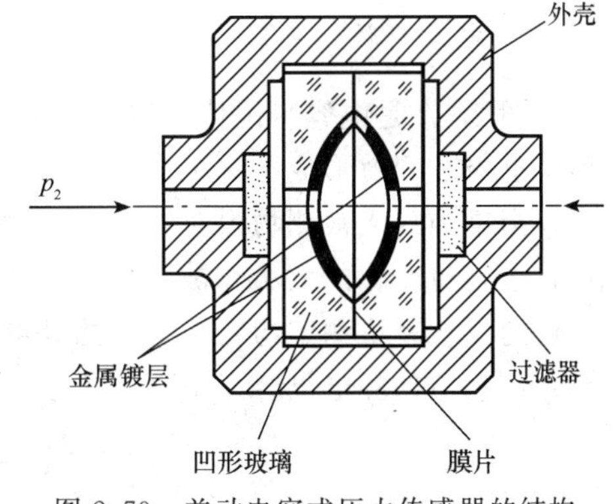

图 2.79　差动电容式压力传感器的结构

2. 电容式加速度传感器

图 2.80 所示为差动式电容加速度传感器结构图。它有两个固定极板（与壳体绝缘），中间

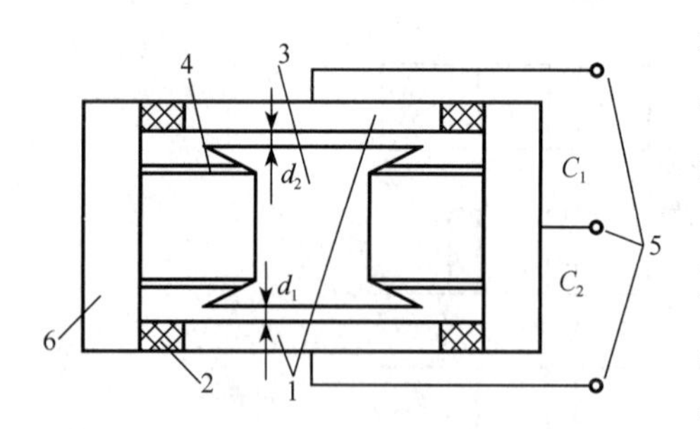

图 2.80　差动式电容加速度传感器的结构

1. 固定极板；2. 绝缘垫；3. 质量块（动极板）；4. 弹簧片；5. 输出端；6. 壳体

有一用弹簧片支撑的质量块，此质量块的两个端面经过磨平抛光后作为可动极板（与壳体连接）。

当传感器壳体随被测对象在垂直方向上作直线加速运动时，质量块在惯性空间中相对静止，而两个固定电极将相对质量块在垂直方向上产生大小正比于被测加速度的位移，此位移使两电容的间隙发生变化，一个增加，一个减小，从而使 C_1、C_2 产生大小相等、符号相反的增量，此增量正比于被测加速度。

电容式加速度传感器的主要特点是频率响应快和量程范围大，大多采用空气或其他气体作阻尼物质。

3. 差动式电容测厚传感器

电容测厚仪可以用来测量金属带材在轧制过程中的厚度，其工作原理如图 2.81 所示。在被测金属带材的上下两侧各放置一块面积相等、与带材距离相等的极板，这样极板与带材就形成了两个电容器 C_1 和 C_2。把两块极板用导线连接起来等效于一个极板，而金属带材就是电容的另一个极板，相当于 C_1 与 C_2 并联，总电容 $C=C_1+C_2$。如果带材厚度发生变化，则引起极距 d_1、d_2 的变化，从而导致总电容 C 的改变，用交流电桥将电容的变化检测出来，经过放大，即可由显示仪表显示出带材厚度的变化。使用上、下两个极板，是为了克服带材在传输过程中的上下波动带来的误差。例如，当带材向下波动时，C_1 增大，C_2 减小，C 基本不变。

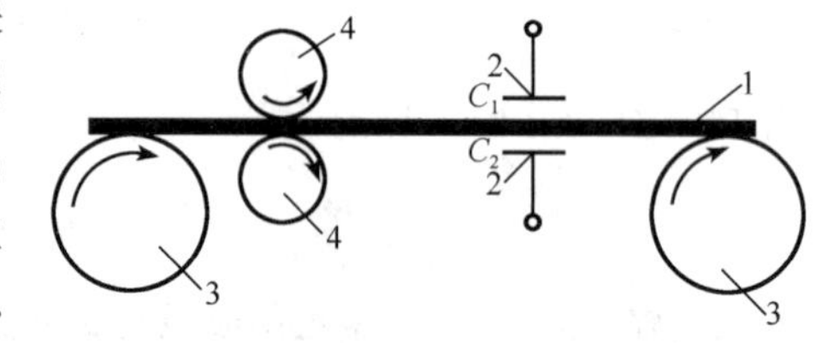

图 2.81　电容测厚仪工作原理示意图

1. 金属带材；2. 电容极板；3. 传动轮；4. 轧辊

4. 电容料位传感器

图 2.82 是电容料位传感器结构示意图。测定电极安装在罐的顶部，这样在罐壁和测定电极之间就形成了一个电容器。

当罐内放入被测物料时，由于被测物料介电常数的影响，传感器的电容量将发生变化，电容量变化的大小与被测物料在罐内高度有关，且二者成比例变化。检测出这种电容量的变化就可测定物料在罐内的高度。

传感器的静电电容可由下式表示，即

$$C=\frac{k(\varepsilon_r-\varepsilon_0)h}{\ln\dfrac{D}{d}}$$

式中，k——比例常数；

ε_r——被测物料的相对介电常数；

ε_0——空气的相对介电常数；

D——储罐的内径；

d——测定电极的直径；

h——被测物料的高度。

假定罐内没有物料时的传感器静电电容为 C_0，放入物料后传感器静电电容为 C_1，则两者电容差为

$$\Delta C = C_1 - C_0$$

可见，两种介质常数差别越大，极径 D 与 d 相差愈小，传感器灵敏度就愈高。

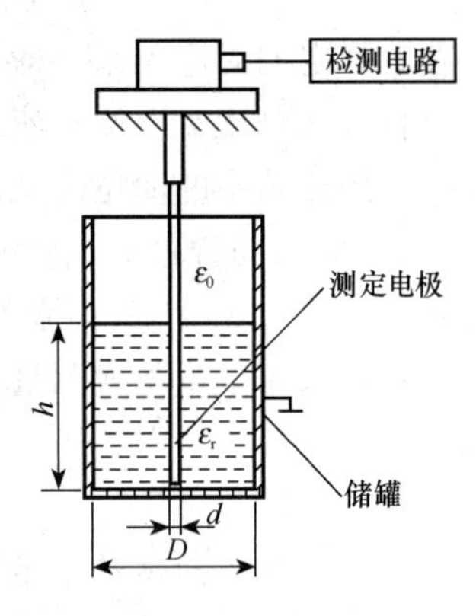

图 2.82　电容料位传感器结构示意图

5. 电容油量表

图 2.83 为电容油量表的示意图，它可以用于测量油箱中的油位。

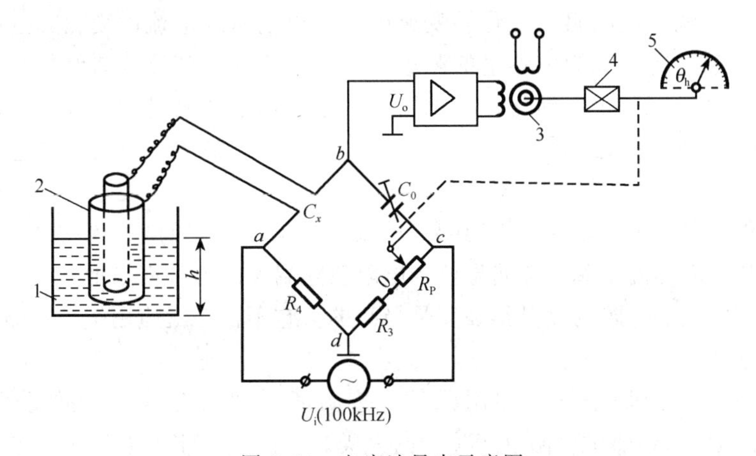

图 2.83　电容油量表示意图

1. 油箱；2. 圆柱形电容器；3. 伺服电动机；4. 减速箱；5. 油量表

当油箱中无油时，电容传感器的电容量 $C_x = C_{x_0}$，调节匹配电容使 $C_0 = C_{x_0}$，$R_4 = R_3$；并使电位器 R_P 的滑动臂位于 0 点，即 R_P 的电阻值为 0。此时，电桥满足 $C_x/C_0 = R_4/R_3$ 的平衡条件，电桥输出为零，伺服电动机不转动，油量表指针偏转角 $\theta = 0$。

当油箱中注满油时，液位上升至 h 处，$C_x = C_{x_0} + \Delta C_x$，而 ΔC_x 与 h 成正比，此时电桥失去平衡，电桥的输出电压 U_0 经放大后驱动伺服电动机，再由减速箱减速后带动指针顺时针偏转，同时带动 R_P 的滑动臂移动，从而使 R_P 阻值增大，$R_{cd} = R_3 + R_P$ 也随之增大。当 R_P 阻值达到一定值时，电桥又达到新的平衡状态，$U_o = 0$，于是伺服电动机停转，指针停留在转角为 θ_h 处。

由于指针及可变电阻的滑动臂同时为伺服电动机所带动，因此 R_P 的阻值与 θ 间存

在着确定的对应关系，即 θ 正比于 R_P 的阻值，而 R_P 的阻值又正比于液位高度 h，因此可直接从刻度盘上读得液位高度 h。

当油箱中的油位降低时，伺服电动机反转，指针逆时针偏转（示值减小），同时带动 R_P 的滑动臂移动，使 R_P 阻值减小。当 R_P 阻值达到一定值时，电桥又达到新的平衡状态，$U_o=0$，于是伺服电动机再次停转，指针停留在转角为 θ_h 处。从以上分析可知，该装置采用了零位式测量方法，所以放大器的非线性及温漂对测量精度影响不大。

小　结

本章介绍的参量传感器包括电阻应变式传感器、热电阻传感器、气敏和湿敏电阻传感器、电感式传感器、差动变压器式传感器、电涡流式传感器、电容式传感器等。

电阻应变式传感器是利用电阻应变片受力后发生应变致使电阻值发生变化的原理来测量被测物理量的大小。传感器主要由弹性元件（或称敏感元件）、粘贴在弹性元件上的应变片和壳体所组成。当外力作用于弹性元件上时，弹性元件被压缩，应变片跟随发生压缩应变，由此引起应变片的电阻也发生相应的变化。如将该应变片接入测量电桥电路中，就可把电阻的变化转变成电桥输出电压或电流的变化，这样就实现了被测力通过传感器转换成为电参量的测量。电阻应变式传感器具有结构简单、使用方便、性能稳定可靠，易于自动化、多点同步测量、远距离测量和遥控，灵敏度高，速度快，适应于静态和动态测量等特点，广泛用于应变、荷重、压力和加速度等机械量的测量。

热电阻传感器是中低温区最常用的一种温度检测器。它的主要特点是测量精度高、性能稳定。热电阻测温是基于金属导体的电阻值随温度的增加而增加这一特性来进行温度测量的。其中铂热电阻的测量精确度是最高的，它不仅广泛应用于工业测温，而且被制成标准的基准仪。

热敏电阻传感器是半导体测温元件，按温度系数可分为负温度系数热敏电阻（NTC）和正温度系数热敏电阻（PTC）两大类。广泛应用于温度测量、电路温度补偿以及温度控制。

气敏电阻传感器是一种将检测到的气体的成分和浓度转换为电信号的传感器。气敏电阻是一种半导体敏感器件，它是利用气体的吸附而使半导体本身的电导率发生变化这一机理来进行检测的。

湿敏电阻传感器是进行湿度测量和控制的传感器。湿敏电阻是利用湿敏材料吸收空气中的水分而导致本身电阻值发生变化这一原理而制成的，具有灵敏度高、体积小、寿命长、不需维护、可以进行遥测和集中控制等优点。

电感式传感器是利用线圈的自感或互感的变化实现非电量电测的一种装置。它可以对直线位移和角位移进行直接测量，还可以通过一定的敏感元件把振动、压力、应变、流量和密度等转换成位移量的参数进行检测。

电感式传感器有很多优点：结构简单、工作可靠，测量力小；灵敏度高，测量直线位移分辨率可达0.1μm，测量角位移分辨率可达0.1rad/s；输出功率大，电压灵敏度一般可达数百mV/mm；测量范围宽、重复性好、线性度优良，在几十微米到几百毫米范围内都有较好的线性度和稳定性。它的主要缺点是频率响应差，并存在交流零位信号，不宜用于快速动态测量。

电容式传感器是以各种类型的电容器作为敏感元件，将被测物理量的变化转换为电容量的变化，再由转换电路（测量电路）转换为电压、电流或频率，以达到检测的目的。因此，凡是能引起电容量变化的有关非电量，均可用电容式传感器进行电测变换。电容式传感器不仅能测量荷重、位移、振动、角度、加速度等机械量，还能测量压力、液面、料面、成分含量等热工量。

在实际应用中，电感式传感器和电容式传感器常采用差动形式，不仅可以改善线性度，而且可以提高灵敏度。

电涡流式传感器是根据电涡流效应制成的。当块状金属导体置于交变磁场中，或在磁场中做切割磁感线运动时，导体内将产生呈漩涡状的感应电流，此即电涡流效应。励磁线圈通交变电流，周围形成交变磁场，导体内产生电涡流，电涡流磁场反抗原磁场，引起绕组等效阻抗 Z 及等效品质因数 Q 值的变化，这便是电涡流传感器的工作原理。电涡流传感器不但具有测量范围大、灵敏度高、抗干扰能力强、不受油污等介质的影响、结构简单、安装方便等特点，而且又具有非接触测量的优点，因此可广泛用于工业生产和科学研究的各个领域，例如测量位移、振幅、厚度、速度、流量及探伤等。

习　题

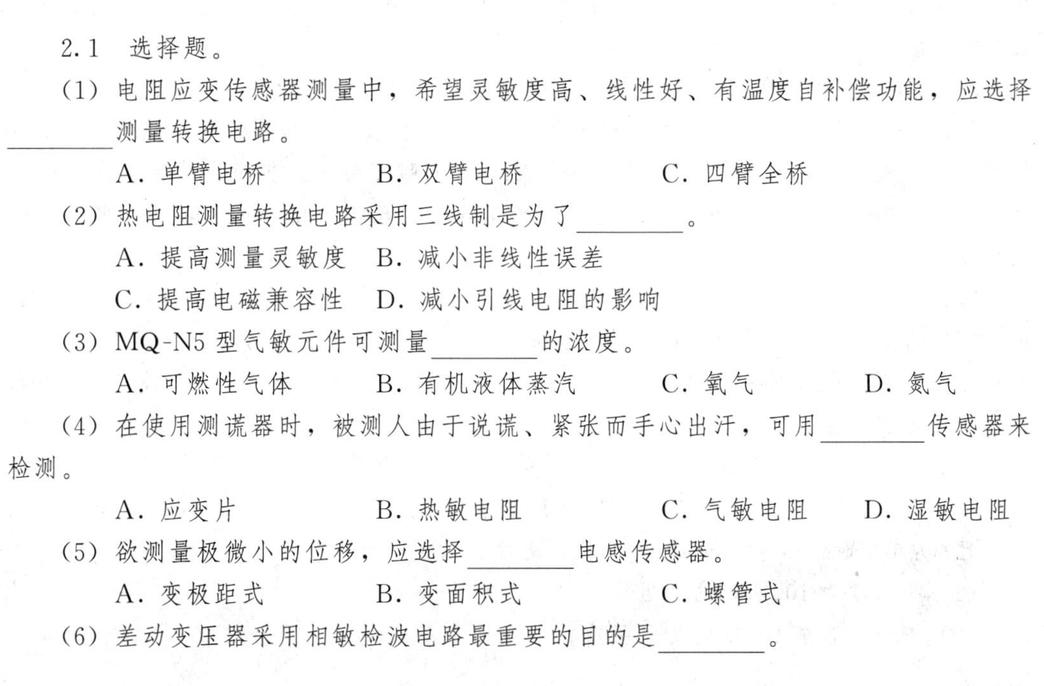

2.1　选择题。

（1）电阻应变传感器测量中，希望灵敏度高、线性好、有温度自补偿功能，应选择________测量转换电路。

A．单臂电桥　　B．双臂电桥　　C．四臂全桥

（2）热电阻测量转换电路采用三线制是为了________。

A．提高测量灵敏度　B．减小非线性误差

C．提高电磁兼容性　D．减小引线电阻的影响

（3）MQ-N5型气敏元件可测量________的浓度。

A．可燃性气体　　B．有机液体蒸汽　　C．氧气　　D．氮气

（4）在使用测谎器时，被测人由于说谎、紧张而手心出汗，可用________传感器来检测。

A．应变片　　B．热敏电阻　　C．气敏电阻　　D．湿敏电阻

（5）欲测量极微小的位移，应选择________电感传感器。

A．变极距式　　B．变面积式　　C．螺管式

（6）差动变压器采用相敏检波电路最重要的目的是________。

A．提高灵敏度　　B．将输出的交流信号转换成直流信号

C．使检波后的直流电压能反映检波前交流信号的相位和幅度

（7）螺线管式自感传感器采用差动结构是为了________。

A．加长线圈的长度从而增加线性范围　　B．提高灵敏度，减小温漂

C．降低成本　　D．增加对衔铁的吸引力

（8）在电容传感器中，若采用调频法测量转换电路，则电路中________。

A．电容和电感均为变量　　B．电容是变量，电感保持不变

C．电容保持常数，电感为变量　　D．电容和电感均保持不变

（9）用图2.62的方法测量齿数为60的齿轮的转速，测得频率为400Hz，则该齿轮的转速n为________r/min。

A．400　　B．3600　　C．24 000　　D．60

2.2　金属电阻应变片与半导体材料的电阻应变效应有什么不同？

2.3　热电阻测量时采用何种测量电路？为什么要采用这种测量电路？说明这种电路的工作原理。

2.4　电容式传感器有几种类型？简述每种类型各自的特点和适用场合。

2.5　试分析变面积式电容传感器和变间隙式电容的灵敏度。为了提高传感器的灵敏度可采取什么措施并应注意什么问题？

2.6　为什么说变间隙型电容传感器特性是非线性的？采取什么措施可改善其非线性特征？

2.7　影响差动变压器输出线性度和灵敏度的主要因素是什么？电感式传感器测量电路的主要任务是什么？变压器式电桥和带相敏整流的交流电桥，谁能更好地完成这一任务？

2.8　电涡流传感器测厚度的原理是什么？它具有哪些特点？

2.9　采用阻值为120Ω、灵敏度系数$K=2.0$的金属电阻应变片和阻值为120Ω的固定电阻组成电桥，供桥电压为4V，并假定负载电阻无穷大。当应变片上的应变分别为1$\mu\varepsilon$和1000$\mu\varepsilon$时，试求单臂、双臂和全桥工作时的输出电压，并比较三种情况下的灵敏度（$1\mu\varepsilon=1\times10^{-6}\varepsilon$）。

2.10　如图2.84所示为一直流电桥，供电电源电动势$E=3\text{V}$，$R_3=R_4=100\Omega$，R_1和R_2为同型号的电阻应变片，其电阻均为50Ω，灵敏度系数$K=2.0$。两只应变片分别粘贴于等强度梁同一截面的正反两面。设等强度梁在受力后产生的应变为5000$\mu\varepsilon$，试求此时电桥输出端电压U_o。

2.11　铜热电阻的阻值R_t与温度t的关系在0～150℃范围内可用下式近似表示：

$$R_t \approx R_0(1+\alpha t)$$

已知：0℃时铜热电阻的R_0为50Ω，温度系数α约为4.28×10^{-3}℃。求：

（1）当温度为100℃时的电阻值。

（2）查表2.3求100℃时的电阻值。

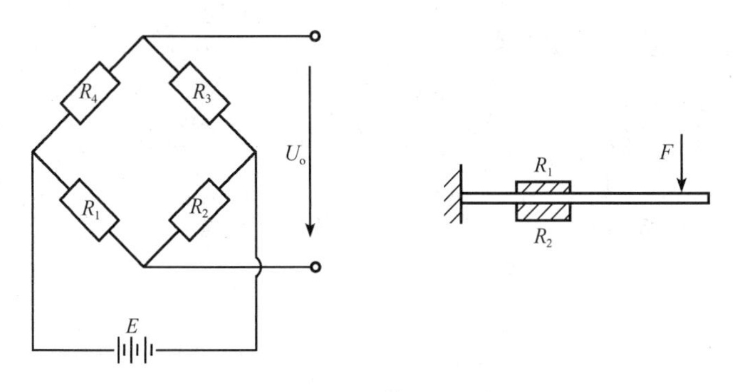

图 2.84　习题 2.10 图

2.12　有一台两线制压变送器，量程范围为 0～1MPa，对应的输出电压为 4～20mA。求：

(1) 压力 p 与输出电流 I 的关系表达式（输入/输出方程）。

(2) 画出压力与输出电流间的输入/输出特性曲线。

(3) 计算当 p 为 0MPa，0.5MPa 和 1MPa 时变送器的输出电流。

(4) 如果希望在信号传输终端将电流信号转换为 1～5V 电压，求负载电阻 R_L 的阻值。

(5) 画出该两线制压力变送器的接线图（电源电压为 24V）。

(6) 如果测得变送器的输出电流为 5mA，求此时的压力 p。

(7) 若测得变送器的输出电流为 0mA，试说明可能是哪几个原因造成的。

(8) 请将图 2.85 中的各元器件及仪表正确连接起来。

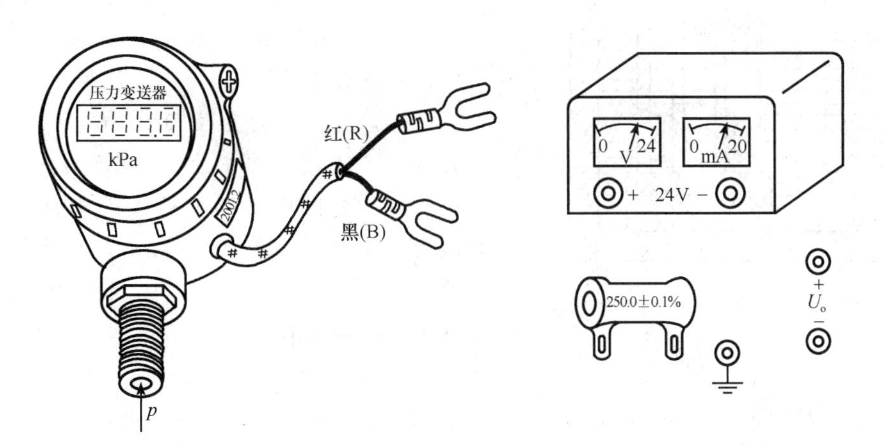

图 2.85　二线制仪表的正确连接

2.13　用一电涡流式测振仪测量某机器主轴的轴向窜动，已知传感器的灵敏度为 25mV/mm。最大线性范围（优于 1%）为 5mm。现将传感器安装在主轴的右侧，如图 2.86 (a) 所示，使用高速记录仪记录下的振动波形如图 2.86 (b) 所示。问：

(1) 轴向振动 $a_m \sin\omega t$ 的振幅 a_m 是多少？

（2）主轴振动的基频 f 是多少？

（3）振动波形不是正弦的原因有哪些？

（4）为了得到较好的线性度与最大的测量范围，传感器与被测金属的安装距离 l 是多少毫米为佳？

（5）本例属于动态测量还是静态测量？如果用于轴向位移的测量，又要保证线性范围优于1%，则最大位移量为多少？

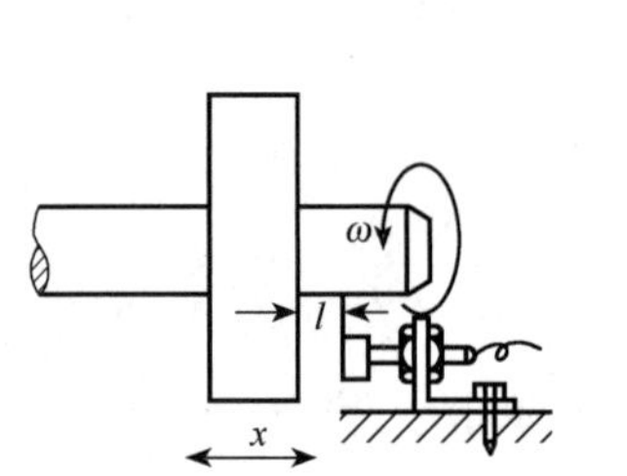

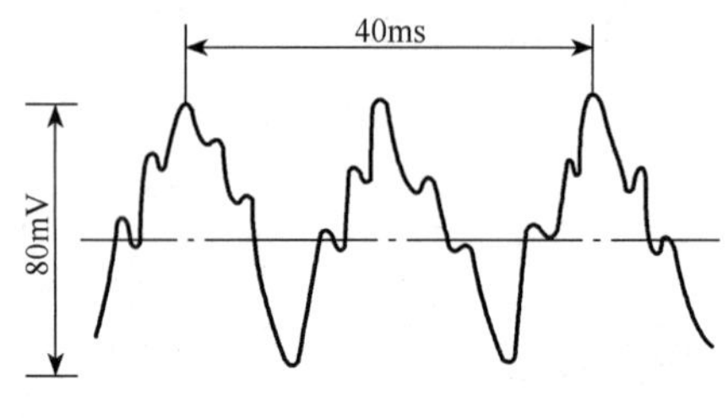

图 2.86　电涡流式测振幅仪测量示意图

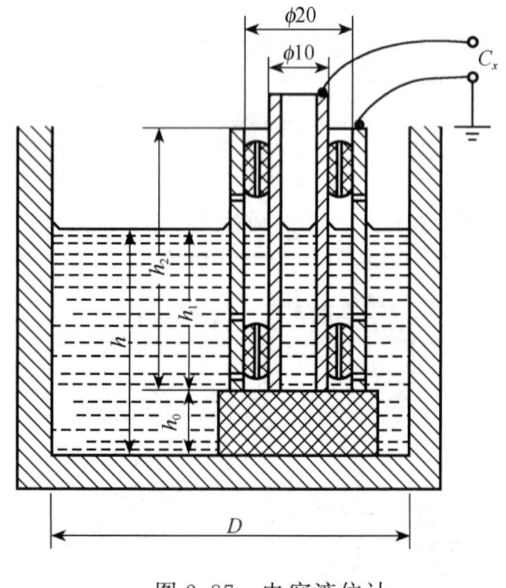

图 2.87　电容液位计

2.14　某工厂采用图 2.87 所示的电容传感器来测量储液罐中的绝缘液体。已知内圆管的外径为 10mm，外圆管的内径为 20mm，内外圆管的高度 $h_1=3\text{m}$，安装高度 $h_0=0.5\text{m}$。被测介质为绝缘油，其相对介电常数 $\varepsilon_r=2.3$，测得总电容量为 401pF（$401\times10^{-12}\text{F}$）。求

（1）液位 h；

（2）若储油罐内直径 $D=3\text{m}$，油的密度 $\rho=0.8\text{t/m}^3$，这时储油罐中油的总量为多少吨？

2.15　变间隙电容传感器的测量电路为运算放大器电路，如图 2.88 所示。传感器的起始电容量 $C_{x_0}=20\text{pF}$，定、动极板距离 $d_{x0}=1.5\text{mm}$，$C_0=10\text{pF}$，运算放大器为理想放大器，R_f 极大，输入电压 $u_i=5\sin\omega t$（V）。求当电容传感器动极板上输入一位移量 $\Delta x=0.15\text{mm}$ 使 d_0 减小时，电路输出电压 u_o 为多少？

2.16　如图 2.89 所示正方形平板电容器，极板长度 $a=4\text{cm}$，极板间距离 $d=0.2\text{mm}$。若用此变面积型传感器测量位移 x，试计算该传感器的灵敏度并画出传感器的特性曲线。极板间介质为空气，$\varepsilon_0=8.85\times10^{-12}\text{F/m}$。

2.17　图 2.90 为自动吸排油烟机电路的原理图，请分析填空。

（1）图中的气敏电阻是________类型，被测气体浓度越高，其电阻值就越________。

（2）气敏电阻必须使用加热电源的原因是________，通常须将气敏电阻加热

到______℃左右。因此使用电池为电源、作长期监测仪表使用时，电池的消耗较________（大/小）。

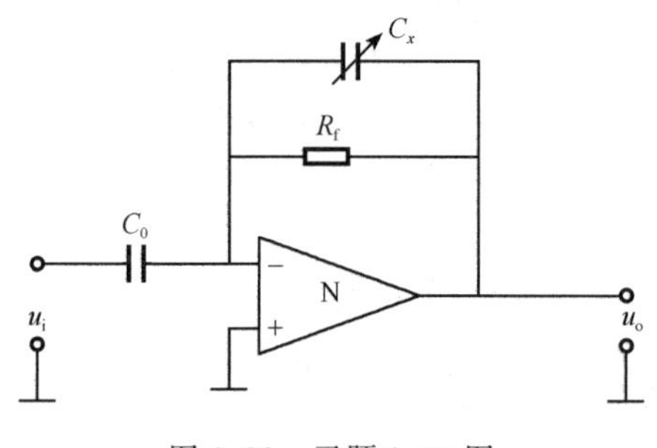

图 2.88　习题 2.15 图

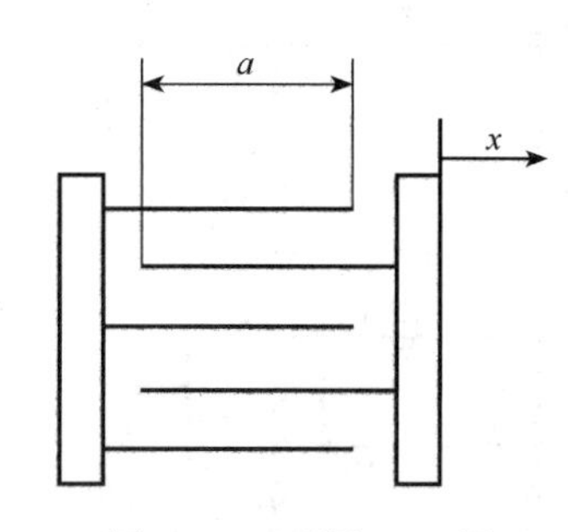

图 2.89　习题 2.16 图

(3) 当气温升高后，气敏电阻的灵敏度将________（升高/降低），所以必须设置温度补偿电路，使电路的输出不随气温变化而变化。

(4) 比较器的参与电压 U_R 越小，检测装置的灵敏度就越________。若希望灵敏度不要太高，可将 R_P 往________（左，右）调节。

(5) 该自动吸排油烟机使用无触点的晶闸管而不用继电器来控制排气扇的原因是防止________。

(6) 由于即使在开启排气扇后气敏电阻的阻值也不能立即恢复正常，所以在声光报警电路中，还应串接一只控制开关，以消除________（喇叭/LED）继续烦人的报警。

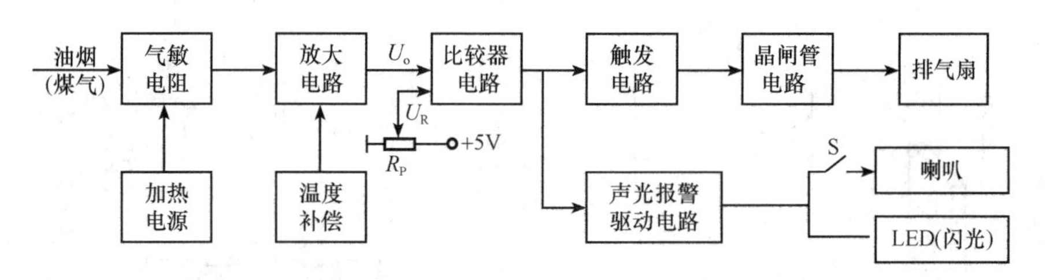

图 2.90　自动吸排油烟机电路原理

2.18　图 2.91 是差动变器式接近开关感应头结构示意图。

(1) 请根据差动变压器的原理，正确地将线圈绕组 1 与线圈绕组 2 串联起来。

(2) 请分析填空。

1) 当导磁金属未靠近差动变压器铁芯时，$\dot{U}_{21}$ 与 $\dot{U}_{22}$________，所以 $\dot{U}_o$ 为________。

2) 当温度变化时，$\dot{U}_{21}$ 与 $\dot{U}_{22}$ 同时________，$\dot{U}_o$ 仍________，所以采用差动变压器可克服________。

3) 当导磁金属靠近差动变压器铁芯时，M_1________、M_2________，$\dot{U}_{21}$________、$\dot{U}_{22}$________，所以 $\dot{U}_o$________。$\dot{U}_o$ 的相位与 $\dot{U}_1$________。

4) $\dot{U}_1$ 的频率约为__________为宜。

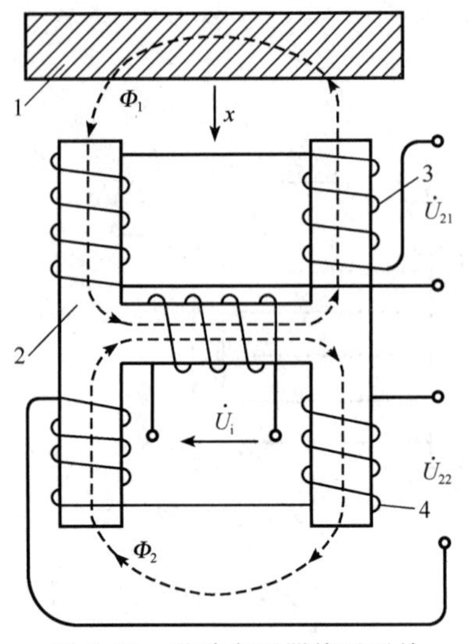

图 2.91　差动变压器接近开关感应头结构示意图

1. 导磁金属；2. H 形铁氧体；3. 线圈绕组 1；4. 线圈绕组 2

2.19　人体感应式接近开关原理如图 2.92 所示。图 2.93 为鉴频器的输入输出特性曲线。请分析原理图并填空。

(1) 地电位的人体与金属板构成空间分布电容 C_x，C_x 与微调电容 C_0 从高频等效电路来看，两者之间构成________联。V_1、L_1、C_0、C_x 等元件构成了________电路，f=________，f 等于 f_0。当人手未靠近金属板时，C_x 最________（大/小），检测系统处于待命状态。U_{o1}________于 U_R，A_2 的输出为________电平，I_b=________。

(2) 当人手靠近金属板时，金属板对地分布电容 C_x 变________，因此高频变压器 T 的二次侧的输出频率 f 变________（高/低）。

(3) 从图 2.93 可以看出，当 f 低于 f_R 时，U_{o1}________于 U_R，A_2 的输出 U_{o2} 变为________电平，因此 VL________（亮/暗）（见图 2.92）。

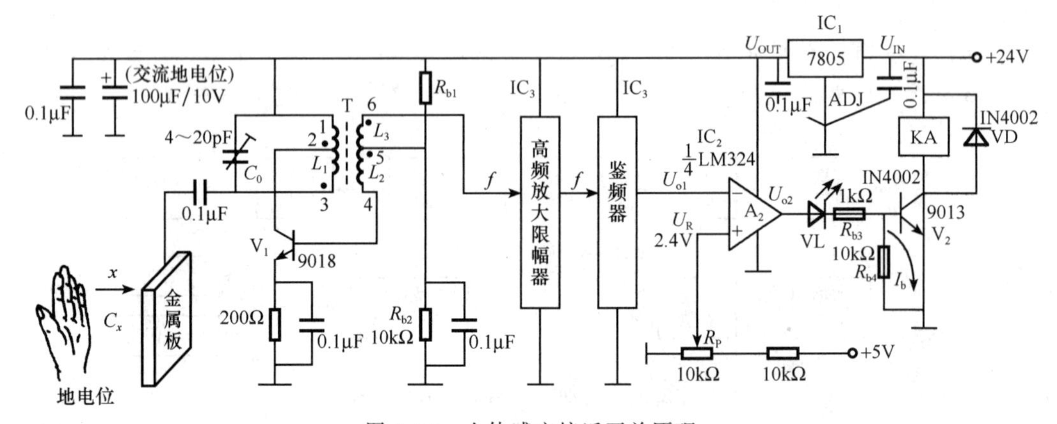

图 2.92　人体感应接近开关原理

三端稳压器 7805 的输出为________V，由于运放饱和时的最大输出电压约比电源低 1V 左右，所以 A_2 的输出电压约为________V，V_2________（饱和/截止），中间继电器 KA 变为________（吸合/释放）状态。

(4) 图 2.92 中的运放未接反馈电阻，所以 IC_2 在此电路中起________器作用；V_2 起________（电压放大/电流驱动）作用；基极电阻 R_{b3} 起________作用；

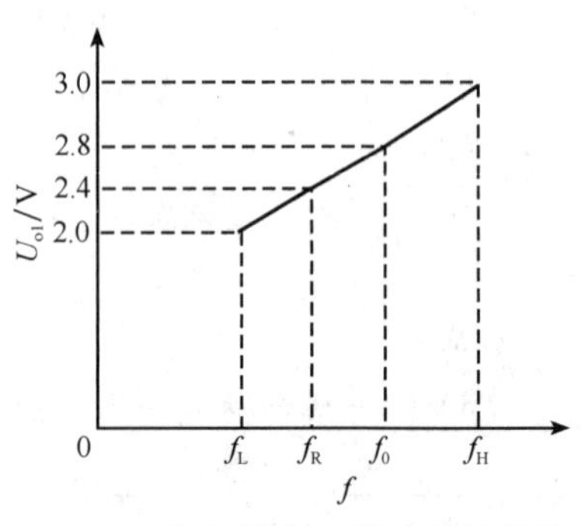

图 2.93　鉴频器输入/输出特性曲线

VD起________作用，防止当V_2突然截止产生过电压而使________击穿。

(5) 通过以上分析可知，该接近开关主要用于检测________，它的最大优点是________。可以将它应用到________以及________等场所。

2.20 酒后驾车易出事故，但判定驾驶员是否喝酒过量带有较大的主观因素。请你利用学过的知识设计一台便携交通警使用的酒后驾车测试仪。

总体思路是：让被怀疑酒后驾车的驾驶员对准探头呼三口气，用一排发光二极管指示呼气量的大小。当呼气量达到允许值之后，“呼气确认”LED亮，酒精蒸气含量数码管指示出三次呼气的酒精蒸气含量的平均百分比。如果呼气量不够，则提示重新呼气，当酒精含量超标时，LED闪亮，蜂鸣器发出“滴…滴…”声。

根据以上设计思路，请按以下要求操作：

(1) 画出你构思中的便携式酒后驾车测试仪的外形图，包括一根带电缆的探头以及主机盒子。在主机盒的面板上必须画出电源开关、呼气指示LED若干个、呼气次数指示LED三个、酒精蒸气含量数字显示器、报警LED、报警蜂鸣器发声孔。

(2) 画出测量呼气流量的传感器简图。

(3) 画出测量酒精蒸气含量的传感器简图。

(4) 画出测试仪的电原理框图。

(5) 简要说明几个环节之间的信号流程。

(6) 写出该酒后驾车测试仪的使用说明书。

第3章 发电传感器

❖ 知识点

1. 压电效应、压电材料及特性、压电传感器的测量电路。
2. 霍尔效应、霍尔元件、霍尔元件特性、零位误差与补偿、温度特性及补偿、集成霍尔电路。
3. 热电效应、热电偶工作原理、热电偶的基本定律、标准热电偶、热电偶的种类及结构、热电偶的冷端温度补偿、补偿导线、热电偶的测量电路。

❖ 要求

1. 掌握压电效应、压电元件常用的结构形式、测量电路。
2. 掌握霍尔式传感器工作原理、误差及其补偿。
3. 掌握热电效应、热电偶工作原理、热电偶的基本定律、标准热电偶、热电偶的种类及结构、热电偶的冷端温度补偿、补偿导线、热电偶的测量电路。
4. 了解压电材料及主要特性、压电式传感器的应用。
5. 了解霍尔元件及材料、霍尔元件基本特性、集成霍尔电路、霍尔传感器的应用。
6. 了解热电偶的应用。

本章介绍的发电传感器，其特征是不用电源，能自己发出信号，主要包括压电式传感器、霍尔传感器、热电偶传感器等。

3.1　压电式传感器

压电式传感器是一种典型的自发电式传感器。它是利用某些电介质材料具有压电效应现象制成的。有些电介质材料在一定方向上受到外力（压力或拉力）作用而变形时，在其表面上产生电荷，从而实现非电量电测的目的。压电传感元件是力敏感元件，它可以测量最终能变换为力的非电物理量，如动态力、动态压力、振动加速度等，但不能用于静态参数的测量。

压电式传感器具有体积小、质量轻、频响高、信噪比大等特点。由于它没有运动部件，因此结构坚固、可靠性和稳定性高。

3.1.1　压电式传感器的工作原理

因为压电式传感器以压电效应作为基础，我们首先要了解压电效应。某些物质在沿一定方向受到压力或拉力作用而发生改变时，其表面上会产生电荷；若将外力去掉时，它们又重新回到不带电的状态，这种现象就称为“正压电效应”。在压电材料的两个电极面上，如果加以交流电压，那么压电片能产生机械振动，即压电片在电极方向上有伸缩的现象，压电材料的这种现象称为“电致伸缩效应”，也叫做“逆压电效应”。常见的压电材料有石英、钛酸钡、锆钛酸铅等。

1. 石英晶体的压电效应

天然结构的石英晶体呈六角形晶柱，如图 3.1（a，b）所示，其中 x 轴称为电轴或 1 轴；y 轴称为机械轴或 2 轴；z 轴称为光轴或 3 轴。沿电轴（x 轴）方向的力作用下产生电荷称为“纵向压电效应”。沿机械轴（y 轴）方向的力作用下产生电荷称为“横向压电效应”。在光轴（z 轴）方向时则不产生压电效应。

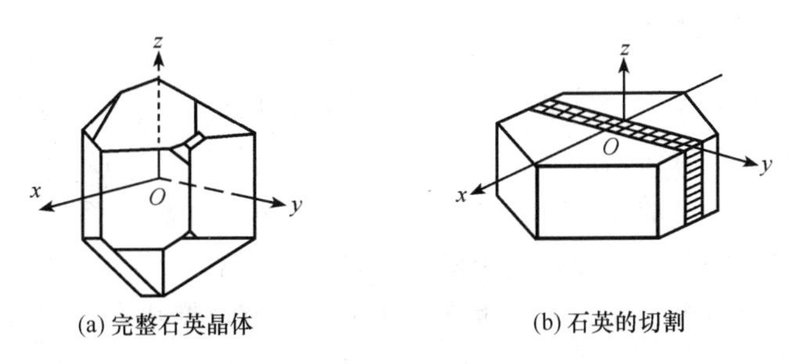

(a) 完整石英晶体　　(b) 石英的切割

图 3.1　石英晶体外形

如图 3.2 所示，当沿电轴方向加作用力 F_x 时，则在与电轴垂直的平面上产生电荷

$$Q = d_{11} F_x \tag{3.1}$$

式中，d_{11}——压电系数。

当作用力是沿着机械轴方向，电荷仍在与 x 轴垂直的平面，其值为

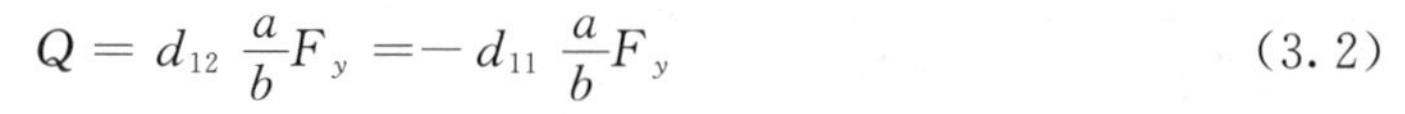

$$Q = d_{12} \frac{a}{b} F_y = - d_{11} \frac{a}{b} F_y \tag{3.2}$$

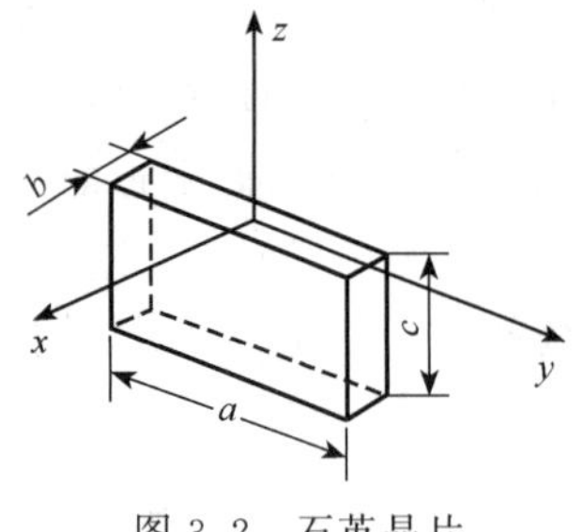

图 3.2　石英晶片

由式（3.2）可以看出，沿机械轴方向向晶片施加压力时，产生的电荷与几何尺寸有关，式中的负号表示沿 y 轴的压力产生的电荷与沿 x 轴施加压力所产生的电荷极性是相反的。

石英晶片受压力或拉力时，电荷的极性如图 3.3 所示，其中图（a）是在 x 轴方向受压力，图（b）是在 x 轴方向受拉力，图（c）是在 y 轴方向受压力，图（d）是在 y 轴方向受拉力。

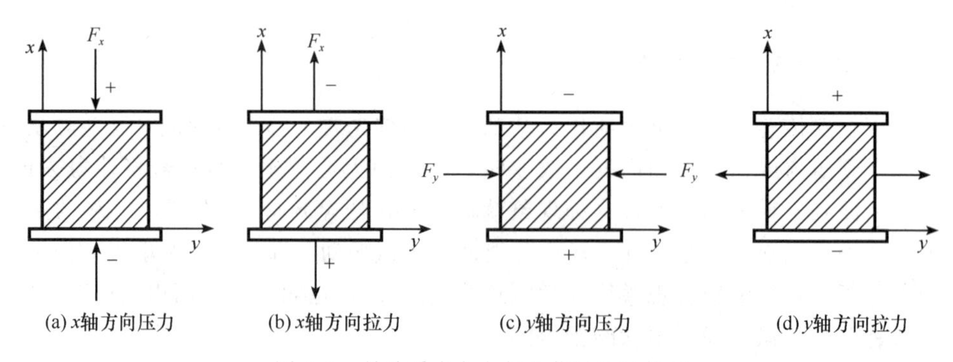

图 3.3　晶片受力方向与电荷极性的关系

石英晶体是一种天然晶体，其压电系数 $d_{11} = 2.31 \times 10^{-12}$ C/N；莫氏硬度为 7、熔点为 1750℃、膨胀系数仅为钢的 1/30，并且它转换效率和转换精度高、线性范围宽、重复性好、固有频率高、动态特性好、工作温度高达 550℃（压电系数不随温度而改变）、工作湿度高达 100%、稳定性好。

2. 压电陶瓷的压电效应

压电陶瓷属于铁电体物质，是一种人造的多晶体压电材料，它由无数细微的电畴组成。在无外电场时，各电畴杂乱分布，其极化效应相互抵消，因此原始的压电陶瓷不具有压电特性。只有在一定的高温（100～170℃）下，对两个极化面加高压电场进行人工极化后，陶瓷体内部保留有很强的剩余极化强度，当沿极化方向（定为 z 轴）施力时，则在垂直于该方向的两个极化面上产生正、负电荷，其电荷量 Q 与力 F 成正比，即

$$Q = d_{33} F \tag{3.3}$$

式中，d_{33}——压电陶瓷的纵向压电系数，可达几十至数百。

常见的压电陶瓷有以下几种：

1）钛酸钡（$BaTiO_3$）压电陶瓷。它具有较高的压电系数和相对介电常数，但机械强度不如石英，现已不常用。

2）锆钛酸铅系压电陶瓷（PZT）。其压电系数较高，各项机电参数随温度、时间等外界条件的变化小，在锆钛酸铅的材料中添加一两种微量元素可以获得不同性能的PZT 材料。

3）铌镁酸铅压电陶瓷（PMN）。它具有较高的压电系数，在压力大至 $700kg/cm^2$ 仍能继续工作，可作为高温下的力传感器。

3. 高分子压电材料（PVDF）

PVDF 有很强的压电特性，同时还具有类似铁电晶体的迟滞特性和热释电特性，因此广泛应用于压力、加速度、温度和无损检测等。尤其在医学领域中，由于它与人体声阻抗十分接近，无需阻抗变换，且便于和人体贴紧接触，安全舒适，灵敏度高，频带宽，广泛用作脉搏计、血压计、起搏器、生理移植和胎心音探测器等的传感元件。PVDF 有很好的柔性和加工性能，可制成不同厚度和形状各异的大面积有挠性的膜，适于制作大面积的传感阵列器件。PVDF 分子结构链中有氟原子，使其化学稳定性和耐疲劳性高、吸湿性低，并有良好的热稳定性。

3.1.2　压电式传感器的测量转换电路

1. 压电元件的等效电路

压电元件在受外力作用时，在两个电极表面将要聚集电荷，且电荷量相等，极性相反。这时它相当于一个以压电材料为电介质的电容器，如图 3.4（a）所示。因此，可以把压电式元件等效为一个电荷源 Q 与一个电容 C_a 并联的电路，如图 3.4（b）所示，也可以等效成一个电压源 U_a 和一个电容 C_a 的串联电路，图 3.4（c）所示。

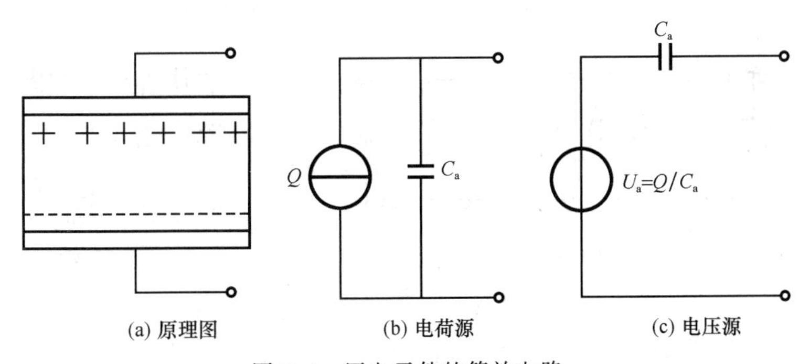

图 3.4　压电元件的等效电路

对于两个压电片的接法可以分为两种，如图 3.5 所示。其中图 3.5（a）所示为并联接法，其特点是输出电荷大，本身电容大，时间常数大，适宜用在测量慢变化信号并且以电荷作为输出量的地方，即极板上的总电荷为单片电荷的两倍，输出电压仍等于单片电压，输出电容是单片电容的两倍。图 3.5（b）所示为串联接法，其特点是输出电压大，本身电容小，适宜用于以电压作输出信号、且测量电路输入阻抗很高的地方，极板上的总电荷仍等于单片电荷，输出电压为单片电压的两倍，输出电容为单片电容 C 的一半。

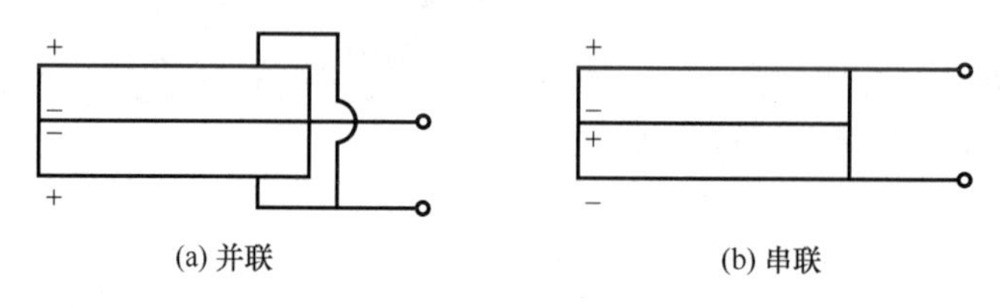

图 3.5　压电片的接法

2. 压电传感器的测量转换电路

压电式传感器要求负载电阻 R_L 必须有很大的数值，才能使测量误差小到一定数值以内，因此常先接入一个高输入阻抗的前置放大器，然后再接一般的放大电路及其他电路。测量电路关键在高阻抗的前置放大器。

压电式传感器前置放大器有两个作用：一是把压电式传感器的微弱信号放大；二是把传感器的高阻抗输出变换为低阻抗输出。

（1）电压放大器

压电传感器接电压放大器的等效电路如图 3.6（a）所示，图中 C_a 为传感器的电容，R_a 为传感器的漏电阻，C_c 为连接电缆的等效电容，R_i 为放大器的输入电阻，C_i 为放大器的输入电容。图 3.6（b）是简化后的等效电路，图中 $R=\frac{R_aR_i}{R_a+R_i}$，$C=C_a+C_c+C_i$，$u_a=\frac{Q}{C}$。

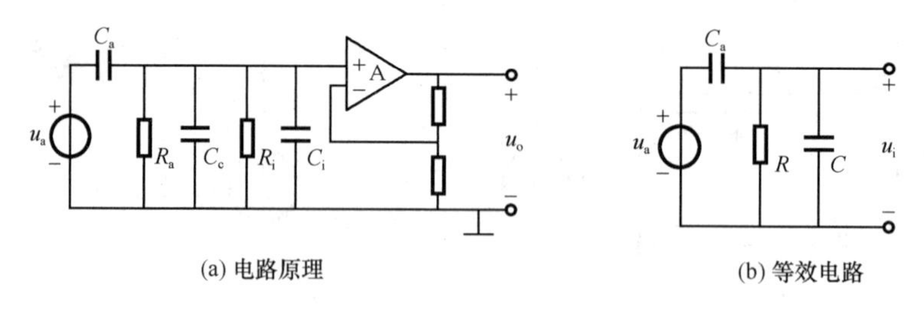

图 3.6　压电传感器接电压放大器的等效电路

设前置放大器输入电压为 $\dot{U}_i=i\frac{R}{1+j\omega RC}$，压电元件的力 $F=F_m\sin\omega t$，压电元件的压电系数为 d_{11}，产生的电荷为 $Q=d_{11}F$，则

$$\dot{U}_i = d_{11}\dot{F}\frac{j\omega R}{1+j\omega RC} \tag{3.4}$$

输入电压的幅值为

$$u_{im} = \frac{d_{11}F_m\omega R}{\sqrt{1+(\omega R)^2(C_a+C_c+C_i)^2}} \tag{3.5}$$

在理想情况下，传感器的漏电阻 R_a 和放大器的输入电阻 R_i 都为无限大，即 $\omega R(C_a+C_c+C_i)\gg 1$，则有

$$u_{im} = \frac{d_{11}F_m}{C_a+C_c+C_i} \tag{3.6}$$

当作用力是静态力（$\omega=0$）时，前置放大器的输入电压为零。这就决定了压电式传感器不能测量静态物理量，它的突出优点是高频响应相当好。

（2）电荷放大器

电荷放大器是压电式传感器另一种专用的前置放大器。它能将高内阻的电荷源转换为低内阻的电压源，而且输出电压正比于输入电荷，因此电荷放大器同样也起着阻抗变换的作用，其输入阻抗高达 $10^{10}\sim10^{12}\Omega$，输出阻抗小于 100Ω。使用电荷放大器突出的一个优点是：在一定条件下，传感器的灵敏度与电缆长度无关。

图 3.7 所示为压电传感器与电荷放大器连接的等效电路，图中 C_f 为放大器的反馈电容，其余符号的意义与电压放大器相同。若开环增益足够高，则放大器的输入端的电压为

$$u_o \approx -\frac{Q}{C_f} \tag{3.7}$$

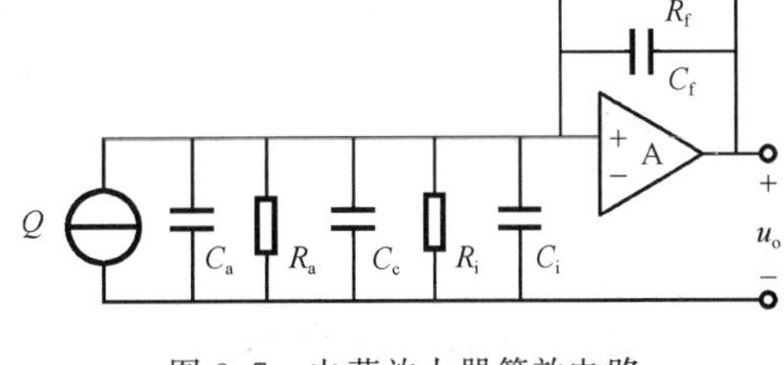

图 3.7　电荷放大器等效电路

由式（3.7）可知电荷放大器的输出电压只与输入电荷量和反馈电容有关，而与放大器的放大系数的变化或电缆电容等均无关系，只要保持反馈电容的数值不变，就可得到与电荷量 Q 变化成线性关系的输出电压。而反馈电容 C_f 小，输出就大，要达到一定的输出灵敏度要求，就必须选择适当的反馈电容。输出电压与电缆电容无关，要满足

$$(1+K)C_f \gg (C_a+C_c+C_i) \tag{3.8}$$

式中，K——放大器开环增益。

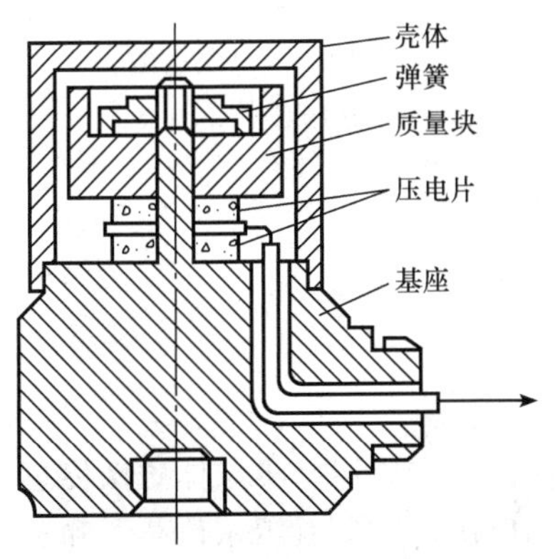

图 3.8　压电加速度传感器结构

3.1.3　压电式传感器的应用

1. 压电式加速度传感器

图 3.8 所示为压缩式压电加速度传感器结构图，当传感器感受振动时，质量块感受与传感器基座相同

的振动，并受到与加速度方向相反的惯性力的作用，这样质量块就有一正比于加速度的交变力作用在压电片上。由于压电片压电效应，两个表面上就产生交变电荷，当振动频率远低于传感器的固有频率时，传感器的输出电荷（电压）与作用力成正比，亦即与试件的加速度成正比。

输出电量由传感器输出端引出，输入到前置放大器后就可以用普通的测量仪器测出试件的加速度，如在放大器中加进适当的积分电路，就可以测出试件的振动速度或位移。

2. 压电式测力传感器

因为压电元件是直接把力转换为电荷的传感器，所以压电式传感器利用纵向压电效应方式最简便。材料的选择决定于所测力的量值大小、测量误差提出的要求、工作环境温度等各种因素。晶片的连接形式通常是使用机械串联和电气并联的两片，因为晶片电气并联两片可以使传感器的电荷输出灵敏度增大一倍。

图 3.9 所示为压电式单向测力传感器，常用形式为荷重垫圈式，它由基座、盖板、石英晶片、电极以及引出插座等组成。这种力传感器可用来测量机床动态切削力以及用于测量各种机械设备所受的冲击力，如图 3.10 所示。压电式动态力传感器位于车刀前端的下方。切削前，虽然车刀紧压在传感器上，压电晶片在压紧的瞬间也曾产生出很大的电荷，但几秒之内电荷就通过电路的泄漏电阻中和掉了。切削过程中，车刀在切削力的作用下上下剧烈颤动，将脉动力传递给单向动态力传感器。传感器的电荷变化量由电荷放大器转换成电压，再用记录仪记录下切削力的变化量。

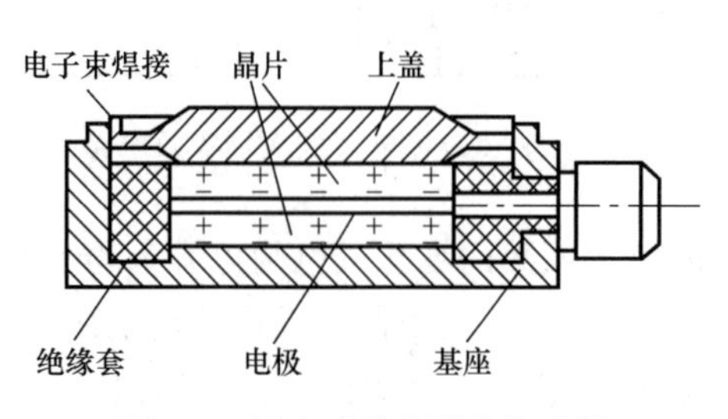

图 3.9　压电式单向测力传感器

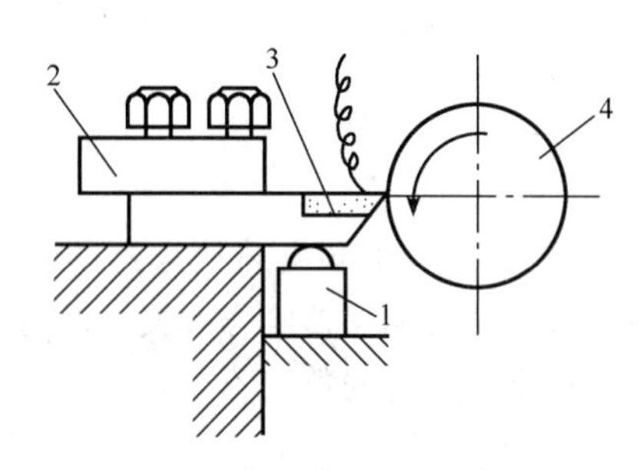

图 3.10　刀具切削力测量示意图

1. 压电式单向测力传感器；2. 刀架

3. 车刀；4. 工件

3.2　霍尔传感器

霍尔传感器是利用霍尔元件的霍尔效应制作的半导体磁敏传感器。半导体磁敏传感器是指电参数按一定规律随磁性量变化的传感器，常用的磁敏传感器有霍尔传感器和磁敏电阻传感器。除此之外还有磁敏二极管、磁敏晶体管等。磁敏器件是利用磁场工作的，因此可以通过非接触方式检验，这种方式可以保证器件使用寿命长、可靠性高。

半导体磁敏器件的特点是：从直流到高频，其特性完全一样，也就是完全不存在与频率的关系。这是因为半导体中电子的运动受磁场的影响，以电特性的变化来表现。在磁敏器件的主要材料半导体中，电子的运动速度非常快，足以跟上频率的变化。半导体磁敏器件产生与磁场强度成比例的电动势，它不仅能够测量动磁场，也能把静止的磁场变换成电信号（如用线圈探测静磁场时，只要线圈相对磁场运动就可以测出静止的磁场强度），并且可以发挥半导体固有的共同特点，即能够使器件小型化和集成化。利用半导体可以做成很微型的磁敏器件，有的半导体磁敏器件其工作面积只有 $2\mu m \times 2\mu m$，但是并不因面积小而降低它的灵敏度。除了半导体材料以外，其他材料是很难做到这样的微型磁敏器件的。另外，对集成化的磁敏器件来说，它可以做成一维和二维集成化的半导体磁敏器件。这种集成化的半导体磁敏器件与硅集成电路的接口也非常方便。利用磁场作为媒介可以检测很多物理量，例如位移、振动、力、转速、加速度、流量、电流、电功率等。它不仅可以实现非接触测量，并且不从磁场中获取能量。在很多情况下，可采用永久磁铁来产生磁场，不需要附加能量，因此这一类传感器获得极为广泛的应用。

3.2.1　霍尔效应

1879 年霍尔发现，在通有电流的金属板上加一匀强磁场，当电流方向与磁场方向垂直时，在与电流和磁场都垂直的金属板的两表面间出现电势差，这个现象称为霍尔效应，这个电势差称为霍尔电动势，其成因可用带电粒子在磁场中所受到的洛伦兹力来解释。如图 3.11 所示，将金属或半导体薄片置于磁感应强度为 B 的磁场中，当有电流流过薄片时，电子受到洛伦兹力 F 的作用向一侧偏移，电子向一侧堆积形成电场，该电场对电子又产生电场力。电子积累越多，电场力越大。洛伦兹力的方向可用左手定则判断，它与电场力的方向恰好相反。当两个力达到动态平衡时，在薄片的 AB 方向建立稳定电场，即霍尔电动势。激励电流越大，磁场越强，电子受到的洛仑兹力也越大，霍尔电动势也就越高。其次，薄片的厚度、半导体材料中的电子浓度等因素对霍尔电动势也有影响。霍尔电动势（mV）的数学表达式为

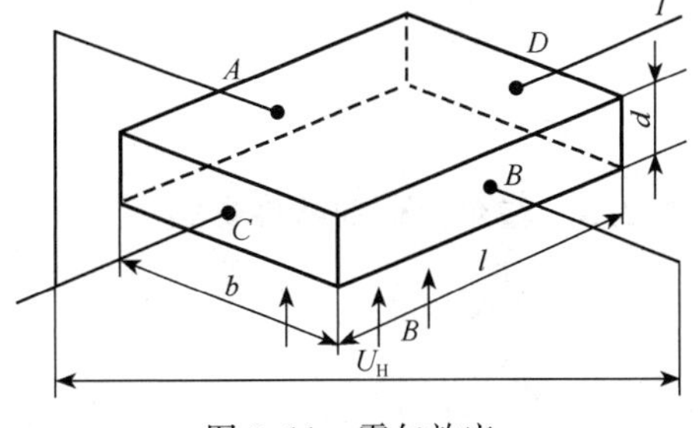

图 3.11　霍尔效应

$$E_H = K_H IB \tag{3.9}$$

式中，K_H——霍尔元件的灵敏度系数。

霍尔电动势与输入电流 I、磁感应强度 B 成正比，且当 I 或 B 的方向改变时，霍尔电动势的方向也随之改变。如果磁场方向与半导体薄片不垂直，而是与其法线方向的夹角为 θ，则霍尔电动势为

$$E_H = K_H IB\cos\theta \tag{3.10}$$

3.2.2 霍尔元件

由于导体的霍尔效应很弱，霍尔元件都用半导体材料制作。霍尔元件是一种半导体四端薄片，它一般做成正方形，在薄片的相对两侧对称地焊上两对电极引出线。一对称极为激励电流端，另外一对称极为霍尔电动势输出端。

目前常用的霍尔元件材料是N型硅，它的霍尔灵敏度系数、温度特性、线性度均较好。锑化铟（Insb）、砷化铟（InAs）、N型锗（Ge）等也是常用的霍尔元件材料。锑化铟元件的输出较大，受温度影响也较大；砷化铟和锗输出不及锑化铟大，但温度系数小，线性度好。砷化镓（GaAs）是新型的霍尔元件材料，温度特性和输出线性都好，但价格贵。

霍尔元件的电路符号如图3.12（a）所示。霍尔元件的壳体用非导磁性金属、陶瓷、塑料或环氧树脂封装，其外形如图3.12（b）所示。

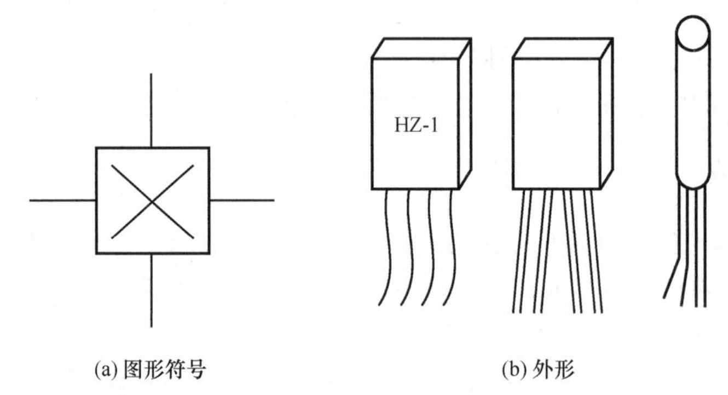

(a) 图形符号　　(b) 外形

图3.12　霍尔元件

3.2.3 霍尔元件的特性参数

1. 输入电阻 R_i

霍尔元件两激励电流端的直流电阻称为输入电阻，它的数值从几十欧到几百欧，视不同型号的元件而定。温度升高，输入电阻变小，从而使输入电流 I_{ab} 变大，最终引起霍尔电动势变化。为了减少这种影响，最好采用恒流源作为激励源。

2. 输出电阻 R_o

两个霍尔电动势输出端之间的电阻称为输出电阻，它的数值与输入电阻同一数量级，它也随温度改变而改变。选择适当的负载电阻 R_L 与之匹配，可以使由温度引起的霍尔电动势的漂移减至最小。

3. 最大激励电流 I_m

由于霍尔电动势随激励电流增大而增大，故在应用中总希望选用较大的激励电流。但激励电流增大，霍尔元件的功耗增大，元件的温度升高，从而引起霍尔电动势的温漂增大，因此每种型号的元件均规定了相应的最大激励电流，它的数值从几毫安至几十毫安。

4. 灵敏度 K_H

$K_H = E_H/(IB)$，它的单位为 mV/(mA·T)。

5. 最大磁感应强度 B_m

磁感应强度超过 B_m 时，霍尔电动势的非线性误差将明显增大，B_m 的数值一般小于零点几特斯拉（$1T=10^4 Gs$）。

6. 不等位电势

在额定激励电流下，当外加磁场为零时，霍尔输出端之间的开路电压称为不等位电势，它是由于四个电极的几何尺寸不对称引起的，使用时多采用电桥法来补偿不等位电动势引起的误差。

7. 霍尔电动势温度系数

在一定磁场强度和激励电流的作用下，温度每变化 1℃时霍尔电动势变化的百分数称为霍尔电动势温度系数，它与霍尔元件的材料有关，一般约为 0.1%/℃左右。在要求较高的场合，应选择低温漂的霍尔元件。

目前，国内外生产的霍尔元件种类很多，表 3.1 列出了部分国产霍尔元件的有关参数，供选用时参考。

表 3.1　常用霍尔元件的参数

参数名称	符　号	单　位	HZ-1 型	HZ-2 型	HZ-3 型	HZ-4 型	HT-1 型	HT-2 型	HS-1 型
			材料（N 型）						
			Ge（111）	Ge（111）	Ge（111）	Ge（100）	InSb	InSb	InAs
电阻率	ρ	Ω·cm	0.8～1.2	0.8～1.2	0.8～1.2	0.4～0.5	0.003～0.01	0.003～0.05	0.01
几何尺寸	$l \times b \times d$	mm×mm×mm	8×4×0.2	4×2×0.2	8×4×0.2	8×4×0.2	6×3×0.2	8×4×0.2	8×4×0.2
输入电阻	R_i	Ω	110±20%	110±20%	110±20%	45±20%	0.8±20%	0.8±20%	1.2±20%
输出电阻	Rvo	Ω	100±20%	100±20%	100±20%	40±20%	0.5±20%	0.5±20%	1±20%
灵敏度	K_H	mV/(mA·T)	>12	>12	>12	>4	1.8±20%	1.8±2%	1±20%
不等位电阻	R	Ω	<0.07	<0.05	<0.07	<0.02	<0.005	<0.005	<0.003
寄生直流电压	U_o	μV	<150	<200	<150	<100			
额定控制电流	I_c	mA	20	15	25	50	250	300	200

续表

参数名称	符　号	单　位	HZ-1型	HZ-2型	HZ-3型	HZ-4型	HT-1型	HT-2型	HS-1型
			材料（N型）						
			Ge（111）	Ge（111）	Ge（111）	Ge（100）	InSb	InSb	InAs
霍尔电压温度系数	α	1/℃	0.04%	0.04%	0.04%	0.03%	−1.5%	−1.5%	
内阻温度系数	β	1/℃	0.5%	0.5%	0.5%	0.3%	−0.5%	−0.5%	
热阻	R_Q	℃/mW	0.4	0.25	0.2	0.1			
工作温度	T	℃	−40～45	−40～45	−40～45	−40～75	0～40	0～40	−40～60

3.2.4　集成霍尔电路

随着微电子技术的发展，目前霍尔器件多已集成化。霍尔集成电路（又称霍尔IC）有许多优点，如体积小、灵敏度高、输出幅度大、温漂小、对电源稳定性要求低等。

霍尔集成电路可分为线性型和开关型两大类。前者是将霍尔元件和恒流源、线性差动放大器等做在一个芯片上，输出电压为伏级，比直接使用霍尔元件方便得多。较典型的线性霍尔器件如UGN3501等。

开关型霍尔集成电路是将霍尔元件、稳压电路、放大器、施密特触发器、OC门（集电极开路输出门）等电路做在同一个芯片上。当外加磁场强度超过规定的工作点时，OC门由高阻态变为导通状态，输出变为低电平；当外加磁场强度低于释放点时，OC门重新变为高阻态，输出高电平。这类器件中较典型的有UGN3020、3022等。

有一些开关型霍尔集成电路内部还包括双稳态电路，这种器件的特点是必须施加相反极性的磁场，电路的输出才能翻转回到高电平，也就是说，具有“锁键”功能。这类器件又称为锁键型霍尔集成电路，如UGN3075等。

图3.13、图3.15分别是UGN3501T和UGN3020的外形及内部电路框图，图3.14、图3.16分别是其输出电压与磁场的关系曲线。表3.2给出了UGN3020（OC门）的输出状态与磁感应强度的关系。

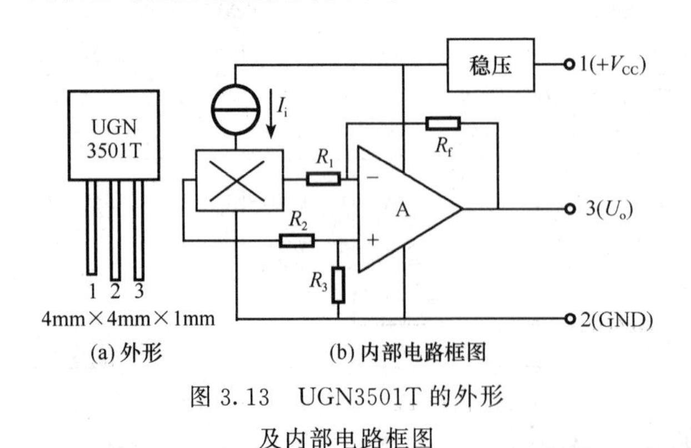

图3.13　UGN3501T的外形及内部电路框图

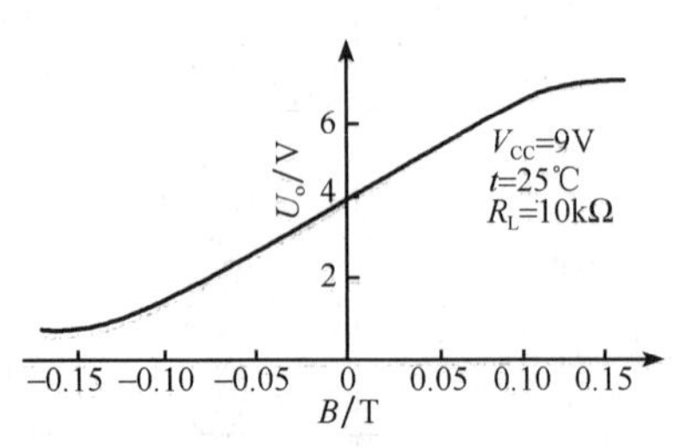

图3.14　UGN3501T的输出电压与磁场的关系曲线

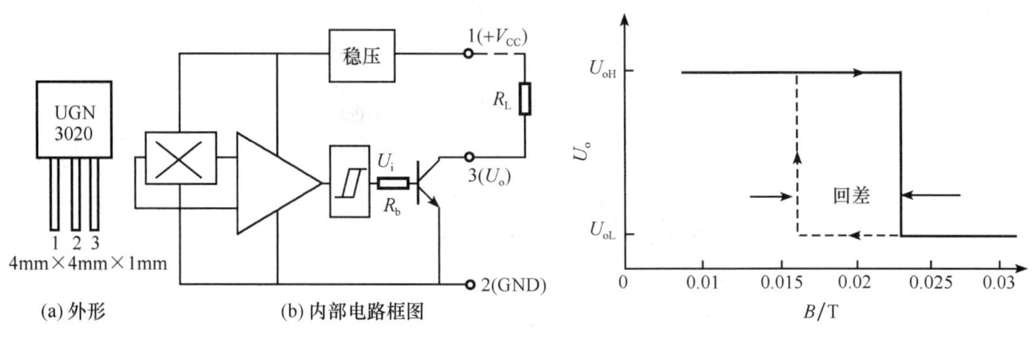

图 3.15　UGN3020 的外形及内部电路框图

图 3.16　UGN3020 的输出电压与磁场的关系曲线

表 3.2　具有史密特特性的 OC 门输出状态与磁感应强度变化之间的关系

OC 门输出状态 / OC 门接法	磁感应强度的变化方向及数值						
	0T→	0.02T→	0.024T→	0.03T←	0.02T←	0.015T←	0T
接上拉电阻 R_L	高电平	高电平	低电平	低电平	低电平	高电平	高电平
不接上拉电阻 R_L	高阻态	高阻态	低电平	低电平	低电平	高阻态	高阻态

图 3.17（a，b）、图 3.18 分别是具有双端差动输出特性的线性霍尔元件 UGN3501M 的外形、内部电路框图及其输出特性曲线。当其感受的磁场为零时，1 脚相对于 8 脚的输出电压等于零；当感受的磁场为正向（磁钢的 S 极对准 3501M 的正面）时输出为正，磁场为反向时输出为负，因此使用起来更加方便。它的 5、6、7 脚外接一只微调电位器后，就可以微调并消除不等位电势引起的差动输出零点漂移。如果要将第 1、8 端输出电压转换成单端输出，就必须将 1、8 端接到差动减法放大器的正负输入端上，才能消除第 1、8 端对地的共模干扰电压影响。

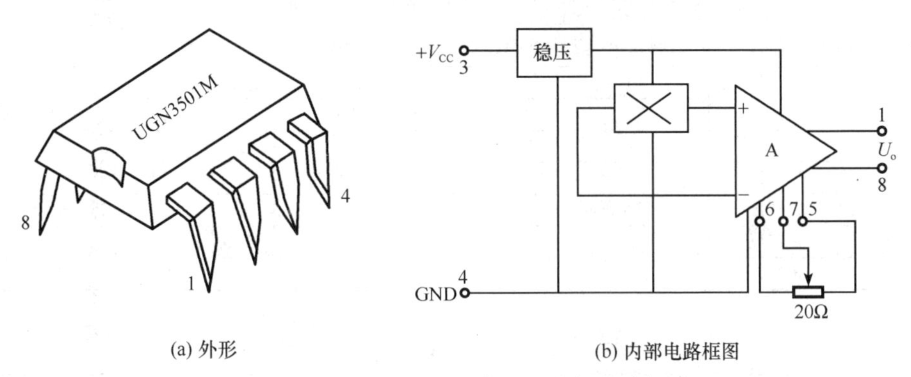

图 3.17　UGN3501M 的外形、内部电路框图

国内外常见的集成霍尔传感器有 SL-N3000 系列（中）、SH100、300 系列（中）、DN830、6830 系列（日）、UGN3000 系列（美）等线性和开关型，SAS200 系列（德）开关型等。表 3.3～表 3.6 列出了部分集成霍尔传感器的参数。

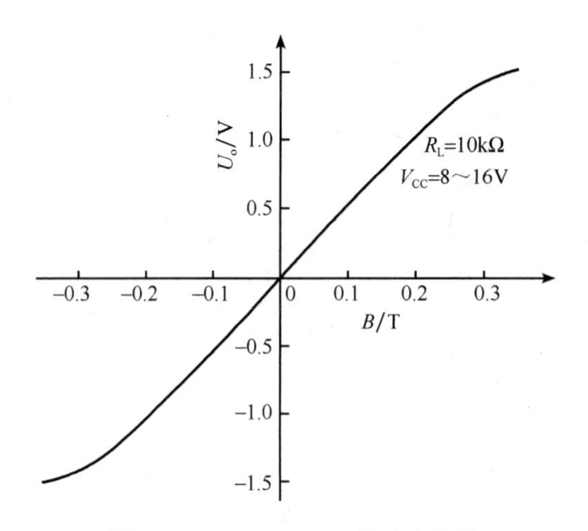

图 3.18　UGN3501M 的输出特性

表 3.3　国产开关型集成霍尔传感器的参数

型号＼参数		截止电源电流/mA	导通电源电流/mA	输出低电平/V	高电平输出电流/μA	导通磁通/mT	截止磁通/mT
SH111	A	≤5	≤8	≤0.4	≤10	80	10
SH112	B					60	
SH113	C					40	
	D					20	
CS837/6837		6	9	0.4	10	75	10
CS839/6839		7	7				

表 3.4　日本开关集成霍尔传感器的参数

型号＼参数		导通磁通/mT		截止磁通/mT		工作温度/℃	
		最大值	典型值	典型值	最小值		
UGN/UGS	3013L	45	30	22.5	2.5	+20～+85/−40～+125	
	3019L	50	42	30	10	−20～+85/−40～+125	
	3020L	35	22	16	5	−20～+85/−40～+125	
	3030L	25	16	11	−25	−20～+85/−40～+125	
	3040L	20	15	10	5	−20～+85/−40～+125	
	3075L	25	10	−10	−25	−20～+85/−40～+125	
	3076L	35	10	−10	−35	−20～+85/−40～+125	

表 3.5　国产线性集成霍尔传感器的参数

型号＼参数	电源电流/mA	输出低电平/V	输出高电平/V	功耗/mW	工作温度/℃
CS835/6835	13.5	0.5	2.4	90	−20～+75

表 3.6　日本线性集成霍尔传感器的参数

参数 / 型号	电源电压/V	工作温度/℃	灵敏度/mV·G^{-1}		工作磁通/mT	输出电流/mA
			最小值	典型值		
UGN 3501L	8.0～16	−20～+85	0.35	0.7	—	—
UGN 3503L	4.5～6.0	−20～+85	0.75	1.3		
UGN 3505L	5.0～12	−20～+85	—	10		
DN6847	4.5～16	−40～+100	—	—	±17.5	20
DN8897					±17.5	
DN6849					±17.5	
DN8899					±15	
DN6848					0.1～20	

3.2.5　零位误差与补偿

在分析零位电动势时，可将霍尔元件等效为一个电桥，如图 3.19 所示。控制电极 A、B 和霍尔电极 C、D 可看做电桥的电阻连接点，它们之间的分布电阻 R_1、R_2、R_3、R_4 构成四个桥臂，控制电压可视为电桥的工作电压。理想情况下零位电动势 $U_M=0$，对应于电桥的平衡状态，此时 $R_1=R_2=R_3=R_4$。如果由于霍尔元件的某种结构原因造成 $U_M\neq 0$，则电桥就处于不平衡状态，此时 R_1、R_2、R_3、R_4 的阻值有差异，U_M 就是电桥的不平衡输出电压。

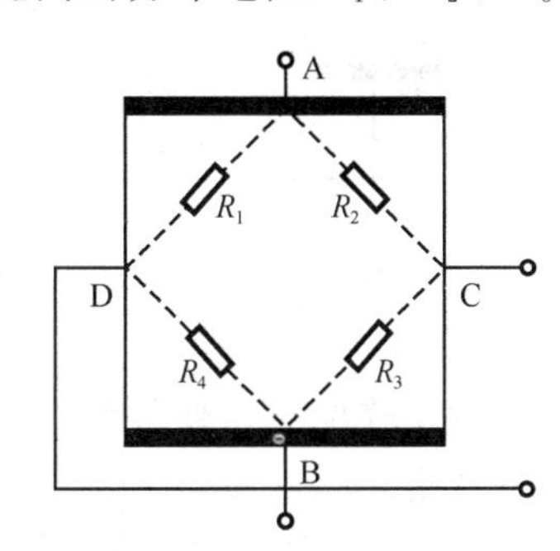

图 3.19　霍尔元件等效为一个电桥

既然产生 U_M 的原因可归结为等效电桥的四个桥臂电阻的不相等，那么任何能够使电桥达到平衡的方法都可作为零位电势的补偿方法。

1. 基本补偿电路

霍尔元件的零位电动势补偿电路有多种形式，图 3.20 为两种常见电路，其中 R_P 是调节电阻。图 3.20 (a) 是在造成电桥不平衡的电阻值较大的一个桥臂上并联 R_P，通过调节 R_P 使电桥达到平衡状态，称为不对称补偿电路；图 3.20 (b) 则相当于在两个电桥臂上并联调节电阻，称为对称补偿电路。

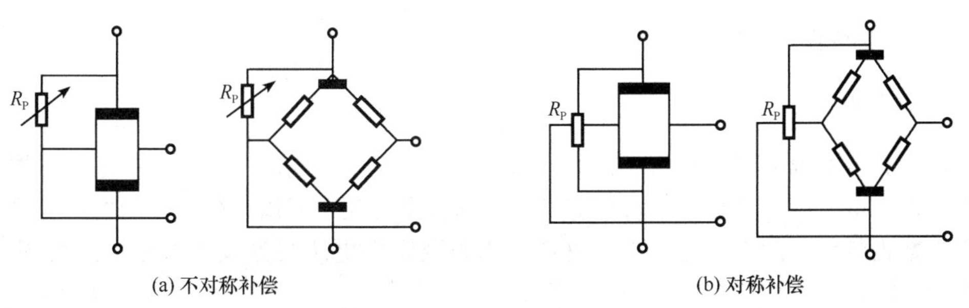

图 3.20　零位电动势的基本补偿电路

基本补偿电路中没有考虑温度变化的影响。实际上，由于调节电阻 R_P 与霍尔元件的等效桥臂电阻的温度系数一般都不相同，所以在某一温度下通过调节 R_P 使 $U_M=0$，当温度发生变化时平衡又被破坏了，这时又需重新进行平衡调节。事实上，图 3.20（b）电路的温度稳定性比图 3.20（a）电路的要好一些。

2. 具有温度补偿的补偿电路

图 3.21 是一种常见的具有温度补偿的零位电动势补偿电路。该补偿电路本身也接成桥式电路，其工作电压由霍尔元件的控制电压提供，其中一个桥臂为热敏电阻 R_t，并且 R_t 与霍尔元件的等效电阻的温度特性相同。在该电桥的负载电阻 R_{P_2} 上取出电桥的部分输出电压（称为补偿电压），与霍尔元件的输出电压反向串联。在磁感应强度 B 为零时，调节 R_{P_1} 和 R_{P_2}，使补偿电压抵消霍尔元件此时输出的非零位电动势，从而使 $B=0$ 时的总输出电压为零。

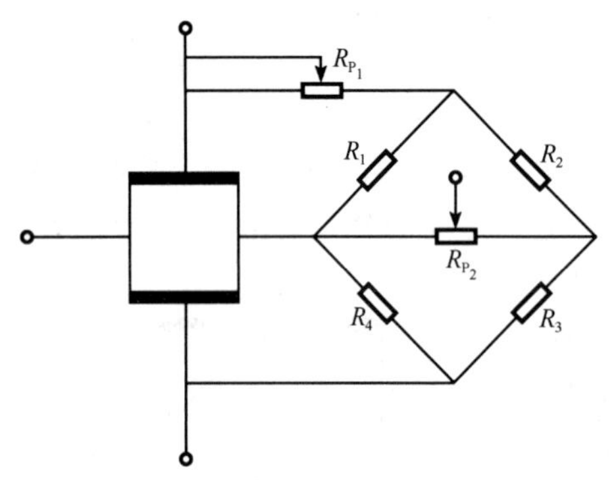

图 3.21 零位电动势桥式补偿电路

在霍尔元件的工作温度下限 T_1 时，热敏电阻的阻值为 R_t（T_1）。电位器 R_{P_2} 保持在某一确定位置，通过调节电位器 R_{P_1} 来调节补偿电桥的工作电压，使补偿电压抵消此时的非零位电动势 U_{ML}，此时的补偿电压称为恒定补偿电压。

当工作温度由 T_1 升高到（$T_1+\Delta T$）时，热敏电阻的阻值为 $R_t(T_1+\Delta T)$。R_{P_1} 保持不变，通过调节 R_{P_2}，使补偿电压抵消此时的非零位电动势（$U_{ML}+\Delta U_M$），此时的补偿电压实际上包含了两个分量，一个是抵消工作温度为 T_1 时的非零位电动势 U_{ML} 的恒定补偿电压分量，另一个是抵消工作温度升高 ΔT 时非零位电动势的变化量 ΔU_M 的变化补偿电压分量。

根据上述讨论可知，采用桥式补偿电路，可以在霍尔元件的整个工作温度范围内对非零位电动势进行良好的补偿，并且对非零位电动势的恒定部分和变化部分的补偿可相互独立地进行调节，所以可达到相当高的补偿精度。

3.2.6 温度特性及补偿

1. 温度特性

霍尔元件的温度特性是指元件的内阻及输出与温度之间的关系。与一般半导体材料一样，由于电阻率、迁移率以及载流子浓度随温度变化，所以霍尔元件的内阻、输出电压等参数也将随温度而变化。不同材料的内阻及霍尔电压与温度的关系曲线见图 3.22 和图 3.23。

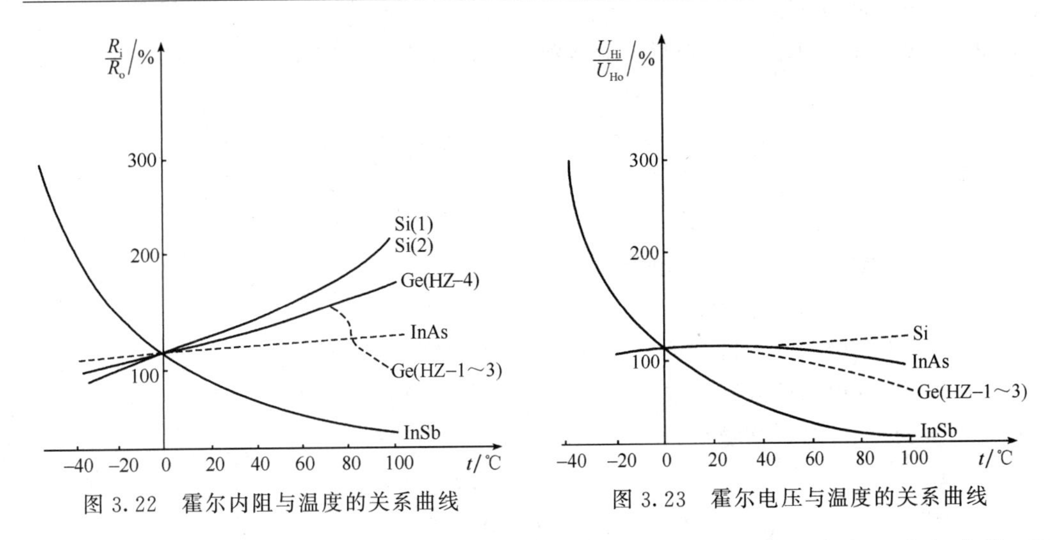

图 3.22　霍尔内阻与温度的关系曲线　　图 3.23　霍尔电压与温度的关系曲线

图 3.22 和图 3.23 中，内阻和霍尔电压都用相对比率表示。我们把温度每变化 1℃时霍尔元件输入电阻 R_i 或输出电阻 R_o 的相对变化率称为内阻温度系数，用 β 表示。把温度每变化 1℃时霍尔电压的相对变化率称为霍尔电压温度系数，用 α 表示。表 3.1 中给出的 α 及 β 值都是其工作温度范围内的平均值，单位均为 1/℃。

由图 3.22 可以看出：砷化铟 InAs 的内阻温度系数最小，其次是锗和硅，锑化铟（InSb）最大。除了锑化铟的内阻温度系数为负之外，其余均为正温度系数。由图 3.23 可以看出：霍尔电压的温度系数硅最小，且在 100℃温度范围内是正值；其次是砷化铟，它的 α 值在 70℃左右由正变负；再次是锗，而锑化铟的 α 值最大且为负数，在－40℃低温下其霍尔电压将是 0℃时的霍尔电压的 3 倍，到了 100℃高温，霍尔电压降为 0℃时的 15%。

2. 温度补偿

霍尔元件温度补偿的方法很多，下面介绍两种常用的方法。

（1）利用输入回路的串联电阻进行补偿

图 3.24（a）是输入补偿的基本线路，图（b）是等效电路。图中的四端元件是霍尔元件的符号。两个输入端串联补偿电阻 R 并接恒压源，输出端开路。

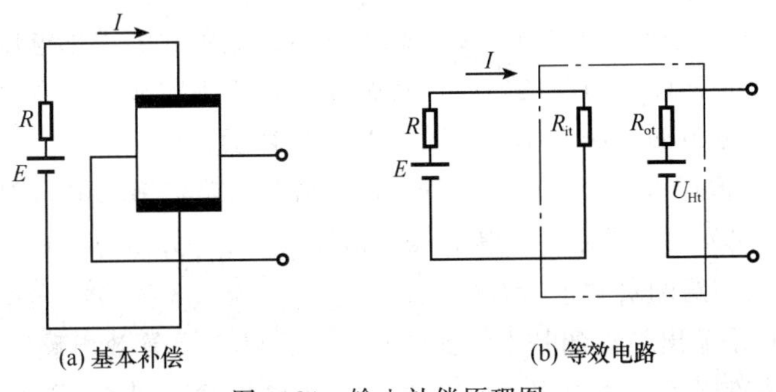

(a) 基本补偿　　(b) 等效电路

图 3.24　输入补偿原理图

根据温度特性，元件霍尔系数和输入内阻与温度之间的关系式为

$$R_{Ht}=R_{H0}(1+\alpha t)$$
$$R_{it}=R_{i0}(1+\beta t)$$

式中，R_{Ht}——温度为 t 时的霍尔系数；

R_{H0}——0℃时的霍尔系数；

R_{it}——温度为 t 时的输入电阻；

R_{i0}——0℃的输入电阻；

α——霍尔电压的温度系数；

β——输入电阻的温度系数。

当温度变化 Δt 时，其增量为

$$\Delta R_H=R_{H0}\alpha\Delta t$$
$$\Delta R_i=R_{i0}\beta\Delta t$$

根据式（3.9）中 $U_H=R_H\dfrac{IB}{d}$ 及 $I=E/(R+R_i)$，可得出霍尔电压随温度变化的关系式为

$$U_H=\frac{R_{Ht}}{d}B\frac{E}{R+R_{it}}$$

对上式求温度的导数，可得增量表达式为

$$\begin{aligned}\Delta U_H&=\frac{BE}{d}\left[\frac{R_{Ht}}{R+R_{it}}\right]_{t=0}\Delta t=\frac{R_{H0}BE}{d(R+R_{i0})}\left(\alpha-\frac{R_{i0}\beta}{R_{i0}+R}\right)\Delta t\\&=U_{H0}\left(\alpha-\frac{R_{i0}\beta}{R_{i0}+R}\right)\Delta t\end{aligned}\tag{3.11}$$

要使温度变化时霍尔电压不变，必须使

$$\alpha-\frac{R_{i0}\beta}{R_{i0}+R}=0$$

即

$$R=\frac{R_{i0}(\beta-\alpha)}{\alpha}\tag{3.12}$$

式（3.11）中的第一项表示因温度升高由霍尔系数引起的霍尔电压的增量，第二项表示因温度升高由输入电阻引起的霍尔电压减小的量。很明显，只有当第二项大于第一项时，才能用串联电阻的方法减小第二项，实现自补偿。

将元件的 α、β 值代入式（3.12），根据 R_{i0} 的值就可确定串联电阻 R 的值。例如，对于国产 HZ-1 型霍尔元件，查表 3.1 得 $\alpha=0.04\%$，$\beta=0.5\%$，$R_{i0}=110\Omega$，则 $R=1265\Omega$。

（2）利用输出回路的负载进行补偿

图 3.25（a）是输出补偿的基本线路，图 3.25（b）是等效电路。霍尔元件的输入采用恒流源，使控制电流 I 稳定不变，这样可以不考虑输入回路的温度影响。输出回路

的输出电阻及霍尔电压与温度之间的关系为

$$U_{Ht} = U_{H0}(1+\alpha t)$$

$$R_{ot} = R_{o0}(1+\beta t)$$

式中，U_{Ht}——温度为 t 时的霍尔电压；

U_{H0}——0℃时的霍尔电压；

R_{ot}——温度 t 时的输出电阻；

R_{o0}——0℃时的输出电阻。

负载 R_L 上的电压 U_L 为

$$U_L = [U_{H0}(1+\alpha t)]R_L/[R_{o0}(1+\beta t)+R_L] \tag{3.13}$$

为使 U_L 不随温度变化，可对式（4-3）求导数并使 $dU_L/dt=0$，可得

$$R_L/R_{o0} \approx \beta/\alpha - 1 \approx \beta/\alpha \tag{3.14}$$

最后，将实际使用的霍尔元件的 α、β 值代入，便可得出温度补偿时的 R_L 值。当 $R_L = R_{o0}\dfrac{\beta}{\alpha}$ 时补偿最好。

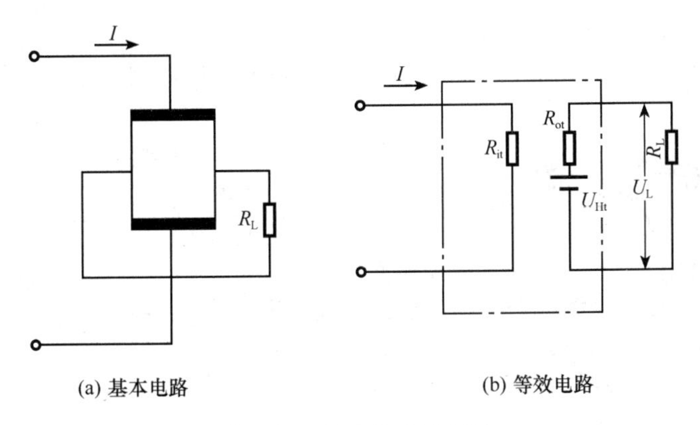

图 3.25　输出补偿原理图

3.2.7　霍尔传感器应用

1. 霍尔压力计

图 3.26 为霍尔压力计，它由两部分组成：一部分是弹性元件，用它来感受压力，并把压力转换成位移量；另一部分是霍尔元件与磁路系统。通常把霍尔元件固定在弹性元件上，这样当弹性元件产生位移时，将带动霍尔元件在具有均匀梯度的磁场中运动，从而产生霍尔电势，完成将压力或压差变换为电量的任务。图 3.26 中霍尔压力计的磁路系统是由两块宽度为 11mm 的半环形五类磁钢组成的，两端都是由工业纯铁构成极靴，极靴工作端面积为 9mm×11mm，气隙宽度为 3mm，极间间隙为 4.5mm，采用 HZ-3 型锗霍尔元件，激励电流为 10mA，小于额定电流的原因是为了降低元件的温升。其位移量在±1.5mm 范围内输出的霍尔电势值约为±20mV。

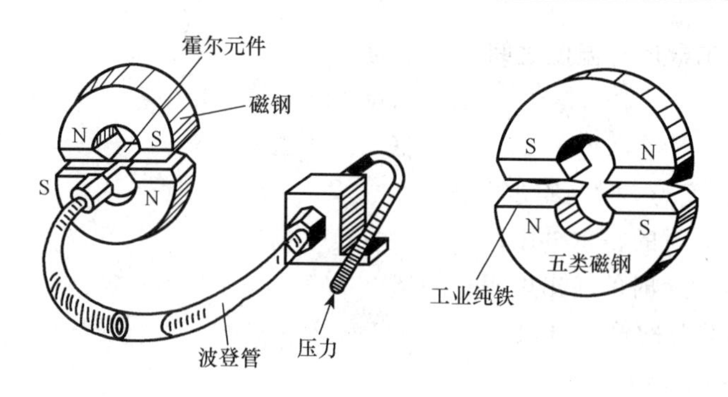

图 3.26　霍尔压力计

2. 接近开关

用霍尔开关集成电路构成接近开关或无触点行程开关，有外围电路少、信号强、抗干扰能力强、对环境条件要求不高等优点，广泛用作工位识别、停动识别、极限位置识别、运动方向识别、运动状态识别传感器及可逆计数传感器和 N/S 极单稳态传感器等。

图 3.27 所示为 AB201 型双工位识别传感器的安装示意图，其安装方法如下。

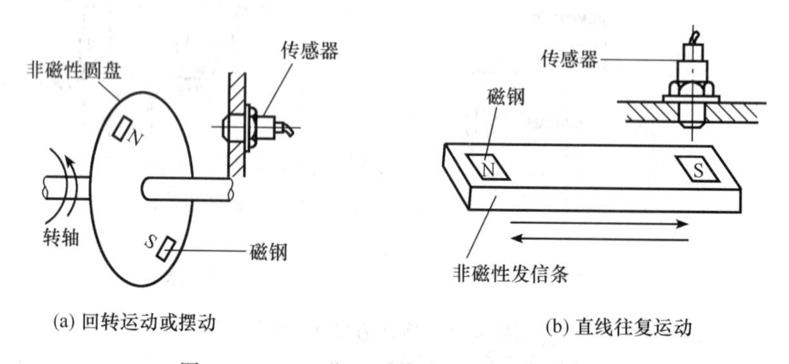

图 3.27　双工位识别传感器的安装示意图

（1）发信磁钢的安装

可将发信磁钢直接嵌入旋转机构或直线往复运动机构部件中；或发信磁钢嵌入发信盘（用尼龙或 ABS 塑料做成）中，如图 3.27（a）所示，将发信盘安装在旋转机构转轴上，使其随轴运动，也可将发信盘作为从动轮（或替代其他从动轮），装入机械装置中；或将发信磁钢直接嵌入发信条（用尼龙或塑料做成）中，如图 3.27（b）所示，将发信条固定在直线往复运动机构部件上，使其与直线往复运动部件同步运动。

（2）传感器的安装

传感器固定安装在与发信磁体相对且处于发信磁体运动轨迹的中部位置上，并使传感器端面与发信磁体（磁场方向）垂直。

(3) 传感器与发信磁钢的安装距离

检测距离 d（传感器端面与发信磁体之间的垂直距离）一般以 2～10mm 为宜，最大作用距离可达 25mm，d 与所选磁场强度 H 成正比，调节到传感器灵敏度所要求的表面磁感应强度 B（饱和值）即可。

AB201 型双工位识别传感器属于万用型，可用于计数、测转速、定位、双工位及多工位行程开关等。当磁极 S 正对传感器时输出高电平（红色 LED 亮），当磁极 N 正对传感器时输出低电平（绿色 LED 亮）。其灵敏度足以抵抗工业铁屑剩磁和杂散磁场的干扰。

3. 霍尔式无触点汽车电子点火装置

传统的汽车发动机点火装置采用机械式分电器，它由分电器转轴凸轮来控制合金触点的闭、合，存在着易磨损、点火时间不准确、触点易烧坏、高速时动力不足等缺点。采用霍尔式无触点电子点火装置能较好地克服上述缺点，图 3.28 是桑塔纳汽车霍尔式分电器结构及工作原理示意图。

霍尔式无触点电子点火装置安装在分电器壳体中。它由分电器转子［又称触发器叶片，如图 3.28 (a) 所示］、铝镍钴合金永久磁铁、霍尔 IC 及达林顿晶体管功率开关等组成。导磁性良好的软铁磁材料制作的触发器叶片固定在分电器转轴上，并随之转动。在叶片圆周上按气缸数目开出相应的槽口。叶片在永久磁铁和霍尔 IC 之间的缝隙中旋转，起屏蔽磁场和导通磁场的作用。

当叶片遮挡在霍尔 IC 面前时，永久磁铁产生的磁力线被导磁性良好的叶片分流，无法到达霍尔 IC（这种现象称为磁屏蔽），如图 3.28 (b) 所示。此时霍尔 IC 的输出 U_o 为低电平（PNP 型），由达林顿三极管组成的晶体管功率开关处于导通状态（图中未画出延时触发电路及功率开关的驱动电路），点火线圈低压侧有较大电流通过，并以磁场能量的形式储存在点火线圈的铁芯中。

当叶片槽口转到霍尔 IC 面前时，磁力线无阻挡地穿过槽口气隙到达霍尔 IC，如图 3.28 (c) 所示。霍尔 IC 输出 U_o，跳变为高电平，使达林顿管截止，切断点火线圈

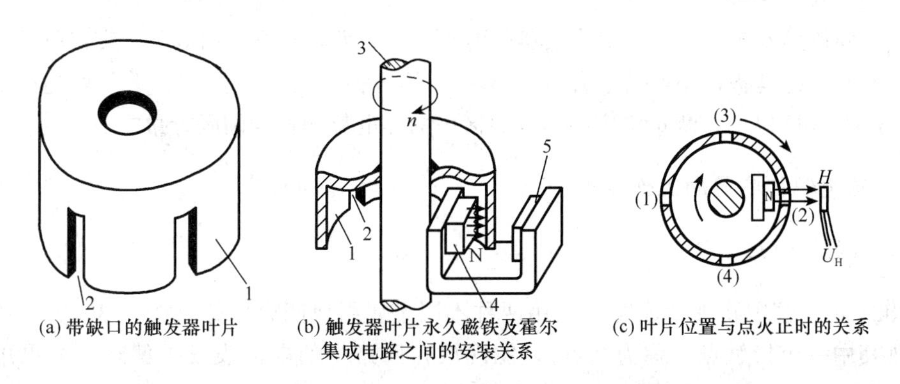

(a) 带缺口的触发器叶片　(b) 触发器叶片永久磁铁及霍尔集成电路之间的安装关系　(c) 叶片位置与点火正时的关系

图 3.28　桑塔纳汽车霍尔式分电器结构及工作原理示意图

1. 触发器叶片；2. 槽口；3. 分电器转轴（与触发器叶片固定在一起）；4. 永久磁铁；5. 霍尔集成电路（霍尔 IC）

的低压侧电流。由于没有续流元件，所以存储在点火线圈铁芯中的磁场能量在高压侧感应出 30～50kV 的高电压。

高电压通过分电器中的分火头（与分电器同轴）按气缸的顺序使对应的火花塞放电，点燃气缸中的汽油-空气混合气体。叶片旋转一圈，对四气缸而言，产生四个霍尔输出脉冲，依次点火四次，如图 3.29 所示。由于点火时刻可以由槽口的位置来准确控制，所以可根据车速准确地产生点火信号（适当地提前一个旋转角度），达到点火正时的目的。

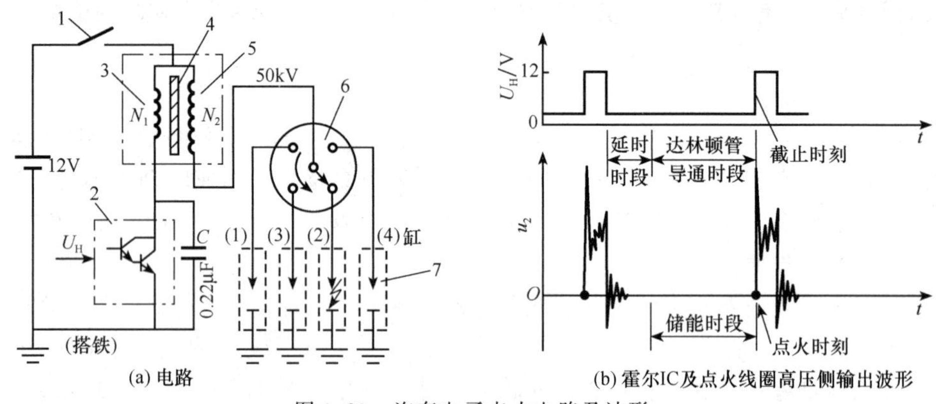

图 3.29　汽车电子点火电路及波形

1. 点火开关；2. 达林顿晶体管功率开关；3. 点火线圈低压侧；
4. 点火线圈铁芯；5. 点火线圈高压侧；6. 分火头；7. 火花塞

3.3　热电偶传感器

热电偶传感器是众多测温传感器中已系列化、标准化的一种，它能将温度信号转换成电动势，目前在工业生产和科学研究中已得到广泛的应用，并且可以选用标准的显示仪表和记录仪表来进行显示和记录。

热电偶传感器属于自发电型传感器，因此测量时可以不要外加电源，直接驱动动圈式仪表。另外它还具备以下特点：结构简单；使用方便；测温范围广，下限可达－270℃，上限可达 1800℃以上；测量精度高，各温区中的热电势均符合国际计量委员会的标准。

3.3.1　热电偶传感器的工作原理

1. 热电偶的热电效应

1821 年，德国物理学家赛贝克用两种不同金属组成闭合回路（图 3.30），并用酒精灯加热其中一个接触点（称为结点），发现放在回路中的电流表发生偏转，如果用两盏酒精灯对两个结点同时加热，电流表的偏转角反而减小。显然，电流表的偏转说明回路中有电动势产生并有电流在回路中流动，电流的强弱与两个结点的温差有关。

据此，赛贝克发现和证明了将两种不同材料的导体 A 和 B 串接成一个闭合回路，当两个结点温度不同时，在回路中就会产生热电势，形成电流，此现象称为热电效应。两种不同材料的导体组成的回路称为热电偶，组成热电偶的导体称为热电极，热电偶所产生的电动势称为热电势。热电偶的两个结点中，置于温度为 T 的被测对象中的结点称为测量端，又称为工作端或热端；而置于参考温度为 T_0 的另一结点称为参考端，又称自由端或冷端。

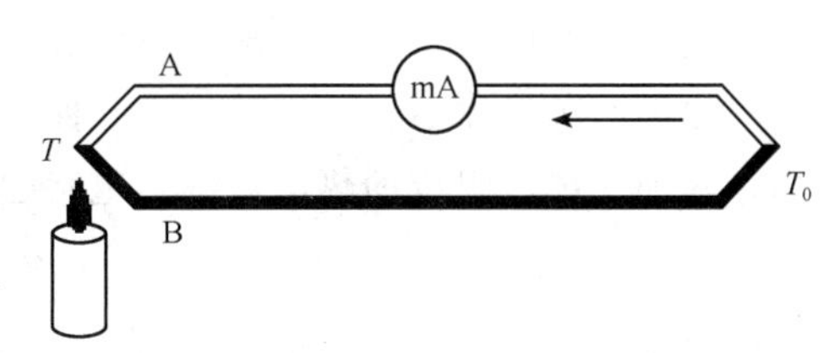

图 3.30　热电效应

实验证明，热电动势与热电偶两端的温度差成比例，即

$$E_{AB}(T,T_0) \approx \frac{kT}{e}\ln\frac{N_A}{N_B} - \frac{kT_0}{e}\ln\frac{N_A}{N_B} = K(T-T_0) \tag{3.15}$$

式中，k——玻尔兹曼常数；

e——电子电荷量；

T——接触处的温度；

N_A，N_B——导体 A 和 B 的自由电子密度；

K——与导体电子浓度有关的系数。

当热电偶的材料均匀时，热电偶的热电动势大小与电极的几何尺寸无关，仅与热电偶材料的成分和冷、热两端的温差有关。

根据国际电工委员会（IEC）规定，热电偶的电路符号有两种，如图 3.31 所示，图中粗线表示负极，细线表示正极。

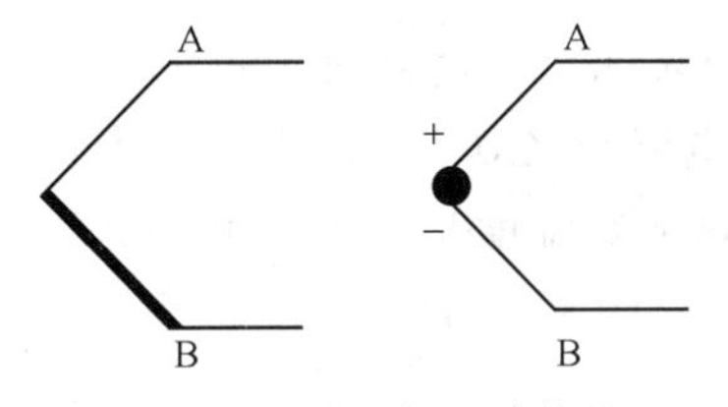

图 3.31　热电偶电路符号

由此我们可以得出以下结论：

1）如果组成热电偶的两个电极的材料相同，即使是两结点的温度不同也不会产生热电势。

2）组成热电偶的两个电极的材料虽然不相同，但是两结点的温度相同也不会产生热电势。

3）由不同电极材料 A、B 组成的热电偶，当冷端温度 T_0 恒定时，产生的热电势在一定的温度范围内仅是热端温度 T 的单值函数。

2. 热电偶的基本定律

(1) 中间导体定律

将由 A、B 两种导体组成的热电偶的冷端（T_0 端）断开而接入第三种导体 C 后，只要第三种导体的两接点温度相同，则回路的总热电势不变。

此定律具有特别重要的实用意义，因为用热电偶测温时必须接入仪表（第三种材料），根据此定律，只要仪表两接入点的温度保持一致（T_0），仪表的并入就不会影响热电势，而且 A、B 结点的焊接方法也可以是任意的。

（2）参考电极定律（标准电极定律）

如果两种导体A、B分别与第三种导体C所组成的热电偶产生的热电势是已知的，则这两种导体所组成的热电偶的热电势也是已知的，且

$$E_{AB}(T,T_0)=E_{AC}(T,T_0)-E_{BC}(T,T_0) \tag{3.16}$$

根据此定律，可以给出所有热电偶材料的有关参数，方便热电偶电极的选配。

（3）中间温度定律

在热电偶回路中，两接点温度为T、T_0时的热电动势等于该热电偶在接点温度为T、T_n和T_n、T_0时的代数和，即

$$E_{AB}(T,T_0)=E_{AB}(T,T_n)+E_{AB}(T_n,T_0) \tag{3.17}$$

中间温度定律为补偿导线的使用提供了理论依据。它表明：若热电偶的两热电极被两根导体延长，只要接入的两根导体组成热电偶的热电特性与被延长的热电偶的热电特性相同，且它们之间连接的两点温度相同，则总回路的热电动势与连接点温度无关，只与延长以后的热电偶两端的温度有关。

3.3.2 热电偶的材料

1. 标准热电偶

根据导体的热电效应原理，任意两种不同材料的导体都可以作为热电极组成热电偶，而在实际应用中，用作热电极的材料应具备温度测量范围广、性能稳定、物理化学性能好等特点。

我国根据“1990国际温标”推出8种标准热电偶，如表3.7所示。对于每一种热电偶，还制定了相应的分度表，并且有相应的线性化集成电路与之对应。所谓分度表就是热电偶自由端（冷端）温度为0℃时，热电偶工作端（热端）温度与输出热电势之间对应关系的表格，附录1为热电偶的分度表。

表3.7 八种标准热电偶特性

名　称	分度号	测温范围/℃	100℃时的热电动势/mV	特　点
铂铑$_{30}$[①]-铂铑$_6$	B (LL-2)[②]	50～1820	0.033	熔点高，测温上限高，性能稳定，精度高，100℃以下热电动势极小，所以可不必考虑冷端温度补偿；价贵，热电动势小，线性差；只适用于高温域的测量
铂铑$_{30}$-铂	R (PR)	−50～1768	0.647	使用上限较高，精度高，性能稳定，复现性好；但热电动势较小，不能在金属蒸气和还原性介质中使用，在高温下连续使用时特性会逐渐变坏，价贵；多用于高温精密测量
铂铑$_{10}$-铂	S (LB-3)	−50～1768	0.647	优点同K型，但性能不如R型热电偶，长期以来曾经作为国际温标的法定标准热电偶

续表

名　称	分度号	测温范围/℃	100℃时的热电动势/mV	特　点
镍铬-镍硅	K (EU-2)	−270～1370	4.096	热电动势大，线性好，稳定性好，价廉；但材质较硬，在1000℃长期使用会引起热电动势漂移；多用于工业测量
镍铬硅-镍硅	N	−270～1300	2.744	是一种新型热电偶，各项性能均比K型热电偶好，适宜于工业测量
镍铬-铜镍（康铜）	E (EA-2)	−270～800	6.319	热电动势比K型热电偶大50%左右，线性好，耐高湿度，价廉；但不能用于还原性介质；多用于工业测量
铁-铜镍（康铜）	J (JC)	−210～760	5.269	价格低廉，在还原性气体中较稳定，但纯铁易被腐蚀和氧化；多用于工业测量
铜-铜镍（康铜）	T (CK)	−270～400	4.279	价廉，加工性能好，离散性小，性能稳定，线性好，精度高；铜在高温时易被氧化，测温上限低；多用于低温域测量；可作−200℃～0℃温域的计量标准

注：① 铂铑$_{30}$表示该合金含70%铂及30%铑，以下类推。

② 括号内为我国旧的分度号。

2. 非标准热电偶

非标准化热电偶在生产工艺上还不够成熟，在应用范围和数量上均不如标准化热电偶。它没有统一的分度表，也没有与其配套的显示仪表，但这些热电偶具有某些特殊性能，能满足一些特殊条件下测温的需要，如超高温、极低温、高真空或核辐射环境，因此在应用方面仍有重要意义。非标准化热电偶有铂铑系、铱铑系、钨铼系及金铁热电偶、双铂钼热电偶等。

3.3.3　热电偶的种类及结构

1. 普通装配型热电偶

普通装配型热电偶的封装形式如图3.32（a，b）所示，主要由热电极（热电偶电极）、绝缘材料、保护套管和接线盒等组成。为了便于安装，在保护套管上一般还设有安装法兰盘。

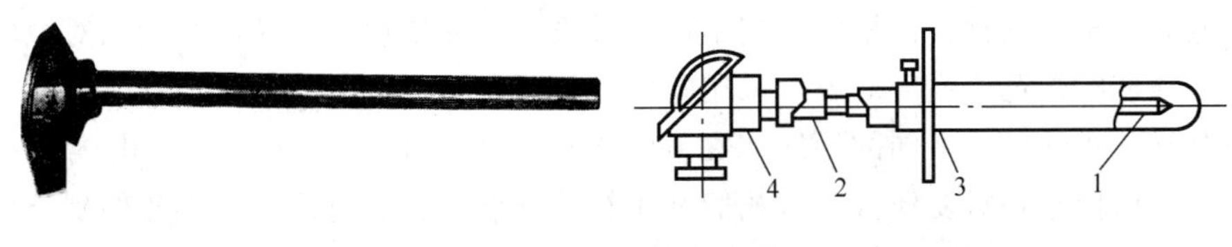

(a) 外形　　(b) 内部结构

图3.32　普通热电偶的结构

1. 热电极；2. 绝缘套管；3. 保护套管；4. 接线盒

2. 铠装热电偶

铠装热电偶把热电极材料与高温绝缘材料预置在金属保护管中，运用同比例压缩延伸工艺，将这三者合为一体，制成各种直径、规格的铠装偶体，再截取适当长度、将工作端焊接密封、配置接线盒即成为柔软、细长的铠装热电偶。其特点是内部的热电偶丝与外界空气隔绝，有着良好的抗高温氧化、抗低温水蒸气冷凝、抗机械外力冲击的特性。铠装热电偶可以制作得很细，能解决微小、狭窄场合的测温问题，且具有抗振、可弯曲、超长等优点。

3. 隔爆型热电偶

隔爆热电偶的接线盒在设计时采用防爆的特殊结构，它的接线盒是经过压铸而成的，有一定的厚度、隔爆空间，机构强度较高；采用螺纹隔爆接合面，并采用密封圈进行密封，因此当接线盒内一旦放弧时，不会与外界环境的危险气体传爆，能达到预期的防爆、隔爆效果。工业用的隔爆型热电偶多用于化学工业自控系统中（由于在化工生产厂、生产现场常伴有各种易燃、易爆等化学气体或蒸汽，如果用普通热电偶则非常不安全，很容易引起环境气体爆炸）。

3.3.4 热电偶的冷端温度补偿

由于热电偶产生的电势与两端温度有关，只有将冷端温度保持恒定才能使热电势正确反映热端的被测温度。由于很难保证冷端温度在恒定 0℃，故常采取一些冷端补偿措施，主要有：冷端恒温法、补偿导线法、计算修正法和电桥补偿法等几种。

1. 冷端恒温法

将热电偶的冷端置于温度为 0℃的恒温器内，使冷端温度处于 0℃，常用于实验室或精密的温度测量。

也可将热电偶的冷端置于各种恒温器内，使之保持温度恒定，避免由于环境温度的波动而引入误差。这类恒温器的温度不为 0℃，需对热电偶进行冷端温度修正。

2. 补偿导线法

热电偶由于受到材料价格的限制不可能做很长，而要使其冷端不受测温对象的温度影响，必须使冷端远离温度对象，采用补偿导线可以做到这一点。所谓补偿导线，实际上是一对材料化学成分不同的导线，在 0～150℃温度范围内与配接的热电偶有一致的热电特性，但价格相对要便宜。若我们利用补偿导线，将热电偶的冷端延伸到温度恒定的场所（如仪表室），其实质是相当于将热电极延长。根据中间温度定律，只要热电偶和补偿导线的两个接点温度一致，是不会影响热电动势输出的。下面以炉温测量为例说明补偿导线的作用。

如要采用镍铬-镍硅热电偶测炉温，热端为800℃，冷端为50℃，仪表室为20℃，先分别查分度表得：$E(800,0)=33.277\text{mV}$，$E(50,0)=2.022\text{mV}$ 和 $E(20,0)=0.798\text{mV}$。

若不补偿时输入仪表的热电势为 $E(800,50)=33.277-2.022=31.255\text{mV}$（相当于751℃），采用补偿导线后则为 $E(800,20)=33.277-0.798=32.479\text{mV}$（相当于781℃），可见补偿导线的作用很明显。

在使用补偿导线时，必须根据热电偶型号选配补偿导线，补偿导线与热电偶两接点处的温度必须相同，极性不能接反，不能超出规定使用的温度范围。常用补偿导线的特性如表3.8所示。

表3.8　常用热电偶补偿导线的特性

补偿导线型号	配用热电偶型号	补偿导线		绝缘层颜色		温度范围/℃
		正　极	负　极	正　极	负　极	
SC	S	SPC（铜）	SNC（铜镍）	红	绿	0～150
KC	K	KPC（铜）	KNC（康铜）	红	蓝	0～150
KX	K	KPX（镍铬）	KNX（镍硅）	红	黑	0～150
EX	E	EPX（镍铬）	ENX（铜镍）	红	棕	0～150

3．计算修正法（软件法）

当热电偶冷端温度不是0℃，而是 t_0 时，根据热电偶中间温度定律，可得热电势的计算校正公式，即

$$E(t,0)=E(t,t_0)+E(t_0,0) \tag{3.18}$$

式中，$E(t,0)$ ——冷端为0℃而热端为 t 时的热电势；

$E(t,t_0)$ ——冷端为 t_0 而热端为 t 时的热电势，即实测值；

$E(t_0,0)$ ——冷端为0℃而热端为 t_0 时的热电势，即为冷端温度不为0℃时热电势校正值。

因此，只要知道了热电偶参比端的温度 t_0，就可以从分度表查出对应于 t_0 的热电势 $E(t_0,0)$，然后将这个热电势值与显示仪表所测的读数值 $E(t,t_0)$ 相加，得出的结果就是热电偶的参比端温度为0℃时对应于测量端的温度为 t 时的热电势 $E(t,0)$，最后就可以从分度表查得对应于 $E(t,0)$ 的温度，这个温度的数值就是热电偶测量端的实际温度。

例如：用K型热电偶测温度，冷端为40℃，测得的热电势为29.188mV，求被测温度 t。

已知：$E(t,40)=29.188\ (\text{mV})$，查附录K型热电偶分度表可知

$$E(40,0)=1.611\text{mV}$$

故

$$E(t,0)=29.188+1.611=30.799\text{mV}$$

查 K 型分度表得 $t=740℃$。

在智能仪表中，查表及运算过程均可用计算机完成。

4. 电桥补偿法

电桥补偿法是利用不平衡电桥产生的不平衡电压来自动补偿热电偶因冷端温度变化而引起的热电势变化值，如图 3.33 所示。热电偶经补偿导线接至补偿电桥，热电偶的冷端与电桥处于同一环境温度中，桥臂电阻 R_2、R_3、R_4 由电阻温度系数很小的锰铜丝绕制而成，R_{cu}是由温度系数较大的铜丝绕制的。

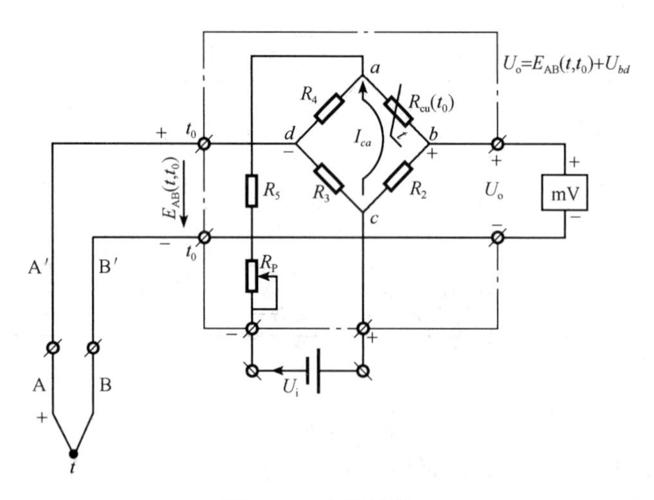

图 3.33　电桥补偿法

设电桥在 0℃时处于平衡，此时桥路输出电压 $U_{bd}=0$，电桥无补偿作用。假设环境温度升高，热电偶的冷端温度也随之升高，此时热电偶的热电势就有所降低。由于 R_{cu} 的阻值将增大，电桥失去平衡。由分压比定律可知，R_{cu}两端压降也随之增大，b 点相对于 d 点的电位就有所上升，U_{bd} 与 $E_{AB}(t, t_0)$ 叠加。若适当选择桥臂电阻和电流的数值，可以使 U_{bd} 正好补偿热电偶由于冷端温度升高所损失的热电势值。

由于电桥及热电偶均存在非线性误差，所以 U_{bd} 无法始终跟踪 $E_{AB}(t, 0)$ 的变化，冷端补偿器只能在一定的范围内（0～40℃）起温度补偿作用。在工业中，为了使补偿电桥能在 0～40℃范围内较线性地补偿热电偶的冷端损失，通常使补偿电桥在 20℃时处于平衡状态。必须说明，如果使用说明书注明该补偿电桥是在 20℃时平衡，则采用这种电桥时必须把测温仪表的机械零点预先调到 20℃处；如果电桥是被设计成在 0℃时平衡的，则仪表零点应调在 0℃处。

用于电桥补偿法的装置称为热电偶冷端补偿器。冷端温度补偿器通常使用在热电偶与动圈式显示仪表配套的测温系统中，而自动电子电位差计或温度变送器及数字式仪表等的测量电路里已设置了冷端温度补偿电路，故热电偶与它们相配套使用时不必另行配置冷端补偿器。

3.3.5 热电偶的测量电路

1. 单点测温的基本电路

图3.34是测量某点温度的基本电路，图中A、B为热电偶，C、D为补偿导线，t_0为使用补偿导线后热电偶的冷端温度，E为铜导线，在实际使用时就把补偿导线一直延伸到配用仪表的接线端子，这时冷端温度即为仪表接线端子所处的环境温度。

2. 两点间温度差的测量

图3.35所示的是一种测量两个温度t_1、t_2之差的实用电路。要求使用两只完全相同的热电偶，配用相同的补偿导线连接，按图示的接线方式连接，仪表G可测得t_1和t_2的温度差。

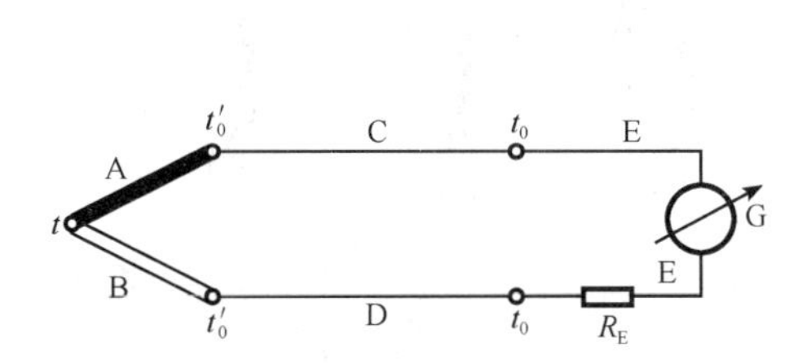

图3.34 测量某点温度的基本电路

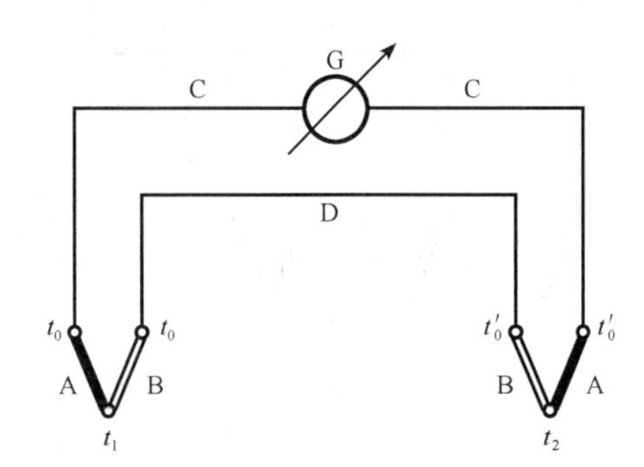

图3.35 测量两点温度差的测量电路

3. 多点的测温线路

多个被测温度用多支热电偶分别测量，但多个热电偶共用一台显示仪表，它们是通过专用的切换开关来进行多点测量的，测温线路如图3.36所示，但各支热电偶的型号要相同，测温范围不要超过显示仪表的量程。多点测温线路多用于自动巡回检测中，此时温度巡回检测点可多达几十个，以轮流方式或按要求显示各测量点的被测数值，而显示仪表和补偿热电偶只用一个就够了，这样就可以大大地节省显示仪表和补偿导线。

4. 测量平均温度的测温线路

用热电偶测量平均温度一般采用热电偶并联的方法，如图3.37所示，输入到仪表两端为三个热电偶输出热电动势的平均值，即$E=(E_1+E_2+E_3)/3$，如三个热电偶均工作在特性曲线的线性部分时，则代表了各点温度的算术平均值。

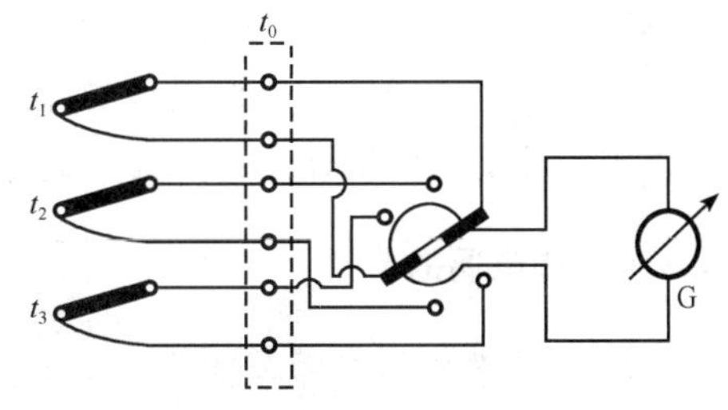

图3.36 多点测温电路

为此，每个热电偶需串联较大电阻，此种电路的特点是：仪表的分度仍旧和单独配用一个热电偶时一样。其缺点是：当某一热电偶烧断时，不能很快地觉察出来。

5. 测量几点温度之和的测温线路

用热电偶测量几点温度之和的测温线路一般采用热电偶串联的方法，如图 3.38 所示，输入到仪表两端的热电动势为三个热电偶输出热电动势的总和，即 $E=E_1+E_2+E_3$，可直接从仪表读出其平均值，此种电路的优点是：电偶烧断时可立即知道，还可获得较大的热电动势。应用这种测量电路时，每一热电偶引出的补偿导线还必须回接到仪表中的冷端处。

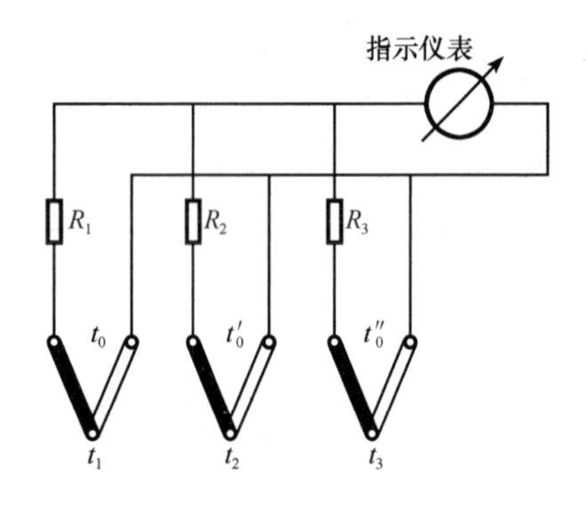

图 3.37 热电偶并联测量平均温度

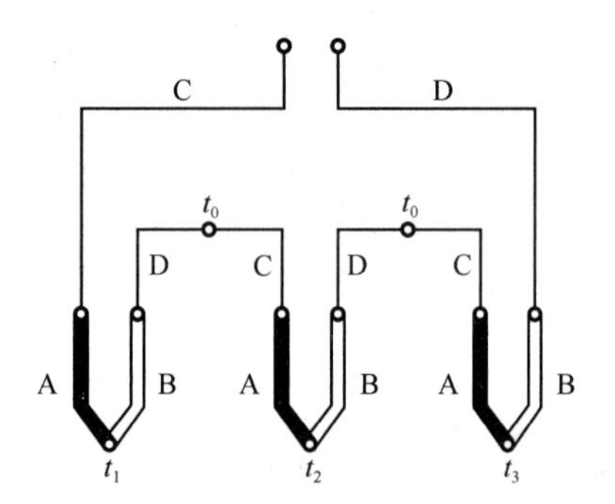

图 3.38 热电偶串联测量多点温度之和

6. 测量仪表

由于热电偶的热电势较小，对测量仪表的要求相应较高，不能使用内阻并不太高的普通电压表，所以实验室中常用电位差计来测量热电偶的热电势（电位差计在补偿状态下内阻为无穷大）；工业现场一般可用自动补偿式电位差计或数字式仪表，目前数字式电压表的内阻可达 $10^9\Omega$ 以上，可认为内阻是无穷大的，并具有放大功能，已获得广泛的应用。虽然利用中间温度定律来对自由端温度进行补偿的方法比较繁琐，但由于其补偿精确，在计算机技术普及的今天可以轻而易举地实现。

热电偶的温差热电势很小，如铜-康铜热电偶的热电势灵敏度在 0℃附近约为 0.039mV/℃，在 25℃附近为 0.041mV/℃，所以当需要对此电势进行放大时，放大器的输入失调电压和输入失调电压的漂移必须很小才行，否则将会引入较大的测温误差，所以放大器的器件应使用特殊元件。

3.3.6 热电偶的应用

1. 燃气热水器火焰监测

燃气热水器的使用安全性至关重要。在燃气热水器中设置有防止熄火装置、防止缺氧不完全燃烧装置、防缺水空烧安全装置及过热安全装置等，涉及多种传感器。防熄火、防缺氧不完全燃烧的安全装置中使用了热电偶，如图 3.39 所示。

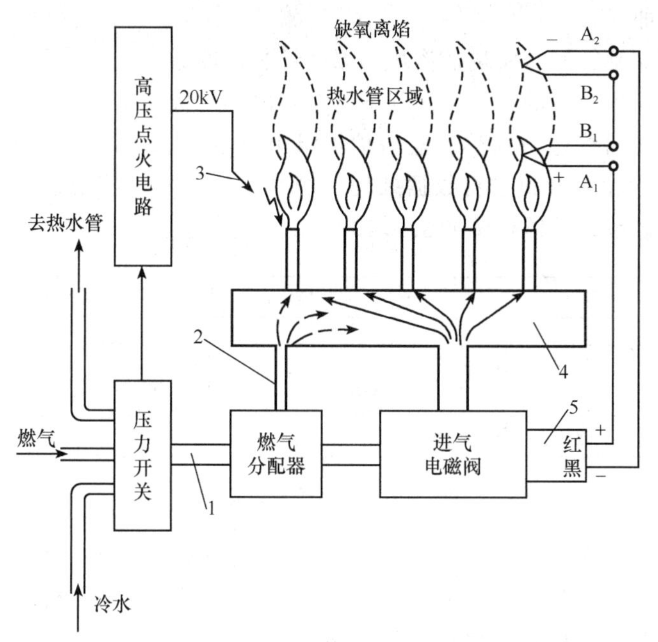

图 3.39　燃气热水器防熄火、防缺氧装置示意图

1. 燃气进气管；2. 引火管；3. 高压放电针；4. 主燃烧器；5. 电磁阀线圈；A_1，B_1. 热电偶 1；A_2，B_2. 热电偶 2

当使用者打开热水龙头时，自来水压力使燃气分配器中的引火管输气孔在较短的一段时间里与燃气管道接通，喷射出燃气。与此同时，高压点火电路发出 10～20kV 的高电压，通过放电针点燃主燃烧室火焰。热电偶 1 被烧红，产生正的热电势，使电磁阀线圈（该电磁阀的电动力由极性电磁铁产生，对正向电压有很高的灵敏度）得电，燃气改由电磁阀进入主燃室。

当外界氧气不足时，主燃烧室不能充分燃烧（此时将产生大量有毒的一氧化碳），火焰变红且上升，在远离火孔的地方燃烧（称为离焰）。热电偶 1 的温度必然降低，热电势减小，而热电偶 2 被拉长的火焰加热，产生的热电势与热电偶 1 产生的热电势反向串联，相互抵消，流过电磁阀线圈的电流小于额定电流，甚至产生反向电流，使电磁阀关闭，起到缺氧保护作用。

当启动燃气热水器时，若某种原因无法点燃主燃烧室火焰，由于电磁阀线圈得不到热电偶 l 提供的电流，处于关闭状态，从而避免了煤气的大量溢出。煤气灶熄火保护装置也采用相似的原理。

2. 盐浴炉温度控制系统

盐浴炉温度控制系统用 S 型热电偶检测温度信号，且有冷端补偿功能，温度信号通过放大、采样保持、模数转换再送单片机保存，采用分段查表法获取各点温度。选用可控硅过零触发自动控制盐浴炉温度，控制周期为 2s，可按预设温度曲线进行加热，并可实时显示加温曲线。

此系统采用晶闸管调压实现盐浴炉的温度控制，即通过控制晶闸管导通与关断的周波数比率，从而达到调压的目的。晶闸管的触发由单片机控制，通过单片机编程可方便地实现按预定温度曲线进行加热。盐浴炉炉温由热电偶感应，通过信号放大、采样保持、A/D 转换，再由单片机进行数据处理及线性化校正，以实现盐浴炉实际温度的检测和显示。盐浴炉系统总体框图如图 3.40 所示。

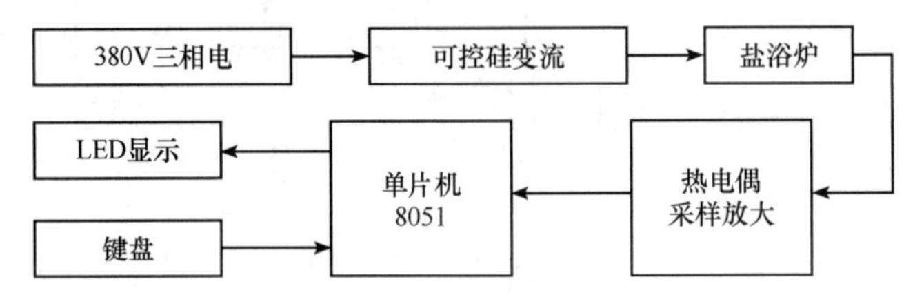

图 3.40　盐浴炉系统框图

盐浴炉常用温度在 800～1500℃之间，热电偶是测温的一次仪表，对它的选择将直接影响检测精度。目前测温常选用 K 型镍铬-镍硅热电偶，它具有较好的温度-热电势线性度，便于后续数据处理，但它不宜长期在 1300℃左右的高温下使用。因此，这里选用 S 型铂铑-铂热电偶，其测温范围为 0～1600℃，它与 K 型相比有较高的精度，但它的线性度较差。为此，采取每 10℃分一段，800～1500℃之间共分 70 段，在每一段中取各段中点的热电势率 K 作为各段诸点热电势率的平均值。该近似修正方法误差小，不超过放大电路和 A/D 转换等环节所产生的误差。热电偶温度检测与放大电路如图 3.41 所示。

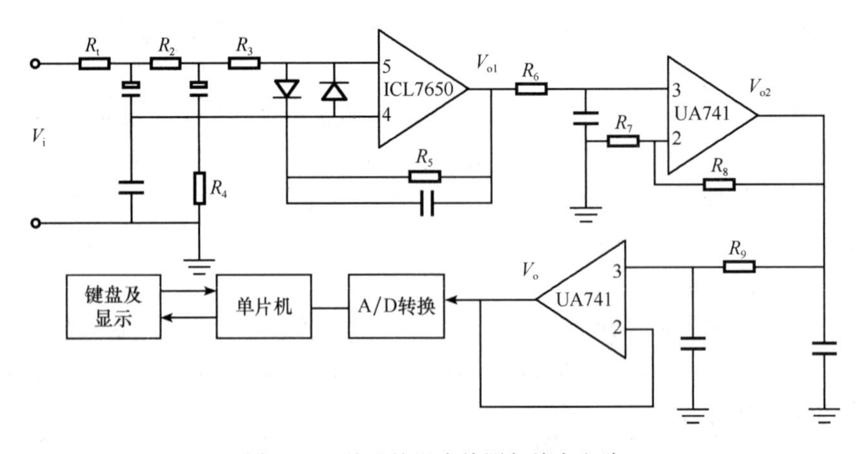

图 3.41　盐浴炉温度检测与放大电路

其中，V_i 为热电偶感应的热电势输入，经自稳零高精度运放 ICL7650 放大后，$V_{o1}=$

$(R_4+R_5)\cdot V_i/R_4$ 再由第二级运放 VA741 放大后 $V_{o2}=(R_8+R_7)\cdot(R_4+R_5)\cdot V_i/(R_4R_5)$，最后，为实现阻抗变换匹配需采用射极跟随器，也由 VA741 实现。A/D 转换选用 ADC0809，转化为数字量送到单片机，进行数值处理后得实际炉温，送 LED 显示。

小　结

本章介绍的是发电传感器，即测量时可以不要外加电源的传感器，具体包括了压电式传感器，霍尔传感器，热电偶传感器的结构、工作原理、测量电路及其应用等。

压电式传感器是以压电效应为基础，压电材料常用晶体材料，有石英晶体和压电陶瓷，具有良好的压电效应。压电元件受力后，在相应的两块极板表面上产生异性电荷，两极板之间有电位差，所以压电式传感器可看成是一个电荷发生器，而压电元件可看成是一个电容器。因此，可用一个电压源 U_a 和电容器 C_a 相串联来等效。压电传感器进行测量时，压电元件输出信号是电荷变化量，其内阻极大，为此测量电路的输入阻抗应极大才行。因此，压电元件输出与测量电路之间配接一个放大器，要求放大器具有高输入阻抗、低输出阻抗的特点，起着阻抗变换作用。获得低阻抗输出信号后，再送放大、检波、输出显示处理等。压电式传感器可用于动态力、动态压力、振动加速度等物理量测量，但不能用于静态测量。

霍尔传感器是一种基于霍尔效应的传感器，目前已得到广泛的应用。它结构简单、体积小、重量轻、频带宽，动态特性好、使用寿命长，并且其最大的特点是非接触测量。由于霍尔元件的基片是半导体材料，因而对温度的变化很敏感。在使用时，要注意温度补偿的问题。因为霍尔电势与磁感应强度成正比，若磁感应强度是位置的函数，那么霍尔电势的大小就可以用来反映霍尔元件的位置。由此可以直接测量磁场及微位移量，也可以间接测量液位、压力等工业生产过程参数。

热电偶传感器主要用于温度测量中，是一种基于热电效应的传感器。因为热电偶两结点所产生的总的热电势等于热端热电势与冷端热电势之差，是两个结点的温差 Δt 的函数，所以热电偶测温时要注意，如果热电偶是由一种均质导体组成的闭合回路，不论导体的横截面积、长度以及温度分布如何，均不产生热电动势。在热电偶回路中接入第三种材料的导体，只要其两端的温度相等，该导体的接入就不会影响热电偶回路的总热电动势。在应用方面热电偶还具备结构简单、使用方便、测温范围广、测量精度高等优点。

习　题

3.1　选择题。

(1) 使用压电陶瓷制作的力或压力传感器可测量________。

A. 人的体重　　B. 车刀的压紧力

C. 车刀在切削时感受到的切削力的变化量　　D. 自来水管中的水的压力

(2) 动态力传感器中，两片压电片多采用________接法，可增大输出电荷量；在电子打火机和煤气灶点火装置中，多片压电片采用________接法，可使输出电压达上万伏，从而产生火花。

A. 串联　　B. 并联　　C. 既串联又并联

(3) 霍尔元件采用恒流源激励是为了________。

A. 提高灵敏度　　B. 克服温漂　　C. 减小不等位电动势

(4) 减小霍尔元件的输出不等位电动势的办法是________。

A. 减小激励电流　　B. 减小磁感应强度　　C. 使用电桥调零电位器

(5) ________的数值越大，热电偶的输出热电势就越大。

A. 热端直径　　B. 热端和冷端的温度

C. 热端和冷端的温差　　D. 热电极的电导率

(6) 在热电偶测温回路中经常使用补偿导线的最主要的目的是________。

A. 补偿热电偶冷端热电势的损失　　B. 起冷端温度补偿作用

C. 将热电偶冷端延长到远离高温区的地方　　D. 提高灵敏度

(7) 在实验室中测量金属的熔点时，冷端温度补偿采用________，可减小测量误差；而在车间，用带微机的数字式测温仪表测量炉膛的温度时，应采用________较为妥当。

A. 计算修正法　　B. 恒温法　　C. 电桥补偿法

3.2　为什么霍尔元件一般采用N型半导体材料？

3.3　霍尔灵敏度与霍尔元件厚度之间有什么关系？

3.4　什么是霍尔元件的温度特性？如何进行补偿？

3.5　集成霍尔传感器有什么特点？

3.6　简述压电传感器的特点及应用。

3.7　比较石英晶体和压电陶瓷各自的特点。

3.8　用一压电式单向脉动力传感器测量一正弦变化的力，压电元件用两片压电陶瓷并联，压电常数为200×10^{-12}C/N，电荷放大器的反馈电容$C_f=2000$pF，测得输出电压$u_0=5\sin\omega t$ (V)。求：

(1) 该传感器产生的总电荷Q（峰值）为多少？

(2) 此时作用在其上的正弦脉动力（瞬时值）为多少？

3.9　用镍铬-镍硅K型热电偶测温度，已知冷端温度t_0为40℃，用高精度毫伏表测得这时的热电势为29.186mV，求被测点温度。

3.10　图3.42所示为镍铬-镍硅K型热电偶测温电路，热电极A、B直接焊接在钢板上（V形焊接），A′、B′为补偿导线，Cu为铜导线，已知接线盒1的温度$t_1=40$℃，冰水温度$t_2=0$℃，接线盒2的温度$t_3=20$℃。求：

(1) 当$U_x=39.314$mV时，计算被测点温度t_x。

(2) 如果A′、B′换成铜导线，此时$U_x=37.702$mV，再求t_x。

(3) 直接将热电极A、B焊接在钢板上，是利用了热电偶的什么定律？t_x和t_x'哪一个大一些？如何减小这一误差？

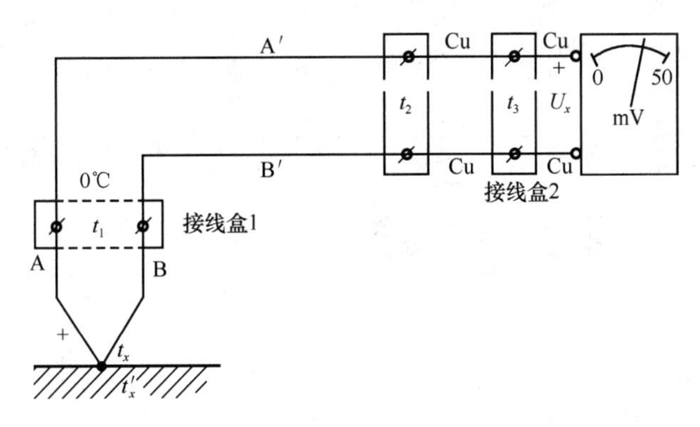

图 3.42　采用补偿导线的镍铬-镍硅热电偶测温示意图

3.11　请设计一种霍尔式液位控制器，要求：

(1) 当液位高于某一设定值时，水泵停止转动。

(2) 储液缺罐是密闭的，只允许在储液罐的玻璃连通器外壁和管腔内确定磁路和安装霍尔元件。

(3) 画出磁路和霍尔元件及水泵的设置图；画出控制电路原理框图；简要说明该检测、控制系统的工作过程。

第4章 物性传感器

❖ 知识点

1. 超声波的传输特性，超声波换能器、耦合剂。
2. 光电效应、常用光电器件的工作原理及特性、模拟型光电传感器、开关型光电传感器、光电转换电路。
3. 激光及特点，激光器种类。
4. 光导纤维结构及种类、光纤传感器工作原理及特点、光纤传感器的类型。

❖ 要求

1. 掌握超声波换能器的原理及特性。
2. 掌握光电效应、常用光电器件的工作原理及特性、模拟型光电传感器特点、开关型光电传感器特点、光电转换电路。
3. 掌握激光及特点、激光器种类。
4. 掌握光纤传感器的工作原理及特点、光纤传感器的类型。
5. 了解耦合剂作用、超声波传感器的应用。
6. 了解光电传感器的应用。
7. 了解激光传感器的应用。
8. 了解光纤传感器的应用。

物性传感器是利用材料的物理特性及效应实现非电量转换的传感器。本章主要介绍超声波传感器、光电传感器、激光传感器及光导纤维传感器。

4.1　超声波传感器

4.1.1　超声波传感器的结构及工作原理

超声波是一种机械波，它方向性好，穿透力强，遇到杂质或分界面会产生显著的反射。利用超声波的这些物理性质，可把一些非电量转换成声学参数，通过压电元件转换成电量，然后测量。

1. 超声波的传输特性

人耳能够听到的机械波频率在 16Hz～20kHz 之间，称为可闻声波。人耳听不到的机械波，频率高于 20kHz 的，称为超声波；频率低于 16Hz 的，称为次声波。超声波的频率越高，就越接近光学的某些特性（如反射、折射）。

超声波可分为纵波、横波和表面波。质点的振动方向和波的传播方向一致的波称为纵波，它能在固体、液体和气体中传播。质点的振动方向和波的传播方面相垂直的波称为横波，它只能在固体中传播。质点的振动介于横波和纵波之间，沿着表面传播，振幅随着深度的增加而迅速衰减的波称为表面波。

超声波在介质中的传播速度取决于介质密度、介质的弹性系数及波形。一般来说，在同一固体中横波声速为纵波声速的一半左右，而表面波声速又低于横波声速。当超声波在某一介质中传播，或者从一种介质传播到另一介质时，遵循如下一些规律。

（1）传播速度

超声波的传播速度与波长及频率成正比，即声速 $C=\lambda f$。

（2）超声波的衰减

超声波在介质中传播时，由于声波的扩散、散射及吸收，能量按指数规律衰减。晶粒越粗或密度越小，衰减越快；频率越高，衰减也越快。气体的密度很小，因此衰减较快，尤其在频率高时衰减更快。因此，在空气中传导的超声波的频率选得较低，约为 10kHz，而在固体、液体中则选用较高的频率（MHz 数量级）。

（3）超声波的反射与折射

当超声波从一种介质传播到另一种介质时，在两种介质的分界面上会发生反射与折射，同样遵循反射定律和折射定律。

（4）超声波的波形转换

若选择适当的入射角，使纵波全反射，那么在折射中只有横波出现；如果横波也全反射，那么在工件表面上只有表面波存在。

2. 超声波换能器

超声波换能器也称为超声波探头，即超声波传感器。它按原理有压电式、磁致伸缩式、电磁式等，其中压电式最常用。压电式利用压电材料的逆压电效应制成超声波发射头，利用压电效应制成超声波接收头。由于压电效应的可逆性，在实际使用中，有时用一个换能器兼作发射头和接收头。它按工作方式有直探头、斜探头和双探头几种。

（1）直探头

直探头可发射和接收纵超声波，其基本结构如图 4.1（a）所示。压电片多制成圆板形，其厚度与固有频率成反比。为避免压电片与被测体接触而磨损，在压电片下粘一层保护膜，但这会降低固有频率。阻尼块又称吸收块，用于吸收声能。如果没有阻尼块，电振荡脉冲过后压电片因惯性作用继续振动，加长了超声波的脉冲宽度，导致分辨率下降。

（2）斜探头

斜探头用作发射和接收横超声波，其基本结构如图 4.1（b）所示。它主要由压电片、阻尼块和斜楔块组成，压电片产生的纵波经斜楔块以一定的角度斜射到被测工件表面，利用纵波的全反射转换为横波进入工件。如果把直探头放入液体中，使纵波倾斜入射到被测工件，也能产生横波。当入射角增大到某一角度，使工件中的横波的折射角为90°时，在工件上产生表面波，从而形成表面波探头。因此，表面波探头属于斜探头的特例。

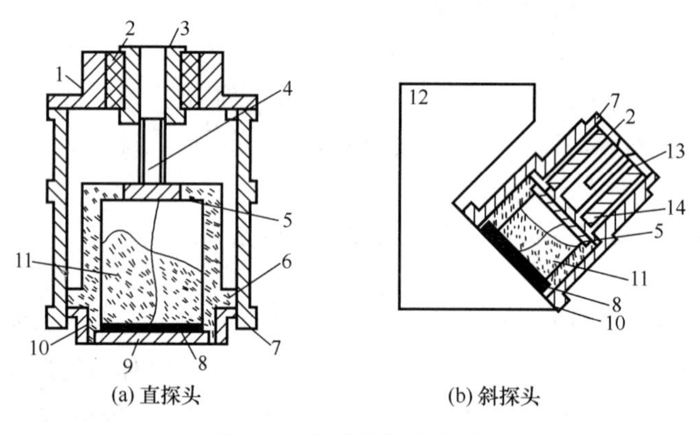

图 4.1　超声波探头结构

1. 金属盖；2. 绝缘柱；3. 接触座；4. 导线细杆；5. 接线片；6. 晶片座；7. 金属外壳；8. 晶片；9. 保护膜；10. 接地铜圈（箔）；11. 阻尼块；12. 斜楔块；13. 接线柱；14. 导线

（3）双探头

双探头又称组合式探头，在一个探头内安装两块压电片，分别用于发射和接收，如图 4.2 所示。探头内装有延迟块，使超声波延迟一段时间再射入工件，适用于探测离探头近的物件。

4.1.2　耦合剂

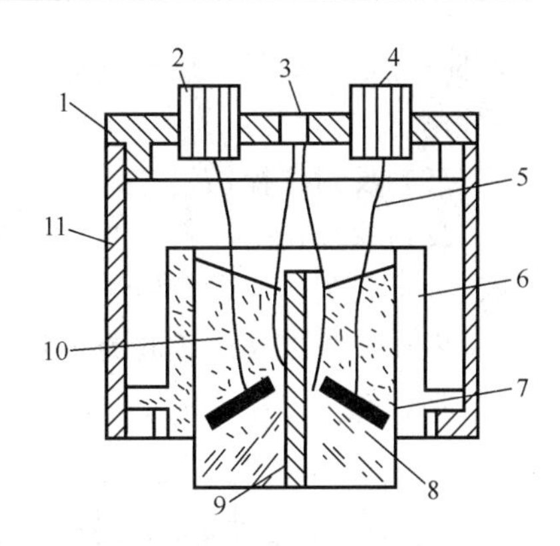

图 4.2　双探头换能器结构

1. 盖；2. 绝缘柱；3. 接地点；4. 接线柱；5. 导线；6. 晶片座；7. 晶片；8. 延迟块；9. 保护膜；10. 阻尼块；11. 金属壳

在图 4.1 中，无论是直探头还是斜探头，一般不能直接将其放在被测介质（特别是粗糙金属）表面来回移动，以防磨损。更重要的是，由于超声探头与被测物体接触时，在工件表面不平整的情况下，探头与被测物体表面间必然存在一层空气薄层。空气的密度很小，将引起三个界面间强烈的杂乱反射波，造成干扰，而且空气也将对超声波造成很大的衰减。因此，必须将接触面之间的空气排挤掉，使超声波能顺利地入射到被测介质中。在工业中经常使用一种称为耦合剂的液体物质，使之充满在接触层中，起到传递超声波的作用。常用耦合剂有水、机油、甘油、水玻璃、胶水、化学糨糊等。耦合剂的厚度应尽量薄一些，以减少耦合损耗。

有时为了减少耦合剂的成本，还可在单晶直探头、双晶直探头或斜探头的侧面加工一个自来水接口。在使用时，自来水通过此孔压入到保护膜和试件之间的空隙中。使用完毕，将水迹擦干即可，这种探头称为水冲探头。

4.1.3　超声波传感器的应用

超声波传感器已广泛地应用于工业各技术部门。下面举几个例子说明它在检测技术中的应用。

1. *超声波探伤*

对高频超声波，它的波长短，不易产生绕射，碰到杂质或分界面就会有明显的反射，而且方向性好，能成为射线而定向传播，在液体、固体中衰减小，穿透本领大。这些特性使得超声波成为无损探伤方面的重要工具。

(1) 穿透法探伤

穿透法探伤是根据超声波穿透工件后的能量变化状况，来判别工件内部质量的方法。穿透法用两个探头，置于工件相对面，一个发射超声波，一个接收超声波。发射波可以是连续波，也可以是脉冲。其工作原理如图 4.3 所示。

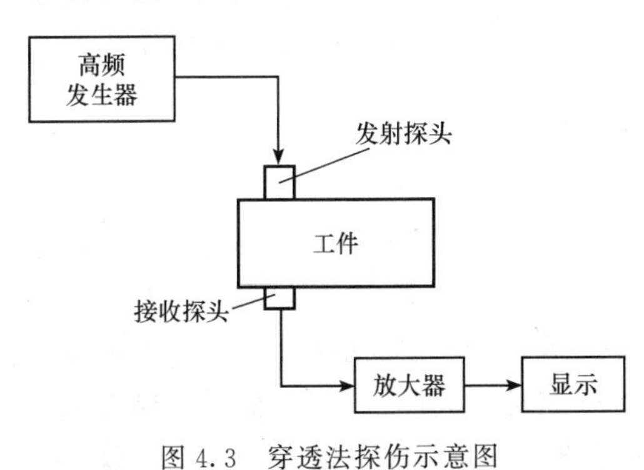

图 4.3　穿透法探伤示意图

在探测中，当工件内无缺陷时，接收能量大，仪表指示值大；当工件内有缺陷时，因部分能量被反射，接收能量小，仪表指示值小。根据这个变化，就可以把工件内部缺陷检测出来。

（2）反射法探伤

反射法探伤是以超声波在工件中反射情况的不同来探测缺陷的方法。下面以纵波一次脉冲反射为例，说明检测原理。

图 4.4 是以一次底波为依据进行探伤的方法。高频脉冲发生器产生的脉冲（发射波）加在探头上，激励压电晶体振荡，使之产生超声波。超声波以一定的速度向工件内部传播。一部分超声波遇到缺陷时反射回来（缺陷波 F）；另一部分超声波继续传至工件底面（底波 B），也反射回来。由缺陷及底面反射回来的超声波被探头接收时，又变为电脉冲。发射波 T、缺陷波 F 及底波 B 经放大后，在显示器荧光屏上显示出来。荧光屏上的水平亮线为扫描线（时间基准），其长度与时间成正比。由发射波、缺陷波及底波在扫描线的位置可求出缺陷的位置。由缺陷波的幅度可判断缺陷大小。由缺陷波的形状可分析缺陷的性质。当缺陷面积大于声束截面积时，声波全部由缺陷处反射回来，荧光屏上只有 T 波、F 波，没有 B 波。当工件无缺陷时，荧光屏上只有 T 波、B 波，没有 F 波。

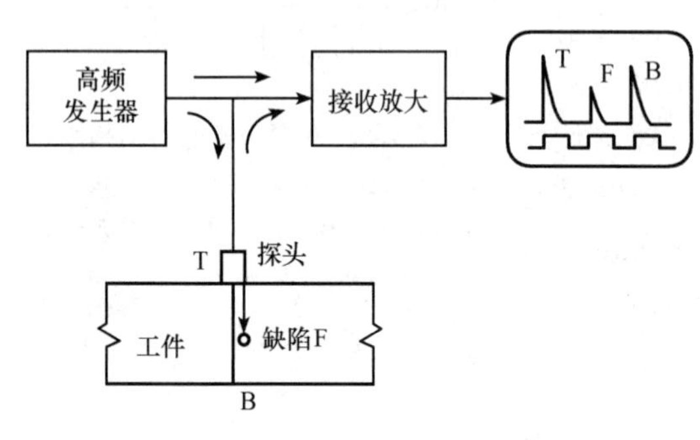

图 4.4　反射法探伤示意图

2. 超声波传感器测厚度

用超声波测量金属零件、钢管等的厚度，具有测量精度高、测试仪器轻便、操作安全简单、易于读数或实现连续自动检测等一些优点。但是对于声衰减很大的材料，以及表面凹凸不平或形状很不规格的零件，超声波法测厚较困难。

超声波法测厚常用脉冲回波法。主控制器产生一定重复频率的脉冲信号，送往发射电路，经电流放大激励压电式探头，以产生重复的超声脉冲，并耦合到被测工件中，脉冲波传到工件另一面被反射回来，被同一探头接收。如果超声波在工件中的声速 v 是已知的，设工件厚度为 d，脉冲波从发射到接收的时间间隔 t 可以测量，因此可求出工件的厚度为

$$d = \frac{1}{2}vt \tag{4.1}$$

t 为测量时间间隔。如图 4.5 所示，将发射和回波反射脉冲加至示波器垂直偏转板上，标记发生器输出已知时间间隔的脉冲也加在示波器垂直偏转板上，线性扫描电压加在水平偏转板上。因此，可以从显示器上直接观察发射和回波反射脉冲，并求出时间间隔 t。当然也可用稳频晶振产生的时间标准信号来测量时间间隔 t，从而做成厚度数字显示仪表。图 4.6 为 CCH-J-1 型超声波测厚仪方框图。CCH-J-1 型超声波测厚仪是以

厚度为主的半导体直读式仪器，可方便地从单面检测材料的厚度。表 4.1 列出了几种超声波测厚仪的主要性能。

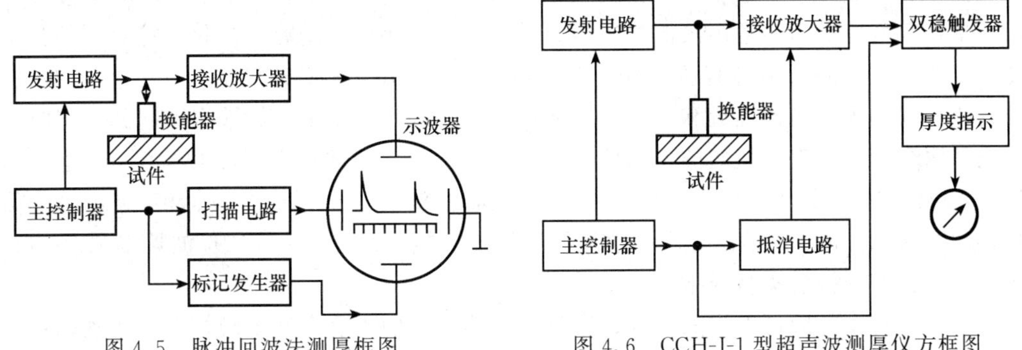

图 4.5 脉冲回波法测厚框图

图 4.6 CCH-J-1 型超声波测厚仪方框图

表 4.1 几种超声波测厚仪主要性能

型号 性能	CCH-J-1	UTM110（日本）	T1（日本）
测量方法	脉冲回波法	脉冲回波法	脉冲回波法
测量范围/mm	4～40	1.2～200	1～100
测量精度	±0.25mm	±(测量值×1%+0.1mm)	±0.1mm
声速设定范围	—	1000～9999m/s	2500～6500m/s
测量频率	重复频率（8±1)kHz	5MHz	—
电源	12V 电池组及 9V 电池组	1.5V 干碱电池单三型	可充电式 Ni-Cd 电池单三型 1.2V，450mA·h×4
外形尺寸	—	主体 26mm×63mm×110mm	47mm×80mm×150mm
重量	—	主体 250g，探头 45g	380g（带电池）

3. 超声防盗报警器

图 4.7 为超声报警电路。上图为发射部分，下图为接收部分的电原理框图，它们装在同一块线路板上。

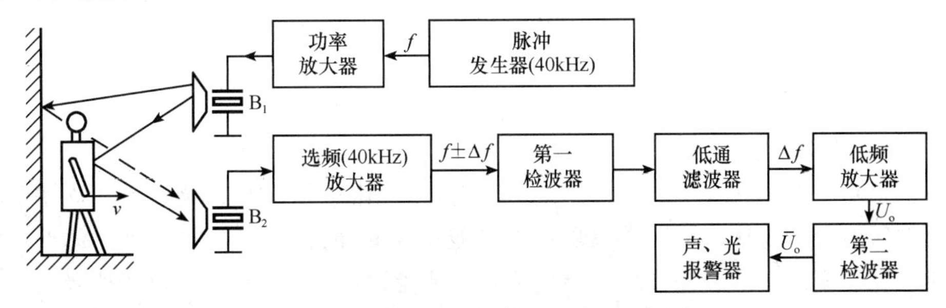

图 4.7 超声波防盗报警器电路原理框图

发射器发射出频率 $f=40\text{kHz}$ 左右的连续超声波（空气超声探头选用 40kHz 工作频率可获得较高灵敏度，并可避开环境噪声干扰）。如果有人进入信号的有效区域，相对速度为 v，从人体反射回接收器的超声波将由于多普勒效应，而发生频率偏移 Δf。所谓多普勒效应是指当超声波源与传播介质之间存在相对运动时，接收器接收到的频率与超声波源发射的频率将有所不同。产生的频偏 $\pm\Delta f$ 与相对速度的大小及方向有关。当高速行驶的火车向你逼近和掠过时，所产生的变调声就是多普勒效应引起的。接收器将收到两个不同频率所组成的差拍信号（40kHz 以及偏移的频率 $40\text{kHz}\pm\Delta f$）。这些信号由 40kHz 选频放大器放大，并经第一检波器检波后，由低通滤波器滤去 40kHz 信号，而留下 Δf 的多普勒信号。此信号经低频放大器放大后，由第二检波器 B 转换为直流电压，去控制报警喇叭或指示器。

利用多普勒效应可以排除墙壁、家具的影响（它们不会产生 Δf），只对运动的物体起作用。由于振动和气流也会产生多普勒效应，故该防盗报警器多用于室内。根据本装置的原理，还能运用多普勒效应去测量运动物体的速度，液体、气体的流速，汽车防碰、防追尾等，请读者自行分析。

4.2 光电传感器

光电传感器是采用光电元件作为检测元件的传感器。它首先把被测量的变化转换成光信号的变化，然后借助光电元件进一步将光信号转换成电信号。光电传感器一般由光源、光学通路和光电元件三部分组成。光电检测方法具有精度高、反应快、非接触等优点，而且可测参数多，传感器的结构简单，形式灵活多样，因此在检测和控制领域内得到广泛应用。

4.2.1 光电效应

光电元件是光电传感器中最重要的部件，常见的有真空光电元件和半导体光电元件两大类，它们的工作原理都基于不同形式的光电效应。根据光的波粒二象性，我们可以认为光是一种以光速运动的粒子流，这种粒子称为光子。每个光子具有的能量为

$$E = h\nu \tag{4.2}$$

式中，E——光子的能量；

ν——光波频率；

h——普朗克常量，$h=6.63\times10^{-34}\text{J}\cdot\text{s}$。

由此可见，对不同频率的光，其光子能量是不相同的，光波频率越高，光子能量越大。用光照射某一物体，可以看作是一连串能量为 $h\nu$ 的光子轰击在这个物体上，此时光子能量就传递给电子，并且是一个光子的全部能量一次性地被一个电子所吸收，电子得到光子传递的能量后其状态就会发生变化，从而使受光照射的物体产生相应的电效

应，我们把这种物理现象称为光电效应。通常把光电效应分为三类。

（1）外光电效应

在光线作用下能使电子逸出物体表面的现象称为外光电效应，基于外光电效应的光电元件有光电管、光电倍增管等。

（2）内光电效应

在光线作用下能使物体的电阻率改变的现象称为内光电效应。基于内光电效应的光电元件有光敏电阻、光敏晶体管等。

（3）光伏特效应

在光线作用下，物体产生一定方向电动势的现象称为光伏特效应，基于光伏特效应的光电元件有光电池等。

4.2.2　光电器件

1. 光电管、光电倍增管

光电管和光电倍增管是利用外光电效应制成的光电元件。下面简要介绍它们的结构和工作原理。

图 4.8 为光电倍增管的工作原理图。它由光阴极 K、光阳极 A 和若干个倍增极 D_1，D_2，…，D_n 等三部分组成。光阴极是由半导体光电材料锑铯做成的。倍增极通常是在镍或铜-铍的衬底上涂上锑铯材料而形成的，用具有一定能量的电子轰击能够产生更多的“二次电子”。倍增极（次阴极）多达 30 极，通常为 4～14 不等。阳极是最后用来收集电子的，并输出电压脉冲。

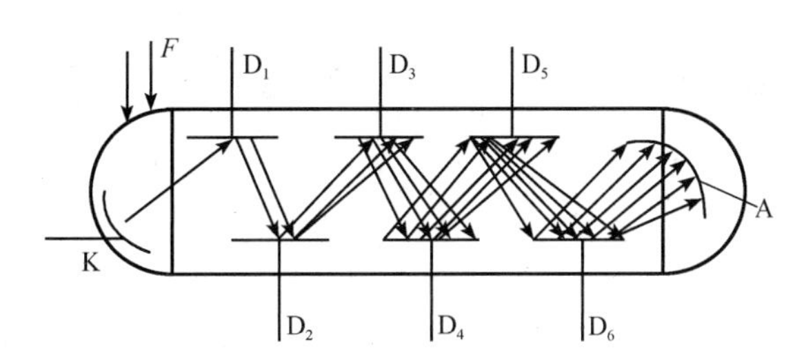

图 4.8　光电倍增管工作原理

若在各倍增极上均加上一定的电压，并且电位逐级升高，即阴极电位最低，阳极电位最高。当有入射光照射时，阴极发射的光电子以高速射到倍增极 D_1 上，引起二次电子发射，这样在阴极和阳极的电场作用下，逐级产生二次电子发射。电子数量迅速递增，如此不断倍增，阳极最后收集到的电子数将达到阳极发射电子数的 10^5～10^8 倍。即光电倍增管的放大倍数可达几十万到几百万倍。最后被阳极 A 吸收，形成很大电流。

与普通光电管相比，其灵敏度可提高 10^9 倍以上，光电倍增管的光谱特性与相同材料的光电管的光谱特性很相似。

在使用光电倍增管时，必须把管子放在暗室里避光使用，使其只对入射光起作用。但是由于环境温度、热辐射和其他因素的影响，即使没有光信号输入，加上电压后阳极仍有电流，这种电流称为暗电流。这种暗电流可以用补偿电路加以消除。

光电倍增管的阴极前面放一块闪烁体，就构成闪烁计数器。在闪烁体受到人眼看不见的宇宙射线的照射后，光电倍增管就会有电流信号输出。这种电流称为闪烁计数器的暗电流，一般把它称为本底脉冲。

2. 光敏电阻

(1) 光敏电阻的结构及原理

光敏电阻又称光导管，它几乎都是用半导体材料制成的光电器件。光敏电阻没有极性，纯粹是一个电阻器件，使用时既可加直流电压，也可以加交流电压。光敏电阻在不受光照射时的阻值称暗电阻，受光照时的电阻称亮电阻。实验发现：光敏电阻的暗电阻很大，一般为兆欧级，而亮电阻在几千欧以下。当光敏电阻受到一定波长范围的光照射时，它的阻值急剧减少，电路中电流迅速增大。一般希望暗电阻越大越好，亮电阻越小越好，此时光敏电阻的灵敏度很高。

图 4.9 为光敏电阻的结构图。它是涂于玻璃底板上的一薄层半导体物质，半导体的两端装有金属电极，金属电极与引出线端相连接，光敏电阻就通过引出线端接入电路。为了防止周围介质的影响，在半导体光敏层上覆盖了一层漆膜，漆膜的成分应使它在光敏层最敏感的波长范围内透射率最大。

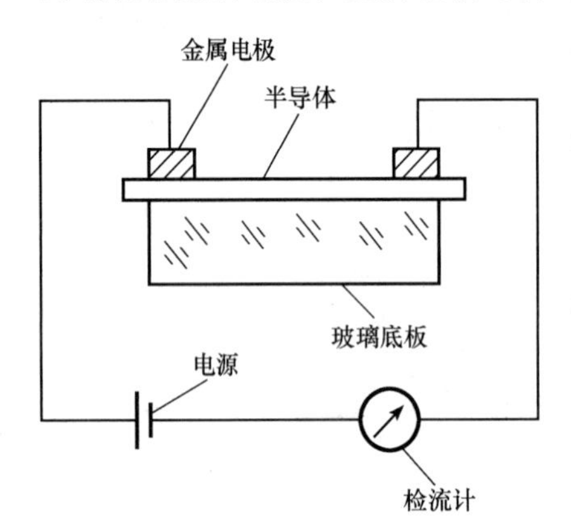

图 4.9　光敏电阻结构

(2) 光敏电阻的主要参数

1) 暗电阻。光敏电阻在不受光照射时的阻值称为暗电阻，此时流过的电流称为暗电流。

2) 亮电阻。光敏电阻在受光照射时的阻值称为亮电阻，此时流过的电流称为亮电流。

3) 光电流。亮电流与暗电流之差称为光电流。

(3) 光敏电阻的基本特性

1) 伏安特性。在一定光的照射下，流过光敏电阻的电流与光敏电阻两端电压的关系称为光敏电阻的伏安特性。图 4.10 所示为硫化镉光敏电阻的伏安特性曲线。由图可见，光敏电阻在一定的电压范围内，其 I-U 曲线为直线，说明其阻值与入射光量有关，而与电压、电流无关。

2) 光谱特性。光敏电阻的相对光敏灵敏度与入射光波长的关系称为光谱特性，亦称为光谱响应。图 4.11 所示为几种不同材料光敏电阻的光谱特性。对应于不同波长，光敏电阻的灵敏度是不同的。从图中可见硫化镉光敏电阻的光谱响应的峰值在可见光区域，常被用做光度量测量（照度计）的探头。而硫化铅光敏电阻响应于近红外和中红外区，常用做火焰探测器的探头。

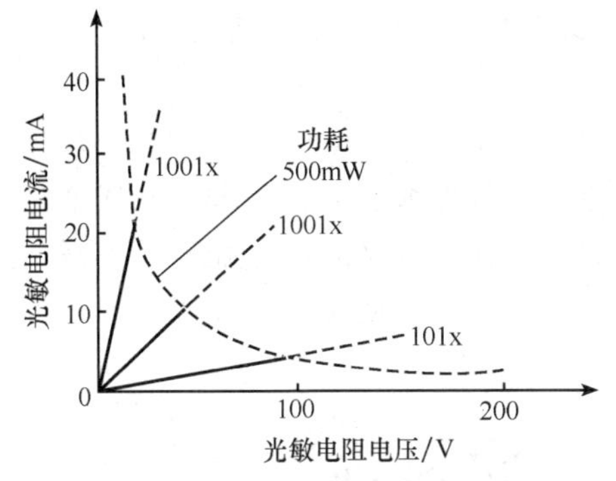

图 4.10　硫化镉光敏电阻的伏安特性曲线

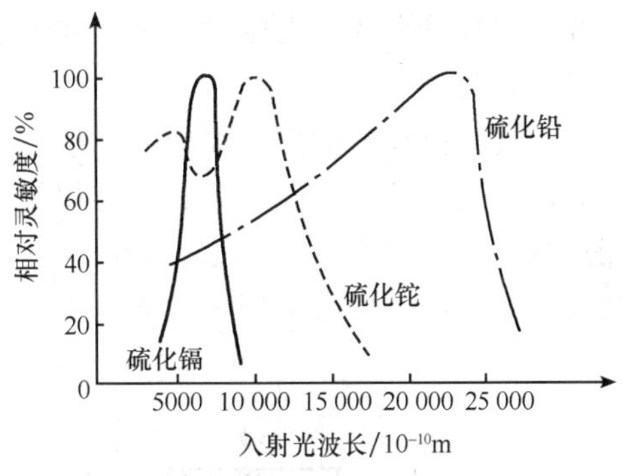

图 4.11　光敏电阻的光谱特性

3）温度特性。温度变化时光敏电阻的灵敏度和暗电阻都要改变，尤其是响应于红外区的硫化铅光敏电阻受温度影响更大。图 4.12 所示为硫化铅光敏电阻的光谱温度特性曲线，它的峰值随着温度的升高向波长短的方向移动。因此，硫化铅光敏电阻要在低温、恒温的条件下使用。对于可见光的光敏电阻，其温度影响要小一些。

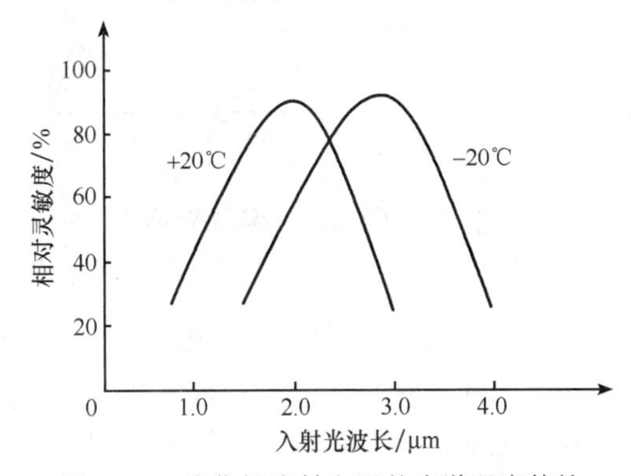

图 4.12　硫化铅光敏电阻的光谱温度特性

表 4.2 给出了几种型号国产光敏电阻的参数。

表 4.2　光敏电阻参数

型　号	亮电阻/Ω	暗电阻/Ω	光谱峰值波长/nm	时间常数/ms	耗散功率/mW	极限电压/V	温度系数/$℃^{-1}$	工作温度/℃	光敏面面积/mm^2	使用材料
RG-CdS-A	$\leqslant 5\times10^4$	$\geqslant 1\times10^8$	520	<50	<100	100	$<1\%$	−40～80	1～2	硫化镉
RG-CdS-B	$\leqslant 1\times10^5$	$\geqslant 1\times10^8$	520	<50	<100	150	$<0.5\%$	−40～80	1～2	硫化镉
RG-CdS-C	$\leqslant 5\times10^5$	$\geqslant 1\times10^9$	520	<50	<100	150	$<0.5\%$	−40～80	1～2	硫化镉
RG1A	$\leqslant 5\times10^3$	$\geqslant 5\times10^6$	450～850	$\leqslant 20$	20	10	$\leqslant\pm1\%$	−40～70		硫硒化镉
RG1B	$\leqslant 20\times10^3$	$\geqslant 20\times10^6$	450～850	$\leqslant 20$	20	10	$\leqslant\pm1\%$	−40～70		硫硒化镉
RG2A	$\leqslant 50\times10^3$	$\geqslant 50\times10^6$	450～850	$\leqslant 20$	100	100	$\leqslant\pm1\%$	−40～70		硫硒化镉
RG2B	$\leqslant 200\times10^3$	$\geqslant 200\times10^6$	450～850	$\leqslant 20$	100	100	$\leqslant\pm1\%$	−40～70		硫硒化镉
RL-18	$<5\times10^5$	$>1\times10^9$	520	<10	100	300	$<1\%$	−40～80		硫化镉
RL-10	$(5\sim9)\times10^4$	$>5\times10^8$	520	<10	100	150	$<1\%$	−40～80		硫化镉
RG-5	$<4\times10^4$	$>1\times10^9$	520	<5	100	30～50	$<1\%$	−40～80		硫化镉

3. 光敏晶体管

光敏晶体管通常指光敏二极管和光敏三极管，它们的工作原理也是基于内光电效应。光敏晶体管和光敏电阻的差别仅在于前者光线照射在半导体 PN 结上，PN 结参与了光电转换过程。

（1）光敏晶体管的工作原理

光敏二极管的结构和普通二极管相似，只是它的 PN 结装在管壳顶部，光线通过透镜制成的窗口，可以集中照射在 PN 结上，图 4.13（a）是其结构示意图和图形符号。光敏二极管在电路中通常处于反向偏置状态，如图 4.13（b）所示。

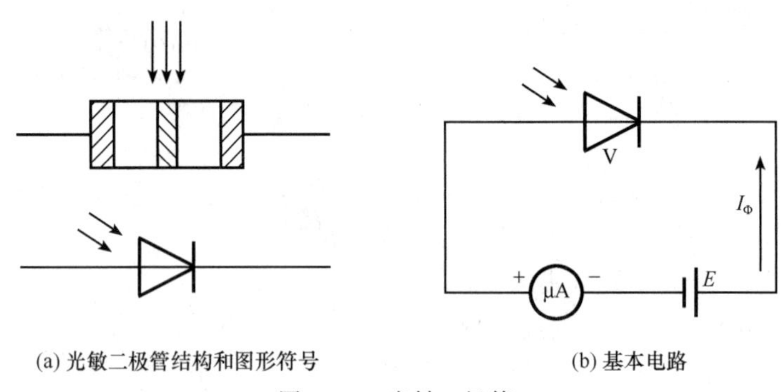

(a) 光敏二极管结构和图形符号　　(b) 基本电路

图 4.13　光敏二极管

我们知道，PN 结加反向电压时，反向电流的大小取决于 P 区和 N 区中少数载流子的浓度，无光照时 P 区中少数载流子（电子）和 N 区中的少数载流子（空穴）都很少，因此反向电流很小。但是当光照 PN 结时，只要光子能量 $h\nu$ 大于材料的禁带宽度，就会在 PN 结及其附近产生光生电子-空穴对，从而使 P 区和 N 区少数载流子浓度大大增加，它们在外加反向电压和 PN 结内电场作用下定向运动，分别在两个方向上渡越 PN 结，使反向电流明显增大。如果入射光的照度变化，光生电子-空穴对的浓度将相应变动，通过外电路的光电流强度也会随之变动，光敏二极管就把光信号转换成了电信号。

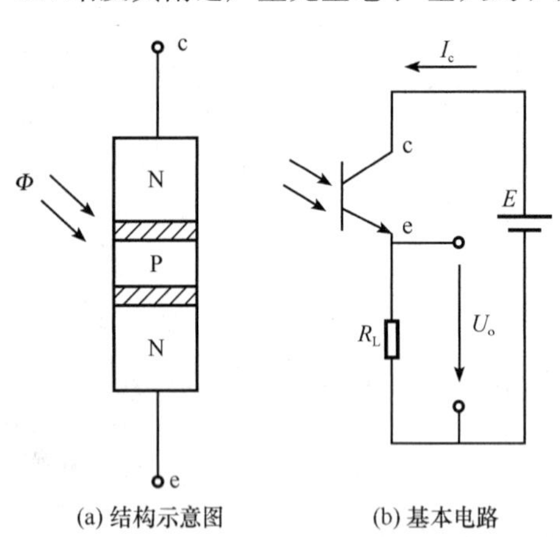

(a) 结构示意图　　(b) 基本电路

图 4.14　光敏三极管

光敏三极管有两个 PN 结，因而可以获得电流增益，它比光敏二极管具有更高的灵敏度。其结构如图 4.14（a）所示。

当光敏三极管按图 4.14（b）所示的电路连接时，它的集电结反向偏置，发射结正向偏置，无光照时仅有很小的穿透电流流过。当光线通过透明窗口照射集电结时，和光敏二极管的情况相似，将使流过集电结的反向电流增大，这就造成基区中正电荷的空穴的积累，发射区中的多数载流子（电子）将大量注入基区。由于基区很薄，只有一小部分从发射区注入的电子与基区的空穴复合，而大部分电子将穿过基区流向与电源正极相接的集电极，形成集电极电流 I_c。这个过程与普通三极管的电流放大作用相似，它使集电极电流是原始光电流的（$1+\beta$）倍。这样集电极电流 I_c 将随入射光照度的改变有更加明显地变化。

（2）光敏晶体管的基本特性

1）光谱特性。在入射光照度一定时，光敏晶体管的相对灵敏度随光波波长的变化而变化，一种光敏晶体管只对一定波长范围的入射光敏感，这就是光敏晶体管的光谱特性，如图 4.15 所示。

由曲线可以看出，当入射光波长增加时，相对灵敏度要下降，这是因为光子能量太小，不足以激发电子-空穴对。当入射光波长太短时，光波穿透能力下降，光子只在半导体表面附近激发电子-空穴对，却不能达到 PN 结，因此相对灵敏度也下降。

从曲线还可以看出，不同材料的光敏晶体管，光谱峰值波长不同。硅管的峰值波长为 0.9μm 左右，锗管的峰值波长为 1.5μm 左右。由于锗管的暗电流比硅管大，所以锗管性能较差，因此在探测可见光或赤热物体时多采用硅管。但对红外光进行探测时，采用锗管较为合适。

2）伏安特性。光敏三极管在不同照度下的伏安特性，就像普通三极管在不同基极电流下的输出特性一样，如图 4.16 所示。在这里改变光照就相当于改变一般三极管的基极电流，从而得到这样一簇曲线。

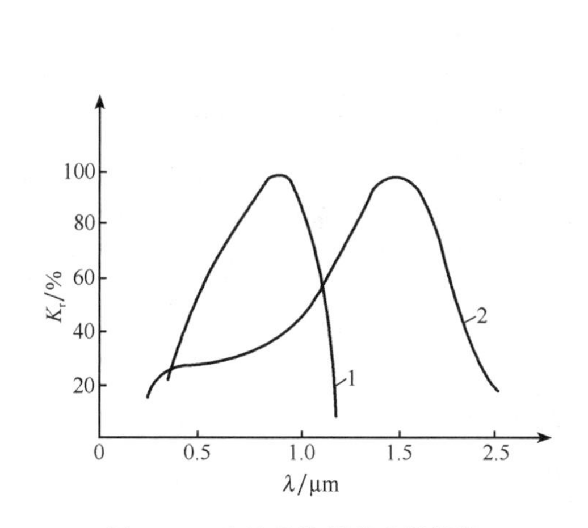

图 4.15　光敏晶体管的光谱特性

1. 硅光敏晶体管；2. 锗光敏晶体管

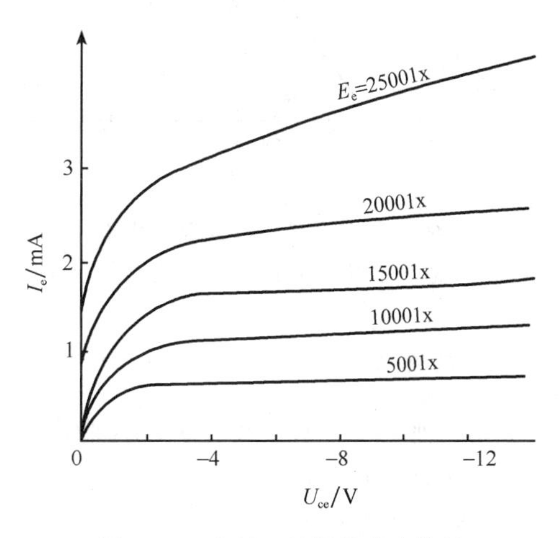

图 4.16　光敏三极管的伏安特性

3）光电特性。它指外加偏置电压一定时光敏晶体管的输出电流和光照度的关系。一般说来，光敏二极管光电特性的线性较好，而光敏三极管在照度小时光电流随照度增加较小，并且在光照足够大时输出电流有饱和现象。这是由于光敏三极管的电流放大倍数在小电流和大电流时都下降的缘故。

4）温度特性。温度的变化对光敏晶体管的亮电流影响较小，但是对暗电流的影响却十分显著，如图 4.17 所示。因此，光敏晶体管在高照度下工作时，由于亮电流比暗电流大得多，温度的影响相对来说比较小。但在低照度下工作时，因为亮电流较小，暗电流随温度变化就会严重影响输出信号的温度稳定性。在这种情况下应当选用硅光敏管，这是因为硅管的暗电流要比锗管小几个数量级，同时还可以在电路中采取适当的温度补偿措施，或者将光信号进行调制，对输出的电信号采用交流放大，利用电路中隔直电容的作用，就可以隔断暗电流，消除温度的影响。

5）频率特性。光敏晶体管受调制光照射时，相对灵敏度与调制频率的关系称为频率特性，如图 4.18 所示。减少负载电阻能提高响应频率，但输出降低。一般来说，光敏三极管的频响比光敏二极管差得多，锗光敏三极管的频响比硅管小一个数量级。

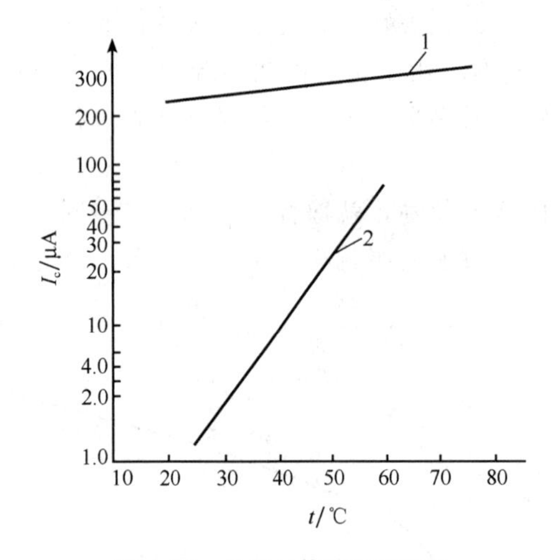

图 4.17　光敏晶体管温度特性

1. 输出电流；2. 暗电流

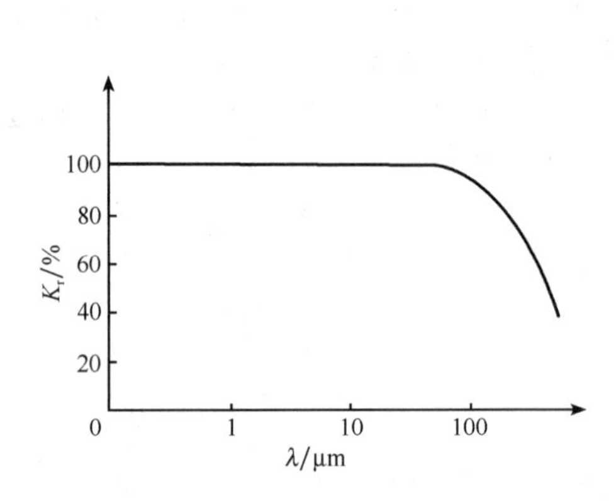

图 4.18　光敏晶体管频率特性

4. 光电池

光电池是一种直接将光能转换为电能的光电器件。光电池在有光线作用下实质就是电源，电路中有了这种器件就不需要外加电源。

（1）光电池的原理

光电池的工作原理是基于光生伏特效应。它实质上是一个大面积的 PN 结，当光照射到 PN 结上时，若光子能量大于半导体材料的禁带宽度，那么 PN 结内每吸收一个光子就产生一对自由电子和空穴。在结电场作用下，空穴移向 P 区，电子移向 N 区，PN 结两端由于电子—空穴对从表面向内迅速扩散，在结电场的作用下，最后建立一个与光照强度有关的电动势。图 4.19 为光电池工作原理示意图。

光电池的种类很多，有硒光电池、氧化亚铜光电池、锗光电池、硅光电池、砷化镓光电池等。其中硅光电池由于性能稳定、光谱范围宽、频率特性好、转换率高、耐高温辐射，所以最受人们重视。

（2）基本特性

1）光谱特性。光电池对不同波长的光的灵敏度是不同的，图 4.20 所示为硅光电池和硒光电池的光谱特性曲线。从图中可知，不同材料的光电池，光谱响应峰值所对应的入射光波长是不同的，硅光电池在 0.8μm 附近，硒光电池在 0.5μm 附近。硅光电池的光谱响应波长范围从 0.4～1.2μm，而硒光电池只能在 0.38～0.75μm。可见硅光电池可以在很宽的波长范围内得到应用。

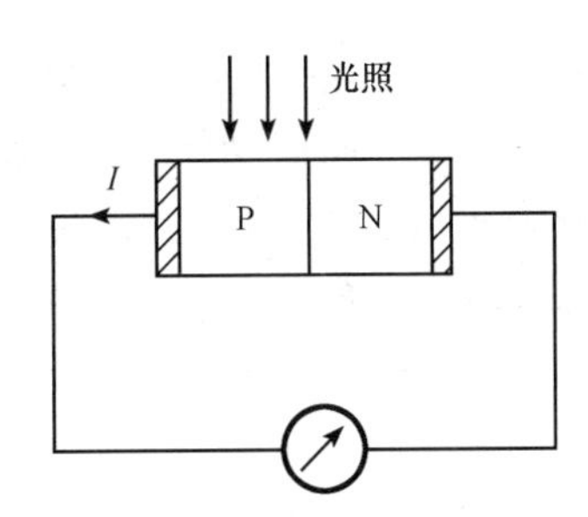

图 4.19　光电池工作原理示意图

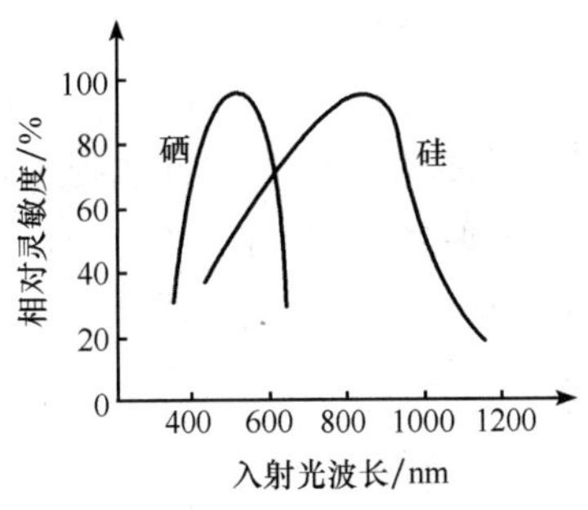

图 4.20　光电池光谱特性

2）光照特性。光电池在不同光照度下，光电流和光生电动势的大小是不同的，它们之间的关系就是光照特性。图 4.21 所示为硅光电池的开路电压和短路电流与光照度的关系曲线。从图中看出，短路电流在很大范围内与光照度成线性关系，开路电压（负载电阻 R_L 无限大时）与光照度的关系是非线性的，并且当照度在 2000lx 时就趋于饱和了。因此，把光电池作为测量元件时，应该把它当作电流源的形式来使用，不能用做电压源。

3）温度特性。光电池的温度特性是描述光电池的开路电压和短路电流随温度而变化的关系。由于它关系到应用光电池的仪器或设备的温度漂移，影响到测量精度或控制精度等重要指标，因此温度特性是光电池的重要特性之一。硅光电池的温度特性如图 4.22 所示。从图中看出，开路电压随温度升高而下降的速度较快，而短路电流随温度升高则缓慢增加。由于温度对光电池的工作有很大影响，因此把它作为测量器件应用时，最好能保证温度恒定或采取温度补偿措施。

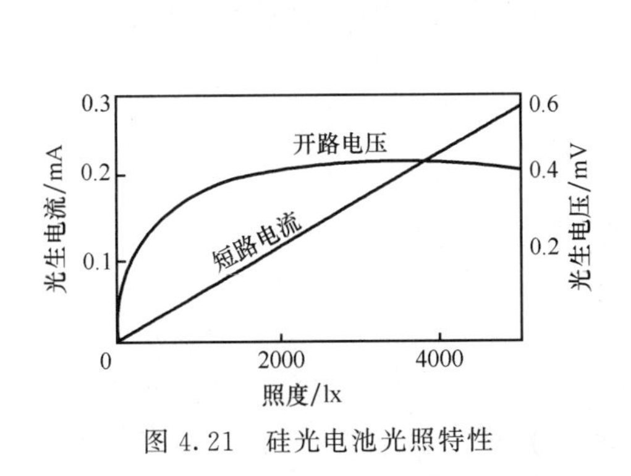

图 4.21　硅光电池光照特性

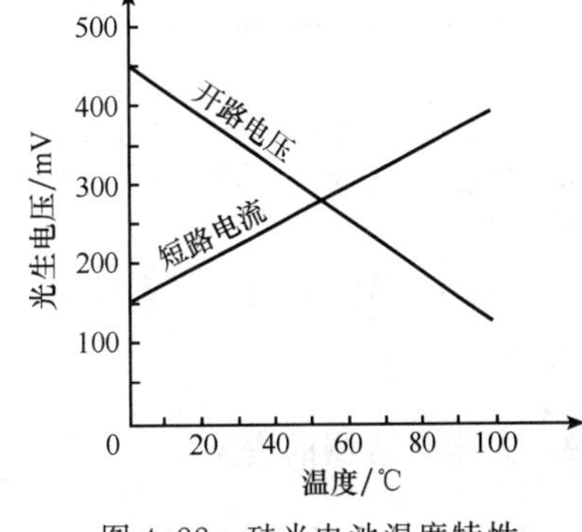

图 4.22　硅光电池温度特性

从国产硅光电池的特性参数表可查出，硅光电池的最大开路电压为600mV，在照度相等的情况下，光敏面积越大，输出的光电流也越大。

5. CCD图像传感器

电荷耦合器（CCD）具有存储、转移并逐一读出信号电荷的功能。利用电荷耦合器件的这种功能，可以制成图像传感器、数据存储器、延迟线等，在军事、工业和民用产品领域内都有着广泛的应用。

电荷耦合器的基本结构如图4.23所示，在一硅片上有一系列并排的MOS电容，这些MOS电容的电极以三相方式连接，即电极1，4，7，…与时钟声Φ_1相连，电极2，5，8，…与时钟Φ_2相连，电极3，6，9，…与时钟Φ_3相连。只要在电极上加上电压，硅片上就会形成一系列势阱。有光照时，这些势阱都能收集光生电荷。只要电极上的电压不去掉，这些代表信息的电荷就一直存储在那里。通常把这些被收集在势阱中的信号电荷称为电荷包。

直接采用MOS电容感光的CCD图像传感器对蓝光的透过率差，灵敏度低。现在CCD图像传感器已采用光敏二极管作为感光元件。如图4.24所示是一种家用摄像机CCD图像传感器的外形图。它像一个大规模集成电路，在它的正面有一个长方形的感光区，感光区中有几十万至几百万个像素单元，每一个像素单元上有一光敏二极管。这些光敏二极管在受到光照时，便产生相应于入射光量的电荷，再通过电注入法将这些电荷引入CCD器件的势阱中，便成为用光敏二极管感光的CCD图像传感器。它的灵敏度极高，在低照度下也能获得清晰的图像，在强光下也不会烧伤感光面。目前它不仅在家用摄像机中得到应用，而且在广播、专业摄像机中也取代了摄像管。

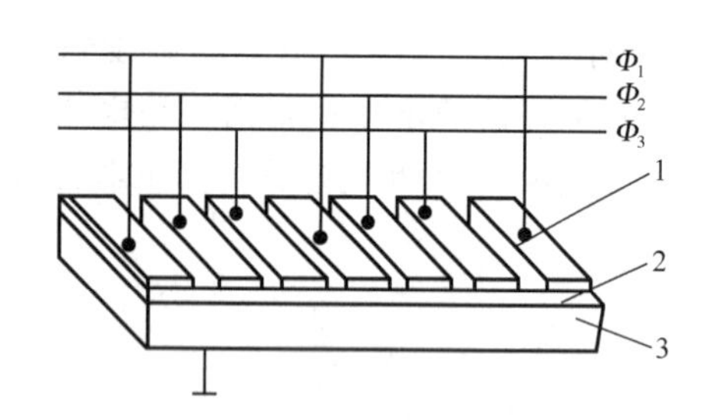

图4.23 电荷耦合器结构原理

1. 金属电极；2. SiO_2；3. P-Si

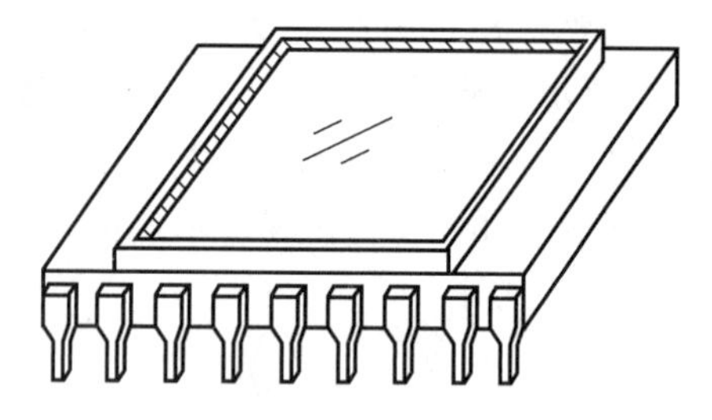

图4.24 CCD图像传感器外形

如果在CCD图像传感器的光敏二极管前方加上彩色矩阵滤光片，就构成了彩色图像传感器。

4.2.3 光电传感器的类型

光电传感器按输出信号的形式可以分为有开关型和模拟型两大类。

1. 模拟型光电传感器

模拟型用于光电式位移计、光电比色计等。光电检测必须具备光源、被测物和光敏元件。按照光源、被测物和光敏元件三者的关系，光电传感器可分为四种类型，如图 4.25（a～d）所示。

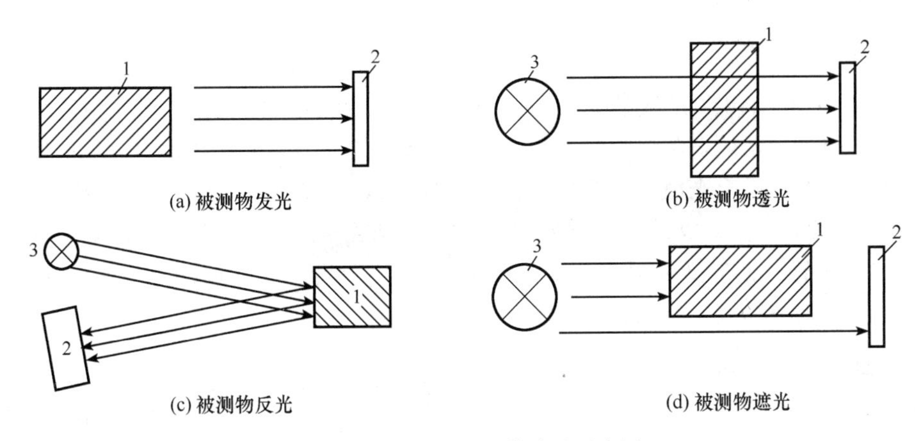

图 4.25　模拟型光电传感器示意图

1. 被测物；2. 光敏元件；3. 恒光源

（1）被测物发光

被测物为光源，可检测发光物的某些物理参数，如光电比色高温计、光照度计等。

（2）被测物透光

可检测被测物与吸收光或透射光特性有关的某些参数，如浊度计和透明度计等。

（3）被测物反光

可检测被测物体表面性质参数或状态参数，如光洁度计和白度计等。

（4）被测物遮光

可检测被测物体的机械变化，如测量物体的位移、振动、尺寸、位置等。

2. 开关型光电传感器

在这种光电传感器中，光电元件接受的光信号是断续变化的，因此光电元件处于开关状态，它输出的光电流通常只有两种状态的脉冲形式的信号。开关型用于转速测量、模拟开关、位置开关等。

4.2.4　光电转换电路

由光源、光学通路和光电器件组成的光电传感器在用于光电检测时还必须配备适当的测量电路。测量电路能够把光电效应造成的光电元件电性能的变化转换成所需要的电压或电流。不同的光电元件，所要求的测量电路也不相同。下面介绍几种半导体光电元件常用的测量电路。

1. 光敏电阻测量电路

半导体光敏电阻可以通过较大的电流，所以在一般情况下无需配备放大器。在要求较大的输出功率时，可用图 4.26 所示的电路。

2. 光敏晶体管测量电路

图 4.27（a）给出带有温度补偿的光敏二极管桥式测量电路。当入射光强度缓慢变化时，光敏二极管的反向电阻也是缓慢变化的，温度的变化将造成电桥输出电压的漂移，必须进行补偿。图中一个光敏二极管作为检测元件，另一个装在暗盒里，置于相邻桥臂中，温度的变化对两只光敏二极管的影响相同，因此可消除桥路输出随温度的漂移。

光敏三极管在低照度入射光下工作时，或者希望得到较大的输出功率时，也可以配以放大电路，如图 4.27（b）所示。

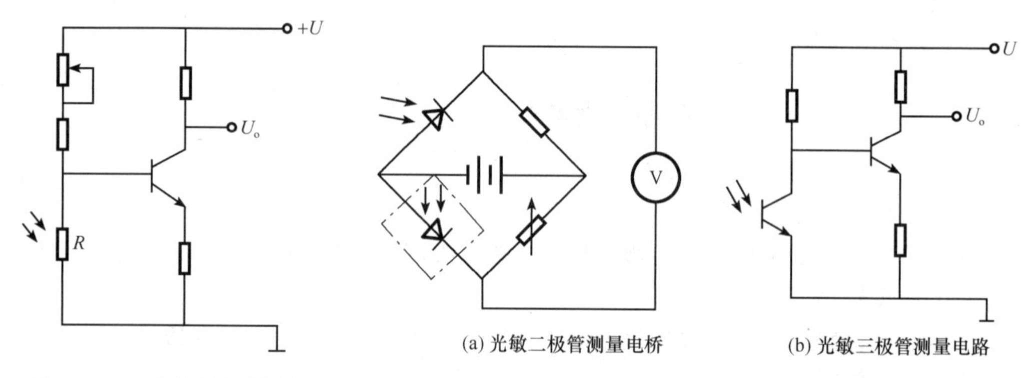

图 4.26　光敏电阻测量电路

(a) 光敏二极管测量电桥　　(b) 光敏三极管测量电路

图 4.27　光敏晶体管测量电路

3. 光敏电池测量电路

由于光敏电池即使在强光照射下，最大输出电压也仅 0.6V，还不能使下一级晶体管有较大的电流输出，故必须加正向偏压，如图 4.28（a）所示。为了减小晶体管基极电路阻抗变化，尽量降低光电池在无光照时承受的反向偏压，可在光电池两端并联一个

(a)　(b)　(c)

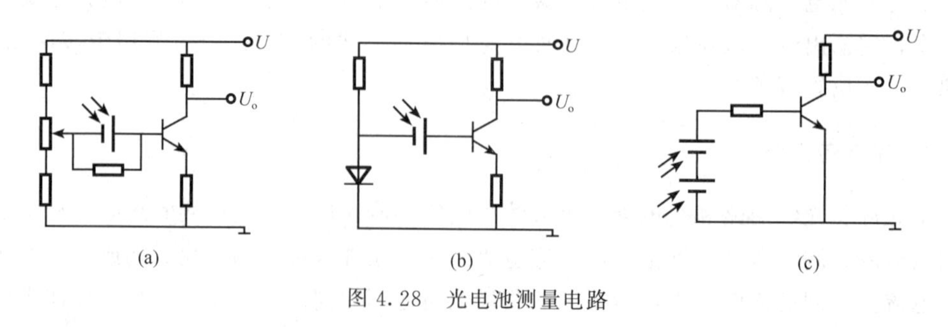

图 4.28　光电池测量电路

电阻。或者如图 4.28（b）所示的那样利用锗二极管产生的正向压降和光电池受到光照时产生的电压叠加，使硅管 e、b 极间电压大于 0.7V，而导通工作。这种情况下也可以使用硅光电池组，如图 4.28（c）所示。

4. 应用运算放大器的光敏元件测量电路

半导体光电元件的光电转换电路也可以使用集成运算放大器。硅光敏二极管通过集成运放可得到较大输出幅度，如图 4.29（a）所示。当光照产生的光电流为 I_Φ 时，输出电压 $U_o = I_\Phi R_F$。为了保证光敏二极管处于反向偏置，在它的正极要加一个负电压。图 4.29（b）给出硅光电池的光电转换电路，由于光电池的短路电流和光照成线性关系，因此将它接在运放的正、反相输入端之间，利用这两端电位差接近于零的特点可以得到较好的效果。在图中所示条件下，输出电压 $U_o = 2I_\Phi R_F$。

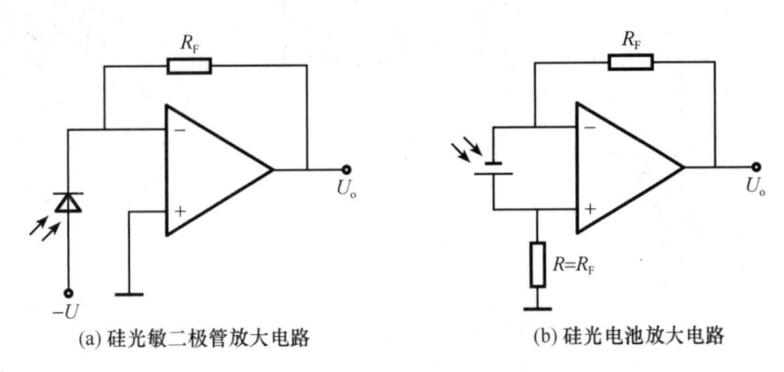

(a) 硅光敏二极管放大电路　　(b) 硅光电池放大电路

图 4.29　使用运算放大器的光敏放大电路

4.2.5　光电传感器的应用

1. 光电式转速仪

光电式转速仪利用光电传感器，将旋转体的转速变换成相应频率的电信号，通过放大整形电路加工成方波信号，由频率计电路测出方波信号频率，经处理后由显示器显示旋转体每分钟转动的圈数，即转速。用这种方法进行转速测量时，传感器结构简单，测量精度高；与机械式转速表和接触式电子转速表相比，可实现非接触测量，因此不会影响被测物的旋转状态。由于光电元件的反应速度快，动态特性较好，因此特别适合高转速的测量。

光电转速传感器分为反射式和直射式两种。反射式转速传感器的工作原理如图 4.30 所示。用金属箔或反射纸在被测转轴 1 上贴出一圈黑白相间的反射面，光源 3 发射的光线经透镜 2、半透膜 6 和聚焦透镜 7 投射在转轴反射面上，反射光经聚焦透镜 5 会聚后，照射在光电元件 4 上产生光电流。该轴旋转时，黑白相间的反射面造成反射光强弱变化，形成频率与转速及黑白间隔数有关的光脉冲，使光电元件产生相应电脉冲。当黑白间隔数一定时，电脉冲的频率便与转速成正比。此电脉冲经测量电路处理后就可得到轴的转速。

直射式光电转速传感器的工作原理如图 4.31 所示。固定在被测转轴上的旋转盘 4 的圆周上开有透光的缝隙，指示盘 3 具有和旋转盘相同间距的缝隙，两盘缝隙重合时，光源 1 发出的光线便经透镜 2 照射在光电元件 5 上，形成光电流。当旋转盘随被测轴转动时，每转过一条缝隙，光电元件接受的光线就发生一次明暗变化，因而输出一个电脉冲信号。由此产生的电脉冲的频率在缝隙数目确定后与轴的转速成正比。采用这种结构可以大大增加旋转盘上的缝隙数目，使被测轴每转一圈产生的电脉冲数增加，从而提高转速测量精度。

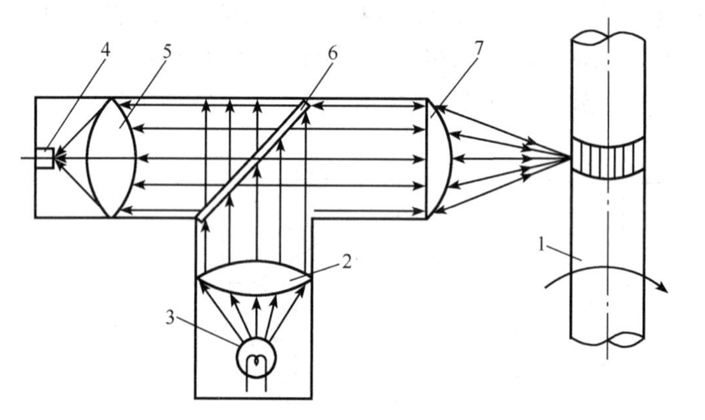

图 4.30　反射式光电转速传感器工作原理

1. 被测转轴；2. 透镜；3. 光源；4. 光电元件；5，7. 聚焦透镜；6. 半透膜片

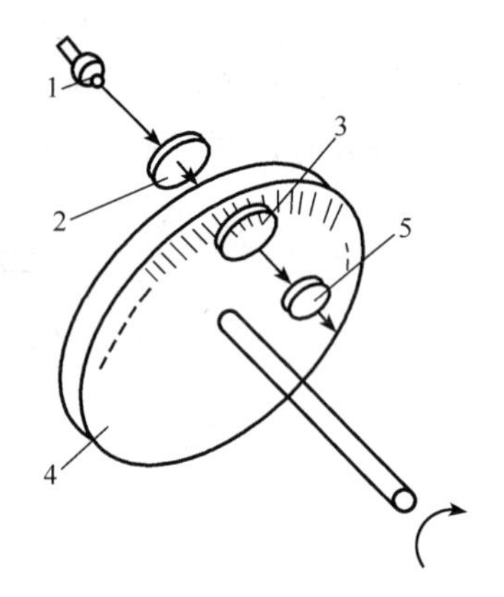

图 4.31　直射式光电转速传感器工作原理

1. 光源；2. 透镜；3. 指示盘；4. 旋转盘；5. 光电元件

2. 红外线辐射温度计

任何物体在开氏温度零度以上都能产生热辐射。温度较低时，辐射的是不可见的红外光。随着温度的升高，波长短的光开始丰富起来。温度升高到 500℃时，开始辐射一部分暗红色的光。从 500～1500℃，辐射光颜色逐渐从红色—橙色—黄色—蓝色—白色。也就是说，在 1500℃时的热辐射中已包含了从几十 μm 至 0.4μm 甚至更短波长的连续光谱。如果温度再升高，比如达到 5500℃时，辐射光谱的上限已超过蓝色、紫色，进入紫外线区域，因此从测量光的颜色以及辐射强度可粗略判定物体的温度。特别是高温（2000℃以上）区域，已无法用常规的温度传感器来测量，例如钨铼$_5$-钨铼$_{26}$的测温上限也只有 2100℃，所以高温测量多采用辐射原理的温度计。

辐射温度计可分为高温辐射温度计、高温比色温度计、红外辐射温度计等。其中红外辐射温度计既可用于高温测量，又可用于冰点以下的温度测量，所以是辐射温度计的发展趋势。市售的红外辐射温度计的温度范围可以从－30～3000℃，中间分成若干个不同的规格，可根据需要选择适合的型号。图 4.32 是红外辐射温度计的外形和原理框图，其中图 4.32（a）为外形示意图，图 4.32（b）为内部原理框图。

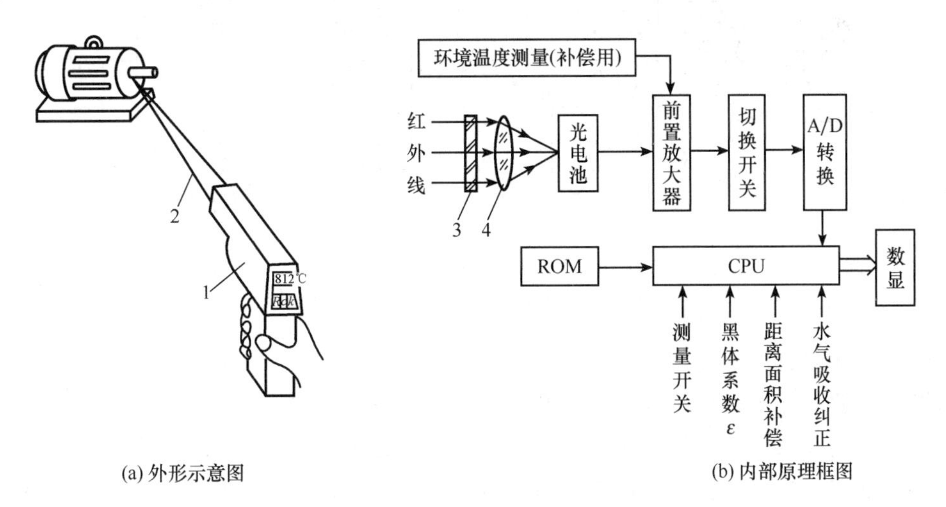

(a) 外形示意图　　(b) 内部原理框图

图 4.32　红外辐射温度计的外形和原理框图

1. 枪形外壳；2. 红色激光瞄准系统；3. 滤光片；4. 聚焦透镜

测试时，按下手枪形测量仪的按钮，枪口即射出两束红色激光，自动汇聚到被测物上（瞄准用）。被测物发出的红外辐射能量就能准确地聚焦在红外辐射温度计内部的光电池上。红外辐射温度计内部的 CPU 根据距离、被测物表面黑度辐射系数、水蒸气及粉尘吸收修正系数、环境温度以及被测物辐射出来的红外光强度等诸多参数计算出被测物体的表面温度，其反应速度只需 0.5s，有峰值、平均值显示及保持功能，可与计算机串行通信。它广泛用于铁路机车轴温检测及冶金、化工、高压输变电设备、热加工流水线表温度测量，还可快速测量人的体表温度。

3. 光电开关

光电开关通常由光电传感器和控制器组成，控制器将传感器输出的电信号进行处理，并做出相应的开关响应。光电开关可分为直射（透射）型和反射型两种，其结构有分离型和一体化两类。自带光源的称为主动型，利用外部光源检测的称为被动型。

（1）反射分离型主动开关

分离型光电开关的工作原理框图如图 4.33 所示，它采用主动式探测系统，由振荡电路产生脉冲信号，经发射电路调制二极管的发光，光电器件将接受的反射光信号送入接收电路。经放大电路放大、同步电路选通整形，再进行检波及积分滤波，然后延时，直接触发驱动电路。F 系列分离型光电开关的外形尺寸、接插方式、接线方式均相同，可互换通用。它们都采用脉冲调制方式，具有稳定可靠、抗光干扰能力强的特点，工作电压有交流 110V、交流 220V、直流 12V 三种，交流、直流电源可自动切换，保持工作不间断。铭牌上设有电源指示灯和输出指示灯，能指示电源和输出状态。分离型光电开关可任意选配传感器，得到数百种不同要求的检测控制功能，使用十分方便。

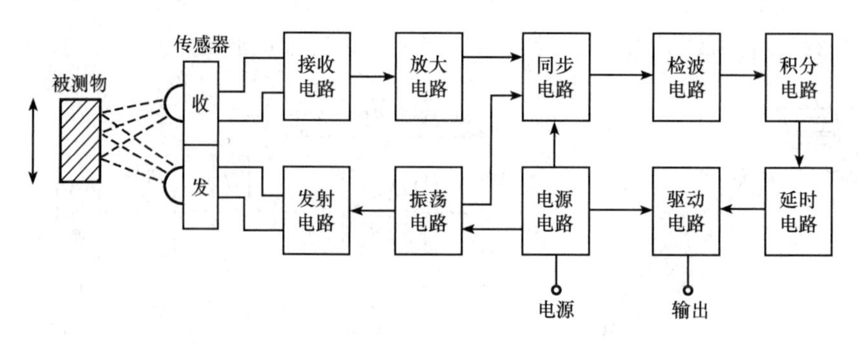

图 4.33　分离型光电开关工作原理框图

（2）一体化光电开关

把传感器与控制器组合在一起，称为一体化光电开关。它具有体积小、安装方便、灵敏度高、精度高、抗干扰能力强等优点，适用于远距离及微小物体的检测以及高速运动或高精度定位物体的检测。改变电源极性可实现其亮动、暗动的切换。它设有灵敏度调整钮，有利于消除背景物干扰、判别缺陷和选择最佳工作区。

4. 光耦合器

光耦合器是把发光器件和光敏器件组装在同一蔽光壳体内，或用光导纤维把二者连接起来构成的器件，其结构、外形和图形符号分别如图 4.34（a～c）所示。当输入端加电信号，发光器件发光，光敏器件受光照后，输出光电流，实现以光为媒介质的电信号传输，从而实现输入和输出电流的电气隔离，所以可用它代替继电器、变压器和斩波器等，广泛用于隔离线路、开关电路、数模转换、逻辑电路、长线传输、过电流保护、高压控制等方面。

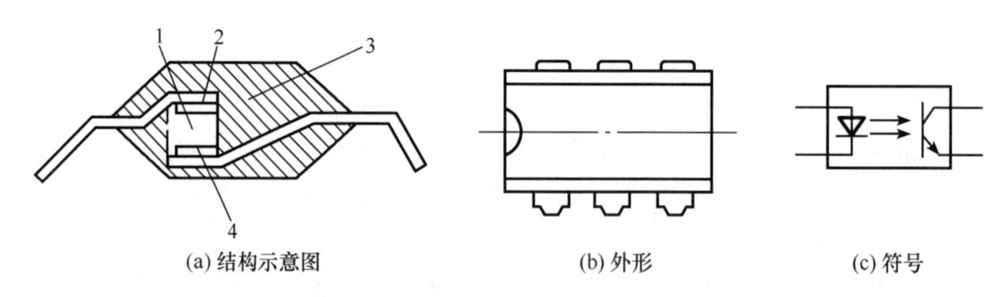

图 4.34　光耦合器结构、外形和符号

1. 透明树脂；2. 发光二极管；3. 黑色塑料；4. 光敏管

光耦合器有金属密封和塑料密封等形式，目前常见的是塑料密封式，它的光敏元件可以选用光敏电阻、光敏二极管、光敏三极管、光敏晶闸管、光敏集成电路等，从而构成多种组合形式，其输出有开关型和模拟型两种。

4.3　激光传感器

激光是一种新型光源，具有高方向性、高亮度、高单色性和高相干性等优点。它的出现不但引起了传统光学应用技术的重大变革，而且还促进了其他相关科学的发展，在工农业生产、医学卫生、国防军事、科学研究等方面得到广泛应用。

4.3.1　激光的形成

1. 激光的原理

在外界光子作用下，物质原子获得一定的能量后，从相应的低能级跃迁到高能级的过程叫做受激吸收。而处在高能级上的原子，在外来光子的诱发下跃迁到低能级而发光，这个现象叫做受激辐射。但不是任何外来光子都能引起受激辐射，只有当外来光子的频率等于激发态原子的某一固有频率时，才能引起受激辐射。受激辐射的光子与外来光子有完全相同的频率、传播方向和振动方向。可以说，它把一个光子放大为两个光子。但是受激吸收过程和受激辐射过程是同时存在、互相对立的。一般来说，受激吸收过程比受激辐射过程要强，但要产生激光，必须使后者强于前者。因而常设法使高能态的原子数目多于低能态的原子数目，通常称为“粒子数反转”。实现粒子数反转的方法很多，如用气体放电、化学反应、光照等来对基态原子进行激励。

2. 激光谐振腔

激光谐振腔由两块反射镜组成，其中一块反射率为 100％，称为全反射镜，另一块反射率为 95％以上，称为部分反射镜。激光谐振腔原理如图 4.35（a）所示。

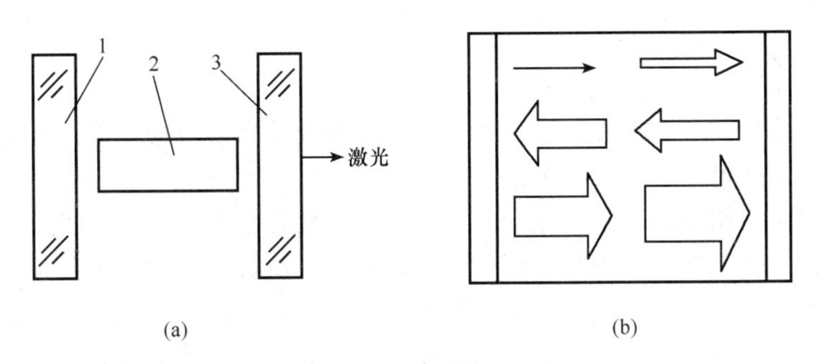

图 4.35　激光谐振腔原理

1. 全反射镜（100％）；2. 工作物质；3. 部分反射镜（95％）

当粒子数反转时，高能态的原子数就会多于基态原子数。一些高能态的原子自发地跃迁回基态，辐射出自发光子来；另一些沿谐振腔轴向运动的光子经反射镜反射，沿轴向反复运动，在运动的过程中又会激发高能态的原子而产生受激辐射。受激辐射的光子也参加到沿轴向反复运动的行列中，又去激发其他高能态原子产生受激辐射，如图 4.35（b）所示。如此不断循环，沿谐振腔轴向运动的受激辐射光子越来越多，当光子积累到足够数量时，便从部分反射镜一端输出一部分光，这就是激光。可见，没有谐振腔，便不能形成激光。

4.3.2 激光的特点

1. 高方向性

高方向性就是高平行度，即光束的发散角小。激光束的发散角已达到几分甚至可小到 1″，所以通常称激光是平行光。

2. 高亮度

激光在单位面积上集中的能量很高。一台较高水平的红宝石脉冲激光器亮度达 10^{15} W/(cm^2 · sr)，比太阳的发光亮度高出很多倍。这种高亮度的激光束会聚后能产生几百万摄氏度的高温。在这种高温下，就是最难熔的金属，在一瞬间也会熔化。

3. 单色性好

单色光是指谱线宽度很窄的一段光波。用 λ 表示波长，$\Delta\lambda$ 表示谱线宽度，则 $\Delta\lambda$ 越小，单色性越好。在普通光源中最好的单色光源是氪［Kr^{86}］灯。它的

$$\lambda = 605.7\text{nm}, \Delta\lambda = 0.00047\text{nm}$$

而普通的氦氖激光器所产生的激光

$$\lambda = 632.8\text{nm}, \Delta\lambda < 10^{-8}\text{nm}$$

从上面数字可以看出：激光光谱单纯，波长变化范围小于 10^{-8}nm，与普通光源相比缩小几万倍。

4. 高相干性

相干性就是指相干波在叠加区得到稳定的干涉条纹所表现的性质。普通光源是非相干光源，而激光是极好的相干光源。

相干性有时间相干性和空间相干性。时间相干性是指光源在不同时刻发出的光束间的相干性，它与单色性密切相关，单色性好，相干性就好。空间相干性是指光源处于不同空间位置发出的光波间的相干性，一个激光器设计得好，则有无限的空间相干性。

由于激光具有上述特点，因此利用激光可以导向；可以做成激光干涉仪测量物体表面的平整度，测量长度、速度、转角；可以切割硬质材料等。随着科学技术的发展，激光的应用会更加普遍。

4.3.3 激光传感器（俗称激光器）

激光器必须具备工作物质、激励能源和谐振腔三部分。激光器的种类很多，按其工

作物质可以分为固体、液体、气体和半导体激光器。

1. 固体激光器

常用的有红宝石激光器、掺钕钇铝石榴石激光器和钕玻璃激光器。其特点是小而坚固、功率大，其中钕玻璃激光器的脉冲输出功率最大。

2. 液体激光器

液体激光器又可分为螯合物激光器、无机液体激光器和有机染料激光器。其中，以有机染料激光器较为突出，它的最大特点是发生的激光波长可在一段范围内连续可调，而且效率不会降低。

3. 气体激光器

气体激光器的工作物质常用 He-Ne 气体。它与固体激光器相比，在结构和性能上有很大差别。气体激光器多为连续发射。由于气体的光学性质均匀，所以气体激光器的单色性和相干性特别好。

4. 半导体激光器

半导体激光器是所有激光器中效率最高、体积最小的一种。目前较成熟的产品是砷化镓（GaAs）半导体激光器，常做成二极管形式，缺点是输出功率小。

4.3.4　应用实例

激光技术的应用已深入到各个领域。一些典型的激光器及其应用见表 4.3。

表 4.3　部分典型的激光器及其应用

激 光 器	运转方式	输出波长/nm	典型输出功率或能量	典型应用
红宝石	脉冲 Q 开关	694.3	1～500J 1～1000MW	焊接、打孔、蒸发、视网膜焊接、癌破坏测距、光雷达、蒸发、全息照相、热核聚
钕玻璃	脉冲 Q 开关	1060	1～500J 1～600MW	焊接、打孔、蒸发测距、蒸发、光雷达、卫星及月球测距
掺钕钇铅石榴石	连续 Q 开关	1060	1～50kW 1～50W	测距、打孔、焊接、通信、激光制导蒸发、通信、激光制导
He-Ne	连续	632.8	1～100mW	干涉量度学、激光陀螺、全息照相、准直、光储存
Ar 离子	连续脉冲	488 514.5	0.1～5W 25W	全息照相、激光电视、水下通信、光存储
GaAs	脉冲连续	910	0.5～5W 0.04W	测距、通信

1. 测量车速

车速测量仪采用小型半导体砷化镓（GaAs）激光器，其发散角在15°～20°之间，发光波长为0.9μm。其光路系统如图4.36所示。为了适应较远距离的激光发射和接收，发射透镜采用直径37mm、焦距115mm，接收透镜采用直径37mm、焦距65mm。砷化镓激光器及光敏元件3DU33分别置于透镜的焦点上，砷化镓激光经发射透镜2成平行光射出，再经接收透镜3会取于3DU33。

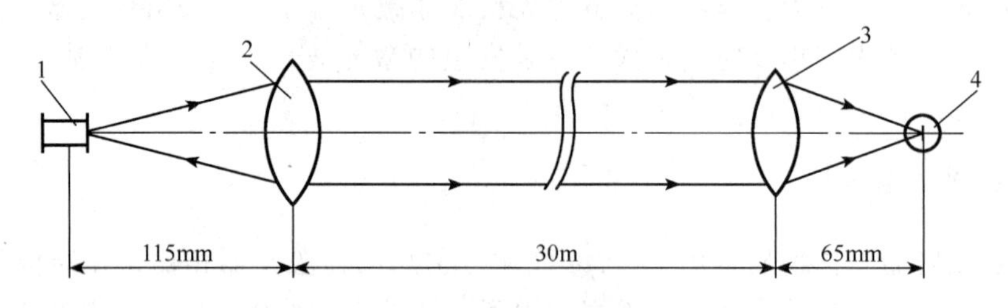

图4.36　测车速光路系统

1. 激光器；2. 发射透镜；3. 接收透镜；4. 光敏元件

为了保证测量精度，在发射镜前放一个宽为2mm的狭缝光阑，车速的接收电路框图如图4.37所示。

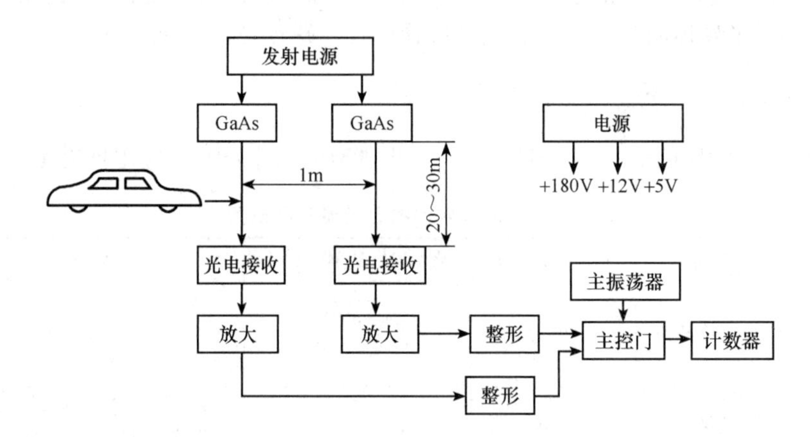

图4.37　激光测车速电路框图

其测速的基本原理如下：当汽车行走的速度为v，行走的时间为t时，则其行走的距离s为

$$s = vt$$

现选取$s=1\text{m}$。使车行走时先后切割相距1m的两束激光，测得时间间隔t，即可算出速度。采用计数显示，在主振荡器振荡频率f为100kHz情况下，计数器的计数值为N时，车速（v以km/h为单位）的表达式可写成

$$v=\frac{f}{N}\times\frac{3600}{1\times10^{3}}=\frac{3.6\times10^{5}}{N}$$

此式就是测速仪的换算式。

2. 激光扫描测径仪

激光扫描测径仪原理如图 4.38 所示。同步电动机 1 带动位于透镜 3（能得到完全平行光和恒定扫速的透镜）焦平面上的多面反射镜 2 旋转，使激光束扫描被测物体 4，扫描光束由光敏器件 5 接收转换成电信号并被放大。

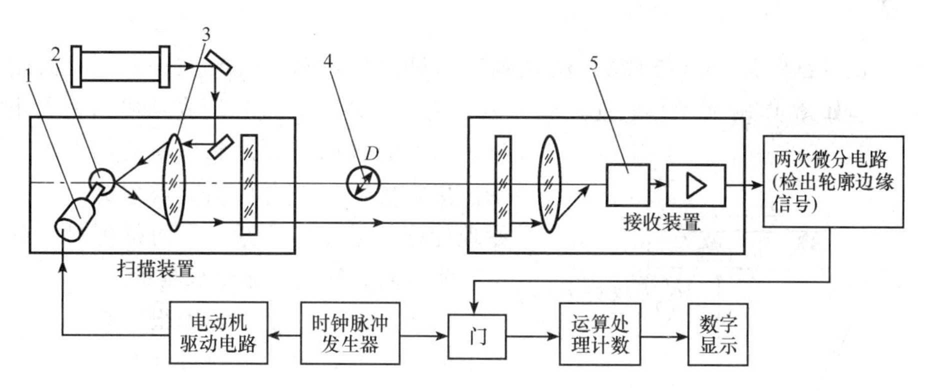

图 4.38　激光扫描测径仪原理

1. 同步电动机；2. 多面反射镜；3. 透镜；4. 被测物体；5. 光敏器件

为了确定被测物轮廓边缘在光电信号中所对应的位置，采用了两次微分电路，其输出波形如图 4.39 所示。由于物体轮廓的光强分布因激光衍射影响而形成缓慢的过渡区，见图 4.39（a），因此不能准确形成边缘脉冲。为此，要尽量减小衍射图样，除了选取短焦距透镜外，还采用了电路处理方法。在一般的信号处理中，取最大输出的半功率点（即 $I_0/2$）作为边缘信号。这种方法受激光光强波动、放大器漂移等影响而不易得到高的精度。为了得到较高的测量精度，可对光电信号通过电路二次微分，并以二次微分的过零点作为轮廓的边缘位置。这种方法当激光光束直径为 0.8mm 情况下，可得到 1μm

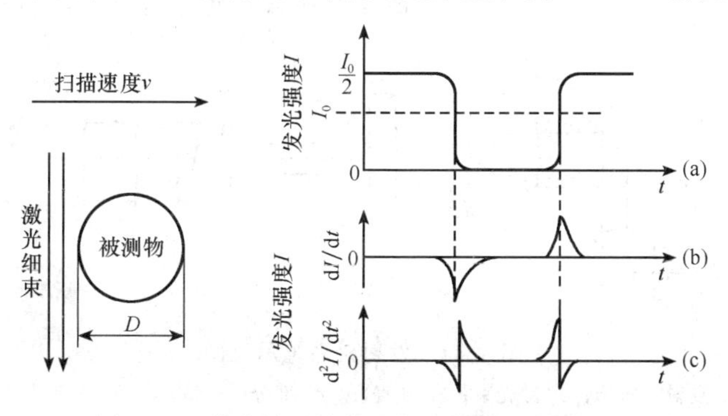

图 4.39　检出被测轮廓边缘两次微分输出波形

的分辨率和±3μm的测量精度。二次微分电路的输出经控制门电路，让时钟脉冲在表征轮廓边缘的电脉冲之间通过，经电路运算处理，最后以数字形式显示出被测直径。

当被测直径较小时，例如金属丝或光导纤维，直径在0.5mm以下，若采用激光扫描法测量，由于线径小，扫描区间窄，扫描镜不需要大幅度的转动，因此可以采用音叉等作为镜偏转驱动装置。其测量范围为60～200μm，测量精度为1%。

当被测直径较大（大于50mm）时，可采用双光路激光扫描传感器，工作原理同上，只是需将两个光路的光电信号合成，经电路处理则可测得直径。

3. 高炉料面检测

巨型钇铅石榴石（GP-YGA）激光料面测量仪是日本20世纪80年代末研制成功的，其原理如图4.40所示。它使用脉冲激光为发射源，一束强激光从发射机射出，通过炉壁上的玻璃窗口射到炉料表面上，在另一端由接收机检测来自料面的反射光。根据三角原理计算测量点的位置，从而得到料面分布数据，实现高炉料面的非接触测量。

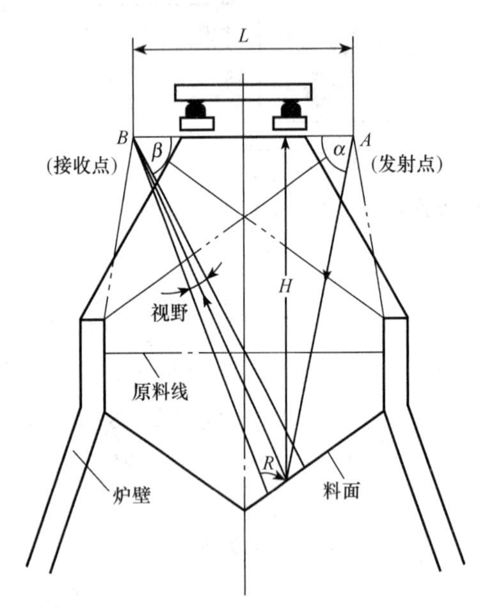

图4.40　三角法高炉料面测量原理

光学三角法的测量原理很简单，只要测出光发射角和光接收角，通过计算，就能得到被测各点的位置。将各点测量的结果通过计算机处理，便可在荧光屏上形象地显示出某时刻的炉料料面分布曲线。由于反射与接收效率有限，以及光在炉内传输过程中的衰减和炉料表面不规则造成激光的漫反射，使输出的激光能量不能全部接收。所以，要选用高功率的激光发射和合适的高灵敏度光电接收器。

本系统由三个部分组成：发射机、接收机和系统控制。激光发射机由激光振荡器、发射扫描器和激光光源组成，如图4.41所示。

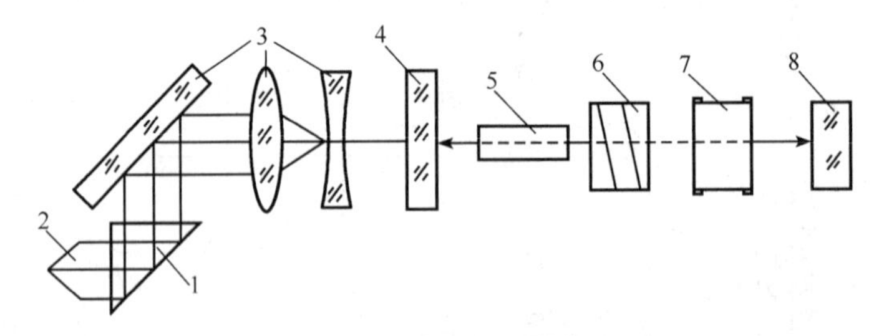

图4.41　发射机系统示意图

1. 发射扫描器；2. 激光束；3. 准直仪；4. 部分反射镜；5. YAG激光棒；6. 偏振器；7. Q开关；8. 全反射镜

图中激光器和扫描器做在一起安装在发射窗口附近，电源安装在操作台附近。所用激光器波长为 1.06μm，每个脉冲输出能量约为 0.1J，重复频率每秒 20 个脉冲，脉冲宽度为 15ns，峰值功率高达 6MW。发射扫描器由旋转型棱镜组成，棱镜对入射激光呈全反射，投射到炉内。它用步进电动机驱动，使用编码器检测投射角。

接收机由接收扫描器、接收望远镜和信号转换器组成，如图 4.42 所示。接收扫描器和接收望远镜做成一体，安装在接收窗口附近。扫描器是一个镀铝膜的旋转镜。在望远镜的像平面有一束光纤，通过它将光传送到信号转换器。

系统控制部分由微型计算机、操作台和显示器（CRT）组成。微型计算机控制发射机和接收机，并对料面测得的数据进行分析、计算及处理。显示器则以图形的直观形式显示。计算机处理程序流程如图 4.43 所示。

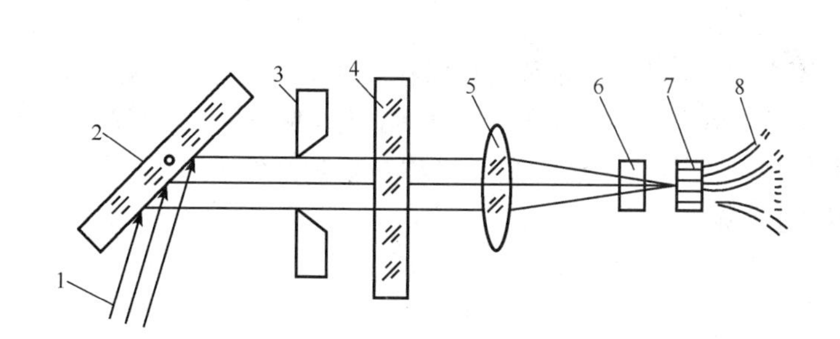

图 4.42　接收机系统示意图

1. 杂散光；2. 接收扫描器；3. 可变光栏；4. 干涉滤光器；5. 聚光镜；6. 减光滤光器；7. 光电接收元件；8. 光纤

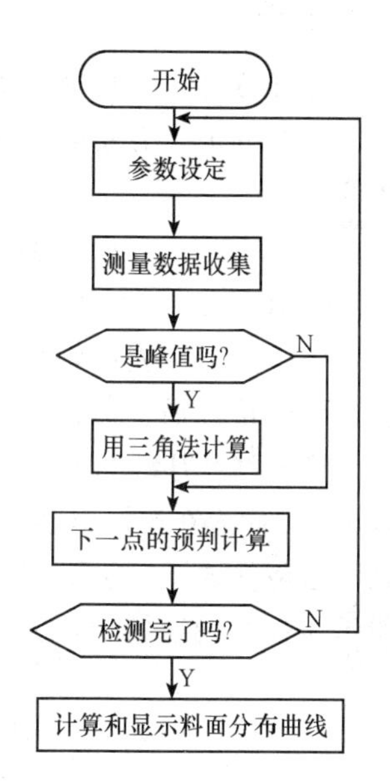

图 4.43　计算机处理程序框图

4.4　光导纤维传感器

4.4.1　光导纤维的结构和种类

光导纤维简称光纤，它能够大容量、高效率地传输光信号，实现了以光代电传输信息。自其面世以来，主要应用于通信领域，由此形成的光纤通信带来了通信方式革命性的变化。在自动传感器领域中将光导纤维的应用与传统的光电检测技术相结合就产生了一种

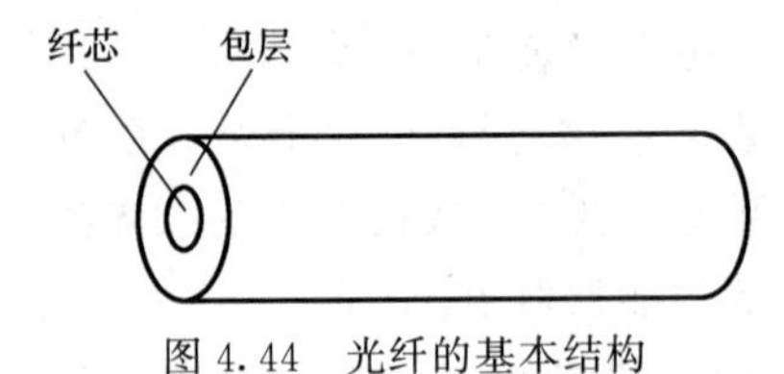

图 4.44　光纤的基本结构

新传感器——光导纤维传感器，简称光纤传感器。

1. 光纤的结构

光纤由纤芯、包层组成，如图 4.44 所示。纤芯位于光纤的中心部位，它是由玻璃或塑料制成的圆柱体，直径约为 5～100μm，光主要在纤芯中传输。围绕着纤芯的那一部分称为包层，材料也是玻璃或塑料。但两者材料的折射率不同，纤芯的折射率 n_1 稍大于包层的折射率 n_2。由于纤芯和包层构成一个同心圆双层结构，所以光纤具有使光功率封闭在里面传输的功能。

2. 光纤的种类

光纤按纤芯的材料分类，有玻璃光纤、塑料光纤、玻璃塑料混合光纤；按其中的折射率分布分类，有阶跃型光纤和梯度型光纤两种；按其传输模式分为单模光纤和多模光纤。

图 4.45 (a) 所示为阶跃型光纤，纤芯的折射率 n_1 分布均匀，不随半径变化；包层的折射率 n_2 分布也大体均匀，可是纤芯与包层之间折射率的变化呈阶梯状。在纤芯内，中心光线沿光纤轴线传播，而通过轴线平面的不同方向入射的光线（子午光线）呈锯齿形轨迹传播。

梯度型光纤纤芯内的折射率不是常值，从中心轴线开始沿径向大致按抛物线规律逐渐减小，因此光在传播中会自动地从折射率小的界面处向中心会聚。光线偏离中心轴线越远，则传播路程越长，传播的轨迹类似正弦波曲线，这种光纤又称自聚焦光纤。图 4.45 (b) 所示为经过轴线的子午光线传播的轨迹。

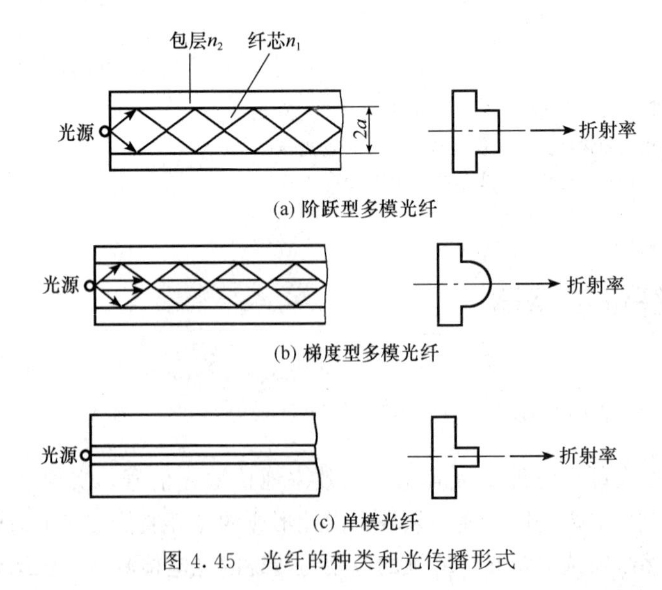

图 4.45　光纤的种类和光传播形式

下面简单介绍一下模的概念。在纤芯内传播的光波可以分解为沿轴向传播的平面波和沿垂直方向（剖面方向）传播的平面波。沿剖面方向传播的平面波在纤芯与包层的界面上将产生反射，如果此波在一个往复（入射和反射）中相位变化为 2π 的整数倍，就会形成驻波。只有能形成驻波的那些以特定角度射入光纤的光才能在光纤内传播，这些光波就称为模。在光纤内只能传播一定数量的模。通常，纤芯直径为 50μm 时，能传播几百个以上的模，而纤芯直径很细，为 5～10μm 时，只能传播一个模。前者称为多模光纤，后者称为单模光纤，如图 4.45（c）所示。

4.4.2　光纤传感器的工作原理和特点

1. 光纤传感器的工作原理

光纤传感器是一种把被测量转变为可测光信号的装置，主要由光导纤维、光源和光探测器组成。半导体光源具有体积小、重量轻、寿命长、耗电少等特点，是光纤传感器的理想光源，常用的有半导体发光二极管和半导体激光二极管。光纤传感器中的光探测器一般均为半导体光敏元件。作为光纤传感器核心部件的光导纤维是利用光的完全内反射原理传输光波的一种媒质。如图 4.46 所示，光导纤维由高折射率的纤芯和低折射率的包层组成。当通过纤维轴线的子午光线从光密物质（具有较大折射率 n_1）射向光疏物质（较小折射率 n_2），且入射角大于全反射临界角时，光线将产生全反射，即入射光不再进入包层，全部被内外层的交界面所反射。如此反复，光线将通过光导纤维很好地进行传输。

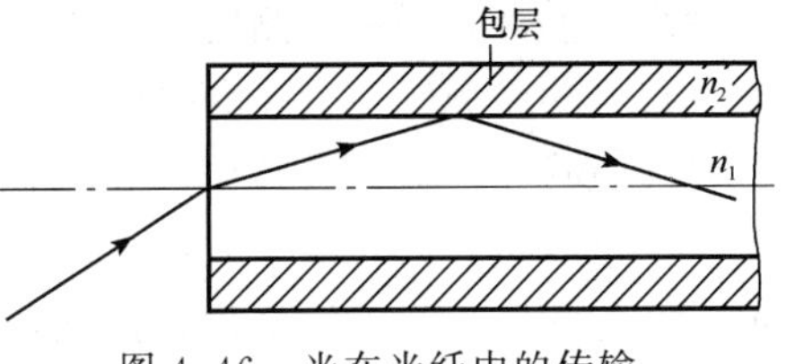

图 4.46　光在光纤中的传输

2. 光纤传感器的特点

光纤传感器的独特优点可以归纳如下：

1）光纤绝缘性能好、耐腐蚀，传输光信号不受电磁干扰影响，因此光纤传感器环境适应性强。

2）光纤传感器检测灵敏度高、精度好，便于利用光通信技术进行远距离测量。

3）光纤细、可挠曲，因此能够深入设备内部或人体弯曲的内脏进行测量，使光信号沿需要的路径传输，使用更加方便、灵活。

4.4.3　光纤传感器的类型

光纤传感器的分类方法很多，可按光纤在传感器中的作用、光参量调制种类、所应用的光学效应和检测的物理量分类。按光纤在传感器中的作用，可分为功能型、非功能型和拾光型三大类，如图 4.47（a～c）所示。

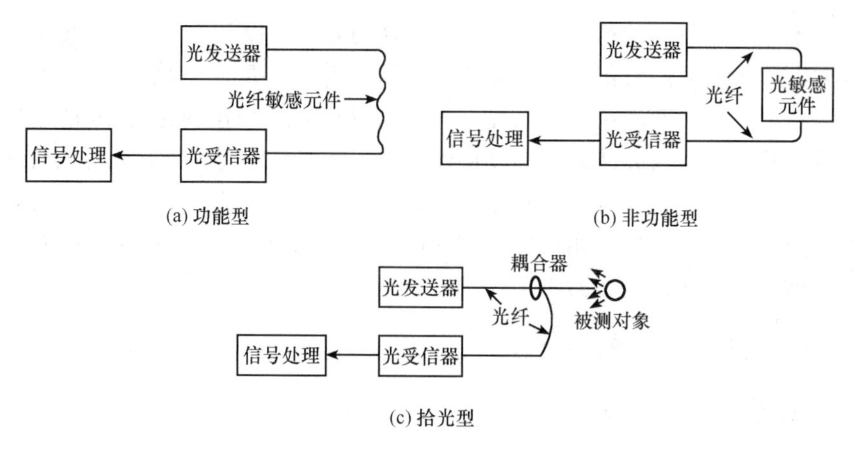

图 4.47　光纤在传感器中的作用类型

在功能型（FF）（也称元件型）光纤传感器中，光纤既是光信号的传输通路，又是把被测量转换为光信号的敏感元件。光在光纤内受被测量调制。其优点是结构紧凑、灵敏度高，但对光纤和检测的要求也高，成本较高。

在非功能型（NF）（也称传输型）光纤传感器中，光纤仅做传光通路，被测量通过非光纤敏感元件对光进行调制。NF 型较易实现，成本低，但灵敏度也低。

在拾光型（天线型）光纤传感器中，光纤作为探头，接收由被测对象辐射或被其反射、散射的光，如天线型位移传感器。拾光型实质上也属 NF 型。

4.4.4　光纤传感器的应用

1. 光纤位移传感器

利用光导纤维可以制成微小位移传感器，其原理如图 4.48 所示。这是一种传光型光纤传感器，光从光源耦合到发射光缆，照射到被测物表面，再被反射回接收光缆，最后由光敏元件接收。这两股光缆在接近被测物之前汇合成 Y 形，汇合后的光纤端面被仔细磨平抛光。

若被测物紧贴在端面上，发射光缆中的光不能射出，则光敏元件接受的光强为零，这是 $d=0$ 的状态；若被测物很远，则发射光经反射后只有少部分传到光敏元件，因此接收的光强很小。只有在某个距离上接受的光强才最大。图 4.49 是接收的相对光强与距离 d 的关系，峰值以左的线段 1 具有良好的线性，可用来检测位移；峰值以右的线段 2 线性度不好，不能用来检测位移。其所用光缆中的光纤可达数百根，可测几百微米的小位移。

2. 光纤温度传感器

(1) FF 型光纤温度传感器

FF 型光纤温度传感器的工作原理如图 4.50 所示，其中图（a）中光纤的内芯直径和折射率随温度变化，使光纤中传播的光由于路径不均匀而向外散射，导致光的振幅变

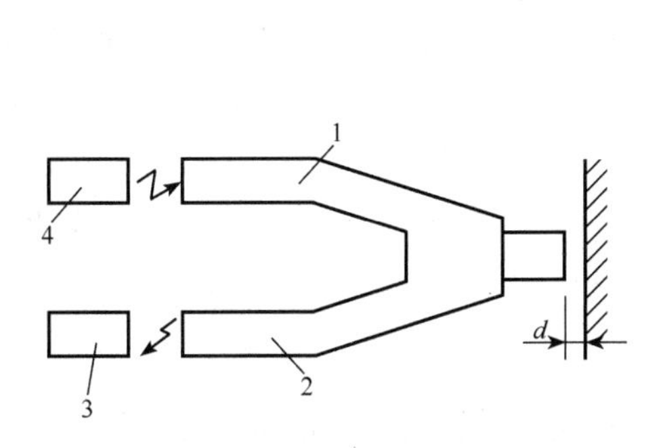

图 4.48　光纤位移传感器原理

1. 发射光缆；2. 接收光缆；
3. 光敏元件；4. 光源

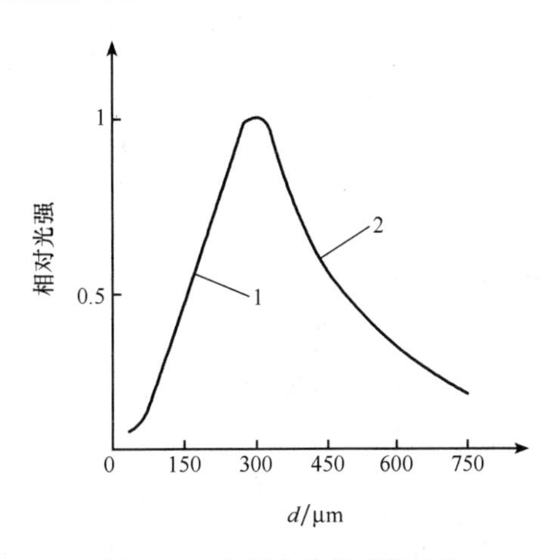

图 4.49　光纤位移传感器特性

化；图（b）是利用单模光纤中的极化面随温度变化而旋转，通过检光板得到振幅的变化，以测量温度的传感器；图（c）利用单模光纤的长度、折射率和内芯直径随温度变化，而使光纤中传播的光产生相位变化，通过干涉仪测得其振幅变化，从而达到测温目的。

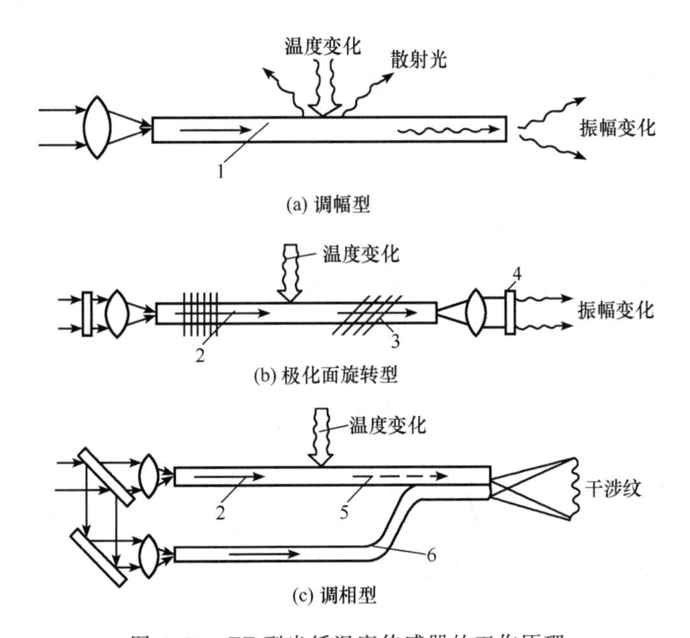

图 4.50　FF 型光纤温度传感器的工作原理

1. 多模或单模光纤；2. 单模光纤；3. 极化面旋转；4. 检光板；5. 相位变化；6. 参照光

(2) NF 型光纤温度传感器

NF 型光纤温度传感器的工作原理如图 4.51 所示，其中图（a）是由热敏元件（如

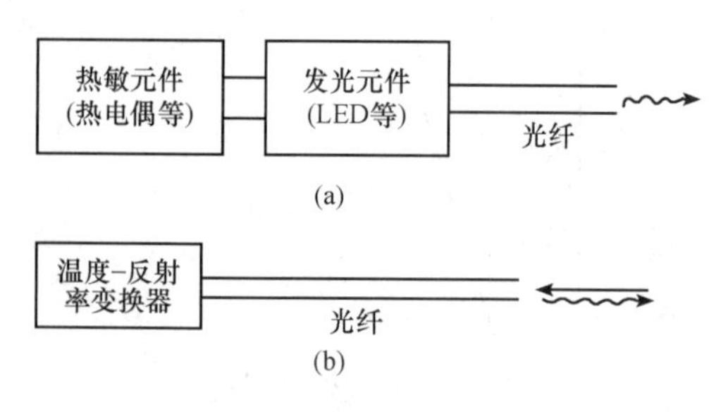

图 4.51　NF 型光纤温度传感器的工作原理

热电偶）、LED（发光二极管）和光纤组合而成的，当温度变化时，热电偶的热电动势相应变化，从而改变发光元件的发光强度，经光纤传输到光电转换器，转换为电量输出；图（b）是将温度转换为光透射率和反射率的变化，敏感元件装在光纤端面，当温度变化时敏感元件（如液晶体）的反射率发生变化，导致反射光的强度发生变化。

3. 光纤磁场传感器

光纤测量磁场（和电流）一般可以利用两种效应：法拉第效应和磁致伸缩效应。这里只介绍利用磁致伸缩效应测量磁场的原理。

镍、铁、钴等金属结晶体材料和铁基非晶态金属玻璃（FeSiB）具有很强的磁致伸缩效应，光纤磁场传感器即利用这一效应制成。将一段单模光纤和磁致伸缩材料粘合在一起，并且作为干涉仪的一个臂（传感臂），把它们沿外加磁场轴向放置在磁场中。由于磁致伸缩材料的磁致伸缩效应，光纤被迫产生纵向应变，使光纤的长度和折射率发生变化，从而引起光纤中传播光产生相移。利用马赫—泽德干涉仪就可以检测出磁场的大小。

光纤磁场传感器有三种基本结构形式，如图 4.52 所示。

1）在磁致伸缩材料的圆柱体上卷绕光纤，如图 4.52（a）所示。

2）在光纤表面上包上一层镍护套或用电镀方法覆盖一层约 10μm 厚的镍或镍合金金属层，如图 4.52（b）所示。为了消除覆盖过程中产生的残余应变，必须进行退火处理。

3）用环氧树脂将光纤粘贴在具有高磁致伸缩效应的金属玻璃带上，如图 4.52（c）所示。

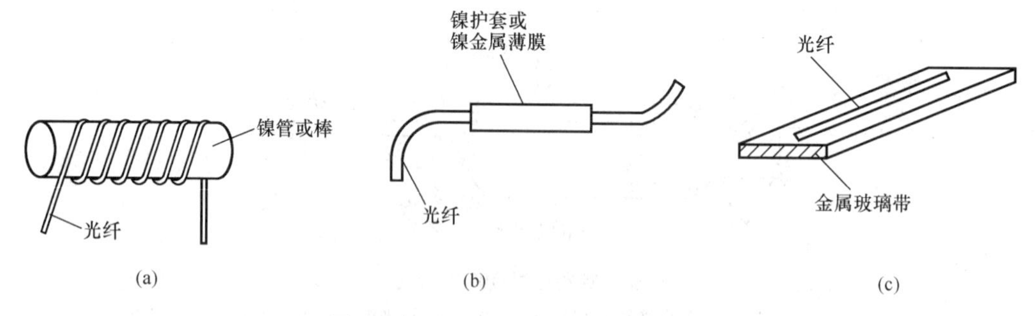

图 4.52　光纤磁场传感器的基本结构

光纤磁场传感器的线性度也很好，图 4.53 所示为包镍光纤磁场传感器对于频率为 10kHz 的交流磁场的响应曲线。

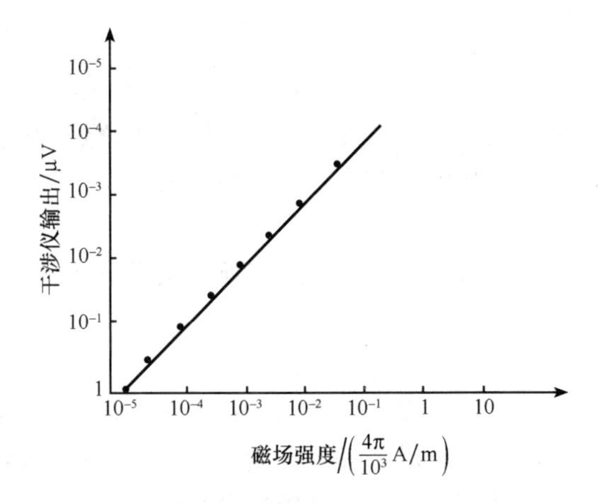

图 4.53　包镍光纤磁场传感器对于频率为 10kHz 的交流磁场的响应曲线

小　　结

物性传感器是利用材料的物理特性及效应实现非电量转换的传感器。本章主要介绍了超声波传感器、光电传感器、激光传感器及光纤传感器。

1. 超声波传感器

超声波是一种机械波，它方向性好，穿透力强，遇到杂质或分界面会产生显著的反射。利用这些物理性质，可把一些非电量转换成声学参数，通过压电元件转换成电量，然后测量。超声波传感器就是利用超声波的性质制作的传感器。超声波传感器也称超声波换能器或超声波探头，按原理有压电式、磁致伸缩式、电磁式等，其中压电式最常用；按工作方式有直探头、斜探头和双探头几种。

超声波传感器已广泛地应用于工业各技术部门和生活中的许多领域，例如 B 超、无损探伤、测厚度、防盗报警等。

2. 光电传感器

光电传感器把光信号转换为电信号，不仅可测光的各种参量，而且可把其他非电量变换为光信号以实现检测与控制。光电传感器属无损探伤、非接触测量元件，有灵敏度高、精度高、测量范围宽、响应速度快、体积小、重量轻、寿命长、可靠性高、可集成化、价格便宜、使用方便、适于批量生产等优点，因此在传感器行列里，光电传感器的产量和用量都居首位。

光电传感器中常用的光电器件有：光敏电阻、光敏二极管和光敏三极管、光电池和 CCD 图像传感器等。光电传感器已广泛应用于检测和控制领域，例如测转速、测温度、光电开关、光电耦合器等。

3. 激光传感器

激光是一种新型光源，具有高方向性、高亮度、高单色性和高相干性等优点。它的出现不但引起了传统光学应用技术的重大变革，而且还促进了其他相关科学的发展。激光传感器的种类很多，按其工作物质可以分为固体、液体、气体和半导体激光器。目前激光传感器已被成功应用于精密计量、军事、宇航、医学、生物、气象等各领域。

4. 光纤传感器

光纤即光导纤维，它具有频带宽、损耗小、体积小、抗腐蚀、不带电、不受电磁干扰等一列优点。光纤传感器就是利用光纤的传输特性研制的传感器，可分为功能型和非功能型两种类型。功能型光纤传感器主要使用单模光纤，此时光纤不仅起传光作用，又是敏感元件。功能型光纤传感器分为相位调制型、光强调制型和偏振态调制型三种类型。非功能型光纤传感器中光纤不是敏感元件，它是利用在光纤的端面或在两根光纤中间放置光学材料、机械式或光学式的敏感元件感受被测物理量的变化，使透射光或反射光强度随之发生变化，这种情况下光纤只是作为光的传输回路，所以这种传感器也称为传输回路型光纤传感器。非功能型光纤传感器分为传输光强调制型和反射光强调制型两种类型。

光纤传感器已广泛用于高压、高温、易燃易爆、化学腐蚀溶液等恶劣环境中，测量压力、温度、磁场、电压、电流、水声、流量、pH 值等物理量，解决了许多以前认为难以解决、甚至是不能解决的测试技术难题。

习　题

4.1　选择题。

(1) 大面积钢板探伤时，耦合剂应选________为宜；机床床身探伤时，耦合剂应选________为宜；给人体做 B 超时，耦合剂应选________为宜。

A. 自来水　　B. 机油　　C. 液体石蜡　　D. 化学糨糊

(2) 光敏二极管在测光电路中应处于________偏置状态，而光电池通常处于________偏置状态。

A. 正向　　B. 反向　　C. 零

(3) 温度上升，光敏电阻、光敏二极管、光敏三极管的暗电流________。

A. 上升　　B. 下降　　C. 不变

(4) 普通型硅光电池的峰值波长为________，落在________区域。

A. 0.8m　　B. 8mm　　C. 0.8μm　　D. 可见光

(5) 欲利用光电池驱动电动车，需将数片光电池________，以提高输出电压，再将几组光电池________起来，以提高输出电流。

A. 串联，并联　　B. 串联，串联　　C. 并联，串联　　D. 并联，并联

4.2　超声波发生器的种类有哪几种？它们各有什么特点？

4.3　光电传感器有哪几种类型？各有何特点？光电传感器有哪些应用？

4.4　激光有哪些特点？激光器有哪几种？各自的特点是什么？

4.5　功能型光纤传感器的分类和特点是什么？非功能型光纤传感器的分类和特点是什么？

4.6　图 4.54 是汽车倒车防碰装置的示意图。请根据学过的知识，分析该装置的工作原理，并说明该装置还可以有其他哪些用途。

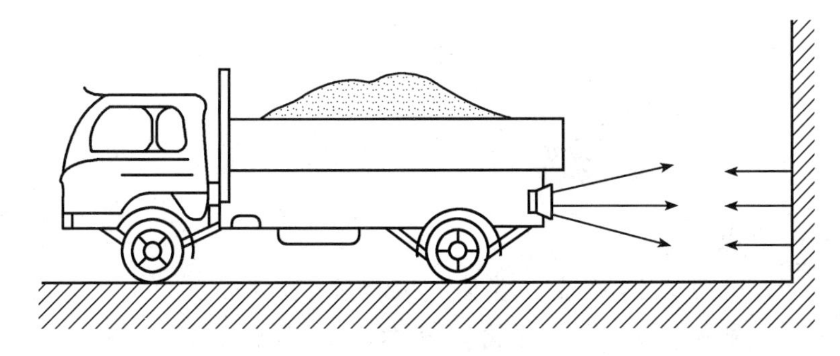

图 4.54　汽车倒车防碰装置的示意图

4.7　请根据学过的知识，设计一套装在汽车上和大门上的超声波遥控开车库大门的装置。希望该装置能识别控制者的身份密码（一串 32 位二进制编码，包括 4 位引导码、24 位二进制以及 4 位结束码，类似于电视遥控器发出的编码信号），并能有选择地放大超声信号，而排除汽车发动机及其他杂声的干扰（采用选频放大器）。

要求：

(1) 画出传感器安装图（包括汽车、大门等）。

(2) 分别画出超声发射器、接收器的电信号处理框图及开门电路。

(3) 简要说明该装置的工作原理。

(4) 上述编码方法最多共有多少组？如何防止盗取密码？

(5) 该装置的原理还能用于哪些方面的检测？

4.8　请用激光传感器设计一台激光测量汽车速度的装置（画出示意图），并论述其测速的基本工作原理。

第5章 数字式传感器

❖ 知识点

1. 绝对式编码器、增量式编码器。
2. 光栅的类型和结构，莫尔条纹形成原理、特点，莫尔条纹测量位移的原理、细分及辨向。
3. 感应同步器的类型、结构、工作原理、电气参数及信号处理方式。

❖ 要求

1. 掌握绝对式编码器和增量式编码器的工作原理及特性。
2. 掌握光栅的类型和结构，莫尔条纹形成原理、特点，莫尔条纹测量位移的原理、细分及辨向技术。
3. 掌握感应同步器的工作原理及信号处理方式。
4. 了解数字式角编码器的应用。
5. 了解光电传感器的应用。
6. 了解感应同步器的类型、结构、电气参数及应用。

数字式传感器是近年来在电子技术、测量技术、计算机技术和半导体集成电路技术的基础上迅速发展起来的一种较新的传感器类型，具有精度高、寿命长、抗干扰能力强、使用方便等优点，广泛用于工业、农业、医学、宇航、商业等领域。本章主要介绍数字式编码器、光栅式传感器和感应同步器等几种常用的数字式传感器。

5.1　数字式角编码器

数字编码器包括码尺和码盘，前者用于测量线位移，后者用于测量角位移。编码器还可分为绝对式编码器和增量式编码器。

绝对式编码器是按位移量直接进行编码的转换器，其精度达 1%。它按结构和原理可分为接触式、光电式和电磁式几种。绝对式测量输出的是被测点的绝对位置，它通常输出的是二进制的数字编码，即便中途断电，重新上电后也能读出当前位置的数据。显然，若要求分辨力越高和量程越大，二进制的数位就越多，结构越复杂。

增量式测量输出的是当前状态与前一状态的差值，即增量值。它通常以脉冲数字形式输出，然后用计数器计取脉冲数，因此它需要规定一个脉冲当量，即一个脉冲所代表的被测物理量的值，同时它还要确定一个零位标志，即测量的起始点标志。这样，被测量就等于当量值乘以自零位标志开始的计数值，其分辨力即为脉冲当量值。例如，用增量式光电编码器或光栅测量直线位移，若当量值为 0.01mm，计数值为 200，则位移为 2.00，分辨力为 0.01mm。增量式测量的缺点是：一旦中途断电，将无法得知运动部件的绝对位置。

数字式角编码器又称码盘，是一种旋转式位移传感器，有绝对式和增量式编码器。角编码器通常安装在被测转轴上，随轴一起转动，将被测转轴的角位移转换成二进制编码或增量脉冲。

5.1.1　绝对式编码器

1. 接触式码盘

图 5.1 (a) 所示为一个四位接触式码盘。涂黑部分为导电区，输出为“1”；空白部分为不导电区，输出为“0”，按 8421 编码。所有导电部分连在一起，接高电位。它共有四圈码道，在每圈码道上都有一个电刷，电刷经电阻接地。当码盘与被测物转轴一起转动时，电刷上出现的电位对应一定的数码。若有 n 条码道，则角度分辨力为

$$\alpha = \frac{2\pi}{2^n} = \frac{360^\circ}{2^n}$$

显然，码道数 n 越大，所能分辨的角度 α 越小，测量精度越高。所以，若要提高分辨力，就必须增加码道数，即二进制位数。

二进制码盘很简单，但在实际应用中对码盘制作和电刷安装（或光电元件安装）要求十分严格，否则会出现错误。例如，当电刷由位置（0111）向位置（1000）过渡时，如电刷安装位置不准或接触不良，可能会出现8～15之间的任意一个十进制数，这种误差称为非单值性误差。为了消除这种误差，可采用双电刷扫描或循环码。

2. 光电式码盘

光电式码盘亦称脉冲式角度-数字编码器，其结构示意图如图5.1（b）所示。在一个圆盘上按码道开有相等角距的缝隙，形成透明区和不透明区，分别代表“1”和“0”，相当于接触式码盘的导电区和不导电区。在开缝圆盘两边分别安装光源及光敏元件，相当于接触式码盘的电源和电刷。其测量方法与接触式码盘相似。

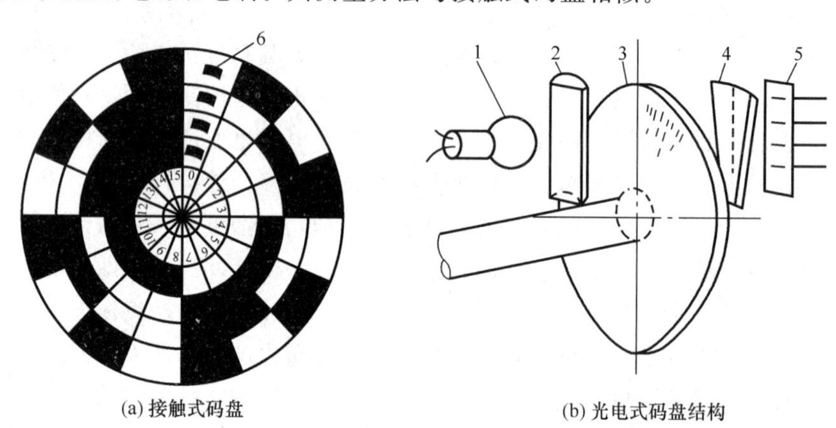

图5.1　码盘式转角-数字编码器结构示意图

1. 光源；2. 透镜；3. 码盘；4. 狭缝；5. 光电元件；6. 电刷

它的优点是：无触点磨损，因而允许高转速；每条缝隙宽度可做得很小，所以精度和分辨率很高，单个码盘可做到18位，组合码盘达22位。其缺点是结构复杂、价格昂贵、光源寿命短。

3. 电磁式码盘

它是在导磁体（软铁）圆盘上用腐蚀的方法做成一定的编码图形，把码道分为导磁区和非导磁区。再用一个很小的马蹄形磁芯做磁头，上面绕两组线圈，原边用正弦电流激励，副边产生感应电动势。显然，各磁头感应电动势与被测物体转动的角度相对应。

5.1.2　增量式编码器

增量式编码器通常为光电码盘，其结构形式如图5.2所示。

光电码盘与转轴连在一起。码盘可用玻璃材料制成，表面镀上一层不透光的金属铬，然后在边缘制成向心透光狭缝。透光狭缝在码盘圆周上等分，数量从几百条到几千条不等。这样，整个码盘圆周上就等分成透明与不透明区域。除此之外，增量式光电码

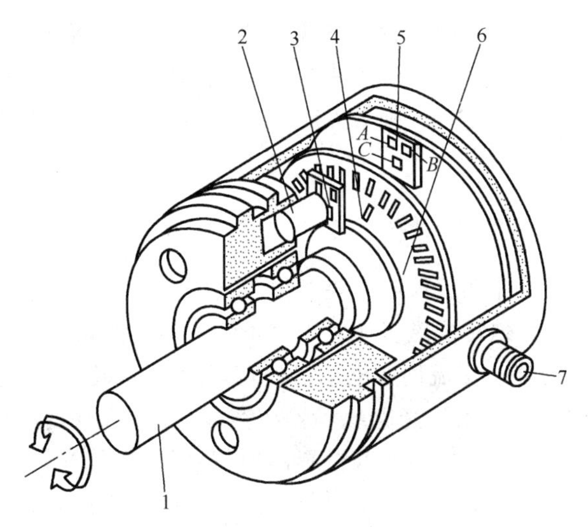

图 5.2　增量式编码器结构示意图

1. 转轴；2. LED；3. 光栏板；4. 零标志位光槽；5. 光敏元件；
6. 码盘；7. 电源及信号线连接座

盘也可用不锈钢薄板制成，然后在圆周边缘切割出均匀分布的透光槽，其余部分均不透光。光源最常用的是有聚光效果的 LED。当光电码盘随工作轴一起转动时，在光源的照射下，透过光电码盘和光栏板狭缝形成忽明忽暗的光信号，光敏元件把此光信号转换成脉冲信号，通过信号处理电路的整形、放大、细分、辨向后输出脉冲信号或显示位移量。

光电编码器的测量精度取决于它所能分辨的最小角度，而这与码盘圆周上的狭缝条纹数 n 有关，即能分辨的最小角度为

$$\alpha = \frac{2\pi}{2^n} = \frac{360^\circ}{2_n}$$

5.1.3　角编码器的应用

1. 工位编码

由于绝对式编码器每一转角位置均有一个确定的编码输出，若编码器与转盘同轴相连，则转盘上每一工位安装的被加工工件均可以有一个编码相对应，如图 5.3 所示。当转盘上某一工位转到加工点时，该工位对应的编码由编码器输出。

例如，要使处于工位 5 上的工件转到加工点钻孔加工，计算机就控制电动机通过传

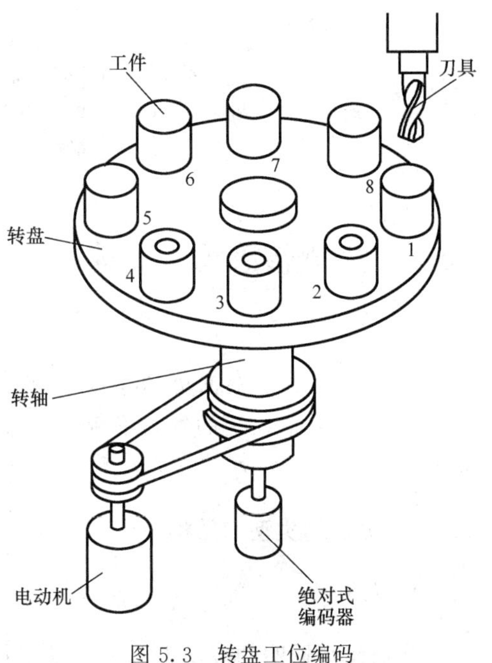

图 5.3　转盘工位编码

动机构带动转盘旋转。与此同时，绝对式编码器输出的编码不断变化。当输出为0101（BCD码）时，表示转盘已将工位5转到加工点，电动机停转。

这种编码方式在加工中心（一种带刀库和自动换刀装置的数控机床）的刀库选刀控制中得到广泛应用。

2. 在交流伺服电动机中的应用

交流伺服电动机是当前伺服控制中最新技术之一。交流伺服电动机的运行需要角位移传感器，以确定各个时刻转子磁极相对于定子绕组转过的角度，从而控制电动机的运行。图5.4（a）所示为某一交流伺服电动机外观，图5.4（b）为其控制系统框图。

从图5.4（b）中可以看出，光电编码器在交流伺服电动机控制中起了三个方面的作用：①提供电动机定、转子之间相互位置的数据；②通过F/V（频率/电压）转换电路提供速度反馈信号；③提供传动系统角位移信号，作为位置反馈信号。

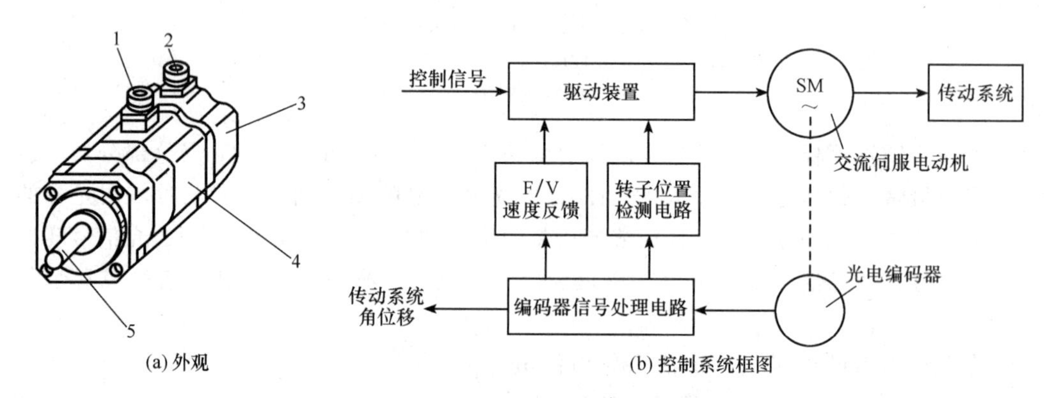

图5.4 光电编码器在交流伺服电动机中的应用

1. 三相电源（U、V、W）连接座；2. 光电编码器信号输出及电源连接座；
3. 光电编码器；4. 电动机本体；5. 转子轴

5.2 光栅传感器

光栅传感器是根据莫尔条纹原理制成的一种数字式传感器，它广泛应用于数控机床等闭环控制系统的线位移和角位移的自动检测以及精密测量方面，测量精度可达到几微米。

5.2.1 光栅的类型和结构

1. 光栅

光栅是在透明的玻璃上刻有大量相互平行等宽而又等间距的刻线。这些刻线是透明的和不透明的，或是对光反射的和不反射的。图 5.5 所示的是一块黑白长光栅，平行等距的刻线称为栅线。设其中透光的缝宽为 a，不透光的缝宽为 b，一般情况下，光栅的透光缝宽等于不透光的缝宽，即 $a=b$。图 5.5中 $W=a+b$ 称为光栅栅距（也称光栅节距或光栅常数）。光栅栅距是光栅的一个重要参数。对于圆光栅来说，除了参数栅距之外，还经常使用栅距角。栅距角是指圆光栅上相邻两刻线所夹的角。

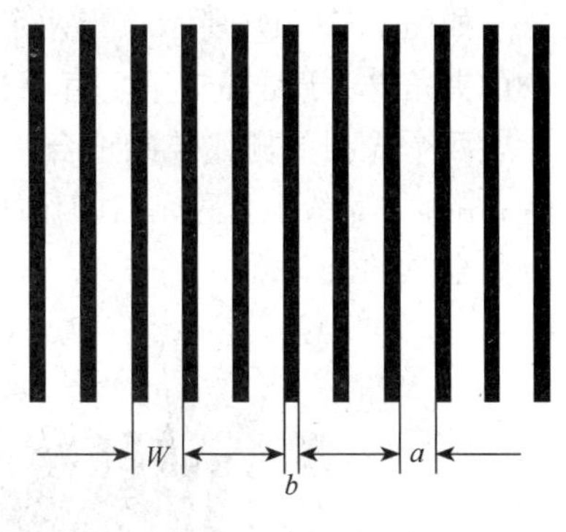

图 5.5　黑白长光栅

2. 光栅的分类

在几何量精密测量领域内，光栅按其用途分长光栅和圆光栅两类。

刻划在玻璃尺上的光栅称为长光栅，也称光栅尺，用于测量长度或几何位移。根据栅线形式的不同，长光栅分为黑白光栅和闪烁光栅。黑白光栅是指只对入射光波的振幅或光强进行调制的光栅。闪耀光栅是对入射光波的相位进行调制，也称相位光栅。根据光线的走向，长光栅还分为透射光栅和反射光栅。透射光栅是将栅线刻制在透明材料上，常用光学玻璃和制版玻璃。反射光栅的栅线刻制在有强反射能力的金属（如不锈钢或玻璃镀金属膜如铝膜）上，光栅也可刻制在钢带上，再粘结在尺基上。

刻划在玻璃盘上的光栅称为圆光栅，也称光栅盘，用来测量角度或角位移。根据栅线刻划的方向，圆光栅分两种：一种是径向光栅，其栅线的延长线全部通过光栅盘的圆心；另一种是切向光栅，其全部栅线与一个和光栅盘同心的小圆相切。按光线的走向，圆光栅只有透射光栅。计量光栅的分类可归纳成图 5.6 所示的方框图。

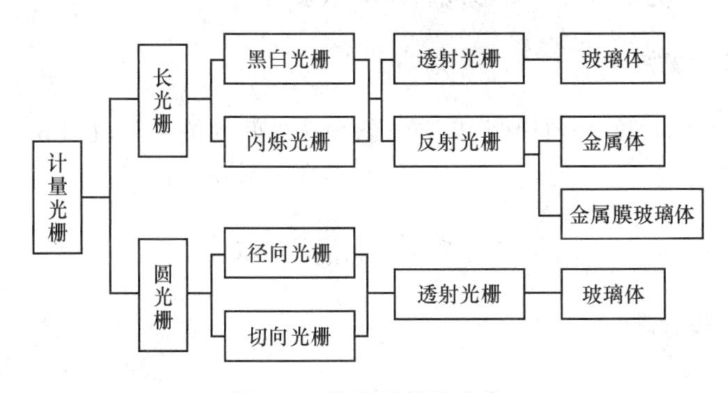

图 5.6　计量光栅的分类

5.2.2　莫尔条纹形成原理及特点

1. 莫尔条纹的形成原理

按照光学原理，对于栅距远大于光波长的粗光栅，可以利用几何光学的遮光原理来解释莫尔条纹的形成。

如图 5.7（a）所示，当两个有相同栅距的光栅合在一起，其栅线之间倾斜一个很小的夹角 θ，于是在近乎垂直于栅线的方向上出现了明暗相间的条纹。例如在 h—h 线上，两个光栅的栅线彼此重合，从缝隙中通过光的一半，透光面积最大，形成条纹的亮带；在 g—g 线上，两光栅的栅线彼此错开，形成条纹的暗带，当 $a=b=W/2$ 时 g—g 线上是全黑的。

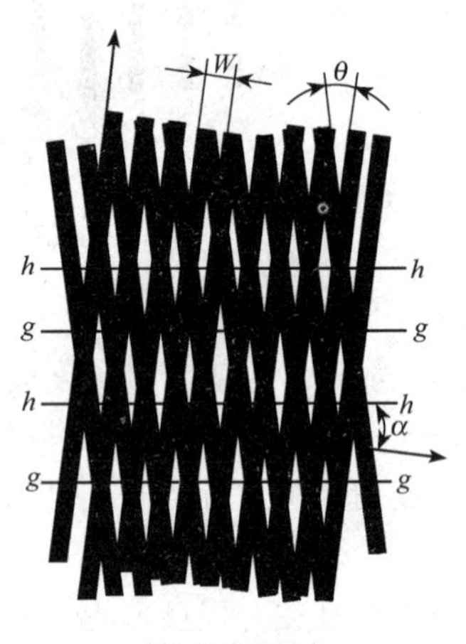

(a) 莫尔条纹的形成

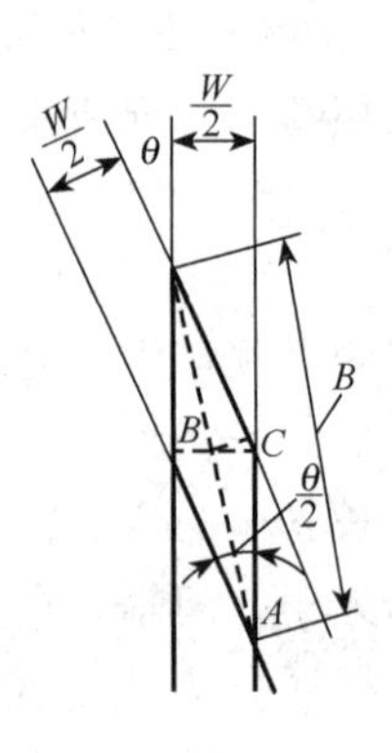

(b) 莫尔条纹的宽度

图 5.7　莫尔条纹

像这样近似垂直于栅线方向（只差 $\theta/2$ 角）相等的两光栅形成的莫尔条纹称为横向莫尔条纹；而由栅距不等的两光栅形成的莫尔条纹称为纵向莫尔条纹；将形成纵向莫尔条纹的两光栅倾斜一小角度 θ，则形成斜向莫尔条纹。

2. 莫尔条纹的宽度

横向莫尔条纹的宽度 B 与栅距 W 和倾斜角 θ 之间的关系可由图 5.7（b）求出（当 θ 角很小时），有

$$B \approx \frac{W(\mathrm{mm})}{\theta(\mathrm{rad})} \tag{5.1}$$

3. 莫尔条纹的特点

（1）放大作用

式（5.1）说明，莫尔条纹具有位移的光学放大作用，即把极细微的栅线放大为很宽的条纹，便于测试。例如 $\theta=10'$，则 $1/\theta=334$，若 $W=0.01\mathrm{mm}$，则 $B=3.34\mathrm{mm}$。其放大倍数可通过改变 θ 角连续变化，从而获得任意粗细的莫尔条纹，即光栅具有连续变倍的作用。

（2）平均效应

由于莫尔条纹是由大量栅线共同组成的，所以它对光栅的刻线误差具有均衡作用

（平均效应），从而能消除短周期的误差。

4. 莫尔条纹的移动方向

当主光栅沿栅线垂直方向移动时，莫尔条纹沿着夹角 θ 平分线（近似平行于栅线）方向移动。莫尔条纹移动时的方向和光栅夹角的关系见表 5.1。

表 5.1　莫尔条纹和光栅移动方向与夹角转向之间的关系

标尺光栅相对指示光栅的转角方向	标尺光栅移动方向	莫尔条纹移动方向
顺时针方向	向左	向上
	向右	向下
逆时针方向	向左	向下
	向右	向上

5.2.3　莫尔条纹测量位移的原理

光栅每移过一个栅距 W，莫尔条纹就移过一个间距 B。通过测量莫尔条纹移过的数目，即可得出光栅的位移量。

由于光栅的遮光作用，透过光栅的光强随莫尔条纹的移动而变化，变化规律接近于一直流信号和一交流信号的叠加。固定在指示光栅一侧的光电转换元件的输出，可以用光栅位移量 x 的正弦函数表示，如图 5.8 所示。只要测量波形变化的周期数 N（等于莫尔条纹移动数）就可知道光栅的位移量 x，其数学表达式为

$$x = NW \tag{5.2}$$

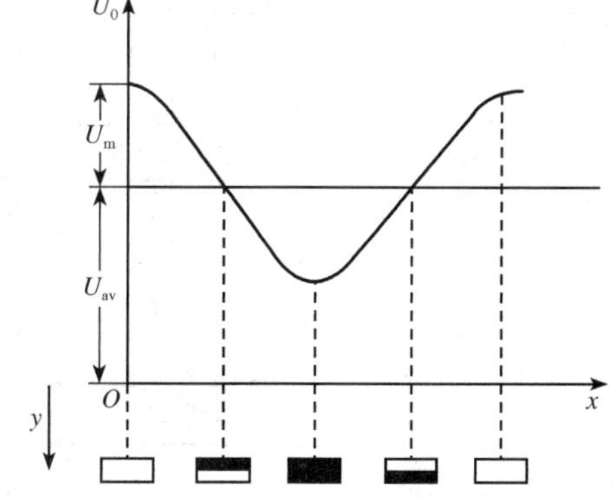

图 5.8　光电元件输出与光栅位移的关系

5.2.4　细分及辨向

随着对测量精度要求的提高，要求光栅具有较高的分辨率，减小光栅的栅距可以达到这一目的，但毕竟是有限的。为此，目前广泛地采用内插法把莫尔条纹间距进行细分。所谓细分，就是在莫尔条纹信号变化的一个周期内，给出若干个计数脉冲，减小了脉冲当量。由于细分后，计数脉冲的频率提高了，故又称为倍频。细分提高了光栅的分辨能力，提高了测量精度。

细分方法可分为两大类：机械细分和电子细分。电子细分一般有直接细分、电桥细分和复合细分。直接细分的倍数不高，常用的有四倍频，但方法简单，下面介绍四倍频直接细分。

直接细分法是利用光电元件输出的相位差为 90°的两路信号进行四倍频细分，如图 5.9（a）所示。由光栅系统送来的两路相位差为 90°的光电信号，分别用 S 和 C 表示，经

过差动放大，再由射级耦合触发器整形成两路方波。调整射极耦合触发器鉴别电位，使方波的跳变正好在光电信号的 0°、90°、180°、270°四个相位上发生。电路中还通过反相器，将上述两种方波各反相一次，这样得到四路方波信号，分别加到微分电路上，就可在 0°、90°、180°、270°处各产生一个脉冲（这里的微分电路是单向的）。其波形如图 5.9（b）所示。

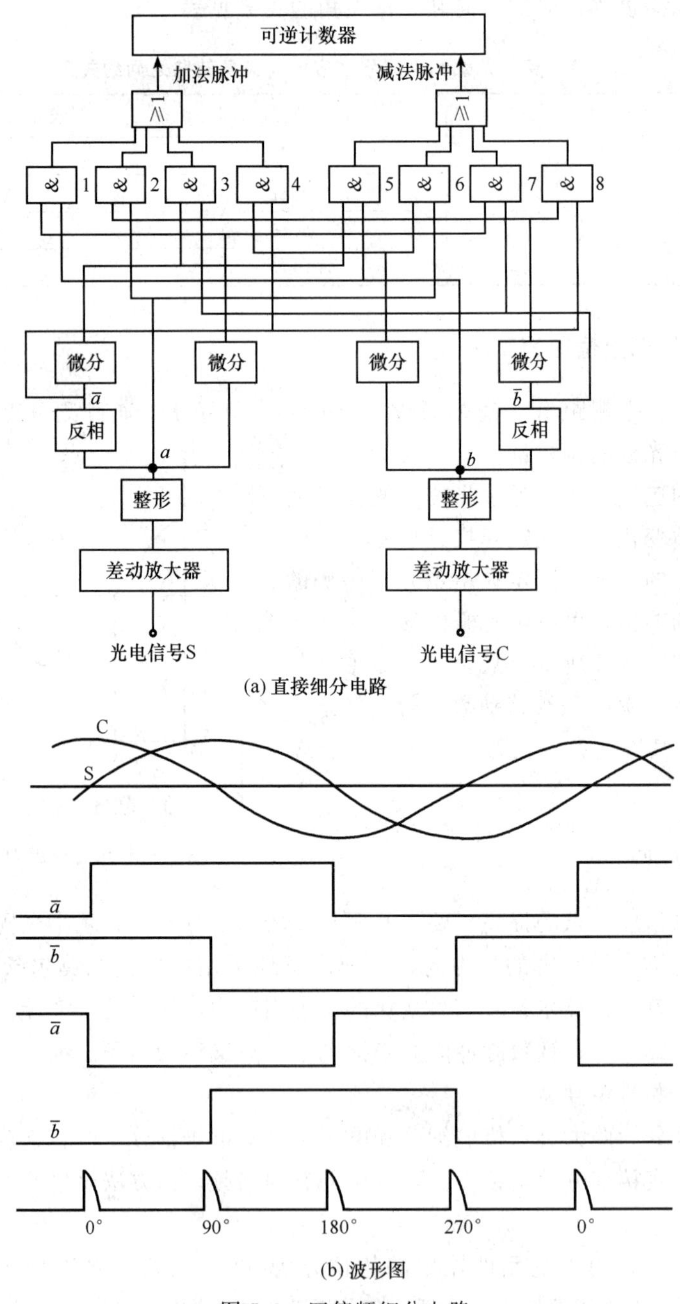

(a) 直接细分电路

(b) 波形图

图 5.9　四倍频细分电路

综上所述，图 5.9（a）中共用了两个反相器和四个微分电路来得到四个计数脉冲，实际上已把莫尔条纹一个周期的信号进行了四倍频（细分数 $n=4$），把这些细分信号送到一个可逆计数器中进行计数，那么光栅的位移量就被转换成数字量了。

必须指出，因为光栅的移动有正、反两个方向，所以不能简单地把以上四个脉冲直接作为计数脉冲，而应该引入辨向电路，在图 5.9（a）中用了八个“与”门和两个“或”门，将 0°、90°、180°、270°处产生的四个脉冲适当地进行逻辑组合，就能辨别出光栅的运动方向。当光栅正向移动时产生的脉冲为加法脉冲，送到计数器中作加法计数；当光栅作反向移动时产生减法脉冲，送到计数器中作减法计数。这样计数器的计数结果才能正确地反映光栅的相对位移量。

这种电路的优点是电路简单，对莫尔条纹波形的占空比无严格要求，可用于静态测量。其缺点是细分数不高。若要进行 16 细分，则需设置四个光电元件［四个制作在同一基底上、分别相距（$m\pm1/16)B$ 的光电池，其中 m 为正整数，B 为莫尔条纹宽度］，细分电路就更复杂，随着微机技术的发展，现在细分和辨向均采用微机进行数字处理。如果光栅的光源（发光二极管）采用高频信号进行调制，在信号处理中对接收到的信号进行适当的处理，则能进一步提高细分数。

5.2.5　光栅传感器的应用

1. 微机光栅数显表的组成

图 5.10 所示为微机光栅数显表的组成框图。在微机光栅数显表中，放大、整形多采用传统的集成电路，辨向、细分可由微机来完成。

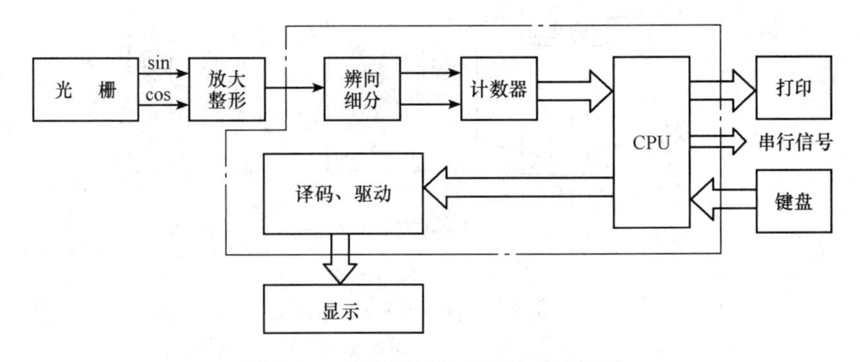

图 5.10　微机光栅数显表的组成框图

2. 轴环式数显表

图 5.11（a）是 ZBS 型轴环式光栅数显表外形示意图。它的主光栅用不锈钢圆薄片制成，可用于角位移的测量。

定片（指示光栅）固定，动片（主光栅）可与外接旋转轴相连并转动。动片表面均匀地镂空 500 条透光条纹，如图 5.11（b）内部结构所示。定片为圆弧形薄片，在其表面刻有两组透光条纹（每组 3 条），定片上的条纹与动片上的条纹成一角度 θ。两组条纹分别与两组红外发光二极管和光敏三极管相对应。当动片旋转时，产生的莫尔条纹亮暗信号由光敏三极管接收，相位正好相差 $\pi/2$，即第一个光敏三极管接收到正弦信号，第二个光敏三极管接收到余弦信号。经整形电路处理后，两者仍保持相差 1/4 周期的相位关系。再经过细分及辨向电路，根据运动的方向来控制可逆计数器做加法或减法计数，测量电路框图如图 5.11（c）所示。测量显示的零点由外部复位开关完成。

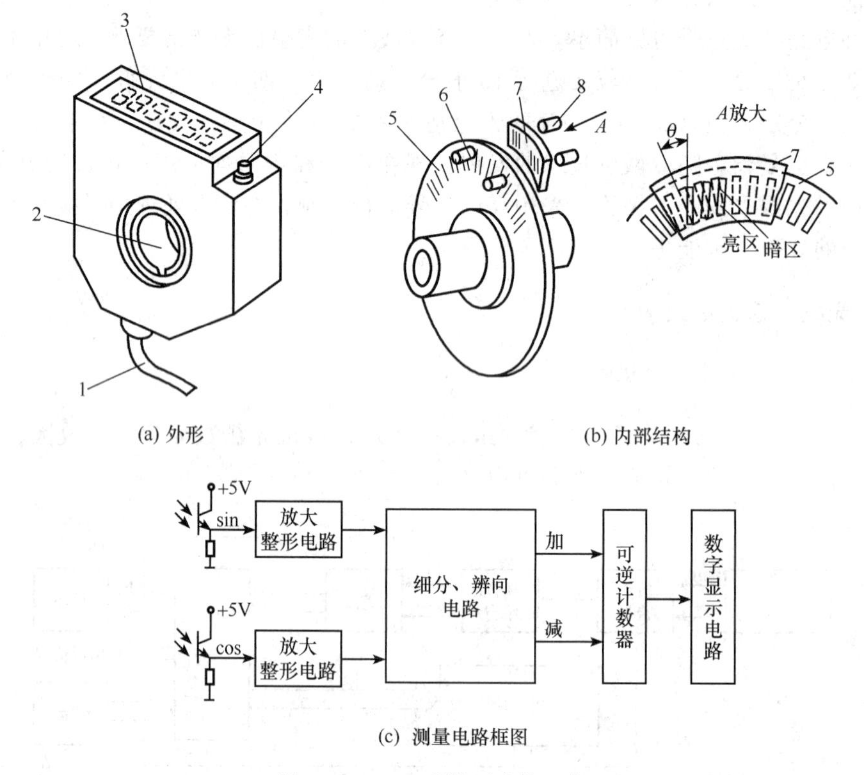

图 5.11 ZBS 型轴环式数显表

1. 电源线（+5V）；2. 轴套；3. 数字显示器；4. 复位开关；5. 主光栅；
6. 红外线发光二极管；7. 指示光栅；8. 光敏三极管

光栅型轴环式数显表具有体积小、安装简便、读数直观、工作稳定、可靠性好、抗干扰能力强、性能/价格比高等优点，适用于中小型机床的进给或定位测量，也适用于老机床的改造。如把它装在车床进给刻度轮的位置，可以直接读出进给尺寸，减少停机测量的次数，从而提高工作效率和加工精度。图 5.12 所示为轴环式数显表在车床进给显示中的应用。

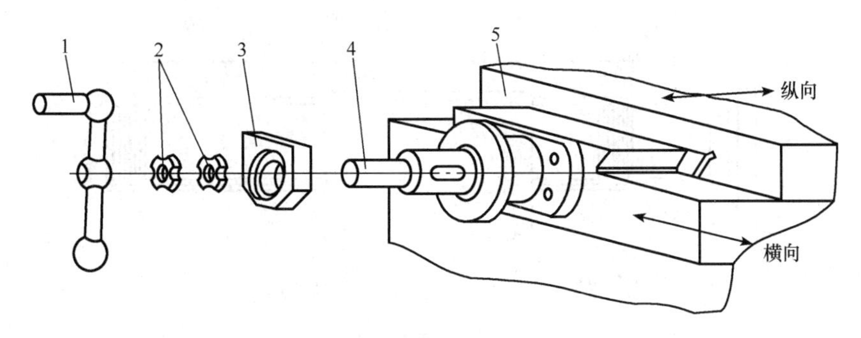

图 5.12　轴环式数显表在车床进给显示中的应用

1. 手柄；2. 紧固螺丝；3. 轴环式数显表；4. 丝杠轴；5. 溜板

5.3　感应同步器

感应同步器是应用电磁感应原理来测量直线位移和角位移的一种精密传感器。测量直线位移的称为直线感应同步器，测量角位移的称为圆感应同步器。它们的优点是：对环境温度、湿度变化要求低，测量精度高，抗干扰能力强，使用寿命长和便于成批生产等。目前，感应同步器广泛应用于程序数据控制机床和加工测量装置中。

5.3.1　感应同步器的类型与结构

根据感应同步器的用途可以将其分成两大类：用来测量长度（直线位移）的称为直线式感应同步器；用来测量转角（角位移）的称为圆盘式感应同步器。

1. 直线式感应同步器

直线式感应同步器按其使用的精度、测量尺寸的范围和安装条件的不同又可以分为标准型直线感应同步器、窄型直线感应同步器、带型直线感应同步器和三重型直线感应同步器。

（1）标准型直线感应同步器

标准型直线感应同步器的外形如图 5.13 所示。它由定尺 1 和滑尺 2 所组成。定尺安装在静止的机械设备上；滑尺安装在活动的机械部分，它相对于定尺可以移动。

在定尺和滑尺上腐蚀成印刷电路绕组，如图 5.14（a，b）所示（矩形曲线和Ⅱ字形曲线）。定尺上的绕组是连续的，其绕组的栅距为 W（又称为定尺绕组的节距 l，$l=2\text{mm}$）均匀地分布在 250mm 长的基板上，绕组导片宽度为 a，导片之间的间隙为 b，故节距 $l=2(a+b)=2\text{mm}$。

滑尺绕组由两组（正弦和余弦绕组）构成，如图 5.15（a，b）所示。每组绕组均由24组Ⅱ字形导线段串联构成，所以滑尺上正弦和余弦绕组共有 48 组Ⅱ字形导线段所

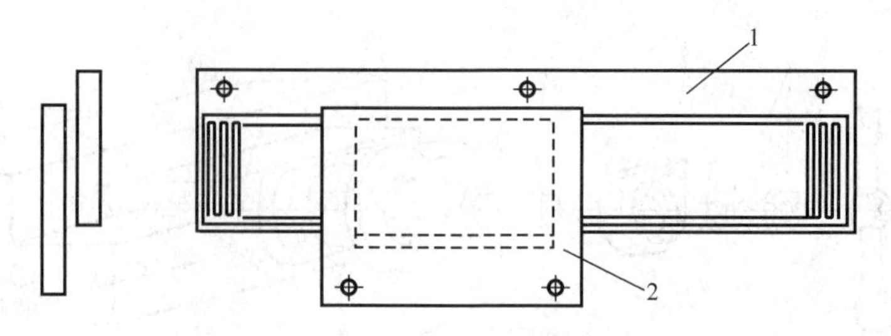

图 5.13　标准型感应同步器外形

1. 定尺；2. 滑尺

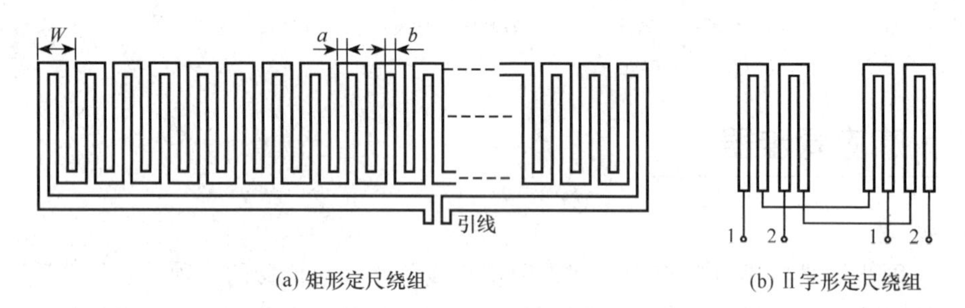

图 5.14　定尺绕组

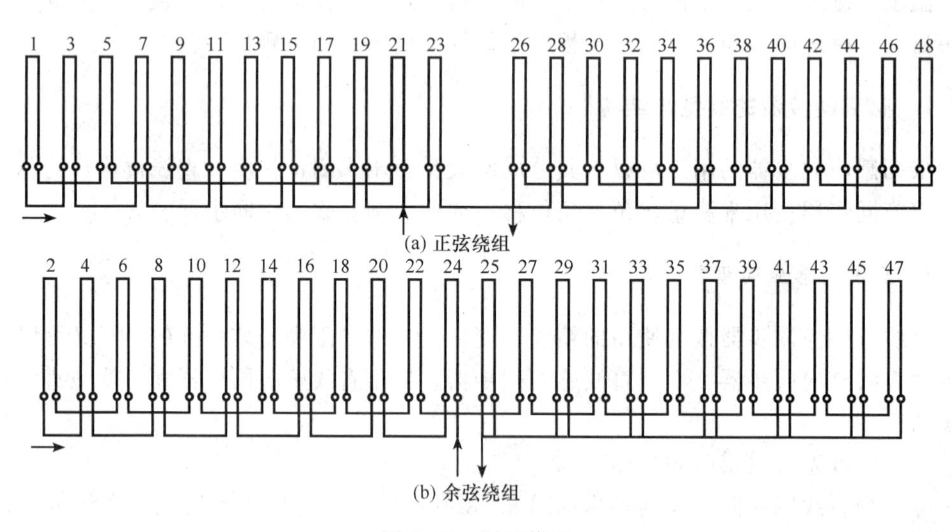

图 5.15　滑尺绕组

组成，而正弦绕组和余弦绕组的配置相对定尺绕组的周期错开$\frac{1}{4}L\left(即为\frac{\pi}{2}\right)$，故两绕组有正弦和余弦之分。

上述结构形式和尺寸的选择是为了制造工艺上的方便，同时定滑尺之间相互耦合时可以起到抑制高次谐波的含量、提高感应同步器的测量精度的作用。这种标准型感应同步器在国内制造的单位较多，精度也较高，是目前应用最普遍的一种。其缺点是测量范围较小，接长时易产生接长误差，且体积大。

(2) 窄型直线感应同步器

窄型直线形感应同步器结构与标准型感应同步器的结构基本相同，不同的是其狭窄一点，当安装感应同步器的设备在安装位置上受到限制时可采用这种窄型感应同步器。但这种窄型的电磁耦合情况不如标准型好，精度也比较低一点。

(3) 带型直线感应同步器

带型直线感应同步器与标准型也基本相似，当感应同步器其安装面不容易加工时而采用。

带型感应同步器是将绕组印刷在钢带上构成定尺，而滑尺像计算尺上的游标一样，可以跨在钢带上，如图 5.16 所示。滑尺可以在钢带上随溜板移动。这样钢带只要在全长的两端固定好就可以了。同时钢带还可以随设备的热变形而伸缩，可减少由于温度影响而产生的测量误差。

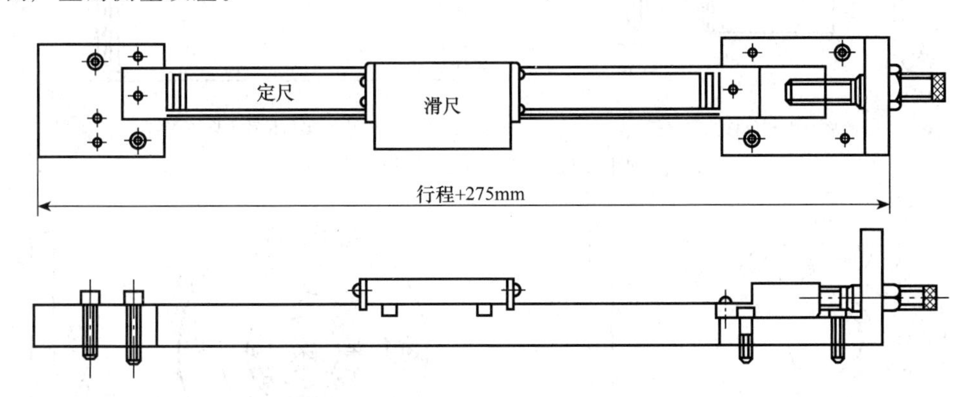

图 5.16　带型直线感应同步器

(4) 三重型直线感应同步器

前面介绍的几种直线感应同步器，都是通过滑尺上两组正、余弦绕组的合理安排，能对定尺上的一个节距（$L=2$mm）内进行检测，也可以对定尺绕组每一个节距进行连续重复检测。但是，当感应同步器数字显示装置失电后重新供电时，数显表只能显示出滑尺相对定尺位移的最后一个节距内的数值，而将前面位移过的若干节距数完全丢失了。为了使前面的节距数不丢失，人们就设计了三重型直线感应同步器，如图 5.17（a，b）所示。另外，三重型感应同步器其定滑尺均由粗、中、细三套绕组所构成，可组成一套绝对坐标测量系统。

2. 圆盘式感应同步器

圆盘式（形）感应同步器又称旋转型感应同步器。人们把感应同步器做成两个具有相对转动的圆盘形状，其固定的圆盘称为定子，而转动的圆盘叫做转子。转子和定子面对面并以一定的间隙（0.20mm±0.05mm）装配而成，可以用来测量角位移，也可以测量直线位移。转子和定子的绕组如图 5.18（a，b）所示。

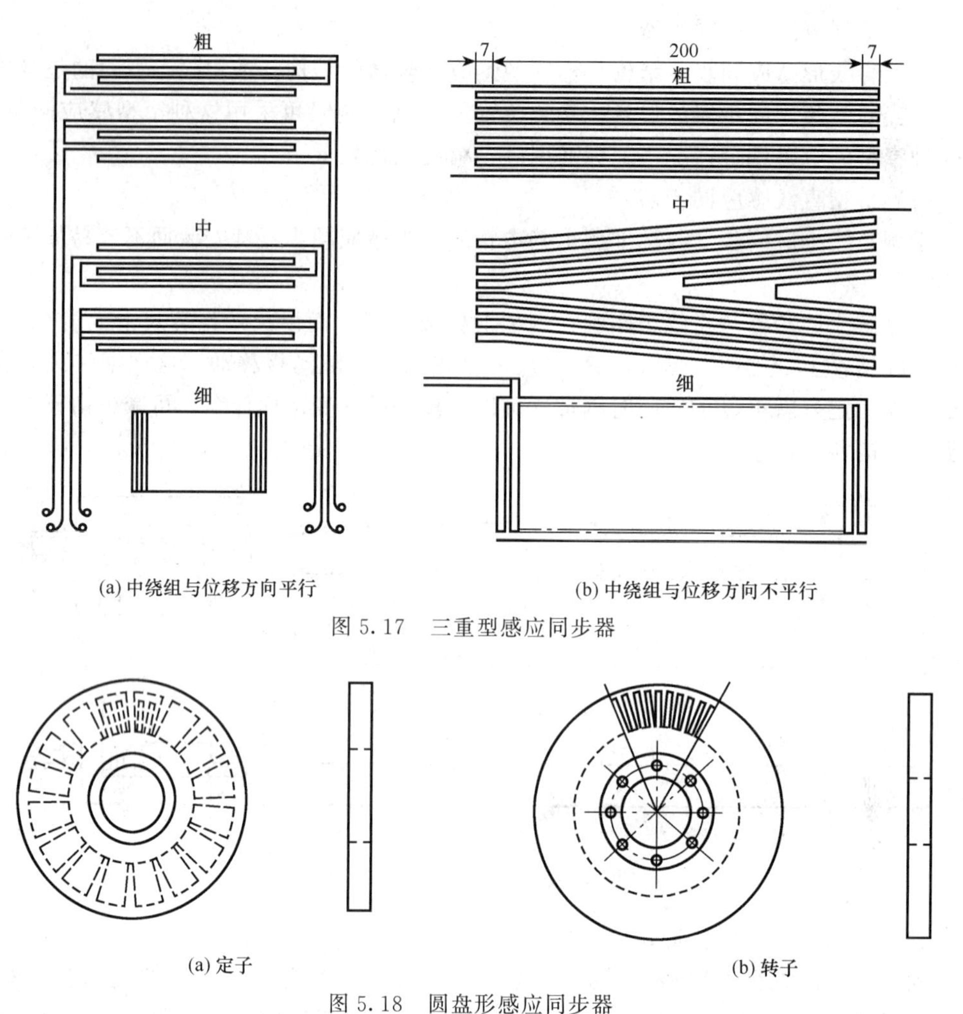

图 5.17　三重型感应同步器

图 5.18　圆盘形感应同步器

目前，圆盘形感应同步器的直径大致有 300mm、175mm、75mm 和 50mm 等四种。其径向导线（片）数也称为极数，有 360 极、512 极、720 极和 1080 极。由于相邻两导线的电流方向相反，转子相对定子要转过两条线才出现一个感应电动势的电周期。因此，节距为 2°的圆盘形感应同步器转子的连续绕组由夹角为 1°的 360 条导线组成。一般来说，在极数相同的情况下，圆盘形感应同步器的直径做得越大，越容易做得准确，精度也越高。圆盘形感应同步器也可以在定子和转子上各配备粗、中、细绕组构成三重型，也有配置粗、细绕组而做成二重型。圆盘形感应同步器的直径大了，其成本和安装空间亦相应增加。因此，根据精度和安装位置可做成不同尺寸的各种规格以便选择应用。为了减少由于圆盘形感应同步器的转子和定子在安装时不同心产生的误差，所以一般都将转子和定子像发电机一样先装配成整体出厂。

5.3.2 感应同步器的工作原理

感应同步器利用定尺和滑尺的两个平面印刷电路绕组的互感随其相对位置变化的原理，将位移转换为电信号。感应同步器工作时，定尺和滑尺相互平行、相对放置，它们之间保持一定的气隙（0.25±0.005)mm，定尺固定，滑尺可动。当滑尺的 S 和 C 绕组分别通过一定的正、余弦电压激励时，定尺绕组中就会有感应电动势产生，其值是定、滑尺相对位置的函数。如图 5.19 所示，先考虑对 S 绕组单独励磁，滑尺处在 A 点的位置时，滑尺 S 绕组与定尺某一绕组重合，定尺感应电动势值最大；当滑尺向右移 $W/4$ 距离达 B 点的位置时，定尺感应电动势为零；当滑尺移过 $W/2$ 至 C 点位置时，定尺感应电动势为负的最大值；当移过 $3W/4$ 至 D 点的位置时，定尺感应电动势又为零，其感应电动势如曲线 1 所示。同理，余弦绕组单独励磁时，定尺感应电动势变化如曲线 2 所示。定尺上产生的总的感应电动势是正弦、余弦绕组分别励磁时产生的感应电动势之和。

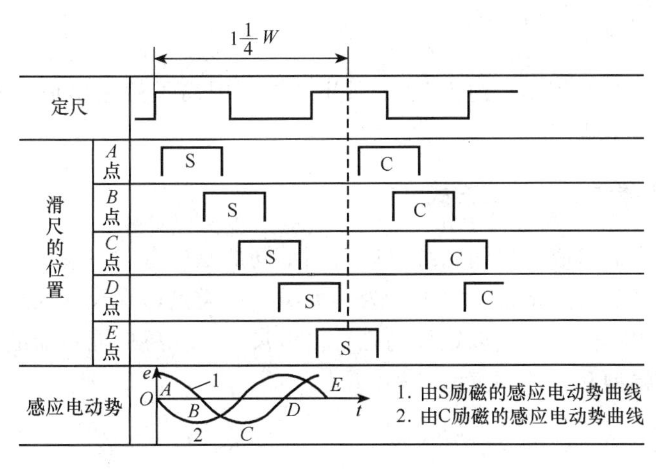

图 5.19　感应电势与两绕组相对位置的关系

5.3.3 感应同步器的电气参数

通过电气参数的分析，可进一步了解感应同步器的工作原理，其电气原理与变压器相同，故可用等效电路来表征，但由于感应同步器是弱磁场空气耦合器件，因而与一般的铁芯电机有很大差别。

1. 感抗远小于电阻

同步器绕组处在磁导率为 μ_0 的介质中（即使是铁基板，也还存在很大的气隙），因而在通常所采用的工作频率下（$f=1\sim10\text{kHz}$），绕组的感抗小于电阻，感抗值大约是后者的 2%。

2. 输出电压远小于励磁电压

由于原、副端之间存在很大的气隙，大致相当于极距的25%左右，原副端耦合很松，故励磁电压输出电压大。当原、副端耦合的电压最大时，两者之比称为电压传递系数 k_u。电压传递系数与感应同步器的尺寸、极数、工作频率及气隙大小有关，其变化很大，通常在几十到几百之间。

3. 输入电压失真系数大于励磁电压失真系数

由于励磁电压几乎全部变为电阻压降，所以励磁电流的大小只决定于励磁电压和绕组电阻，而与频率无关。频率愈高，k_u 愈小，在相同的励磁电压下输出电压愈高。由此可知，在励磁电压存在失真的情况下，其次谐波电压成分对基波电压成分的比值，经过感应同步器，在其输出电压中与谐波次数成正比地增大，故输出电压的失真系数要大于励磁电压的失真系数。

4. 有较强的抗干扰能力

输出阻抗的绝对值较小，约为几 Ω 到几十 Ω，因而虽然输出信号较小，但构成的系统仍有较强的抗干扰能力。

5.3.4 感应同步器的信号处理方式

对于感应同步器组成的检测系统可以采用不同的励磁方式，输出信号也可采用不同的处理方式，从励磁方式来说一般可分为两大类：一类是以滑尺（或定子）励磁，由定尺（或转子）输出；另一类是以定尺励磁，由滑尺输出。感应同步器的信号处理方式一般有鉴相型、鉴幅型和脉冲调宽型三种。

1. 鉴相型

给滑尺的S和C绕组以等频、等幅、相位差为90°的电压分别励磁，就可根据感应电势的相位来鉴别位移量。若定尺节距为 W（标准为2mm），机械位移 x 引起的电相角变化为

$$\theta = \frac{2\pi}{W}x$$

其总感应电动势为

$$e = k\omega U_m \sin(\omega t + \theta) = k\omega U_m \sin\left(\omega t + \frac{2\pi}{W}x\right) \tag{5.3}$$

这样，两尺的相对位移 x 就与感应电动势 e 联系起来了。

2. 鉴幅型

如果给滑尺的正、余弦绕组以同频、同相但不等幅的电压激磁，则可根据感应电动

势的幅值来鉴别位移量，称为鉴幅型。正、余弦同时激磁时的总感应电势为

$$e = k\omega U_{\mathrm{m}} \sin\omega t \cos(\varphi - \theta) \tag{5.4}$$

式中，φ——给定电角度。

感应电势的幅值为 $k\omega U_{\mathrm{m}}\cos(\varphi-\theta)$。

脉冲调宽型实质上为鉴幅型，其优点是克服了鉴幅型中函数变压器绕制工艺和开关电路的分散性所带来的误差。

5.3.5　感应同步器的应用

感应同步器的应用很广泛，它与数字位移显示装置（简称感应同步器数显表）配合，能进行各种位移的精密测量，并能实行数字显示，也能实现整个测量系统的半自动及全自动化。下面我们仅介绍鉴幅型数显表。图 5.20 为直线感应同步器数显表和连接示意图。

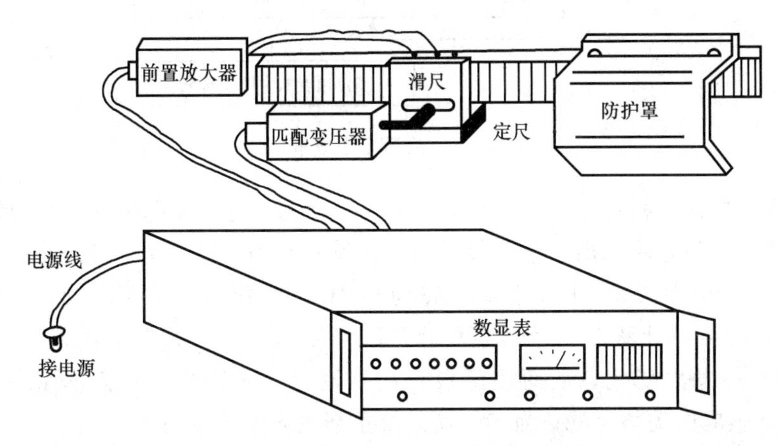

图 5.20　感应同步器数显装置示意图

定尺、滑尺被分别安装在被测对象的固定和可动部件上。当给滑尺施加感应励磁电压后，将在定尺上产生感应电动势。此感应电动势通过图中的前置放大器放大后再输入到数显表中。数显表的作用是将感应同步器输出的电信号转换成数字信号并显示出相应的机械位移量。图中的匹配变压器是为了使激励源与感应同步器滑尺绕组的低输入阻抗相匹配而设置的，前置放大器是用来将定尺绕组来的微弱信号加以放大，以提高抗干扰能力。图 5.21 是采用零位式测量方式的某同步感应器数显表组成框图，它采用鉴幅型信号处理方式。

设感应同步器的滑尺和定尺开始时处于平衡位置，即 $\varphi=\theta$，感应电动势 e 等于零，系统处于平衡状态。

当滑尺移动 Δx 后，产生 $\Delta\theta_x$，则 $\theta'=\theta+\Delta\theta_x$，此时不再等于 φ，由式（5.4）可知，e 不等于零，所以在定尺上就存在输出信号，这称为误差电势。此误差信号经放大、滤波、再放大后与门槛比较器的基准电平相比较。若超过门槛基准电平（基准电平略高于

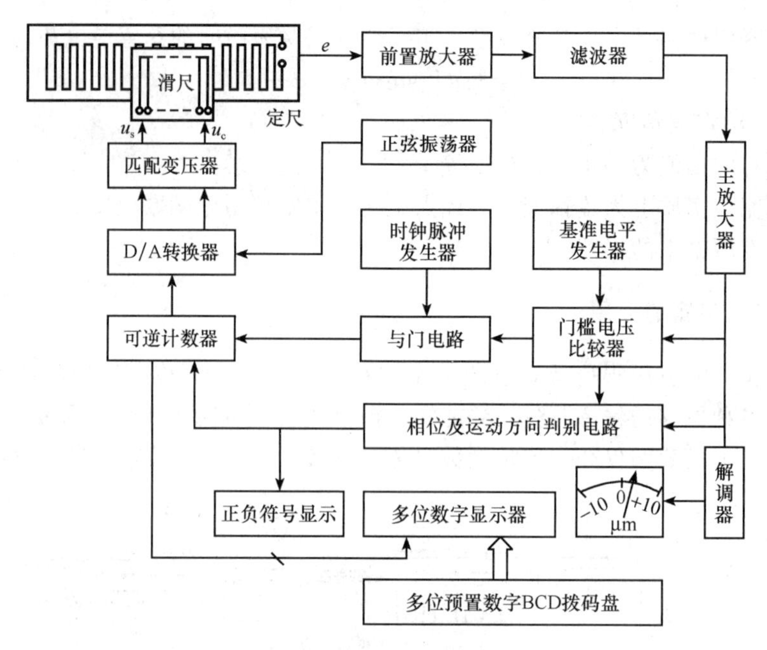

图 5.21　数显表组成框图

零位)，则说明机械位移量 Δx 大于仪器所设定的数值（与基准电平有关）。此时，门槛电路打开，“与”门电路输出一个计数脉冲。此脉冲代表一个最小位移增量（也称为脉冲当量）。设细分数为 200，则此位移增量为 0.01mm，相当于 1.8°。“与”门电路输出的脉冲一方面经可逆计数器、译码器然后作数字显示，另一方面又送入 D/A 转换器，使电子开关状态发生变化，从而使函数变压器输出的励磁电压幅度校正一个电角度(1.8°)，于是感应电动势 e 重新为零，使系统重新进入平衡状态。

若滑尺继续移动 0.01mm，系统又不平稳，则门槛比较器就使“与”门电路继续输出一个脉冲，计数器再计一个数，函数变压器也再校正一个电角度，使系统又恢复平衡。这样，滑尺每移动 0.01mm，系统就从平衡到不平衡，再到平衡，达到跟踪、显示位移的目的。

从以上分析可知，鉴幅式数显表的测量方式是零位式测量。

目前，随着微机技术的发展，许多厂家已采用微处理器电路来实现图 5.21 框图中的大部分逻辑功能。带微机的数显表的功能大为增加，可进行 x、y、z 三个坐标的位移测量以及公/英制转换、半径/直径转换、数据预置、超速报警、数据溢出报警、误差修正、断电数据保持等功能；若与磁带机配合，可进行重复自动操作；若配上打印机，可进行数据记录；若与机床配合，可进行点位控制或轮廓控制以及精密随动加工系统控制。

小　结

随着科学技术的发展，目前在工业、农业、医学、宇航、商业等领域中广泛使用了各种数字传感器。本章主要介绍了数字式编码器、光栅式传感器和感应同步器等几种常用的数字式传感器。

1. 数字式角编码器

数字式角编码器又称码盘，是一种旋转式位移传感器，有绝对式和增量式编码器。绝对式编码器是按位移量直接进行编码的转换器，其精度达 1%。它的结构和原理可分为接触式、光电式和电磁式几种。绝对式测量输出的是被测点的绝对位置，它通常输出的是二进制的数字编码，即便中途断电，重新上电后也能读出当前位置的数据。显然，若要求分辨力越高和量程越大，二进制的数位就越多，结构越复杂。增量式测量输出的是当前状态与前一状态的差值，即增量值。它通常是以脉冲数字形式输出，然后用计数器计取脉冲数。增量式测量的缺点是：一旦中途断电，将无法得知运动部件的绝对位置。

2. 光栅传感器

光栅传感器是根据莫尔条纹原理制成的一种数字式传感器。由于它的原理简单、测量精度高、可实现动态测量、具有较强的抗干扰能力，被广泛应用于精密测量，如长度、角度和振动等。

3. 感应同步器

感应同步器是利用两个平面形印刷电路绕组的互感随其位置变化的原理组成的。按其用途可分为两大类，即直线感应同步器和圆感应同步器，前者用于直线位移的测量，后者用于转角位移的测量。感应同步器具有较高的精度和分辨力、抗干扰能力强、使用寿命长、工作可靠等优点，被广泛应用于大位移静态与动态测量中。

习　题

5.1　选择题（单项选择题）。

（1）不能直接用于直线位移测量的传感器是________。

A. 长光栅　　B. 标准型感应同步器　　C. 角编码器

（2）增量式位置传感器输出的信号是________。

A. 电流信号　　B. 电压信号　　C. 脉冲信号　　D. 二进制格雷码

（3）有一只 2048 位增量式角编码器，光敏元件在 30s 内连续输出了 204 800 个脉冲，则该编码器转轴的转速为________。

A. 204 800r/min　　B.（60×204 800）r/min

C.（100/30）r/min　　D. 200r/min

（4）某直线光栅每毫米刻线数为 50 线，采用四细分技术，则该光栅的分辨力为________。

A．5μm　　B．50μm　　C．4μm　　D．20μm

（5）光栅中采用 sin 和 cos 两套光电元件是为了________。

A．提高信号幅度　B．辨向　C．抗干扰　D．作三角函数运算

5.2　感应同步器有哪几种？各有什么特点？

5.3　一个刻线数为 1024 增量式角编码器安装在车床的丝杆转轴上，已知丝杆的螺距为 2mm，编码器在 10s 内输出 204 800 个脉冲，试求刀架的位移量和丝杆的转速。

5.4　某光栅传感器，刻线为 100 线/mm，未细分时测得莫尔条纹数为 1000，问光栅位移为多少毫米。若经四倍细分后，记数脉冲仍为 1000，问光栅位移为多少毫米。此时测量分辨率为多少？

5.5　有一直线栅，每毫米刻线数 100 线，主光栅与指示光栅的夹角 $\theta=1.8°$，采用 4 细分技术，列式计算：

1）栅距 $W=$________mm；

2）分辨力 $\Delta=$________μm；

3）$\theta=$________rad；

4）莫尔条纹的宽度 $L=$________mm。

5.6　图 5.22（a）所示为一人体身高和体重测量装置外观，图 5.22（b）所示为测量长身高的传动机机构简图，请分析填空并列式计算。

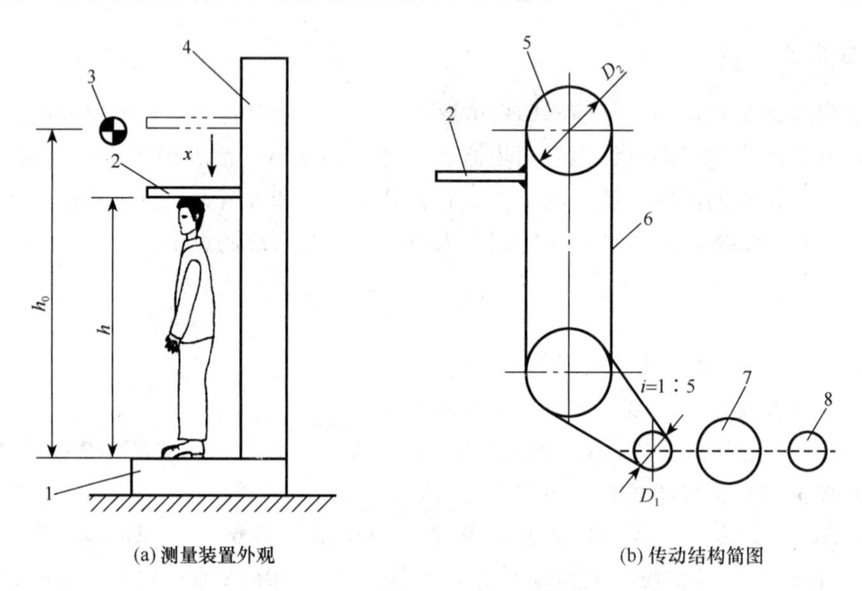

图 5.22　测量身高的传动机构简图

1. 底座；2. 标杆；3. 原点；4. 立柱；5. 带轮；6. 传动带；7. 电动机；8. 光电编码器

（1）测量体重（荷重）传感器应选择________，该传感器应安装在________部位。

（2）设减速比 $i=1:5$，则电动机每转一圈，带轮转了________圈。

（3）在身高测量过程中，若光电编码器的参数为 1024p/r，则电动机每转动一圈，

光电编码器产生________个脉冲。

(4) 设带轮的直径$D=0.1592$m，则皮带轮每转一圈，标杆上升或下降________m。电动机每转一圈，标杆上升或下降________m，每测得一个光电编码器产生的脉冲，就说明标上升或下降________m。

(5) 设标杆原位（基准位置）距踏脚平面的高$h_0=2.2$m，当标杆从图中的原位下移碰到人头部时，共测得5120脉冲，则标杆位移了________m，该人身高h ________m。

(6) 当标杆接触到头顶后，标杆不再动作，电动要停止运转，再1s后标杆自动回到原位，请设计以上方案，以控制这一动作。

(7) 每次测量完毕，标杆回原位是为了____________________。

5.7　假如你应聘到某单位负责设备维护和改造，现单位计划采用数显装置将一台普通车床改造为自动车床，专门用于车削螺纹。此任务托给你完成，具体要求如下：

a. 能分别显示横向（最大为500mm）和纵向（最大为500mm）的进给位移量（精度必须达到0.01mm）。

b. 能自动控制螺距（精度必须达到0.01mm）。

c. 当加工到规定的螺圈数（精度优于1/360圈）时，能自动退刀，此时喇叭响（“嘀”一声）。

d. 若横向走刀失控，当溜板运动到床身的左、右两端限位时，喇叭报警并立即使机床停止下来。

e. 有较高的抗振、抗电干扰、抗腐蚀等能力。

f. 有较高的性能/价格比。

请你就以上几个要求给主管部门写一份可行性报告，要求：

(1) 分别从量程、使用环境、安装和经济适用性方面考虑，说明拟采用的位置传感器，并比较各自的特点。

(2) 论述实现的方法或对策，包括报警、退刀、保护等方法。

(3) 画出传感器及显示器在车床上安装位置。

(4) 报告必须符合应用文格式，文句通顺、简练，无错别字，题目最好能翻译成英文。

第6章 传感器信号处理技术

❖ 知识点

1. 测量放大器的特点、工作原理，实用测量放大器。
2. 程控测量放大器的特点、工作原理，实用程控测量放大器。
3. 隔离放大器的类型、特点及工作原理。
4. 电压/电流变换技术、实用电压/电流变换器。
5. 电压/频率变换技术、实用电压/频率变换器。
6. 信号非线性补偿技术。

❖ 要求

1. 掌握测量放大器的特点及工作原理。
2. 掌握程控测量放大器的特点及工作原理。
3. 掌握隔离放大器的类型、特点及工作原理。
4. 掌握电压/电流变换技术。
5. 掌握电压/频率变换技术。
6. 掌握信号非线性补偿技术。
7. 了解实用测量放大器的应用。
8. 了解实用程控测量放大器的应用。
9. 了解实用电压/电流变换器的应用。
10. 了解实用电压/频率变换器的应用。

在检测系统中，被测量的非电量信号经传感器后可转换为电信号，如电压、电流、电阻、频率等。但传感器输出的电信号往往非常微弱且输出阻抗高，输出信号在包含被测信号的同时，又不可避免地被噪声所污染。因此，必须对测量信号进行技术处理，常用技术处理包括信号放大、滤波、隔离、线性化处理、温度补偿、误差修正等。本章主要介绍放大、隔离、变换和线性化处理等重要处理技术。

6.1　信号的放大与隔离

随着半导体技术的发展，目前的放大电路几乎都采用运算放大器。由于其输入阻抗高、增益大、可靠性高、价格低廉、使用方便，因而得到广泛应用。随着半导体工艺的不断改进和完善，运算放大器的精度越来越高，品种也越来越多，现在已经生产出各种专用或通用运算放大器以满足高精度检测系统的需要，其中有测量放大器（亦称数据放大器）、程控测量放大器、隔离放大器等。实际应用中，一次测量仪表的安装环境和输出特性千差万别，也很复杂，因此选用哪种类型的放大器应取决于应用场合和系统要求。

6.1.1　运算放大器

1. 同相放大器

（1）电路图

同相放大器电路图如图 6.1 所示。其中 R_s 为平衡电阻其大小为

$$R_s = \frac{R_1 + R_2}{R_1 + R_2}$$

（2）闭环放大倍数

根据“虚地”原理，同相放大器的放大倍数为

$$G = 1 + \frac{R_2}{R_1} \qquad (6.1)$$

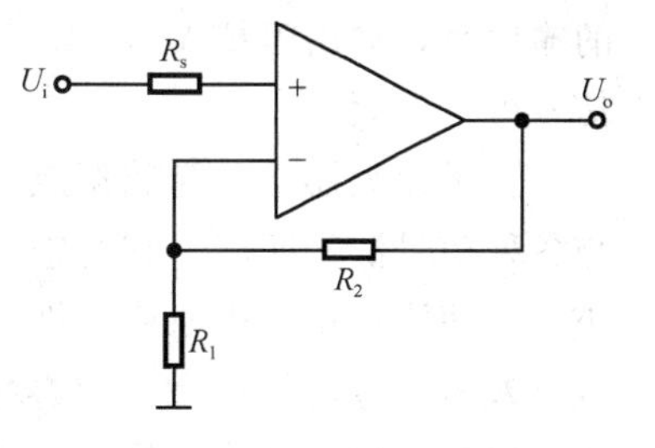

图 6.1　同相放大器电路图

（3）特点

1）输出电压与输入电压同相，所以叫同相放大器。

2）闭环放大倍数不能小于 1（只能放大，不能缩小）。

3）输入阻抗高。

4）输出阻抗很低（通常为 100Ω 左右）。

2. 反相放大器

（1）电路图

反相放大器电路图如图 6.2 所示。其中 R_P 为平衡电阻，其大小为

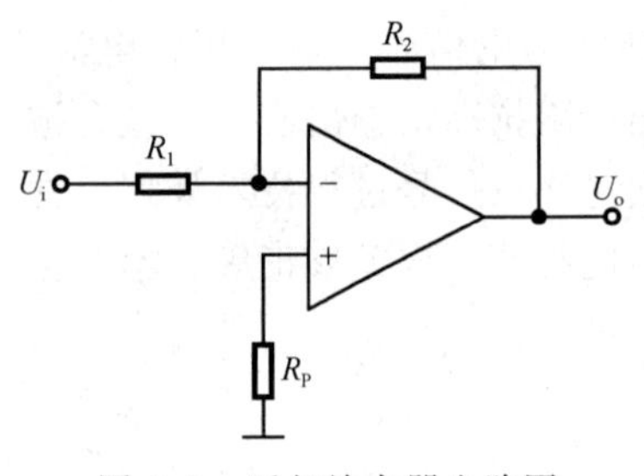

图 6.2　反相放大器电路图

$$R_{P} = \frac{R_1 + R_2}{R_1 + R_2}$$

（2）闭环放大倍数

根据“虚地”原理，反相放大器的放大倍数为

$$G = -\frac{R_2}{R_1} \tag{6.2}$$

当 $R_1 = R_2$ 时，则为反相跟随器，$U_o = -U_i$。

（3）特点

1）输出电压与输入电压反相，所以叫反相放大器。

2）闭环放大倍数既可以大于 1，也可以小于 1，因此也称为比例放大器。

3）输入阻抗小（约等于 R_1），适用于大信号和小输出电阻传感器的信号放大。

3. 电压跟随器

图 6.1 中，当 R_1 为无穷大或 $R_2 = 0$ 时构成电压跟随器，其闭环放大倍数为

$$G = 1$$

由于输出电阻小，输入电阻大，且闭环放大倍数为 1，因此大多数情况下用作隔离器。如将大内阻传感器转换为小内阻输出，或将几种不同功能的电路用电压跟随器隔离，以避免互换干扰。

6.1.2　测量放大器

1. 测量放大器的特点

当传感器的工作环境恶劣时，传感器的输出有各种噪声，共模干扰很大，而传感器的输出小，输出阻抗大时，一般运放已不能胜任，在这种情况下可用仪器放大器对差值信号进行放大。

测量放大器又称为数据放大器、仪器放大器或电桥放大器。它的输入阻抗高，易于与各种信号源相匹配。它的输入失调电压和输入失调电流及输入偏置电流小，并且温漂小，时间漂移小，因而稳定性好。它的共模抑制比大，适于在大的共模电压的背景下对微小差值信号进行放大。仪器放大器是一种高性能的放大器，常用于热电偶、应变电桥、流量计量、生物测量以及其他有较大共模干扰下的本质上是直流缓变的微弱差值信号放大。

2. 测量放大器的工作原理

测量放大器的基本电路如图 6.3 所示。

测量放大器由三个运算放大器组成，其中 A_1、A_2 两个同相放大器组成前级，为对称结构，输入信号加在 A_1、A_2 的同相输入端，从而具有高抑制共模干扰的能力和高输入阻抗。差动放大器 A_3 为后级，它不仅切断共模干扰的传输，还将双端输入方式变换

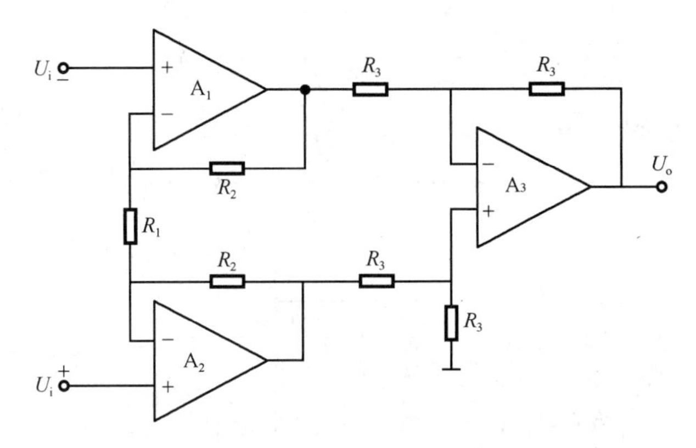

图 6.3　测量放大器的基本电路

成单端输出方式，适应对地负载的需要。

可以证明，测量放大器的放大倍数为

$$G=\left(1+2\frac{R_2}{R_1}\right) \tag{6.3}$$

3. 实用测量放大器

目前，国内外已有不少厂家生产了许多型号的单片仪器放大器芯片，供用户选择，如 AD521、AD522、AD612、HG6101、LM363、ZF605、ZF603、ZF604、ZF606 等。在信号处理中需对微弱信号放大时，可以不必再用分立的通用运算放大器来构成测量放大器。采用单片测量放大器芯片显然具有性能优异、体积小、电路结构简单、成本低等优点。下面介绍两种单片测量放大器。

（1）AD522 测量放大器

美国 AD 公司的 AD521、AD522 和 AD612 都是单片集成测量放大器，整个测量放大器集成在一个芯片上，然后封装起来。AD522 是双列直插式封装，图 6.4 是 AD522 的管脚图。图中脚 1 和 3 分别为输入信号正和负端；2 和 14 脚接电阻 R_1，用于改变测量放大器的放大倍数；4 和 6 脚接调零电位器；8 和 5 脚分别接电源正极和负极；7 脚为放大器的输出端；9 脚接电源地；12 脚用于检测；11 脚为参考点，一般接地；13 脚用于接输入信号引线的屏蔽网，以减少外电场对输入信号的干扰。

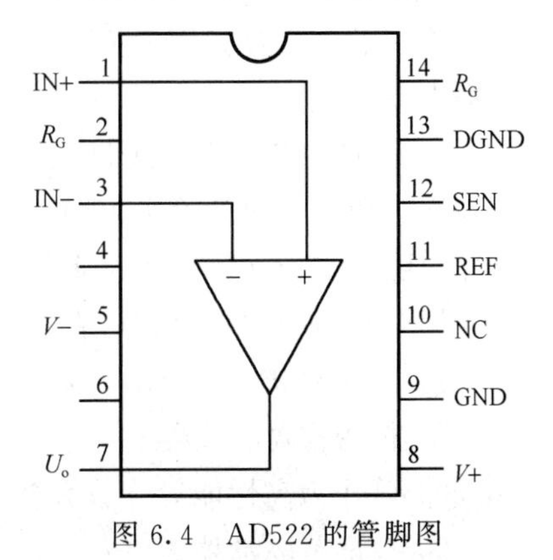

图 6.4　AD522 的管脚图

AD522 用于测量电桥的接法如图 6.5 所示。

为了供给放大器偏置电流，信号地必须与电源地 9 脚相连。负载接于 11 脚与 7 脚间。但为了使负载电流流至电源地，11 脚必须与 9 脚相连。放大器输出为

$$U_o = \left(1 + \frac{200}{R_1}\right)(U_1 - U_2) \tag{6.4}$$

式中，R_1 的单位为 kΩ。

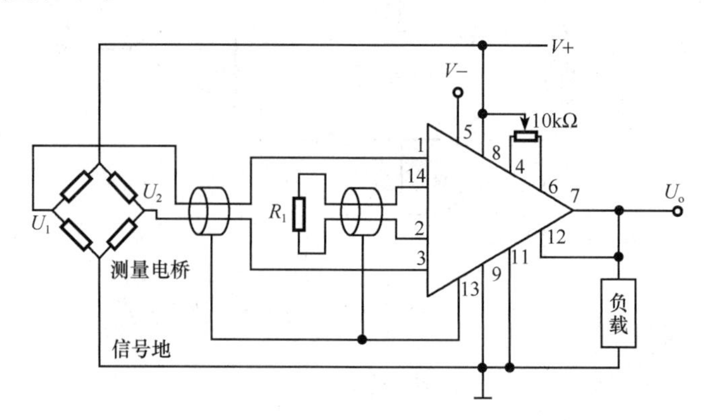

图 6.5　AD522 电桥的接法

AD522 的一个重要特点是有数据防护端，用于提高交流输入时的共模抑制比。远处来的传感器信号通常采用屏蔽电缆传送到仪器放大器，电缆的分布参数 RC 会使信号产生相移，出现交流共模干扰，降低共模抑制比。如图 6.5 所示把电缆的屏蔽层与 AD522 的引脚 1 和 3 相连，可以减轻其影响。

（2）LM363 测量放大器

LM363 是一种单片式理想仪器放大器，其高精度是通过在芯片上微调失调电压和增益得到的，具有很低的输入偏流和电压噪声、极低的失调电压漂移和极高的共模抑制比等特点。新型两级放大器的设计将产生 10^8 的开环增益和 30MHz 的增益带宽乘积，而在各种闭环增益下仍能保持稳定。LM363 工作在电源电压±5～±18V，电源电流仅为 1.5mA。

LM363 的低电压噪声、低失调电压及漂移等特点使其能够理想地用于放大低电平、低阻抗传感器。同时，它的低偏置电流和高输入阻抗（共模和差动）能够在高阻抗电平时提供优良的性能。这些特点与其超高共模抑制比一起，可代替价格昂贵的混合电路、组件或多芯片设计。由于 LM363 是内部微调的，所以可消除精密外接电阻器和与其相关的误差。

16 引脚的双列直插式封装可通过引脚连接而提供 10、100 和 1000 的增益。它的双差动屏蔽驱动器可消除由电缆电容引起的带宽损失。补偿引脚可过度补偿压缩带宽和降低输出噪声，或在容性负载下提供更大的稳定度。分开的输出加载、检测和参考引脚允许采用外接电阻器使增益可在 10～10 000 之间设定。

1）主要性能。

① 精密仪器放大器。

② 可作为高性能运算放大器。

③ 双屏蔽驱动器。

④ 不需外接元件。

⑤ 失调和增益预微调。

⑥ 双电源供电。

⑦ 低电源电流：1.5mA（典型）。

⑧ 偏置电流小：2nA（典型）。

⑨ 共模抑制比高（G=500/1000）：130dB（典型）。

2）引脚图和引脚名称。图 6.6（a，b）为 LM363 的 8 引脚引线图和封装图。图 6.7（a，b）为LM363 的 16 引脚引线图和封装图，引脚名称见表 6.1。

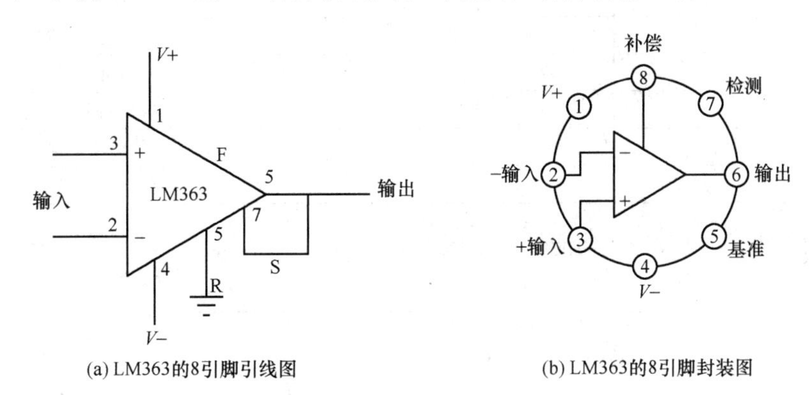

(a) LM363的8引脚引线图　(b) LM363的8引脚封装图

图 6.6　LM363 的 8 引脚引线图和封装图

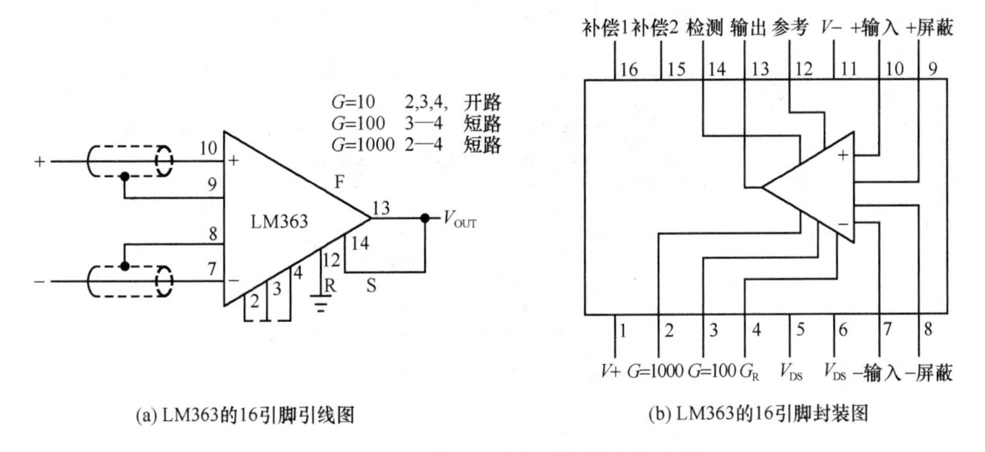

(a) LM363的16引脚引线图　(b) LM363的16引脚封装图

图 6.7　LM363 的 16 引脚引线图和封装图

表 6.1　LM363 引脚名称

引　脚	符　号	功　能
1	$V+$	正电源电压引脚
2	G=1000	增益引脚，G=1000
3	G=100	增益引脚，G=100

续表

引　脚	符　号	功　能
4	GR	增益引脚
5，6	U_{OS}	失调电压引脚
7	$-U_{IN}$	负输入电压引脚
8		（负）屏蔽驱动器引脚
9		（正）屏蔽驱动器引脚
10	$+U_{IN}$	正输入电压引脚
11	$V-$	负电源电压引脚
12	V_{REF}	参考电压引脚
13	U_{OUT}	输出引脚
14	SENSE	检测引脚
15		补偿 2 引脚
16		补偿 1 引脚

3）功能框图。LM363 功能框图如图 6.8 所示。

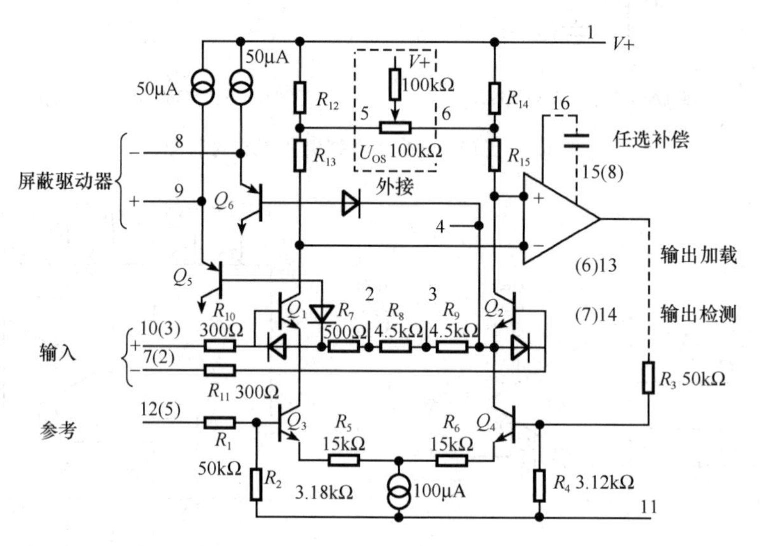

图 6.8　LM363 功能框图

4）极限参数。

① 电源电压：±18V。

② 差动输入电压：±10V。

③ 输入电流：±20mA。

④ 输入电压：±18V。

⑤ 基准和检测电压：±25V。

⑥ 引线焊接温度：300℃。

5）应用实例。

用 LM363 和部分元器件组成 RTD 温度计的电路图如图 6.9 所示。电路中采用独特的微调技术可避免微调相互影响，因而为零点、增益和非线性的校正可在一次全过程中进行微调。额外的运算放大器提供了对传感器的全部开尔文检测而不增加其他设计中所见的漂移和失调项。A_2 接成一个 Howland 电流泵浦，用一固定电流使传感器得到偏置。

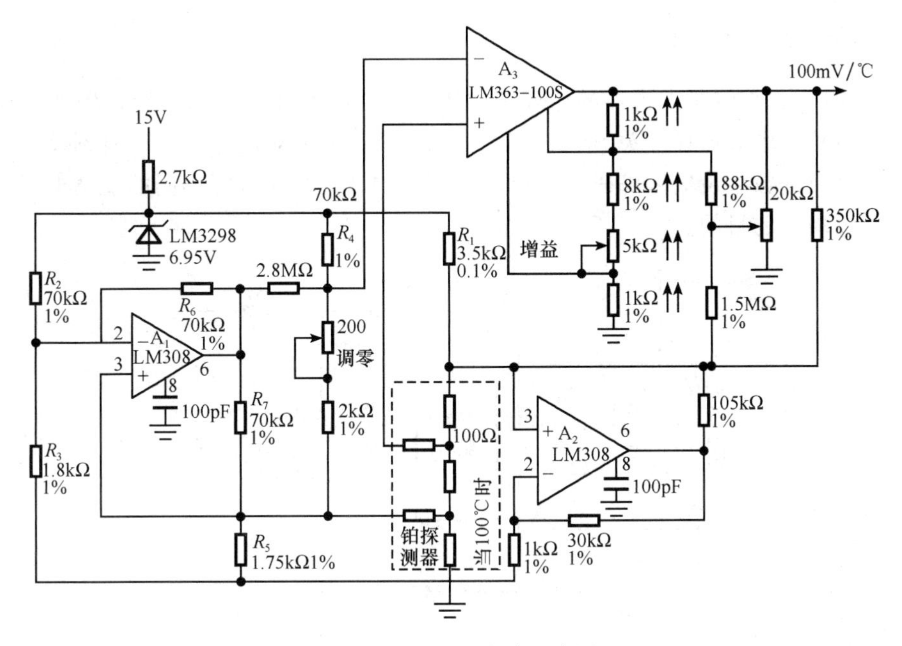

图 6.9　RTD 温度计电路图

电桥的 R_2、R_3、R_4 和 R_5 由 A_1 驱动至平衡。平衡时 A_1 的两个输入端的电压相同。因为 $R_6=R_7$，从电桥的两个臂吸收的电流相同。由于传感器对 R_4/R_5 臂任何加载将造成电桥的不平衡，因此电桥的两个中心抽头给传感器提供开路电压并且不吸收电流。

6.1.3　程控测量放大器 PGA

当传感器的输出与自动测试装置或系统相连接时，特别是在多路信号检测时，各检测点因所采用的传感器不同，即使同一类型传感器，根据使用条件的不同，输出的信号电平也有较大的差异，通常从微伏到伏，变化范围很宽。由于 A/D 转换器的输入电压通常规定为 0～10V 或者±5V，因此若将上述传感器的输出电压直接作为 A/D 转换器的输入电压，就不能充分利用 A/D 转换器的有效位，影响测定范围和测量精度。因此，必需根据输入信号电平的大小，改变测量放大器的增益，使各输入通道均用最佳增益进行放大。为满足此需要，在电动单元组合仪表中，常使用各种类型的变送器。在含有微机的检测系统则采用一种新型的可编程增益放大器 PGA（programmable gain amplifier），它是通用性很强的放大器，其特点是硬件设备少，放大倍数可根据需要通过编程进行控制，使 A/D 转换器满量程信号达到均一化。例如，工业中使用的各种类型的热电偶，它们的输出信号范围大致在 0～60mV 左右，而每一个热电偶都有其最佳测温范围，通常可划分为 0～±10mV，0～±20mV，0～±40mV，0～±80mV 四种量程。针对这四种量程。只需相应地把放大器设置为 500，250，125，62.5 四种增益，则可把各种热电偶输出信号都放大到 0～±5V。

1. 程控测量放大器原理结构

图 6.10 为程控测量放大器的原理结构图，它是图 6.3 电路的扩展，增加了模拟开关和驱动电路。增益选择开关 S_1—S_1'、S_2—S_2'、S_3—S_3' 成对动作，每一时刻仅有一对开关闭合，当改变数字量输入编码，则可改变闭合的开关号，选择不同的反馈电阻，达到改变放大器增益的目的。

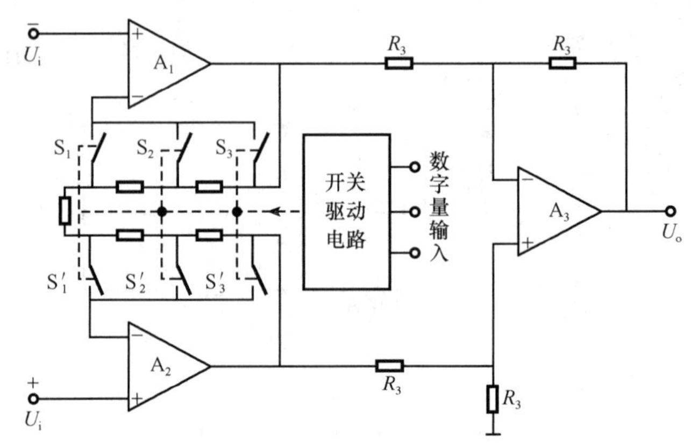

图 6.10　程控测量放大器的原理结构

2. LH0084 程控测量放大器

图 6.11 是美国 AD 公司生产的程控测量放大器 LH0084 的原理结构图。在图 6.11 中，开关网络由译码-驱动器和双 4 通道模拟开关组成，开关网络的数字输入由 D_0 和 D_1 二位状态决定，经译码后可有四种状态输出，分别控制 S_1-S_1'、S_2-S_2'、S_3-S_3'、S_4-S_4' 四组双向开关，从而获得不同的输入级增益。为保证线路正常工作，必须满足 $R_2=R_3$，$R_4=R_5$，$R_6=R_7$。另外，该模块也通过改变输出端的接线方式来改变后一级放大器 A_3 的增益。当管脚 6 与 10 相连作为输出端，管脚 13 接地时，则放大器 A_3 的增益 $G_3=1$。改变连线方式，即改变 A_3 的输入电阻和反馈电阻，可分别得到 4 倍到 10 倍的增益，但这种改变的方法不能用程序实现。

3. 程控测量放大器的应用

程控测量放大器 PGA 的优越性之一就是能进行量程自动切换。特别当被测参数动态范围比较宽时，采用程控测量放大器会更方便、更灵活。例如，数字电压表，其测量动

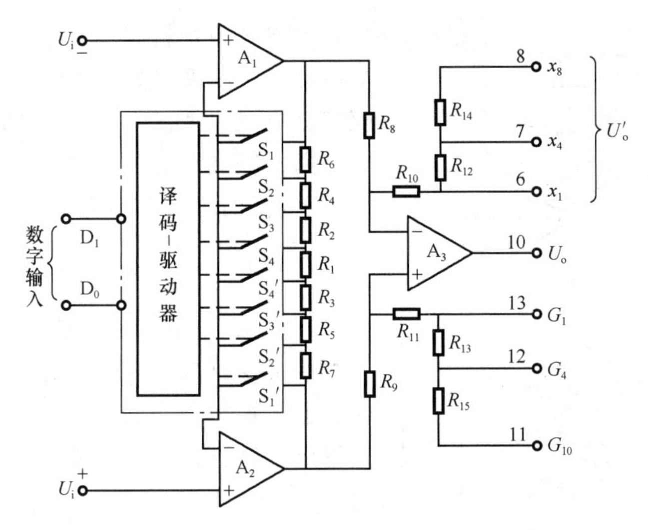

图 6.11　程控测量放大器 LH0084 的原理结构

态范围可以从几微伏到几百伏，过去是用手拨动切换开关进行量程选择，现在在智能化数字电压表中，采用程控放大器和微处理器，可以很容易实现量程自动切换，图 6.12 为具有量程自动切换的数字电压表原理图。

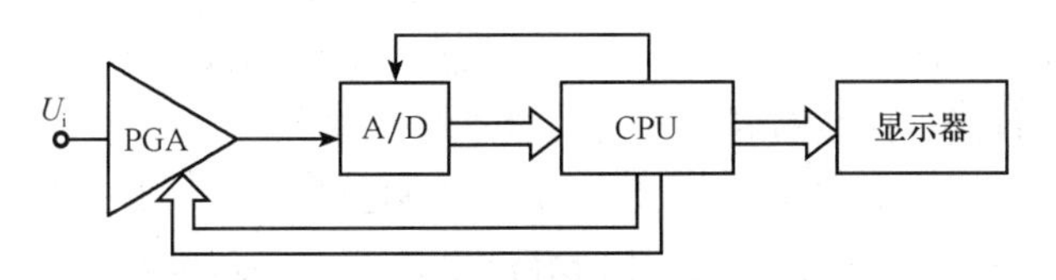

图 6.12　量程自动切换的数字电压表原理

设 PGA 的增益为 1、10、100 三挡，A/D 转换器为 12 位双积分式。用软件实现量程自动切换的框图如图 6.13 所示。自动切换量程的过程如下：当对被测信号进行检测，并进行 A/D 转换后，CPU 便判断是否超值。若超值，且这时 PGA 的增益已经降到最低挡，则说明被测量超过数字电压表的最大量程，需转入超量程处理；若未在最低挡的位置，则把 PGA 的增益降一挡，再重复前面的处理；若不超值，便判断最高位是否为零。如果是零，则再查增益是否为最高一挡；如不是最高挡，将增益升高一级再进行 A/D 转换及判断；如果是 1，或 PGA 已经升到最高挡，则说明量程已经切换到最合适挡，此时微处理器对所测得的数据再进一步处理。因此，智能化数字电压表可自动选取最合适的量程，提高了测量精度。

6.1.4　隔离放大器

在一个自动检测系统中，都希望在输入通道中把工业现场传感器输出的模拟信号与检测系统的后续电路隔离开来，即无电的联系。这样可以避免工业现场送出的模拟信号带来的共模电压及各种干扰对系统的影响。解决模拟信号的隔离问题要比解决数字信号

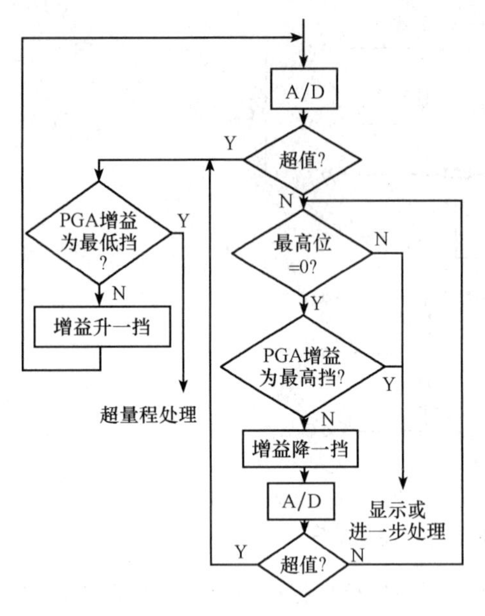

图 6.13　量程自动切换的框图

的隔离问题困难得多。目前，对于模拟量信号的隔离，广泛采用隔离放大器。隔离放大器按原理分有三种类型：变压器耦合隔离放大器、光电耦合隔离放大器和电容耦合隔离放大器。下面重点介绍变压器耦合隔离放大器。

1. 变压器耦合隔离放大器

（1）变压器耦合隔离放大器的组成

变压器耦合隔离放大器由四个基本部分组成，如图 6.14 所示即：①输入部分，包括输入运算放大器、调制器；②输出部分，包括解调器、输出运算放大器；③信号耦合变压器；④隔离电源。这四个基本部分装配在一起，组成模块结构，不但用户使用方便，同时提高了可靠性。此种隔离放大器组件的核心技术是超小型变压器及其精密装配技术。这样一个非常复杂的功能组件，其体积只有 64mm×12mm×9mm，安装形式为双列直插式，插座用 40 脚插座。目前，在国内应用较广泛的是美国 AD 公司的隔离放大器，如 Model 277、Model 278、AD293、AD294 等。典型的隔离放大器如图 6.15 所示。图 6.15（a）为原理框图，图 6.15（b）为简化的功能图。对它的结构简要说明如下：外加直流电源 V_s，经稳压器后为电源振荡器提供电源，可产生 100kHz 的高频电压，分两路输出。一路到输入部分，其中 c 绕组作为调制器的交流电源，而 b 绕组供给 1# 隔离电源形成 ±15V 的浮空电源，可作为前置放大器 A 及外附加电路的直流电源；另一路到输出部分，e 绕组作为解调器的交流电源，而 d 绕组供给 2# 隔离电源形成±15V 直流电源，供给输出放大器 A_2 等。

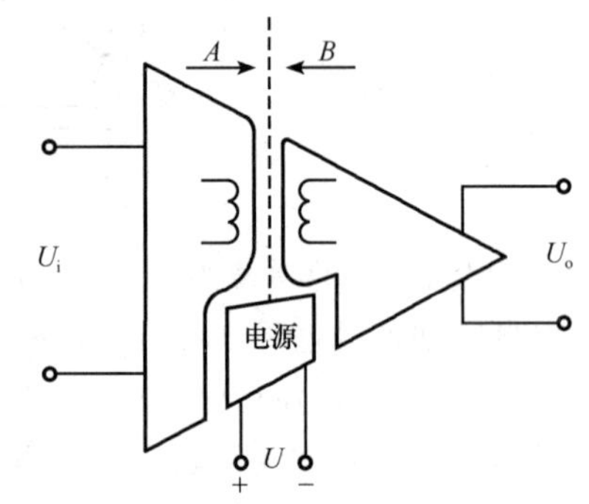

图 6.14　变压器耦合隔离放大器

（2）隔离放大器工作原理

输入部分的作用是将传感器来的信号滤波和放大，并调制成交流信号，通过隔离变压器耦合到输出部分；而在输出部分完成的作用，是把交流信号解调变成直流信号，再经滤波和放大，最后输出 0～±10V 的直流电压。由于放大器的两个输入端都是浮空的，所以它能够有效地作为测量放大器，又因采用变压器耦合，所以输入部分和输出部分是隔离的。

2. 光电耦合隔离放大器

ISO100 是一种小型廉价的光电耦合隔离放大器，隔离电压高达750V，在 240V/

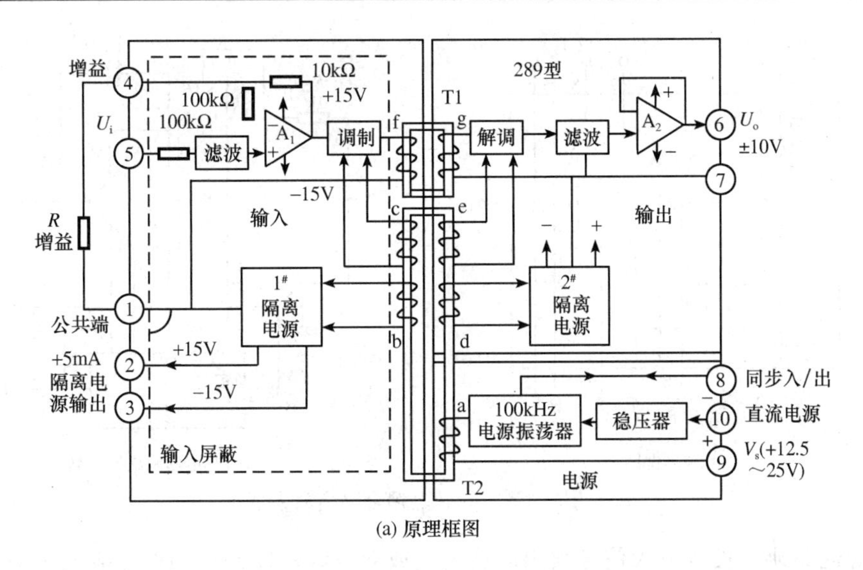

(a) 原理框图

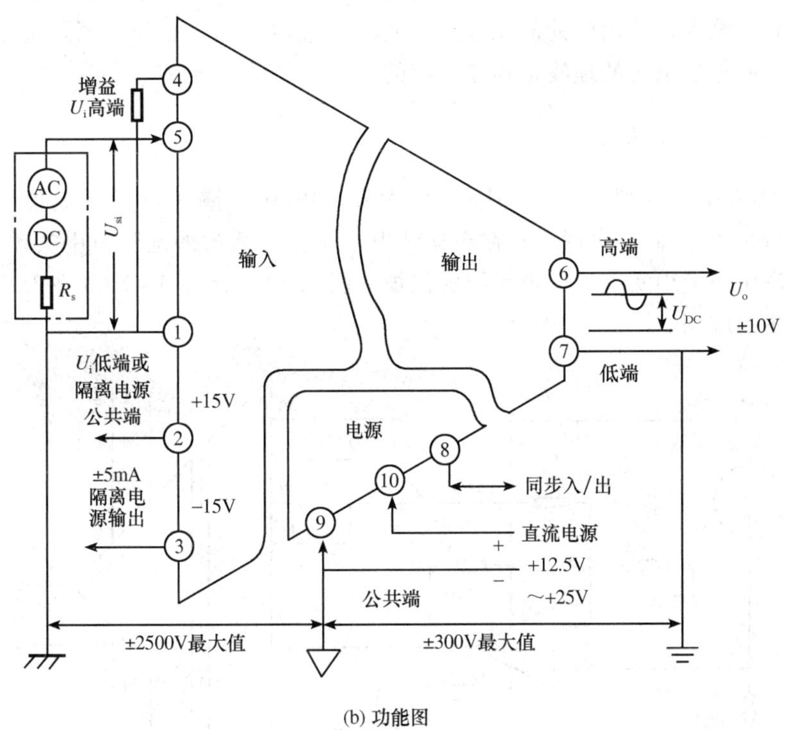

(b) 功能图

图 6.15　典型的隔离放大器

50Hz 时输入、输出回路漏电流小于 0.3μA。图 6.16（a）所示为 ISO100 的原理框图，图 6.16（b）所示为 ISO100 热电偶测温放大电路。电路采用双极性工作方式，由隔离电源 722 供电，输出电压范围为 0～±10V。

在应用ISO100电路时应注意：17 脚应通过独立引线接地，不应与18脚（直流电

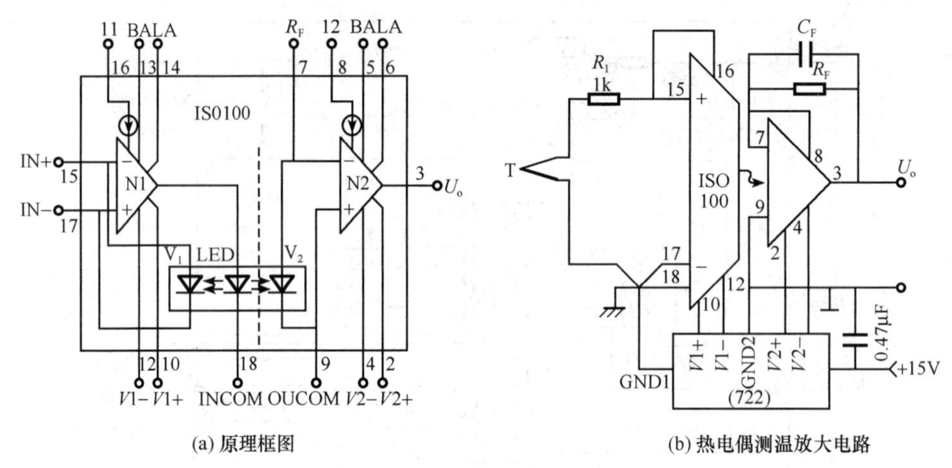

(a) 原理框图　　　　(b) 热电偶测温放大电路

图 6.16　ISO100 光电耦合隔离放大器

流大）就近共地；长线引入信号须用屏蔽电缆或双绞线；印制板的设计应减小输入、输出间分布电容；输入、输出的外部元件和导线距离应尽量远；必须采用隔离电源供电，即输入、输出的正负电源的地线是相互隔离的。

3. 电容耦合隔离放大器

ISO102/106 是电容耦合式缓冲隔离放大器。ISO102 隔离电压有效值约 1500V，ISO106 达 3500V。它们主要用于：在高压地电位中及在恶劣的地噪声中实现精确的信号隔离；在高压环境中实现对模拟系统的保护。图 6.17 所示是 ISO106 在 RTD 热电阻测温放大器中的应用。

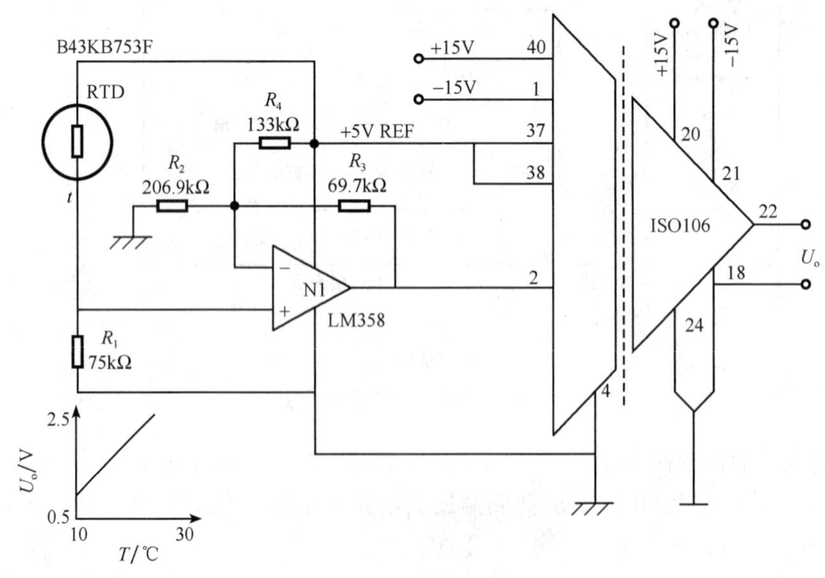

图 6.17　ISO106 在 RTD 热电阻测温放大器中的应用

6.2　信号变换技术

6.2.1　电压/电流（V/I）变换

在成套仪表系统及自动检测装置中，都希望传感器和仪表之间及仪表和仪表之间的信号传送都采用统一的标准信号，这样不仅便于使用微机进行巡回检测，同时可以使指示、记录仪表单一化。另外，若通过各转换器，如气-电转换器、电-气转换器等还可将电动仪表和气动仪表联系起来混合使用，从而扩大仪表的使用范围。目前，世界各国均采用直流信号作为统一信号，并将直流电压 0～5V 和直流电流 0～10mA 或 4～20mA 作为统一的标准信号。采用直流信号作为统一的标准信号与交流信号相比有以下优点：①在信号传输线中，直流不受交流感应的影响，干扰问题易于解决；②直流不受传输线路的电感、电容及负荷性质的影响，不存在相位移问题，使接线简单；③直流信号便于 A/D 转换，因而巡回检测系统都是以直流信号作为输入信号。

为了信号的远距离传送，经常将电压信号转换成 0～10mA 或 4～20mA 的电流信号，以减少干扰的影响和长线电压传输的信号损失。通常传感器输出的信号多数为电压信号，为了将电压信号变成电流信号，需采用电压/电流信号变换器（V/I 变换器）。

1. AD694 电压/电流变换器

AD694 是一种集成度较高的单片信号变送器，能完成上述所需要的功能，因此在工业控制、工厂自动化测控系统和微控制器应用系统的信号变换中颇受青睐。

（1）主要性能

1）片内含有名种输入形式的缓冲放大器。

2）具有输出报警功能。

3）单电源或双电源供电。

4）可选用外部旁路电阻以减小自身发热误差。

5）具有高精度的参考电压。

6）直接同 8 位、10 位及 12 位单电源 CMOS 双极性 DAC 接口。

7）抗干扰性能高。

8）电源电压范围宽：4.5～36V。

9）多种输入信号：0～2V，0～10V。

10）输出范围：4～20mA，0～20mA。

11）非线性误差：0.002%。

12）转换速率：1.3mA/μs。

13）输入阻抗：5MΩ（min）。

14）输出阻抗：40MΩ（min）。

（2）引脚名称

AD604 引脚名称见表 6.2。

表 6.2　AD694 引脚名称

引　脚	符　　号	功　　能
1	FB	反馈输入引脚
2	－SIG	负输入信号引脚，如果该引脚与 FB 相连，则缓冲放大器为电压跟随器（$G=1$）
3	＋SIG	正输入信号引脚
4	2VFS	2V 满刻度引脚
5	COM	公共引脚（地线）
6	4mA ADJUST	4mA 失调偏移电流调整引脚
7	10V	10V 强制电压输出引脚
8	2V	2V 传感电压输出引脚
9	4mA ON/OFF	4mA 接通/断开引脚
10	ALARM	报警信号输出引脚，正常时为高电平，异常时为低电平
11	I_{OUT}	电流输出引脚
12	BOOTS	备份端，一般不用
13	V_s	电源电压引脚
14	BW ADJUST	带宽调整引脚
15，16	V_{OS} ADJUST	缓冲放大器失调电压调整引脚

（3）功能框图

AD694 功能框图如图 6.18 所示。

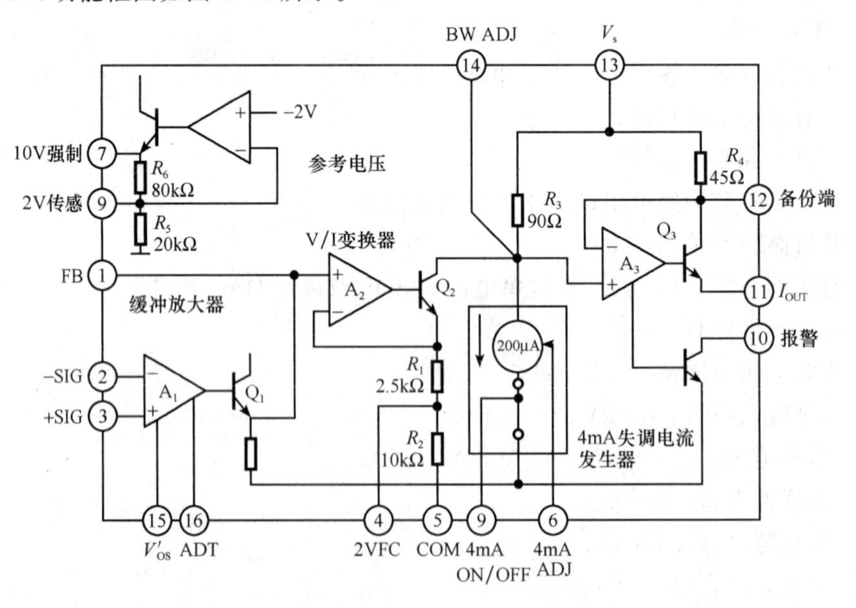

图 6.18　AD694 功能框图

（4）极限参数

1）电源电压：＋36V。

2）V_s 到 I_{OUT} 间的电压：＋36V。

3）输入电压（引脚2或3）：－0.3～＋36V。

4）参考到公共端短路电流：不定。

5）报警电压（引脚10）：＋36V。

6）4mA调节（引脚6）：＋1V。

7）4mA通/断（引脚9）：0～＋36V。

8）贮存温度范围：AD694Q为－65～＋150℃；AD964N为－65～＋125℃。

9）引线焊接温度（10s）：＋300℃。

10）最大结温：＋150℃。

11）最大壳温（Q/N）：＋125℃。

2. AD694电压/电流变换器的典型应用

传感器桥路输出差动信号通常在几十毫伏到100mV之间，处理这类信号可用AD694片内的缓冲放大器组成三运放测量放大器，将小信号放大到AD694的基本量程范围内。实用电路如图6.19所示。

图中把低漂移双运放AD708的负电源端接地，使该运放为单电源工作。为了让AD708有合适的静态工作点，桥路的共模信号应大于3V。AD694的参考电源给三运放的参考点（C点）提供正2V偏移电压，确保运放有合适的工作点，同时给AD694的4脚也加正2V电压，使V/I变换有正2V的偏移，与放大器的偏移匹配，因此AD694输入信号范围为0～2V量程。

AD708作为三运放的前置放大，而AD694的缓冲放大器作为减法电路。减法增益为1，前置放大电路的增益由下式决定，即

$$A_U = \frac{U_{AB}}{U_{IN}} = \frac{2R_s + R_G}{R_G}$$

假定传感器差动输出信号满刻度为100mV，若取 A_U＝20，则 U_{AB} 为0～2V的差动信号。AD694将 A，B 之间的0～2V信号转换成4～20mA电流信号。

6.2.2　电压/频率（V/F）转换电路

1. 电压/频率转换原理

V/F转换原理如图6.20所示，A_1 为积分器；A_2 为一个负反馈放大器，其输出电压受钳位稳压管 D_w 控制，只能为钳位电压 $\pm e_w$；M是乘法器；U_i 只能是正值电压。假设开始时，A_2 输出为 $+e_w$，则乘法器输出 U_M 是正值电压，积分器正向积分，输出电压线性下降。当降到等于或略低于 $-e_w$ 时，A_2 翻转，其输出变为 $-e_w$，同时乘法器的输出变负，A_1 反相积分，输出电压上升。当 A_1 的输出等于或略大于时 $+e_w$，A_2 又翻

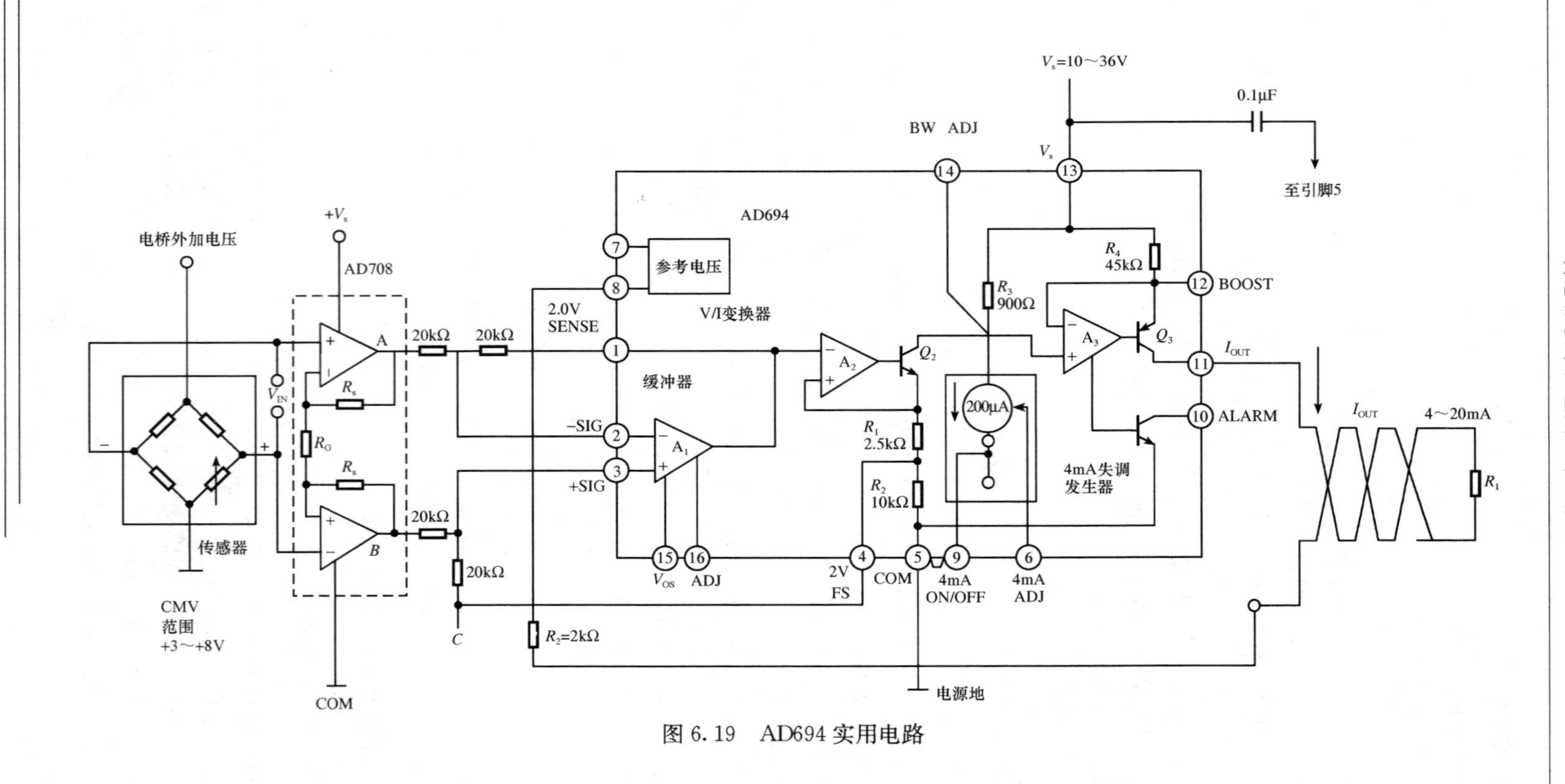

图 6.19　AD694实用电路

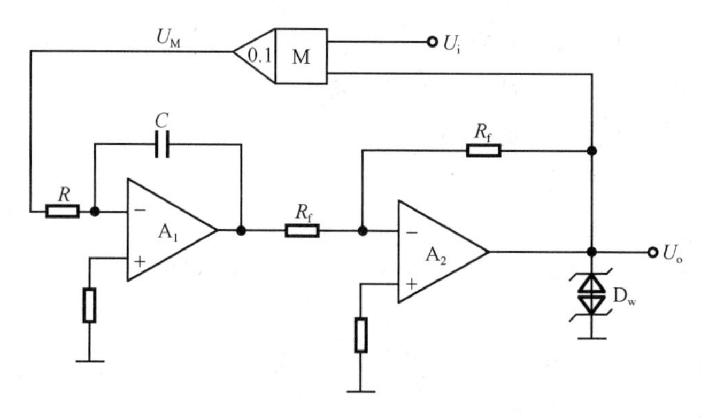

图 6.20　V/F 转换原理

转，输出变为$+e_w$，如此周而复始，产生脉冲信号，其频率与 U_i 成正比，其半周时间 Δt 表达式为

$$\frac{1}{RC}\int_0^{\Delta t} 0.1U_i e_w \mathrm{d}t = e_w$$

$$\frac{0.1U_i}{RC}\Delta t = 1$$

$$\Delta t = \frac{RC}{0.1U_i}$$

则周期 T 为

$$T = 2\Delta t = 2\frac{RC}{0.1U_i}$$

输出脉冲频率为

$$f = \frac{1}{T} = \frac{0.1U_i}{2RC} \tag{6.5}$$

2. 集成电压/频率变换器 AD650

AD650 是高速、高精度、单片集成电压/频率（V/F）变换器。该芯片允许单极性、双极性或差动输入。频率输出采用集电极开路输出，其上拉电阻可接＋30V、＋15V 或＋5V 电源，并可以与 TTL 或 CMOS 电平兼容。

AD650 具有非线性误差低、输入电压范围大、输入形式多、外围电路简单、与微机接口所需硬件资源少的特点，从而可以构成廉价、高分辨率、低速的 A/D 和 D/A 变换器、远距离隔离信号传输电路、锁相环电路、调制解调电路、窄带滤波电路、精密转速表、微控制器接口电路等，因此在计算机、精密测量、智能仪表、通讯、雷达及航空航天中具有十分广泛的应用前景。

(1) 主要性能

① 采用双极性模拟制造工艺。

② 输出连续跟踪输入功能。

③ 与 CMOS 或 TTL 电平兼容。

④ 输入形式多样化：单极性、双极性或差分。

⑤ 脉冲输出，具有极简单的微机接口。

⑥ 具有 V/F、F/V 变换功能。

⑦ 双电源供电。

⑧ 非线性误差低。101kHz，误差为 0.002％；100kHz，误差为 0.005％；1MHz，误差为 0.07％。

⑨ 最高输出频率：1MHz。

⑩ 电源变化率：±0.002％。

（2）引脚名称

AD650 的引脚名称见表 6.3。

表 6.3　AD650 引脚名称

引　脚	符　号	功能描述
1	U_{OUT}	运算放大器输出端
2	＋IN	运算放大器同相输入端
3	－IN	运算放大器反相输入端
4	BIPOLAR OFFSET CURRENT	双极性失调电流
5	$-V_s$	负电源电压输入端
6	ONE SHOT CAPACITOR	单稳电容输入端
7	NC	空脚
8	F_{OUTPUT}	频率输出端
9	COMPARATOR I NPUT	比较器输入端
10	DIGITAL GND	数字地
11	ANALOG GND	模拟地
12	$+V_s$	正电源电压输入端
13，14	0FFSET NULL	失调电压调节端

（3）线路图

AD650 组成正输入的 V/F 变换线路图如图 6.21 所示。

（4）极限参数

① 总电源电压（$+V_s \sim -V_s$）：36V。

② 差分输入电压：±10V。

③ 最大输入电压：$\pm V_s$。

④ 比较器输入电压：$\pm V_s$。

⑤ 放大器对地短路：无限制。

⑥ 集电极开路输出电压：36V。

⑦ 集电极开路输出电流：50mA。

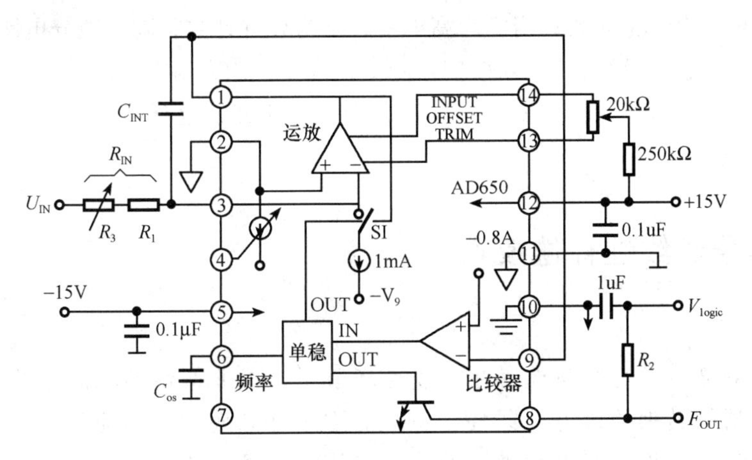

图 6.21　AD650 组成正输入的 V/F 变换线路图

(5) 应用举例

具有光电隔离输入的 $4\frac{1}{2}$ 位数字电压表电路如图 6.22 所示。图中虚线左方为 AD650 V/F 变换器，右边是一个低成本、高精度的频率计，其中 5G7225（或 7224）是频率计中的核心元件，它是 $4\frac{1}{2}$ 位计数器。如果显示选用 EED，可选 5G7225；如果采用液晶显示，则应选 5G7224。本电路选用 5G7225，它具有功能强、控制点多的特点，配以最廉价的石英电子钟电路 5G5544 和一块四或非门 5G4001 及一只 32768Hz 的晶体，便可产生频率计所需的秒信号和其他控制信号。

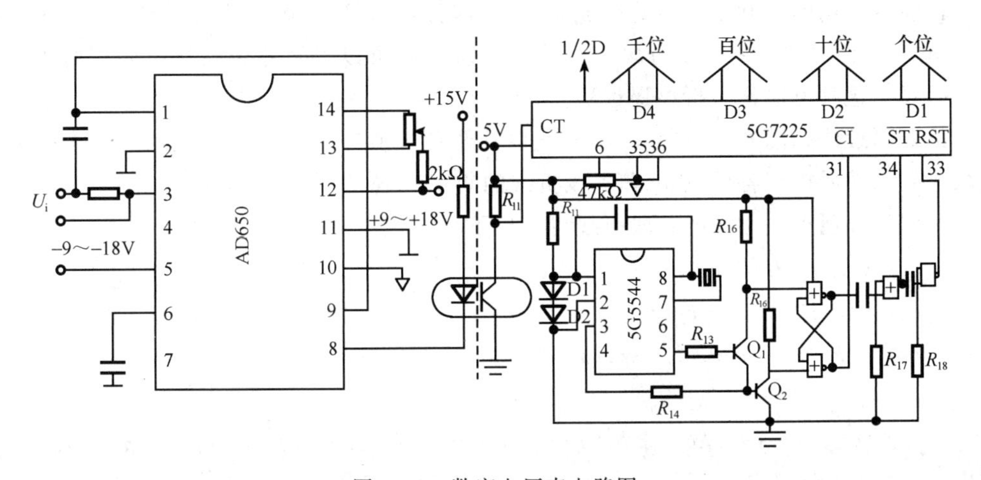

图 6.22　数字电压表电路图

5G5544 对晶体进行 16 分频，在其 3 和 5 脚的输出为脉冲信号，该信号经 Q_1、Q_2 电平位移触发由两个或非门组成的 RS 触发器，产生 5G7225 所需要的计数禁止信号$\overline{CI}$。当$\overline{CI}$为低电平，为禁止计数；当$\overline{CI}$为高电平，则为允许计数。随后微分电路产生锁存信号$\overline{ST}$，再利用$\overline{ST}$的上跳沿产生复位信号$\overline{RST}$。这样在$\overline{CI}$为高电平的 1s 内计好的数字先锁存起来后显示，再把计数器复位，为下 1s 计数作准备。这样组成每 2s 更新一次的频率计。

6.3 信号非线性补偿技术

在检测系统中不可避免地存在非线性环节。造成非线性的原因主要有两个：一是许多传感器的转换原理并非线性。例如，温度测量时，热电阻的阻值与温度、热电偶的电动势与温度都是非线性关系。二是采用的测量电路也存在非线性，例如测量电阻用的四臂电桥，电阻的变化引起电桥失去平衡，此时输出电压与电阻之间的关系为非线性。采用模拟显示方式时可以进行非线性度加以校正，而数字显示却不能进行非线性记数，只能一个一个地线性递增或递减，因此数字显示前要对非线性特性进行线性处理。

非线性校正又称线性化过程，其方法有硬件法和软件法。

6.3.1 硬件校正法

硬件法是指电路校正和机械校正。除了前面几章所讲的差动补偿法外，还可以利用模拟电路实现校正。

目前最常用的是利用二极管组成非线性电阻网络，配合运算放大器产生折线形式的输入-输出特性曲线。用折线分段代替曲线，从而就可以得到非线性补偿环节所需要的特性曲线。这种方法称为折线逼近法。

折线逼近法如图 6.23 所示，将非线性补偿环节所需要的特性曲线用若干个有限的线段代替，然后根据各折点 x_i 和各段折线的斜率 k_i 来设计电路。

根据折线逼近法所作的各段折线可列出下列方程：

$$y = k_1 x \qquad 0 < x < x_1$$

$$y = k_1 x_1 + k_2 (x - x_1) \qquad x_1 < x < x_2$$

$$y = k_1 x_1 + k_2 (x - x_1) + k_3 (x - x_2) \qquad x_2 < x < x_3$$

$$\vdots$$

$$y = k_1 x_1 + k_2 (x - x_1) + k_3 (x - x_2) + \cdots + k_n (x - x_n) \qquad x_{n-1} < x < x_n$$

式中，x_i——折线的各转折点；

k_i——各段的斜率，$k_1 = \tan\alpha_1$，$k_2 = \tan\alpha_2$，…，$k_n = \tan\alpha_n$。

可以看出，转折点越多，折线越逼近曲线，精度也越高，但太多则会因电路本身误差而影响精度。

图 6.24 为精密折点单元电路，它由理想二极管与基准电源 E 组成。由图可知，当 U_i 与 E 之和为正时，运算放大器的输出为负，VD_2 导通，VD_1 截止，电路输出为零；当 U_i 与 E 之和为负时，VD_1 导通，VD_2 截止，电路组成一个反馈放大器，输出电压随 U_i 的变化而改变，有

$$U_o = \frac{R_f}{R_1}U_i + \frac{R_f}{R_2}E$$

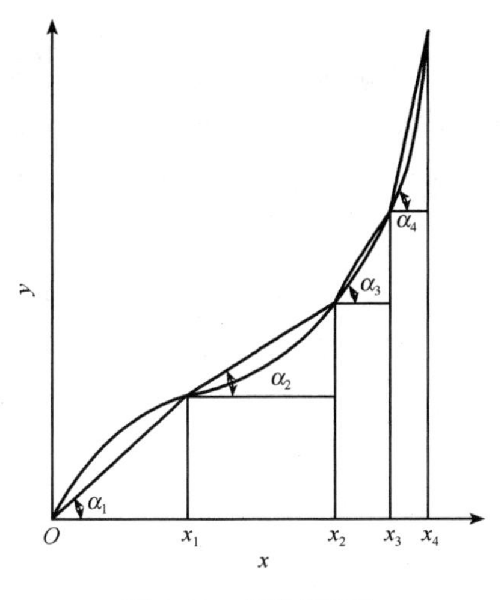

图 6.23　折线逼近法

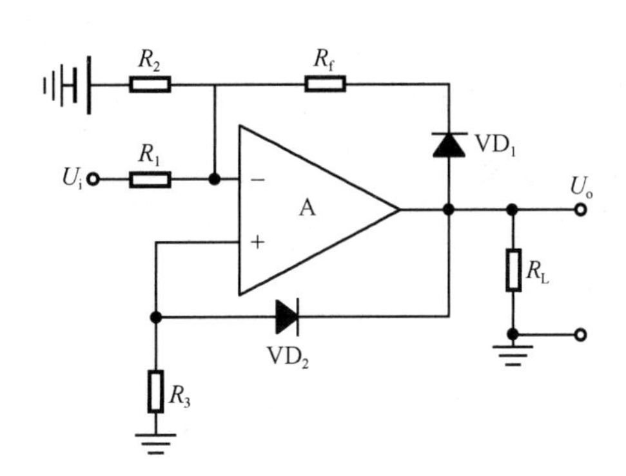

图 6.24　精密折点单元电路

在这种电路中，折点电压只取决于基准电压 E，避免了二极管正向电压 U_D 的影响。在这种精密折点单元电路组成的线性化电路中，各折点的电压将是稳定的。

硬件法不仅成本高，使设备更加复杂，而且对有些误差难以甚至不能补偿。因此，在微机化检测系统中，几乎毫不例外地都采用软件校正法。

6.3.2　软件校正法

常用软件校正法有线性插值法、二次曲线插值法和查表法。

1. 线性插值法

线性插值法就是先用实验测出传感器的输入输出数据，利用一次函数进行插值，用直线逼近传感器的特性曲线。假如传感器的特性曲线曲率大，可以将该曲线分段插值，把每段曲线用直线近似，即用折线逼近整个曲线。这样可以按分段线性关系求出输入值所对应的输出值。图 6.25 所示是用三段直线逼近传感器等器件的非线性曲线。图中 y 是被测量，x 是测量数据。

由于每条直线段的两个端点坐标是已知的，例如图 6.25 中直线段 2 的两端点

（y_1，x_1）和（y_2，x_2）是已和的，因此该直线段的斜率 k_1 可表示为

$$k_1 = \frac{y_2 - y_1}{x_2 - x_1}$$

该直线段上的各点满足

$$y = y_1 + k_1(x - x_1)$$

对于折线中任一直线段 i，我们可以得到

$$k_{i-1} = \frac{y_i - y_{i-1}}{x_i - x_{i-1}}$$

$$y = y_{i-1} + k_{i-1}(x - x_{i-1}) \tag{6.6}$$

在实际应用中，预先把每段直线方程的常数及测量数据 x_1，x_2，x_3，…，x_n 存于内存储器中，计算机在进行校正时，首先根据测量值的大小找到合适的校正直线段，从存储器中取出该直线段的常数，然后计算直线方程式（6.5）就可获得实际被测量 y。图 6.26 就是线性插值法的程序流程。

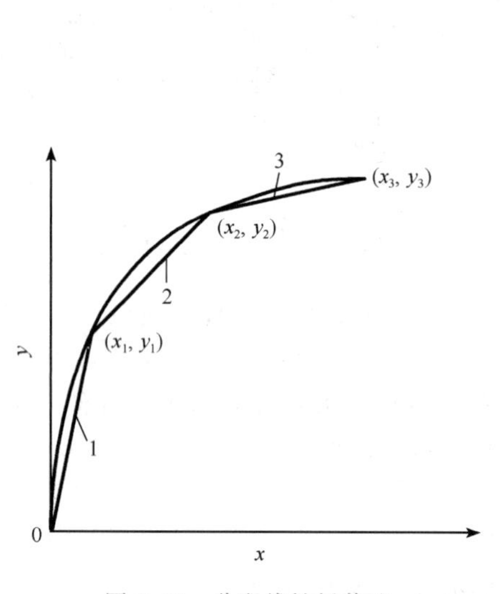

图 6.25 分段线性插值法

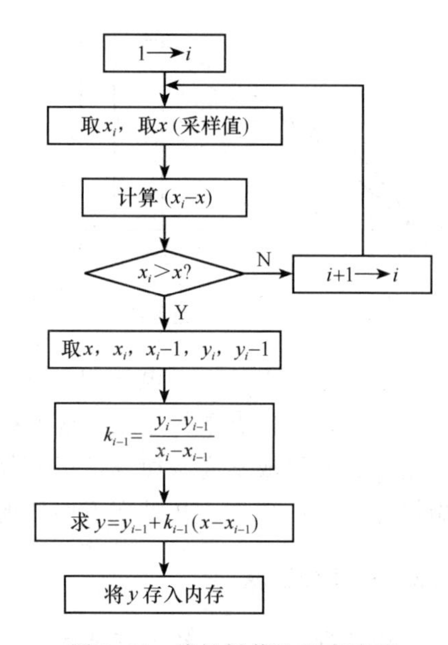

图 6.26 线性插值法程序流程

线性插值法的线性化精度由折线的段数决定，所分段数越多，精度越高，但数表占内存越多。一般情况下，只要分段合理，就可获得良好的线性度和精度。

2. 二次曲线插值法

若传感器的输入和输出之间的特性曲线的斜率变化很大，采用线性插值法就会产生很大的误差，这时可采用二次曲线插值法，就是用抛物线代替原来的曲线，这样代替的结果显然比线性插值法更精确。二次曲线插值法的分段插值如图 6.27 所示，在每段曲

线上取三个点便可得出对应抛物线方程，即

$$y = a_0 + a_1 x + a_2 x^2 \qquad x_1 \geqslant x \geqslant x_0$$

$$y = b_0 + b_1 x + b_2 x^2 \qquad x_2 \geqslant x \geqslant x_1$$

$$\vdots$$

式中，各系数可通过各段曲线上任意三点联立方程解出，如

$$y_0 = a_0 + a_1 x_0 + a_2 x_0^2$$

$$y_1 = a_0 + a_1 x_1 + a_2 x_1^2$$

$$y_2 = a_0 + a_1 x_2 + a_2 x_2^2$$

然后将这些系数和数值预先存入计算机数据表区。二次插值校正程序流程如图 6.28 所示。

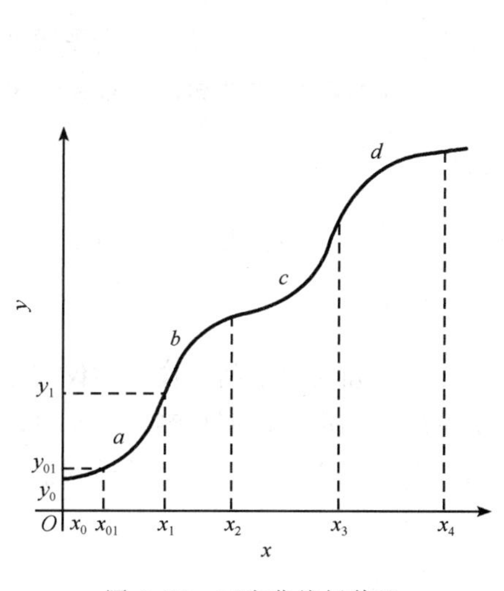

图 6.27　二次曲线插值法

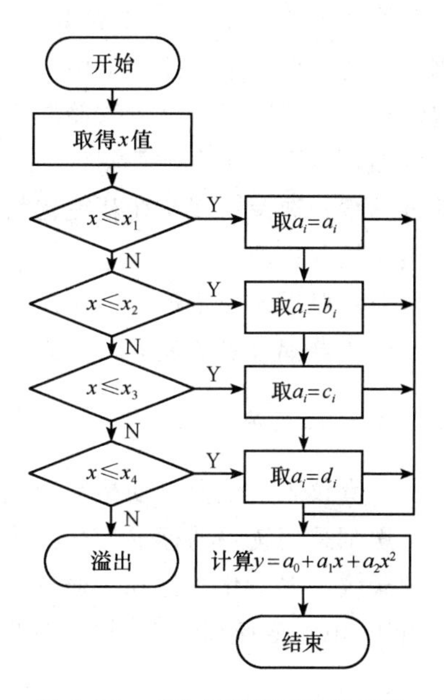

图 6.28　二次插值校正程序流程

3. 查表法

通过计算或实验得到检测值和被测值的关系，然后按一定的规律把数据排成表格，存入内存单元，微处理器根据检测值大小查表。常用的查表方法有顺序查表法和对分搜索法等。查表法一般适合于参数计算复杂，采用计算法编程较繁，并且占用 CPU 的时间较长等情况。

小　结

本章主要介绍了传感器信号处理技术，包括信号的放大与隔离、变换和线性化处理等内容。

测量放大器又称数据放大器、仪器放大器或电桥放大器。它的输入阻抗高，易于与各种信号源相匹配。它的输入失调电压和输入失调电流及输入偏置电流小，并且温漂小，时间漂移小，因而稳定性好。它的共模抑制比大，适于在大的共模电压的背景下对微小差值信号进行放大。仪器放大器是一种高性能的放大器，常用于热电偶、应变电桥、流量计量、生物测量以及其他有较大共模干扰下的、本质上是直流缓变的微弱差值信号放大。目前，国内外已有不少厂家生产了许多型号的单片仪器放大器芯片，供用户选择，如 AD521、AD522、AD612、HG6101、LM363、ZF605、ZF603、ZF604、ZF606等。在信号处理中需对微弱信号放大时，可以不必再用分立的通用运算放大器来构成测量放大器。采用单片测量放大器芯片显然具有性能优异、体积小、电路结构简单、成本低等优点。

程控测量放大器 PGA 是通用性很强的放大器，其特点是硬件设备少，放大倍数可根据需要通过编程进行控制，使 A/D 转换器满量程信号达到均一化。另外还能进行量程自动切换，特别当被测参数动态范围比较宽时，采用程控测量放大器会更方便、更灵活。例如，数字电压表，其测量动态范围可以从几微伏到几百伏，过去是用手拨动切换开关进行量程选择，现在在智能化数字电压表中，采用程控放大器和微处理器，可以很容易实现量程自动切换。

目前，对于模拟量信号的隔离，广泛采用隔离放大器。隔离放大器按原理分有三种类型：变压器耦合隔离放大器、光电耦合隔离放大器和电容耦合隔离放大器。

1. 信号的变换

在成套仪表系统及自动检测装置中，都希望传感器和仪表之间及仪表和仪表之间的信号传送都采用统一的标准信号，这样不仅便于使用微机进行巡回检测，同时可以使指示、记录仪表单一化。另外，通过各转换器可以扩大仪表的使用范围。常用的信号变换器有电压/电流变换器、电压/频率变换器等。

2. 信号的线性化处理

由于在检测系统中不可避免地存在非线性环节。采用模拟显示方式时可以进行非线性度加以校正，而数字显示却不能进行非线性记数，只能一个一个地线性递增或递减，因此数字显示前要对非线性特性进行线性处理。非线性校正又称线性化过程，其方法有硬件法和软件法。

硬件法是指电路校正和机械校正。除了前面几章所讲的差动补偿法外，还可以利用模拟电路实现校正。目前最常用的是利用二极管组成非线性电阻网络，配合运算放大器产生折线形式的输入-输出特性曲线。用折线分段代替曲线，从而可以得到非线性补偿环节所需要的特性曲线。这种方法称为折线逼近法。

常用软件校正法有线性插值法、二次曲线插值法和查表法。

习 题

6.1 对传感器输出的微弱电压信号进行放大时，为什么要采用测量放大器？

6.2 在模拟自动检测系统中为什么要用隔离放大器？变压器式的隔离放大器的结构特点是什么？

6.3 采用 4～20mA 电流信号来传送传感器输出信号有什么优点？

6.4 在模拟量自动检测系统中常用的线性化处理方法有哪些？

第 7 章 传感器技术的综合应用

❖ 知识点

1. 温度测量的主要方法，温度传感器的类型及特点。
2. 物位传感器的类型及特点。
3. 流量的概念、测量方法，流量传感器的类型及特点。
4. 压力传感器的类型及特点。
5. 成分分析器的工作原理及类型。
6. 对传感器的一般要求。
7. 选择传感器的一般原则。

❖ 要求

1. 掌握温度测量的主要方法、温度传感器的类型及特点。
2. 掌握物位传感器的类型及特点。
3. 掌握流量的概念、测量方法，流量传感器的类型及特点。
4. 掌握压力传感器的类型及特点。
5. 掌握成分分析器的工作原理及类型。
6. 了解温度传感器的应用。
7. 了解物位传感器的应用。
8. 了解流量计的应用。
9. 了解压力传感器的应用。

10. 了解成分分析器的应用。
11. 了解传感器在家用电器中的应用。
12. 了解传感器在现代汽车中的应用。
13. 了解对传感器的一般要求和选择传感器的一般原则。

传感器应用很广、很多，本章主要介绍传感器在过程量检测、家用电器及现代汽车中的应用。

7.1 传感器在过程量检测中的应用

过程量主要包括温度、压力、流量、物位和成分量。在化工、印染、冶金等工业生产领域，过程量的自动化控制全都是依靠传感器与自动化仪表来实现的。

7.1.1 温度测量

1. 温度测量的主要方法及分类

温度测量方法一般可以分为两大类，即接触测量法和非接触测量法。接触测量法是测温敏感元件直接与被测介质接触，使被测介质与测温敏感元件进行充分地热交换，使两者具有同一温度，达到测量的目的，如电阻式、热电式等。非接触测量法是利用物质的热辐射原理，测温敏感元件不与被测介质接触，通过辐射和对流实现热交换达到测量的目的，如光学式、比色式、红外式等。各种温度检测方法各有自己的特点和各自的测温范围，常用的测温方法、类型及特点如表 7.1 所示。

表 7.1 常用测温方法、类型及特点

测温方式	温度计或传感类型			测量范围/℃	精度/%	特点
接触式	热膨胀式	水银		－50～650	0.1～1	简单方便，易损坏（水银污染）；感温部大
		双金属		0～300	0.1～1	结构紧凑、牢固、可靠
		压力	液体	－30～600	1	耐振、坚固、价廉；感温部大
			气体	－20～350		
	热电偶	铂铑-铂		0～1600	0.2～0.5	种类多、适应性强、结构简单、经济方便、应用广泛，须注意寄生热电势及动圈式仪表电阻对测量结果的影响
		其他		200～1100	0.4～1.0	
	热电阻	铂		－260～600	0.1～0.3	精度及灵敏度均较好，感温部大，须注意环境温度的影响
		镍		－50～300	0.2～0.5	
		铜		0～180	0.1～0.3	
		热敏电阻		－50～350	0.3～0.5	体积小，响应快，灵敏度高，线性差，须注意环境温度影响
非接触式	辐射温度计			800～3500	1	非接触测温，不干扰被测温度场，辐射率影响小，应用简便
	光电高温计			700～3000		
	热探测器			200～2000	1	非接触测温，不干扰被测温度场，响应快，测温范围大，适于测温度分布，易受外界干扰，标定困难
	热敏电阻探测器			－50～3200		
	光子探测器			0～3500		

2. 温度测量举例

(1) 高精度 K 型热电偶数字温度仪

该测温仪表是采用 K 型热电偶作为传感器的，电路采用近几年生产的先进器件，所用的元器件少，性能优良，精度高，具有先进水平，测温范围为 0～1200℃。

1) 传感器。传感器采用 K 型热电偶，它的精度分为三级：

0.4 级：在 0～1000℃之间，其误差为±1.5℃，为测量温度的 0.4%。

0.75 级：在 0～1200℃之间，其误差为±2.5℃，为测量温度的 0.75%。

1.5 级：在－200～0℃之间，其误差为±2.5℃，为测量温度的 1.5%。

本电路采用 0.75 级 K 型热电偶。

2) 测量电路。热电偶的输出电压很小，每度只有数十微伏的输出，这就需要运算放大器的漂移必须很小。

另外，热电偶都有非线性误差，这就要求有非线性校正电路。

① 基准接点补偿和放大电路。实验室测温可将热电偶的高温端置于被测温度处，低温端置于 0℃，但这给许多应用带来不便。需要将低温端进行基准接点补偿，再将微小的热电动势进行放大。

用于 K 型热电偶零点补偿和放大的电路已研制成为集成电路，如 AD595。AD595 中又分为几种类型，其中有校准误差为±1℃（max）的高精度 IC，如 AD595C 就是一种。

AD595 是美国模拟器件公司的产品，它的两个输入端子＋IN，－IN 通过插座 CN 接入 K 型热电偶，对热电动势进行零点温度补偿和放大，AD595 还具有热电偶断线报警的功能，当热电偶断线时，晶体管 VT 导通，发光二极管点燃。基准接点补偿和放大电路如图 7.2 左侧所示。

② 非线性校正电路。热电偶的热电动势和温度不成线性关系，一般可用下式表示，即

$$E = a_0 + a_1 T + a_2 T^2 + \cdots + a_n T^n \tag{7.1}$$

式中，T——温度；

E——热电动势；

a_0，a_1，a_2，…，a_n——系数。

根据热电偶的热电动势分度表可由最小二乘法或计算机程序计算出 a_0，a_1，a_2，…，a_n。

K 型热电偶热电动势经 AD595 放大后其输出电压为

当温度为 0～600℃，$V_0 = (-11.4 + 1.009\,534 V_a - 5.506 \times 10^{-6} V_a^2)\text{mV}$　(7.2)

当温度为 600℃～1200℃，$V_0 = (745.2 + 0.772\,808 V_a + 13.134\,656 \times 10^{-6} V_a^2)\text{mV}$　(7.3)

式中，$V_a = 249.952 V_{in}$，V_{in}为 AD595 的输入电压，即热电偶的输出电动势。

由于线性化电路只取 V_a 的最高次幂为 2，故式（7.2）和式（7.3）还是比较近似

的。尽管这样，在0～1000℃范围内，仍可以将原来的较大误差校正为1～2℃的误差，相当于（0.1%～0.2%）的相对精度。由式（7.1）和式（7.2）可知，还需要一个平方电路和加法电路。

③ 平方电路。平方电路使用专用集成电路AD538，AD538内部框图如图7.1所示，该集成电路有三个输入端子V_x，V_y，V_z，而且有下面的函数关系，即

$$V_{OUT}=V_y\left(\frac{V_z}{V_x}\right)^2 \tag{7.4}$$

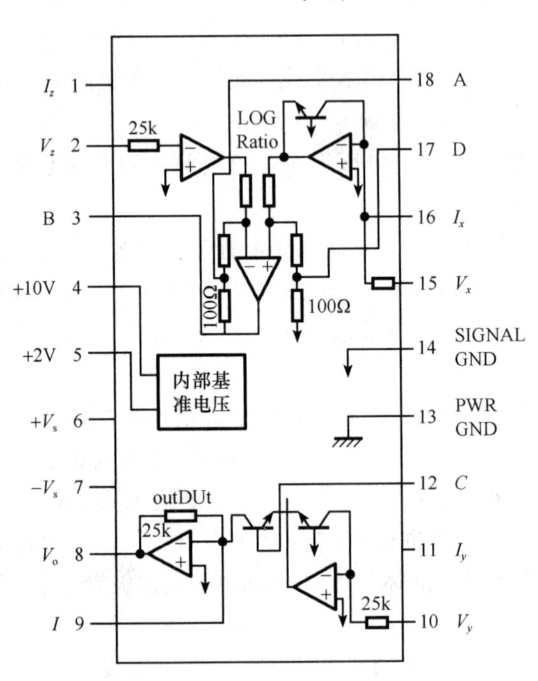

图7.1　AD538内部框图

它作为平方电路不需要再加任何元件，最适合用于线性校正电路。AD538内部有基准电压电路，它能提供+10V（4脚）和+2V（5脚）的基准电压，它可以为自身或外电路提供电压源。在电路图7.2中，V_z，V_y短接后接AD595A的输出V_o（9脚），即

$$V_y=V_z=V_a$$

V_x端（15脚）与10V端（4脚）相接，即

$$V_x=10\text{V}$$

由于B（7脚）与C（12脚）相连，故

$$m=1$$

因此，$V_o=V_n^2/1000$（mV）。

④ 反相加法器。下面介绍满足式（7.2）的电路设计方法。

前述已经得到了V_a和V_n^2。显然满足式（7.2）的电路为一个加法电路。这个加法器是A_2组成的运放电路。

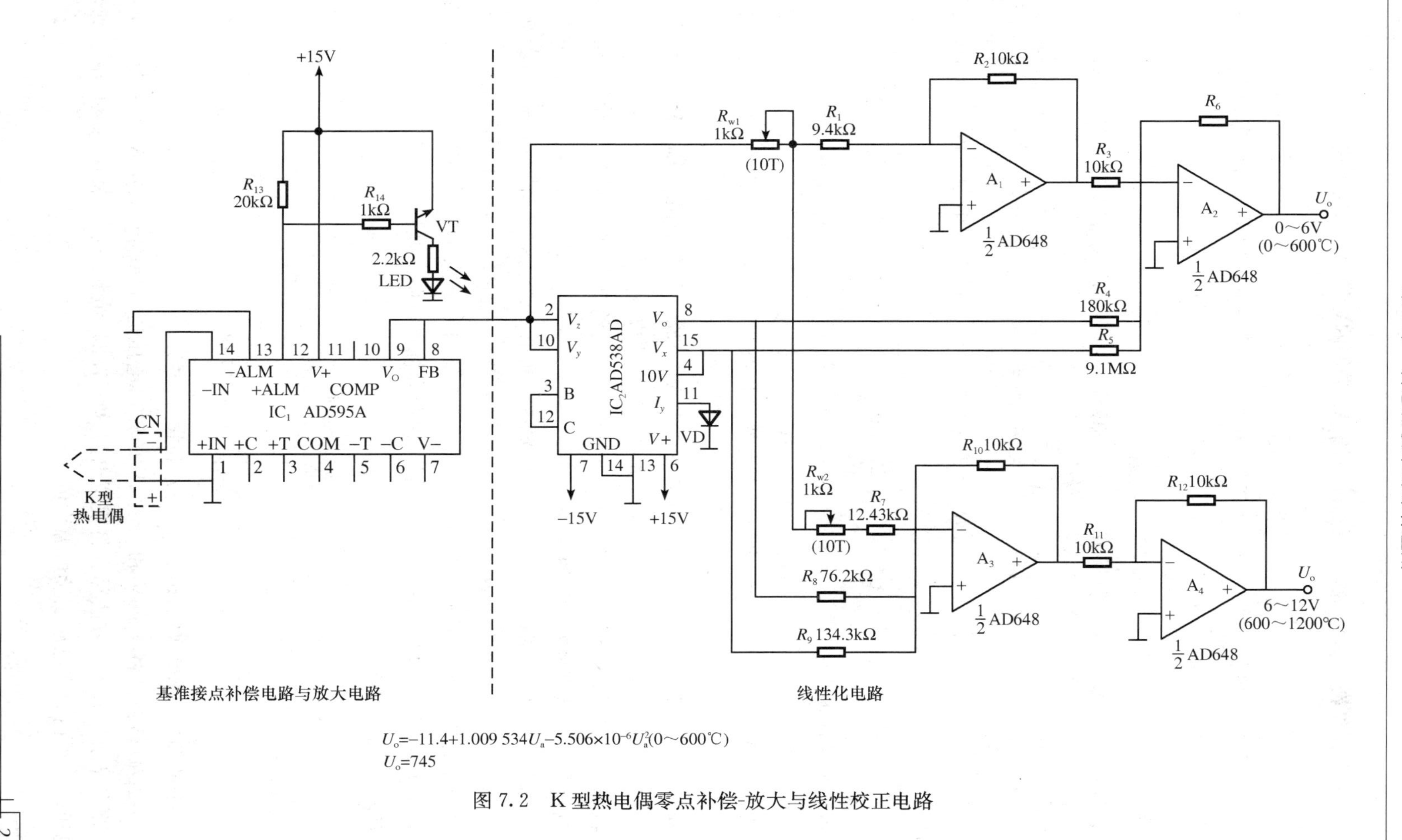

图 7.2　K 型热电偶零点补偿-放大与线性校正电路

V_a 的一次系数 1.009 534 是由运放电路 A_1 提供的，即 A_1 的输出电压为

$$V_{01} = \frac{R_2}{R_1 + W_1} V_a$$

调整电位器，可使 $V_{01} \approx -1.0095V_a$，因此 A_1 是一个一次系数放大器，A_2 是一个反相加法放大电路，R_6 与 R_3 组成一个系数为 -1 的支路。

$$\frac{R_6}{R_3} = 1$$

它将 $V_{01} = -1.0095V_a$ 转换成 $V'_{02} = 1.0095V_a$，R_6 与 R_4 组成 V_a 的二次系数放大支路，即

$$\frac{R_6}{R_4} = 0.0555$$

所以 $V''_{02} = -555 \times 10^{-6} V_a^2$，$R_6$ 与 R_5 组成常系数 -11.4 的偏置电路，该支路的放大分量为

$$V''_{02} = -10\frac{R_6}{R_5}(\mathrm{mV}) = -11\mathrm{mV}$$

由叠加原理得

$$V_{\mathrm{OUT}} = (-11 + 1.0095V_a - 5.55 \times 10^{-6} V_a^2)\mathrm{mV} \tag{7.5}$$

式（7.5）和式（7.2）大体相当。当然可以把设计的电路参数使 V_{OUT} 完全满足式（7.2）。

同理，满足式（7.3）的电路由运放 A_3 和 A_4 完成，常数项由 $10R_{10}/R_1 = 744.6$ 完成，一次项由 $R_{10}/(R_7 + R_{w2}) = 0.7728$ 完成，二次项由 $R_{10}/R_8 = 13.12 \times 10^{-6}$ 完成。

该测温电路无论 0～600℃还是 600～1200℃，大约都具有 10mV/℃的灵敏度，其输出电压和温度具有良好的线性关系。

3）调试。由电路图 7.2 可知，IC_1 AD595A 和 IC_2 AD538AD 除热电偶断线报警电路 VT 外，都未外接元件，因此 IC_1 和 IC_2 无需调整，这是因为大量的调试工作已由集成电路技术完成。需作调试的是 $A_1 \sim A_4$，主要是闭环放大倍数的调整。图 7.2 中的 R_1，R_7，R_8，R_9 均为非标称电阻，它们可由两个标称电阻串联组成。

R_{w1} 的调整要满足

$$\frac{R_2}{R_1 + R_{w1}} = 1.0095$$

同样，R_{w2} 的调整要满足

$$\frac{R_{10}}{R_7 + R_{w2}} = 0.7728$$

整个的调试工作均要满足式（7.2）和式（7.3）。

4）A/D 转换。将 0～6V 和 6～12V 的输出电压通过转换开关输入到 A/D 转换器进行数字显示。简化的方法是，将模拟电路（图 7.2）组装完后，将输出电压输入到数字电压表，可由数字电压表读取温度值。

（2）红外热辐射温度仪

绝大多数测温仪器都属于接触式测温，即温度传感器与被测对象相接触，这里介绍的红外热辐射温度仪是一种非接触式测温仪器。

自然界的物体，例如人体、火焰、机器设备、房屋、岩石、冰等都会放射出红外线，只是发射的红外波长不同而已。人体温度（36～37℃）放射的红外线波长为 9～10μm，400～700℃物体放射的红外线波长为 3～5μm。红外线传感器就是能接收这些波长并转变成电信号的装置。

1）传感器。本测温装置使用红外线传感器，它能接收物体放射出的红外线并使之转换成电压信号。这里的热型红外线传感器是采用 LN-206P 或 IRAE001S 热释电红外线传感器。一般的热释电传感器多用于人体入侵防盗报警，它对人体的探测需要人体或热源的移动，否则不能探测，也就是说它有一个工作频率范围。LN-206P 型热电传感器在 7Hz 以下工作特别是 1Hz 频响的灵敏度较高，可达 1100V/W（在 500K 下）。

将 LN-206P 型热释电传感器固定在一个盒子内，前面加避光板，避光板由慢速电机带动旋转，使传感器按 1Hz 的频率接收被测物体的辐射能（红外线）。另外，盒内还放置温度补偿二极管，盒子的开口对准被测物体，传感器的窗口对准遮光板，以便接收 1Hz 的红外辐射。其结构示意图如图 7.3 所示。

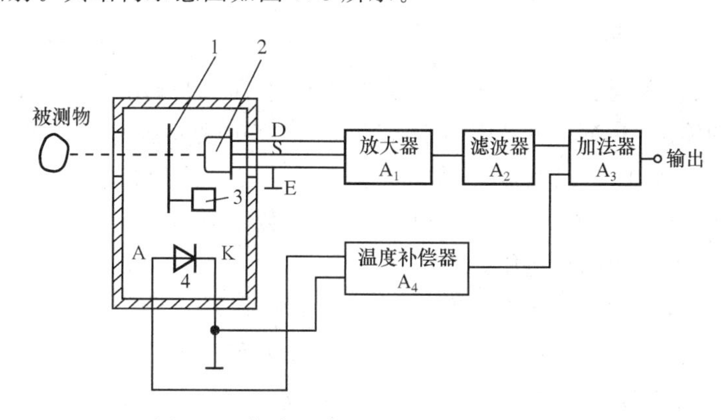

图 7.3　传感器单元及热辐射温度仪框图

1. 遮光器；2. 传感器；3. 慢速电机；4. 温度补偿二极管

2）测量电路。传感器输出的信号需经放大器放大，滤波器滤波，传感单元中的二极管温度补偿，即被测物体的温度是通过加法器来实现的。

与图 7.3 对应的测量电路如图 7.4 所示。图中 A_1 为一同相放大器，输入信号由 47μF 电容耦合而成。A_1 的闭环放大倍数 $A_{F1}=23\sim24$（由 10Ω 电位器调节）；A_2 为一低通滤波器，其截止频率 f_0 为

$$f_0=\frac{1}{2\pi}\sqrt{\frac{1}{100\times10^3\times100\times10^3\times0.22\times10^{-6}\times0.22\times10^{-6}}}=7\text{Hz}$$

它能把高于 7Hz 的信号滤掉，它的闭环增益 $A_{F2}\approx1$。

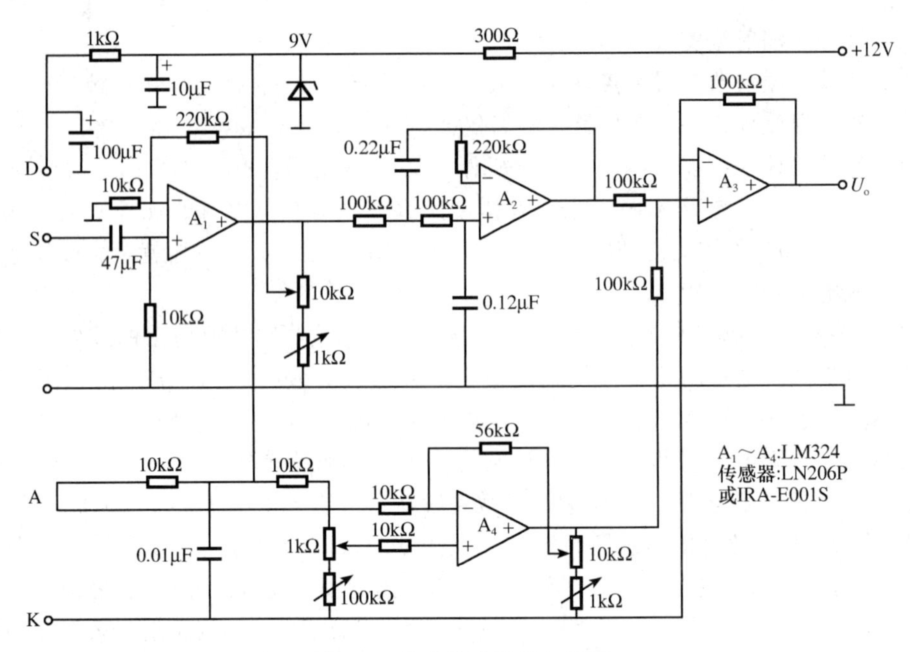

图 7.4　热辐射温度仪电路图

温度补偿二极管采用负温度系数－2mV/℃的硅二极管，它的温度补偿信号经差动放大器 A_4。放大，送到 A_3。A_3 为一加法器，它将 A_2 的输出与 A_4 的输出相加。在200℃时，A_3 的输出为4V（灵敏度为20mV/℃），其中放大器输出为3V，温度补偿输出为1V（25℃）。A_3 的输出与温度基本成线性关系，可用模拟或数字方法显示出来。用模拟电压表可按200℃（4V）为满量程分度；用数字显示，需将输出电压衰减2倍，A/D转换器要2000V的基准电压。

3）调试。A_1 输出端的10kΩ电位器和1kΩ变阻器是用于调节 A_2 输入信号的大小，调节它们的阻值使 A_3 的输出为3V；A_4 的同相端的电位器（1kΩ）和变阻器（100Ω）用于调节温度补偿量的大小，在25℃时调节它们使 A_4 的输出为1V。

本红外线测温仪，最高温度可测200℃，被测物体与传感器单元的距离为10cm左右时，其辐射的能量为6mW，它仅适用于近距离的非接触测温场合，如齿轮的温度，或机器内部不能接触部件的温度的测量。

7.1.2　物位测量

1．物位传感器的类型

用来对物位进行测量的传感器称为物位传感器，由此制成的仪表称为物位计。

液位是指开口容器或密封容器中液体介质液面的高低；料位是指固体粉状或颗粒物在容器中堆积的高度；相界面是指两种液体介质的分界面。用来测量液位、料位、相界面的仪表分别称为液位计、料位计和界面计。

物位检测在现代工业生产过程中具有重要地位。一方面通过物位检测可确定容器里的原料、半成品或成品的数量，以保证能连续供应生产中各个环节所需的物料或进行经济核算；另一方面是通过检测，连续监视或调节容器内流入和流出物料的平衡，使之保持在一定的高度，使生产正常进行，以保证产品的质量、产量和安全。一旦物位超出允许的上、下限则报警，以便采取应急措施。

物位传感器种类较多，按其工作原理可分为下列几种类型。

(1) 直读式

它根据流体的连通性原理测量液位。

(2) 浮力式

它根据浮子高度随液位高低而改变或液体对浸沉在液体中的浮子（或称沉筒）的浮力随液位高度变化而变化的原理测量液位。

(3) 差压式

它根据液柱或物料堆积高度变化对某点上产生的静（差）压力的变化的原理测量物位。

(4) 电学式

它把物位变化转换成各种电量变化而测量物位。

(5) 核辐射式

它根据同位素射线的核辐射透过物料时，其强度随物质层的厚度变化而变化的原理测量液位。

(6) 声学式

它根据物位变化引起声阻抗和反射距离变化而测量物位。

(7) 其他形式

其他形式如微波式、激光式、射流式、超声波式、光纤式传感器等。

2. 物位测量举例

(1) 浮力式液位计

浮力式物位检测的基本原理是通过测量漂浮于被测液面上的浮子（也称浮标）随波面变化而产生的位移来检测液位，一般称为恒浮力式检测。其测量原理如图 7.5 所示，将液面上的浮子用绳索连接并悬挂在滑轮上，绳索的另一端挂有平衡重锤，利用浮子所受重力和浮力之差与平衡重锤 g 的重力相平衡，使浮子漂浮在液面上。其平衡关系为

$$W - F = G \tag{7.6}$$

式中，W——浮子的重力；

F——浮力；

G——重锤的重力。

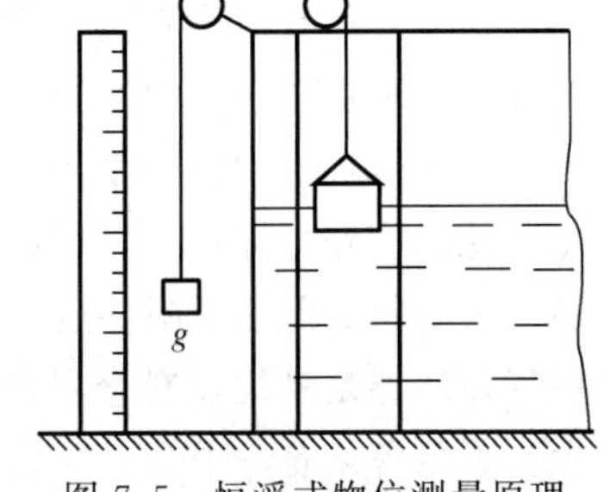

图 7.5　恒浮式物位测量原理

当液位上升时，浮子所受浮力 F 增加，则 $W-F<G$，使原有平衡关系被破坏，浮子向上移动。但浮子向上移动的同时浮力 F 下降，$W-F$ 增加，直到 $W-F$ 又重新等于 G 时，浮子将停留在新的液位上，反之亦然。因而，它实现了浮子对液位的跟踪。由于式（7.6）中 W 和 G 可认为是常数，因此浮子停留在任何高度的液面上时 F 值不变，故称此法为恒浮力法。该方法的实质是通过浮子把液位的变化转换成机械位移（线位移或角位移）的变化。在实际应用中，可以采用各种各样的结构形式来实现液位-机械位移的转换，并可通过机械传动机构带动指针对液位进行指示，如果需要远传，还可通过电或气的转换器把机械位移转换为电信号或气信号。

图 7.6 所示的浮力式液位计只能用于常压或敞口容器，通常只能就地指示。由于传动部分暴露在周围环境中，使用日久摩擦增大，液位计的误差就会相应增大，因此这种液位计只能用于不太重要的场合。

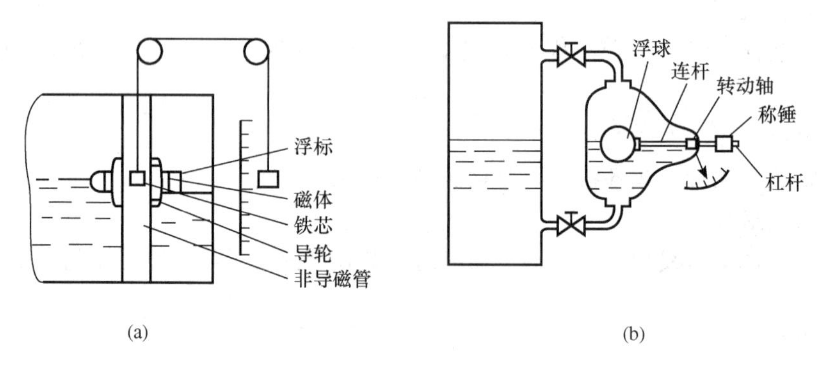

图 7.6　浮力式液位计示意图

图 7.6（a）所示为在密闭容器中设置一个测量液位的通道。在通道的外侧装有浮标和磁铁，通道内侧装有铁芯。当浮子随液位上下移动时，铁芯被磁铁吸引而同步移动，通过绳索带动指针指示液位的变化。

图 7.6（b）所示为适用于高温、黏度大的液体的液位计，浮球是不锈钢的空心球，通过连杆和转动轴连接，配合称锤用来调节液位计的灵敏度，使浮球刚好一半浸没在液体中。浮球随液位升降而带动转轴旋转，指针就在标尺上指示液位值。

（2）电容式物位计

现以晶体管电容料位指示仪为例进行简述。晶体管电容料位指示仪用来监视密封料仓内导电性不良的松散物质的料位，并能对加料系统进行自动控制。在仪器的面板上装有指示灯：红灯指示“料位上限”，绿灯指示“料位下限”。当红灯亮时表示料面已经达到上限，此时应停止加料；当红灯熄灭，绿灯仍然亮时，表示料面在上下限之间；当绿灯熄灭时，表示料面低于下限，这时应加料。晶体管电容料位指示仪的电路原理如图 7.7 所示，电容传感器是悬挂在料仓里的金属探头，利用它对大地的分布电容进行检测。在料仓中上、下限各设有一个金属探头。整个电路由信号转换电路和控制电路两部分组成。

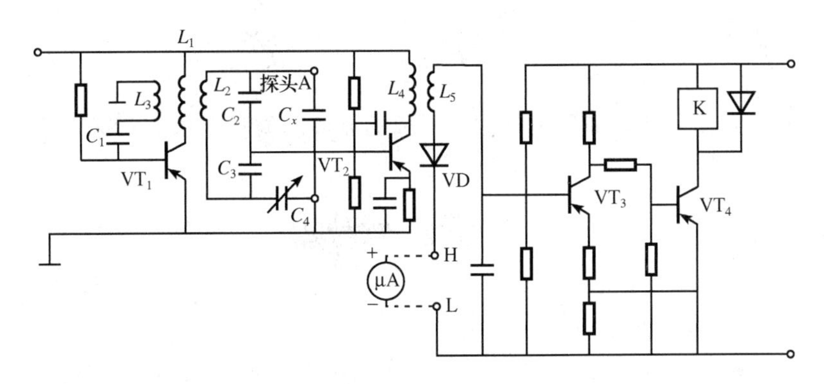

图 7.7　晶体管电容料位指示仪原理图

信号转换电路是通过阻抗平衡电桥来实现的，当 $C_2C_4=C_xC_3$ 时，电桥平衡。由于 $C_2=C_3$，则调整 C_4，使 $C_4=C_x$ 时电桥平衡，C_x 是探头对地的分布电容，它直接和料面有关，当料面增加时，C_x 值将随着增加，使电桥失去平衡，按其大小可判断料面情况。电桥电压由 VT_1 和 LC 回路组成的振荡器供电，其振荡频率约为 70kHz，其幅值约为 250mV。电桥平衡时，无输出信号；当料面变化引起 C_x 变化，使电桥失去平衡，电桥输出交流信号。此交流信号经 VT_2 放大后，由 VD 检波变成直流信号。

控制电路是由 VT_3 和 VT_4 组成的射极耦合触发器（史密特触发器）和它所带动的继电器 K 组成，由信号转换电路送来的直流信号，当其幅值达到一定值后，使触发器翻转，此时 VT_4 由截止状态转换为饱和状态，使继电器 K 吸合，其触点去控制相应的电路和指示灯，指示料面已达到某一定值。

7.1.3　流量测量

1. 流量的概念及测量方法

流量是工业生产中一个重要参数。工业生产过程中，很多原料、半成品、成品是以流体状态出现的。流体的流量就成为决定产品成分和质量的关键，也是生产成本核算和合理使用能源的重要依据。因此，流量的测量和控制是生产过程自动化的重要环节。

（1）流量的概念

单位时间内流过管道某一截面的流体数量，称为瞬时流量。而在某一段时间间隔内流过管道某一截面的流体量的总和，即瞬时流量在某一段时间内的累积值，称为总量或累积流量。瞬时流量有体积流量和质量流量之分。

1）体积流量 q_V：单位时间内通过某截面的流体的体积，单位为 m^3/s。根据定义，体积流量可表示为

$$q_V=\frac{dV}{dt}=vS(m^3/s) \tag{7.7}$$

式中，S——管道截面面积，m^2；

v——管道内平均流速，m/s；

V——流体体积，m^3；

t——时间，s。

2）质量流量 q_m：单位时间内通过某截面的流体的质量。根据定义，质量流量可表示为

$$q_m = \frac{dm}{dt} = \rho v S(kg/s) \tag{7.8}$$

式中，ρ——流体的密度，kg/m^3；

m——流体的质量，kg。

总量又称累积流量，它在数值上等于瞬时流量对时间的积分，如用户的水表、气表等。工程上讲的流量常指瞬时流量，下面若无特别说明均指瞬时流量。

（2）流量的测量方法

生产过程中各种流体的性质各不相同，流体的工作状态（如介质的温度、压力等）及流体的黏度、腐蚀性、导电性也不同，很难用一种原理或方法测量不同流体的流量。尤其工业生产过程的情况复杂，某些场合的流体是高温、高压，有时是气液两相或液固两相的混合流体，所以目前流量测量的方法很多，测量原理和流量传感器（或称流量计）也各不相同，从测量方法上一般可分为三大类：

1）速度式。速度式流量计使用最多，品种也最多，包括差压式流量计、转子流量计、靶式流量计、涡轮流量计、电磁流量计、漩涡流量计、超声波流量计等。

2）容积式。容积式流量计的工作原理比较简单，适用于测量高黏度、低雷诺数的流体。其特点是流动状态对测量结果的影响较小，精确度较高，但不适用于高温、高压和脏污介质的流量测量。这种类型的流量计包括椭圆齿轮流量计、腰轮流量计、刮板式流量计和伺服式流量计等。

3）质量式。质量式流量计以测量与物质质量有关的物理效应为基础，分为直接式、推导式两种。直接式质量流量计利用与质量流量直接有关的原理（如牛顿第二定律）进行测量，目前常用的有量热式、微动式、角动式和振动陀螺式等。推导式质量流量计是同时测取流体的密度和体积流量，通过运算而推导出质量流量的，也可以同时连续测量温度、压力，将其转换成密度，再与体积流量进行运算而得到质量流量。

2. 流量测量举例

（1）容积式流量计

容积式流量计是一种很早就使用的流量测量仪表，用来测量各种液体和气体的体积流量。由于它使被测流量充满具有一定容积的空间，然后再把这部分流体从出口排出，所以叫容积式流量计。它的优点是测量精度高，被测流体黏度影响小，不要求前后直管段等。但要求被测流体干净，不含有固体颗粒，否则应在流量计前加过滤器。

1）椭圆齿轮流量计。椭圆齿轮流量计的工作原理如图 7.8 所示。互相啮合的一对椭圆形齿轮在被测流体压力推动下产生旋转运动。在图 7.8（a）中，椭圆齿轮 1 两端

分别处于被测流体入口侧和出口侧。由于流体经过流量计有压力降，故入口侧和出口侧压力不等，所以椭圆齿轮 1 将产生旋转，而椭圆齿轮 2 是从动轮，被齿轮 1 带着转动。当转至图 7.8（b）所示状态时，齿轮 2 是主动轮，齿轮 1 变成从动轮。由图中可见，由于两齿轮的旋转，它们便把齿轮与壳体之间所形成的新月形空腔中的流体从入口侧推至出口侧。每个齿轮旋转 1 周，就有 4 个这样容积的流体从入口推至出口。因此，只要计量齿轮的转数即可得知有多少体积的被测流体通过仪表。椭圆齿轮流量计就是将齿轮的转动通过一套减速齿轮传动，传递给仪表指针，指示被测流体的体积流量。

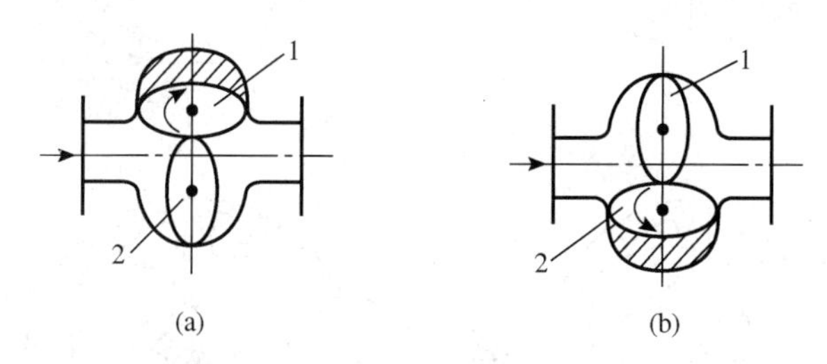

图 7.8　椭圆齿轮流量计工作原理

1，2 椭圆齿轮

椭圆齿轮流量计适合于测量中小流量，其最大口径为 250mm。除上述直接指示外，还有发电脉冲远传式。

2）腰轮流量计。如图 7.9 所示，其工作原理与椭圆齿轮流量计相同，只是转子形状不同。腰轮流量计的两个轮子是两个摆线齿轮，故它们的传动比恒为常数。为减小两转子的磨损，在壳体外装有一对渐开线齿轮作为传递转动之用。每个渐开线齿轮与每个转子同轴。为了使大口径的腰轮流量计转动平稳，每个腰轮均作成上下两层，而且两层错开 45°角，称为组合式结构。

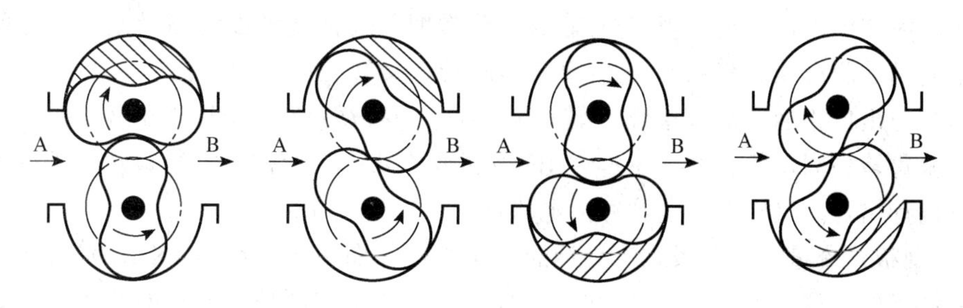

图 7.9　腰轮流量计工作原理

腰轮流量计有测液体的，也有测气体的，测液体的口径为 10～600mm，测气体的口径为 15～250mm，可见腰轮流量计既可测小流量也可测大流量。

3）旋转活塞式流量计。旋转活塞式流量计适合测量小流量液体的流量。它具有结构简单、工作可靠、精度高和受黏度影响小等优点。由于其零部件不耐腐蚀，故只能测量无腐蚀性的液体，如重油或其他油类，现多用于小口径的管路上测量各种油类的流量。旋转活塞式流量计的工作原理如图 7.10 所示。

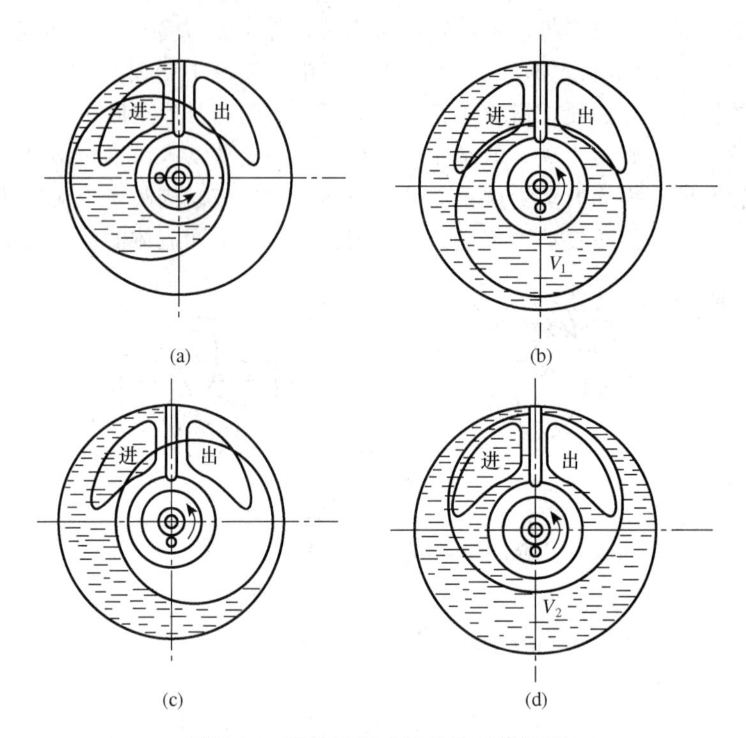

图 7.10　旋转活塞式流量计工作原理

被测液体从进口处进入计量室，被测流体进、出口的压力差推动旋转活塞按图中箭头所示方向旋转。当转至图（b）位置时，活塞内腔新月形容积 V_1 中充满了被测液体。当转至图（c）所示位置时，这一容积中的液体已与出口相通，活塞继续转动，便将这一容积的液体由出口排出。当转至图（d）位置时，在活塞外面与测量室内壁之间也形成一个充满被测液体的容积 V_2。活塞继续旋转，又转至图（a）位置，这时容积 V_2 中的液体又与出口相通，活塞继续旋转，又将这一容积的液体由出口排出。如此周而复始，活塞每转一周，便有 V_1+V_2 容积的被测液体从流量计排出。活塞转数既可由机械计数机构计出，也可转换为电脉冲由电路计出。

4）刮板式流量计。刮板式流量计的工作原理如图 7.11 所示，图（a）为凸轮式刮板流量计工作原理，图（b）为凹线式刮板流量计的工作原理。流量的转子中开有 4 个两两互相垂直的槽，槽中装有可以伸出缩进的刮板，伸出的刮板在被测流体的推动下带动转子旋转。伸出的两个刮板与壳体内腔之间形成计量容积，转子每旋转一周便有 4 个这样容积的被测流体通过流量计，因此计量转子的转数即可测得流过流体的体积。凸轮式刮板流量计的转子是一个空心圆筒，中间固定一个不动的凸轮，刮板一端的滚子压在凸轮上，刮板在与转子一起运动过程中还要按凸轮外轮廓曲线形状从转子中伸出和缩进。凹线式刮板流量计的转子是实心的，中间有槽，槽中安装刮板，刮板从转子中伸出和缩进是由壳体内腔的轮廓线决定的。

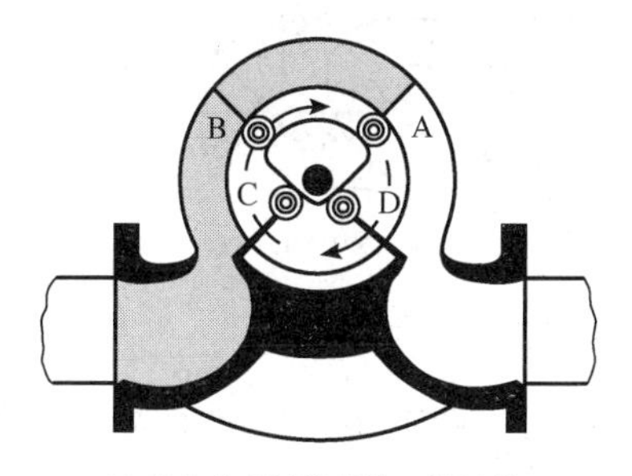

(a) 凸轮式刮板流量计工作原理

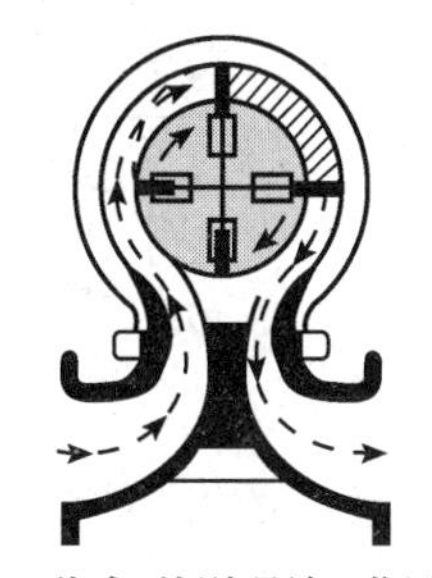

(b) 凹线式刮板流量计工作原理

图 7.11　刮板式流量计工作原理

刮板式流量计具有测量精度高、量程比大、受流体黏度影响小等优点，而且运转平稳，振动和噪声均小，适合测量中等到较大的流量。

(2) 质量流量计

在实际生产过程参数的检测和控制中，常常需要直接测量质量流量值。下面以科里奥利力（简称科氏）质量流量计为例介绍直接式质量流量测量。

科里奥利力（简称科氏）质量流量计是根据牛顿第二定律建立的力、加速度和质量三者的关系实现对质量流量的测量。

图 7.12 所示为 U 形科氏质量流量计的结构，两根几何形状和尺寸完全相同的 U 形检测管平行且牢固地焊接在支承管上，构成一个音叉，以消除外界振动的影响。两检测管在电磁激励器的激励下，以其固有的振动频率振动，两检测管的振动相位相反。

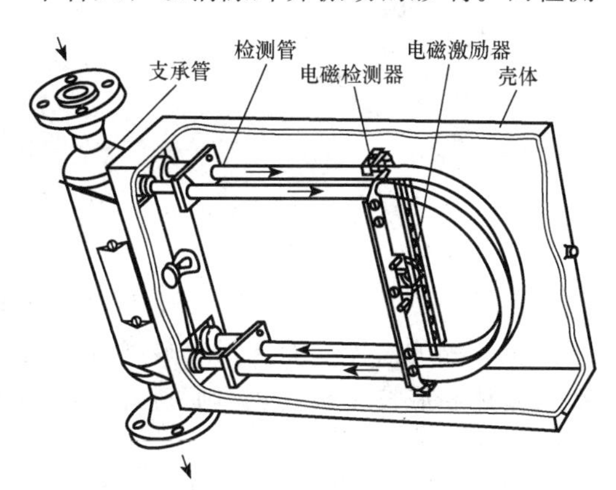

图 7.12　U 形科氏质量流量计的结构

由于检测管的振动，在管内流动的每一个流体微团都得到一个科氏加速度，U 形管便受到一个与此加速度相反的科氏力。由于 U 形管的进、出侧所受的科氏力方向相反，而使 U 形管发生扭转，其扭转程度与 U 形管框架的扭转刚性成反比，而与管内流量值成正比。音叉每振动一个周期，位于检测管的进流侧和出流侧的两个电磁检测器各检测一次，输出一个脉冲，其脉冲宽度与检测管的扭摆度，亦即瞬时质量流量成正比。用一个振动计数器使脉冲宽度数字化，并将质量流量用数字显示出来，再用数字积分器累积脉冲的数量，即可获得一定时间内质量流量的总量。检测管受力及运动情况如图 7.13 所示。

整个传感器置入不锈钢外壳之中，外壳焊接密封，其内充以氮气，以保护内部元器件，防止外部气体进入而在检测管外壁冷凝结霜，提高测量精度。

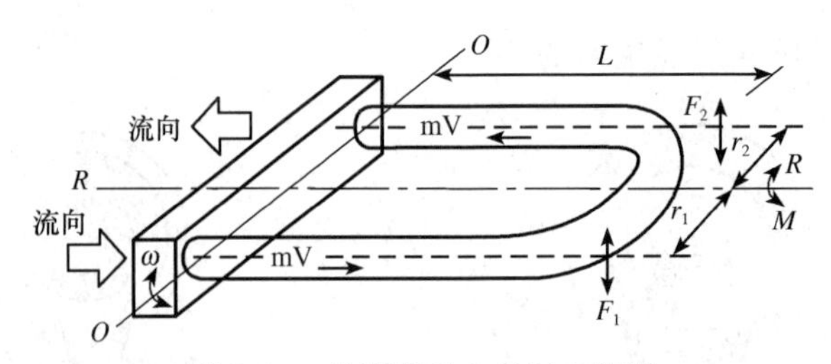

图 7.13　检测管受力及运动情况

适合科氏流量计的流体宜有较大密度，否则不够灵敏，因此其常用于测量液体流量，不适用气体流量测量。

（3）差压式流量传感器

差压式流量传感器又称节流式流量传感器，它主要由节流装置和差压传感器（或差压变送器）组成，如图 7.14 所示。它是利用管路内的节流装置，将管道中流体的瞬时流量转换成节流装置前后的压力差，然后用差压传感器将压差信号转换成电信号，或直接用差压变送器把差压信号转换为与流量对应的标准电流信号或电压信号，以供测量、显示、记录或控制；在气动控制中还可以转换成气动信号，然后显示、记录或控制。

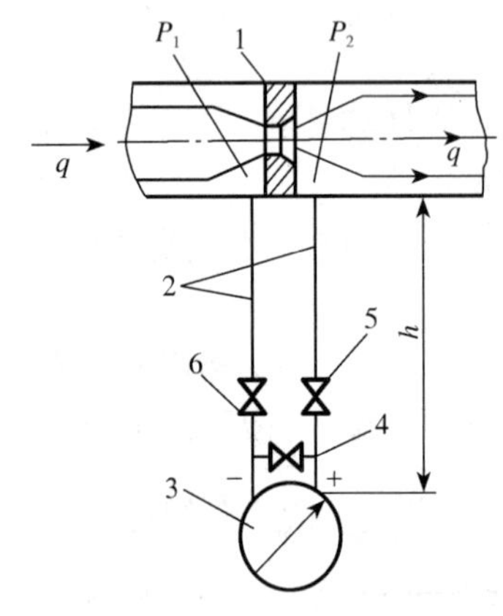

图 7.14　差压式流量传感器

1. 节流元件（孔板）；2. 引压管；3. 差压传感器；4. 平衡阀；5. 正压室切断阀；6. 负压室切断阀

差压式流量传感器节流装置的作用是把被测流体的流量转换成压差信号。当被测流体流过节流元件时，流体受到局部阻力，在节流元件前后产生压力差，就像电流流过电阻元件产生电压差那样，元件上游压力 P_1 高于下游压力 P_2。流量与压差 $\Delta P = P_1 - P_2$ 的关系为

$$q_V = \alpha S_0 \sqrt{\frac{2\Delta P}{\rho}} \tag{7.9}$$

$$q_m = \alpha S_0 \sqrt{2\rho \Delta P} \tag{7.10}$$

式（7.9）和式（7.10）为不可压缩液体的流量基本公式。对于可压缩的液体（如气体或蒸汽），必须考虑液体密度变化和膨胀的影响，为此还需引入液体膨胀校正系数 ε，则可压缩液体的流量基本方程式为

$$q_V = \alpha S_0 \varepsilon \sqrt{\frac{2\Delta P}{\rho}} \tag{7.11}$$

$$q_m = \alpha S_0 \varepsilon \sqrt{2\rho \Delta P} \tag{7.12}$$

式中，α——流量系数，是用实验方法求出的，它与节流装置的结构形式、取压方式、孔口截面积与管道截面积之比 m、雷诺数 Re、孔口边缘尖锐度、管壁粗糙度等因素有关，运用时可从有关手册直接查出；

ε——膨胀校正系数，它与孔板前后压力的相对变化量、介质的绝热指数、孔口截面积与管道截面积之比等因素有关，运用时也可查阅有关手册而得；

S_0——节流元件的开孔截面积。

差压式流量计投运时要特别注意其弹性元件不能突受压力冲击，更不要处于单向受压状态。开表前，必须使引压管内充满液体或隔离液，引压管中的液体要通过排气阀和仪表的放气排除干净。开表过程中，先打开平衡阀 4（图 7.14），并逐渐打开正压室切断阀 5，使正负压室承受同样压力，然后打开负压室切断阀 6，并逐渐关闭平衡阀 4，便可投入运行。仪表在停运时与开表过程相反，先打开平衡阀，然后关闭正、负室切断阀，最后再关闭平衡阀。

（4）电磁流量计

电磁流量计是基于电磁感应原理工作的流量测量仪表，它能测量具有一定电导率的液体的体积流量。由于它的测量精度不受被测液体的黏度、密度及温度等因素变化的影响，且测量管道中没有任何阻碍液体流动的部件，所以几乎没有压力损失。适当选用测量管中绝缘内衬和测量电极的材料，就可以测量各种腐蚀性（酸、碱、盐）溶液流量，尤其在测量含有固体颗粒的液体，如泥浆、纸浆、矿浆等的流量时，更显示出其优越性。

1）电磁流量计的工作原理。图 7.15 为电磁流量计工作原理。在磁铁 N-S 形成的均匀磁场中，垂直于磁场方向有一个直径为 D 的导管，当导电的液体在导管中流动时，导电液体切割磁感应线，于是在与磁场及其流动方向垂直的方向上产生感应电动势，如安装一对电极，则电极间产生与流速成比例的电位差 U，即

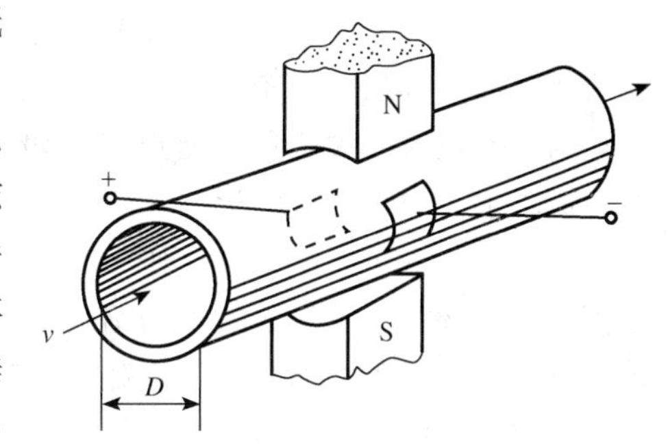

图 7.15　电磁流量计工作原理

$$U = BDv \tag{7.13}$$

式中，D——管道内径；

B——磁场磁感应强度；

v——液体在导管中的平均速度。

由式（7.11）可以得到 $v=U/BD$，则体积流量为

$$Q_V = \frac{\pi D^2}{4} v = \frac{\pi D}{4B} U \tag{7.14}$$

采用交变磁场以后，感应电动势也是交变的，这不但可以消除液体极化的影响，而且便于后面环节的信号放大，但增加了感应误差。

2）电磁流量计的结构。电磁流量计由外壳、励磁线圈及磁轭、电极和测量导管四部分组成，如图 7.16 所示。它的磁场是用 50Hz 电源激励产生的，激励线圈有三种绕制方法：

① 变压器铁芯型：适用于直径 25mm 以下的小口径变送器。

② 集中绕组型：适用中等口径，它有上下两个马鞍形线圈，为了保证磁场均匀，一般加极靴，在线圈的外面加一层磁轭。

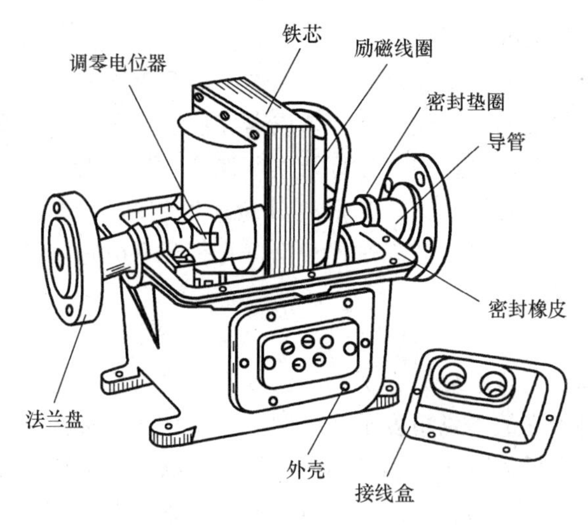

图 7.16　变压器型电磁流量计

③ 分段绕制型：适用于大于 100mm 口径的变送器，分段绕制可减小体积，并使磁场均匀。其电极与被测液体接触，一般使用耐腐蚀的不锈钢和耐酸钢等非磁性材料制造，通常加工成矩形或圆形。

为了能让磁感应线穿过，使用非磁性材料制造导管，以免造成磁分流。中小口径电磁流量计的导管用不导磁的不锈钢或玻璃钢等制造；大口径电磁流量计的导管用离心浇铸的方法把橡胶和线圈、电极浇铸在一起，可减小因涡流引起的误差。导管的内壁挂一层绝缘衬里，防止两个电极被金属导管短路，同时还可以防腐蚀。衬里一般使用天然橡胶（60℃）、氯丁橡胶（70℃）、聚四氯乙烯（120℃）等材料。

3）使用电磁流量计应注意的问题。

① 变送器安装位置应选择在任何时候测量导管内都能充满液体的地方，以防止由于测量导管内没有液体而指针不在零位所造成的错觉。最好是垂直安装，使被测液体自下向上流经仪表，这样可以避免在导管中有沉淀物或在介质中有气泡而造成的测量误差。如不能垂直安装时，也可水平安装，但要使两电极在同一水平面上。

② 电磁流量计的信号比较弱，在满量程时只有 2.5～8mV，流量很小时输出只有几微伏，外界略有干扰就能影响测量的精度。因此，变送器的外壳、屏蔽线、测量导管以及变送器两端的管道都要接地，并且要求单独设置接地点，绝对不要连接在电机、电器等的公用地线或上下水管道上。转换部分已通过电缆线接地，故勿再行接地。

③ 变送器的安装地点要远离一切磁源（例如大功率电机、变压器等），不能有振动。

④ 传感器和变换器必须使用同一相电源，否则由于检测信号和反馈信号相差－120℃的相位，使仪表不能正常工作。

仪表的运行经验表明，即使变送器接地良好，当变送器附近的电力设备有较强漏地电流，或在安装变送器的管道上存在较大的杂散电流，或进行电焊时，都将引起干扰电动势的增加，影响仪表正常运行。

此外，如果变送器使用日久而在导管内壁沉积垢层后，也会影响测量精度。尤其是垢层电阻过小将导致电极短路，表现为流量信号越来越小甚至骤然下降。测量线路中电极短路，除上述导管内壁附着垢层造成以外，还可能是导管内绝缘衬里被破坏，或是因变送器长期在酸、碱、盐雾较浓的场所工作，使用一段时间后，信号插座被腐蚀，绝缘被破坏而造成的。所以，在使用中必须注意保护。

7.1.4　压力测量

1. 压力的概念及单位

压力在工业自动化生产过程中是重要工艺参数之一，因此正确地测量和控制压力是保证生产过程良好地运行，达到优质高产、低消耗和安全生产的重要环节。

（1）压力的概念

在测量上所称的“压力”就是物理学中的“压强”，是垂直而均匀地作用在单位面积上的力。它的大小由两个因素决定，即受力面积和垂直作用力的大小。其表达式为

$$P = \frac{F}{S} \tag{7.15}$$

式中，P——压力；

F——作用力；

S——作用面积。

（2）压力的单位

国际单位制（SI）中定义压力的单位是：1N 的力垂直均匀地作用在 $1m^2$ 面积上，所形成的压力为一个帕斯卡，简称为帕，符号为 Pa。目前，工程技术界广泛使用很多其他压力单位，考虑到短期内尚难完全统一，有必要了解现在通用的非法定压力计量单位，它主要有下列几种：

1）工程大气压：符号为 at，是工业上目前常用的单位，即 1kg 力垂直而均匀地作用在 $1cm^2$ 面积上所产生的压力，用千克力/厘米^2 表示，常记作 kgf/cm^2。

2）标准大气压：符号为 atm，是指在纬度 45°的海平面上 0℃时的平均大气压力。

上述工程大气压和标准大气压两个名词中虽有“大气压”三个字，但并不受气象条件影响，而是作为计量单位使用的恒定值。

3）约定毫米汞柱：符号为 mmHg，即在标准重力加速度下，0℃时 1mm 高的水银柱在 $1cm^2$ 的底面上所产生的压力。

4）约定毫米水柱：符号为 mmH_2O，即在标准重力加速度下，4℃时 1mm 高的水柱在 $1cm^2$ 的底面上所产生的压力。

现将常用的几种压力单位与帕之间的换算关系列于表 7.2 中。

表 7.2　压力单位换算

单　　位	帕（Pa）	巴（bar）	约定毫米水柱（mmH_2O）	标准大气压（atm）	工程大气压（at）	约定毫米汞柱（mmHg）	磅力/英寸^2（lbf/in^2）
帕（Pa）	1	1×10^{-5}	1.01976×10^{-1}	0.9869236×10^{-5}	1.01976×10^{-5}	0.75006×10^{-2}	1.450442×10^{-4}
巴（bar）	1×10^{5}	1	1.01976×10^{4}	0.986 923 6	1.019 76	0.75006×10^{3}	1.450442×10
约定毫米水柱（mmH_2O）	0.980665×10	0.980665×10^{-4}	1	0.9678×10^{-4}	1×10^{-4}	0.73556×10^{-1}	1.4223×10^{-3}
标准大气压（atm）	1.01325×10^{5}	1.013 25	1.033227×10^{4}	1	1.0332	0.76×10^{3}	1.4696×10
工程大气压（at）	0.980665×10^{5}	0.980 665	1×10^{4}	0.9678	1	0.73556×10^{3}	1.422398×10
约定毫米汞柱（mmHg）	1.333224×10^{2}	1.333224×10^{-3}	1.35951×10	1.316×10^{-3}	1.35951×10^{-3}	1	1.934×10^{-2}
磅力/英寸^2（lbf/in^2）	0.68949×10^{4}	0.68949×10^{-1}	0.70307×10^{3}	0.6805×10^{-1}	0.70307×10^{-1}	0.51715×10^{2}	1

（3）大气压力、绝对压力、表压力与真空度

1）大气压力就是由于空气的重量垂直作用在单位面积上所产生的压力。

2）绝对压力是指流体的实际压力。

3）相对压力是指流体的绝对压力与当时当地的大气压力之差。当绝对压力大于大气压力时，其相对压力称为表压力。当绝对压力小于大气压力时，其相对压力称为真空度或负压力，因此有

$$\text{表压力 } P_B = \text{绝对压力 } P - \text{大气压力 } P_A \tag{7.16}$$

2. 压力传感器的类别

压力传感器主要类别有电位器式、应变式、霍尔式、电感式、压电式、压阻式、电容式及振弦式等，测量范围为 $7\times10^{-5}\sim5\times10^{8}$ Pa，信号输出有电阻、电流、电压、频率等形式。压力测量系统一般由传感器、测量线路和测量装置以及辅助电源组成。常见的信号测量装置有电流表、电压表、应变仪以及计算机等。

目前利用压阻效应、压电效应或其他固体物理特性的压力传感器已实现小型化、数字化、集成化和智能化，它直接把压力转换为数字信号输出或与计算机接口，实现工业过程的现场控制。几种常见的压力传感器性能比较见表 7.3。

表7.3　几种常见的压力传感器性能比较

类别			精确度等级	测量范围	输出信号	温度影响	抗振动冲击性能	体积	安装维护
电位器式			1.5	低中压	电阻	小	差	大	方便
应变式	粘贴式	膜片式	0.2	中压	20mV	大	好	小	方便
		弹性梁式 （波纹管）	0.3	负压力及 中压	24mV	小	差	较大	方便
		应变筒式 （垂链膜片）	1.0	中高压	12mV	小	好	小	利用强制水冷， 有较小的温度 误差；测量方便
	非粘贴式	张丝式	0.5	低压	10mV	小	好	小	方便
霍尔式			0.5	低中压	30mV	大	差	大	方便
电感式	气隙式		0.5	低中压	200mV	大	较好	小	复杂
	差动变压器式		1.0	低中压	10mV （30mV）	小	差	大	方便
压电式			0.2	微低压	1～5mV	小	较好	小	方便
压阻式			0.2	低中压	100mV	大	好	小	方便
电容式			1.0	微低压	1～3V （20mV）	大	好	较大	复杂
振弦式			0.5	低中高压	频率	大	差	小	复杂

3. 压力计的选择和使用

（1）压力计的选择

压力计的选择应根据具体情况做具体分析，在符合工艺过程、热工过程所提出的技术要求，适应被测介质的性质和现场环境条件下，本着节约的原则，合理地选择压力计的种类、仪表型号、量程和精确度等级等，以及是否要带报警、远传、变送等附加装置。对于弹性式压力计，为了保证弹性元件能在弹性变形的安全范围内可靠地工作，在选择量程时必须留有足够的余地，一般在被测压力较稳定的情况下最大压力值应不超过满量程的3/4，在被测压力波动较大的情况下最大压力值应不超过满量程的2/3。为保证测量精确度，被测压力最小值应不低于全量程的1/3。

（2）压力计的使用

即使压力计很精确，由于使用不当，测量误差也会很大，甚至无法测量。正确使用压力计应注意以下几个方面：

1）测量点的选择应能代表被测压力的真实情况。因此，取压点不能处于流束紊乱的地方，应选在管道的直线部分，也就是离局部阻力较远的地方。导压管最好不要伸入被测对象内部，而在管壁上开一形状规整的取压孔，再接上导压管，如图7.17中a所示。当一定要插入对象内部时，其管口平面应严格与流体流动方向平行，如图7.17中

b 所示。如图 7.17 中 c 或 d 那样放置就会得出错误的测量结果。此外，导压管端部要光滑，不应有突出物或毛刺。为避免导压管堵塞，取压点一般要求在水平管道上。在测量液体压力时，取压点应在管道下部，使导压管内不积存气体；测量气体压力时，取压点应在管道上部，使导压管内不积存液体。

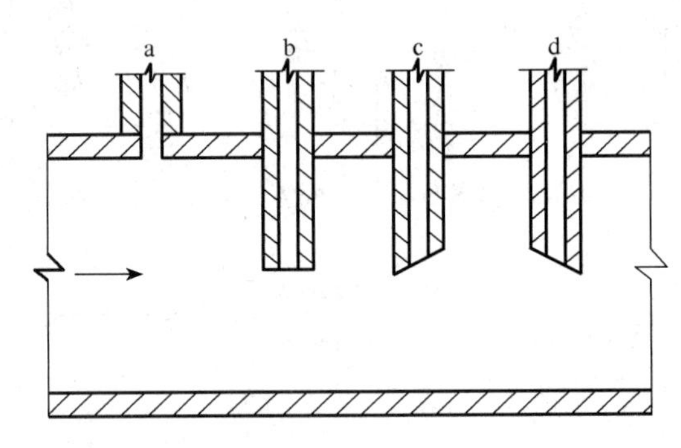

图 7.17　层压管与管道的连接

2）导压管的铺设（包括各种阀）。铺设导压管时，应保持对水平有 1∶10～1∶20 的倾斜度，以利于导压管内流体的排出。导压管中的介质为气体时，在导压管最低处需装排水阀；为液体时，则在导压管最高处需装排气阀；若被测液体易冷凝或冻结，必须加装管道保温设备。在靠近取压口的地方应装切断阀，以备检修压力计时使用。在需要进行现场校验和经常冲洗导压管的情况下，应装三通开关。导压管内径一般为 6～10mm，长度≤50m（以减少滞后），否则要装变送器。

3）压力计的安装。测量蒸汽压力或压差时，应装冷凝管或冷凝器。冷凝器的作用是使导压管中被测量的蒸汽冷凝，并使正负导压管中冷凝液具有相同的高度且保持恒定。冷凝器的容积应大于全量程内差压计或差压变送器工作空间的最大容积变化的三倍。

当被测流体有腐蚀性、易冻结、易析出固体或是高黏度时，应采用隔离器和隔离液，以免破坏差压计或差压变送器的工作性能。隔离液应选择沸点高、凝固点低、化学与物理性能稳定的液体，如甘油、乙醇等。

被测压力波动频繁和剧烈时（如压缩机出口）可用阻尼装置。

安装压力计时应避免温度的影响，如远离高温热源，特别是弹性式压力计一般应在低于 50℃的环境下工作。安装时还应避免振动的影响。压力计安装示意如图 7.18 所示。在图（c）所示情况下，压力计上的指示值比管道内的实际压力高。这时，应减去从压力计到管道取压口之间一段液柱的压力，即 $P=P_{表}-\gamma h$。

4）压力计的维护。为防止脏污液体或灰尘积存在导压管和差压计中，应定期进行清洗。其方法是：被测流体为气体或液体时，可用洁净的空气吹入主管道；如果被测流体是液体，也可用清洁的液体通入主管道。

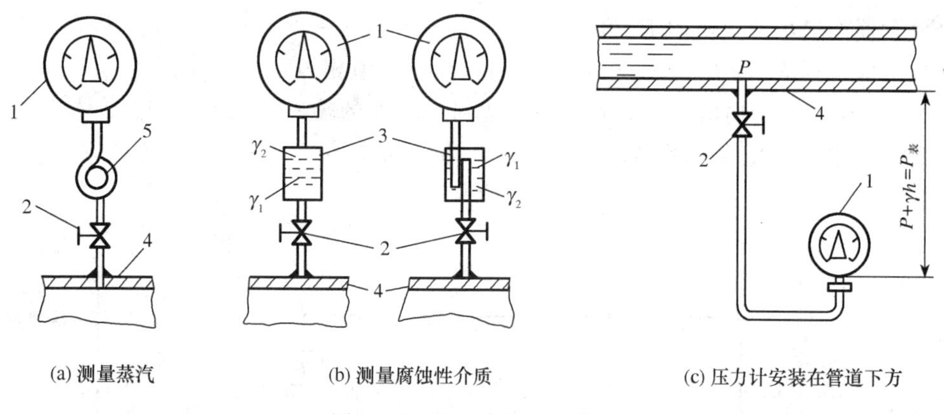

图 7.18　压力计安装示意图

1. 压力计；2. 切断阀门；3. 隔离器；4. 生产设备；5. 冷凝管；γ_1，γ_2. 被测介质和中性隔离液的重度

4. 压力测量举例

(1) 压力变送器

在很多工业应用场合下，传感器需要安装在测试点附近，而诸如记录仪、计算机、自动控制器等信号接收装置都远离测试点，其传输线可能长达几百米。当用电压传输信号时，它会受到电磁干扰。如果用电流传输信号，长线传输受到的电磁干扰可能会小许多，接收端也易于接收。下面介绍的用压力传感器、运算放大器和晶体管等元器件组成的压力变送器能将压力信号转换成 4～20mA 电流信号，它适于远距离测量。

1) 传感器。传感器采用 MPX2100DP 型压力传感器，它是一种高性能压阻传感器，其制造技术包括工艺金属化状态的标准极化处理技术、偏差激光修整、温度补偿。这种融合了计算机激光修整技术的独特设计能够满足各种应用场合的要求，其优异的性能使其具有很好的竞争能力。

2) 变送器电路。变送器由一个 100kPa 的温补压差型传感器 MPX2100DP、一块 MC33079 四运算放大器和晶体管 2N2222 等组成，负载为 50m 外的一个 150Ω 电阻，系统采用 15V 电源供电。该电路的性能如表 7.4。

表 7.4　电路性能

电　　源	＋15V 直流，30mA	温差范围	－40～＋80℃
连　　线	4 根（2 对）电话线	压力范围	0～100kPa
负　　载	150～400Ω 电阻	最大误差	＜2%满量程

运算放大器 MC33078/79 采用特殊设计，具有低输入电压、高输出电压振幅及极小的温度漂移。MPX2100 压力传感器和运算放大器直接采用 15V 直流电源供电。MPX2100 的差动输出电压信号由四运放 MC3378 转换成电流信号。

由 IC_1 和 IC_2 组成双端输入-双端输出差动放大器，其输出幅度可由电位器调整。

这个放大器的输出通过电阻 R_3 和 R_5 接到 IC_3，组成另一个差动放大器。为了得到较好的线性，应选择 R_3 和 R_4，R_5 和 R_6，R_8 和 R_9 的阻值相等。

MC33078/79 的输出电流有限，为了达到 20mA 的输出，用 2N2222 晶体管进行电流放大。变送器的电路如图 7.19 所示，电路中的电容 C_1、C_2 的作用是防止振荡的发生。

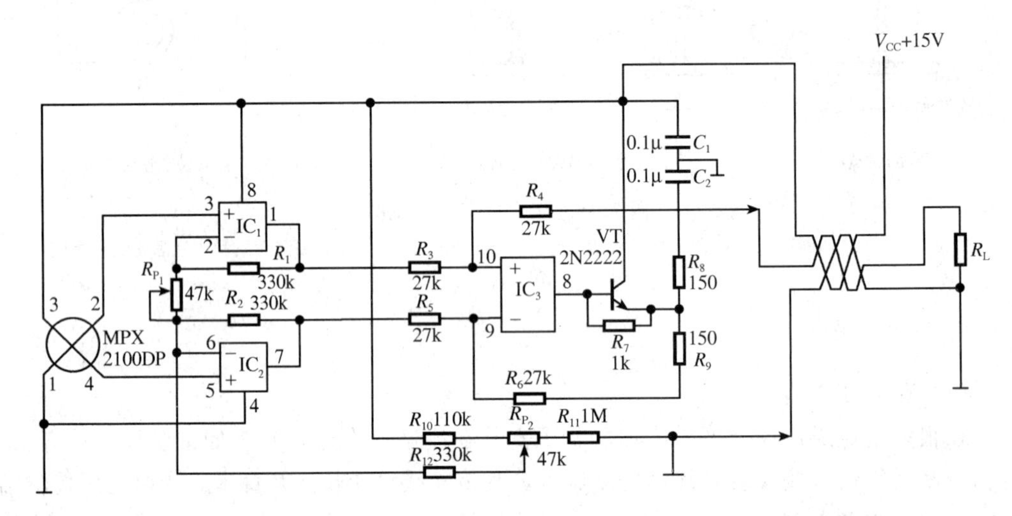

图 7.19　压力变送器电路图

（2）电子扫描多点压力测量系统

近几十年由于集成电路的巨大成就，包括设计和制造微处理机和硅片压阻传感器技术的成就，使得电子扫描测压系统的发展成为可能。由于压阻固态传感器的尺寸小，而且价格相对低廉，遂得以对每一压力通道相应配备一个传感器并由电子扫描阀来实现压力切换和检测。现以 PS178013 型为例，将整个系统的组成及各部分功能叙述如下。

电子扫描测压系统主要由三大部分组成：数据采集控制单元（DACU）、压力校准单元（PCU）和电子扫描器模块（ESP）。该系统如图 7.20 所示。作为全系统控制器的微机可实现人机对话。通过 IEEE488 标准接口，可对系统实现编程、传输、存储和数据显示，并可实现与主机连接。

1）数据采集控制单元。数据采集控制单元的核心部分是两台微处理机，其方框图如图 7.21 所示，一台进行操纵和数据处理，另一台用于压力校准时将传感器电信号和参考压力信号处理成校准系数。一台 DACU 单元可指挥两台压力校准单元，并通过接口电路接通各种电压信号传感器，BYTES 固件用来存放全部操作程序。压力扫描器的电信号经模/数转换器转换为数字量并存贮在内存器中。IEEE488 接口板将主机发出的指令传输到 DACU 内，并将 DACU 采集的原始数据和校准数据输送到主机内。频率计数器将数字式石英晶体压力传感器的频率输出转换成数字量。前面板仅仅是在不用计算机时单独操作 DACU 用。

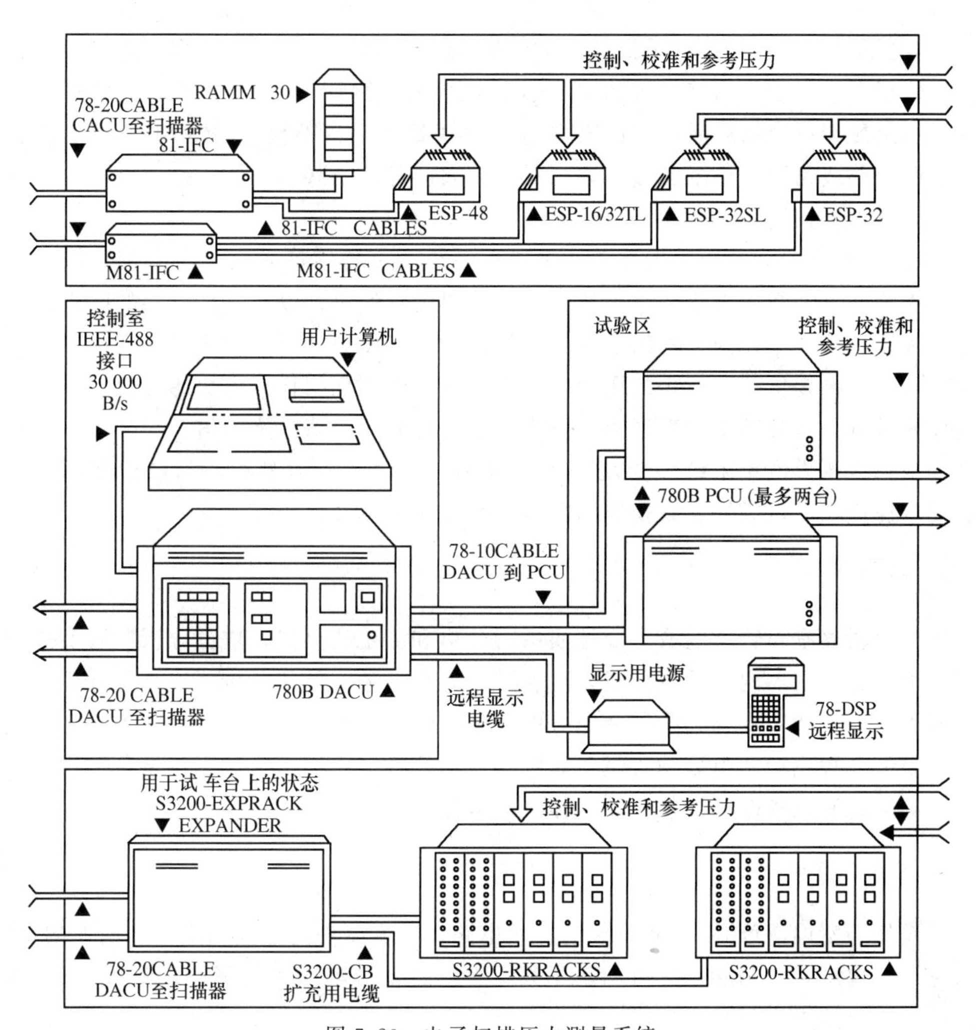

图 7.20　电子扫描压力测量系统

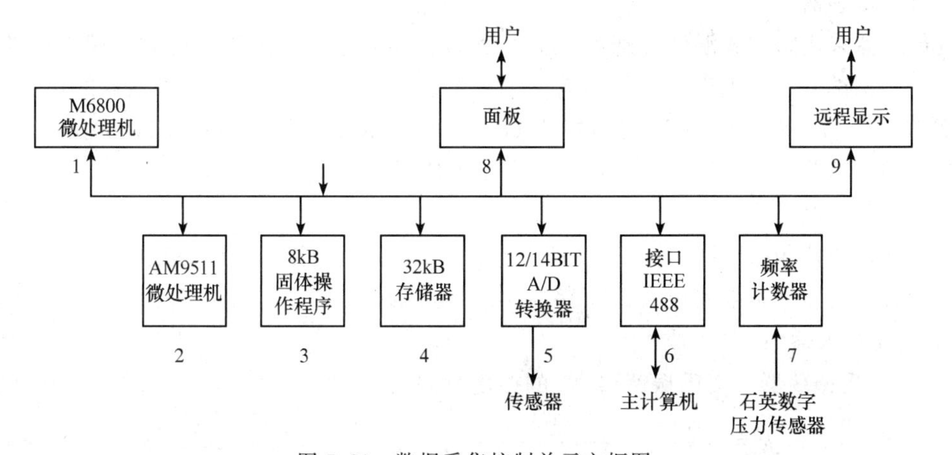

图 7.21　数据采集控制单元方框图

2）电子扫描器模块。电子扫描模块包括 32 个硅压力传感器，内部多路切换器和放大器。传感器满量程输出信号可达 120mV，经放大可得到 5V 直流电压并允许瞬时超载达 3 倍额定压力，经切换后依次放大输出至 DACU 单元内的模/数转换器。每个传感器都有温度补偿线路以减小温度漂移，则对于放大器可抑制共模干扰，这样就可以对各待测压力实现电子扫描快速检测。

3）压力校准单元。压力校准单元主要由一个石英传感器、三只压力调节阀、电磁滑阀及气路和电路系统组成。它与压力扫描模块配合使用，以实现传感器的联机校准。

每一压力校准单元内均提供三种不同量程的校准压力，每一量程压力均可用三只压力调节阀调节，提供三种稳定的压力。校准时此压力加到扫描器模块的传感器，同时也加到作为基准的石英频率传感器上，石英传感器将此压力值精确测出。

电子扫描压力测量系统主要用于流体流场各点动态压力测量，测量精度高、范围宽、反应速度快、可靠性高，是典型的现代智能压力测量系统。

7.1.5 成分分析

成分分析器是对物质的成分及性质进行分析和测量的仪器。成分分析器有实验室用仪器与过程分析仪器两种基本形式，后者是能完全自动工作的分析器。过程分析器又可分为两类：一类测定混合物中某一组分的含量或性质，如湿度计等；另一类测定多组分混合物中的几种或全部组分的含量，如气相色谱仪等，它们都是属于定量分析仪器。下面介绍湿度检测仪和医用二氧化碳气体红外分析仪。

1. 室内湿度检测仪

这是用于室内湿度/温度测量仪的应用电路，其主要功能是检测室内环境下的湿度，其次它还有温度检测功能。它可用于车间、仓库、部分实验室等场合的湿度/温度检测与控制。

（1）传感器

传感器采用阻抗式湿度传感器，型号为 H104R，它具有阻抗式湿度传感器的共性。为了用户调试方便，生产厂商给出具体的性能：在环境温度 25℃、传感器的供电频率为 1kHz 的情况下，40%RH 时阻抗为 68kΩ，60%RH 时阻抗为 29kΩ，80%RH 时阻抗为 7kΩ。这些性能参数给用户调试带来了方便。

（2）测量电路

湿度检测仪测量电路如图 7.22 所示。由于阻抗式传感器需要交流电压供电，一般都需要有振荡器。本电路由文氏振荡器 A_1、电压跟随器 A_2、温度补偿器 A_5、加法器 A_3 和电压放大器 A_4 等组成。

1）文氏振荡器。文氏振荡器 A_1 的振荡频率为

$$f=\frac{1}{2\pi\times16\times10^{3}\times0.01\times10^{-6}}=995\text{Hz}\approx1\text{kHz}$$

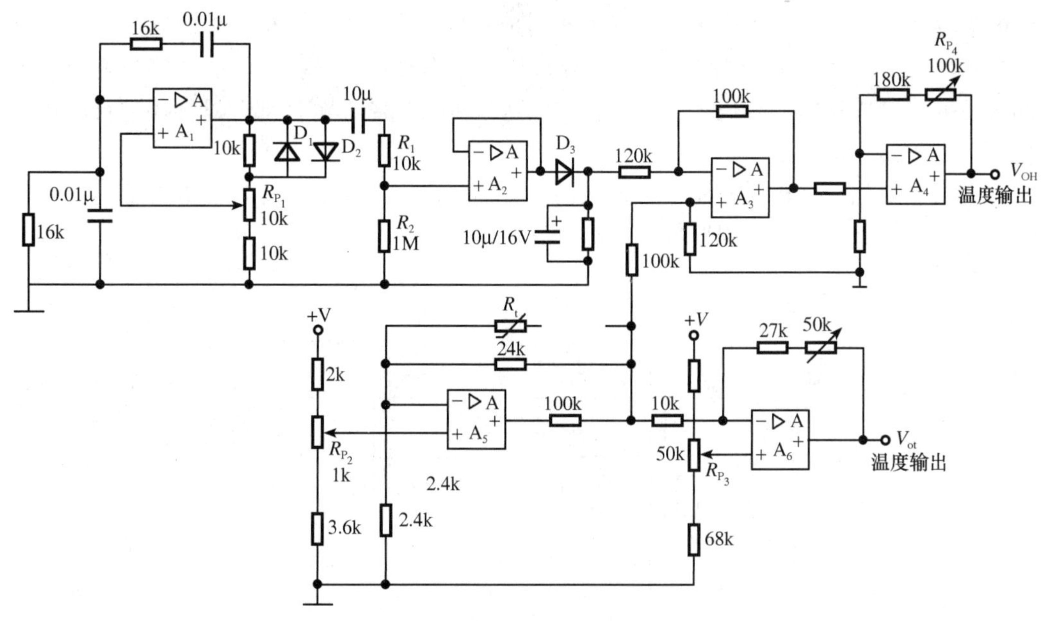

图 7.22　湿度检测仪测量电路图

其振荡幅度由反馈量确定，调节电位器 R_{P_1} 使输出电压为 4.5V。文氏振荡器的输出电压作为阻抗式湿度传感器的工作电压。

2）电压跟随器。电压跟随器在这里主要起阻抗变换作用，其电路的输入阻抗很高，以减弱对传感器信号的影响。传感器接在运放的同相端，这里采用了电阻 R_1、R_2 串并联的方法，作为传感器的粗略线性补偿，这是经常采用的线性补偿方法。电压跟随器输出的是交流信号，而这里的检测信号需要直流，故在跟随器后加了二极管 D_3 整流及 10μF 电容滤波，再加到加法器 A_3。

3）温度补偿器。传感器有 0.7%RH/℃左右的温度系数，如果不采取温度补偿措施，随着温度的变化，检测将失去意义，为此采用了热敏电阻温度补偿电路。该电路以相对湿度 60%RH 为中心值，在 35%～85%RH 的范围内检测精度可达±4%RH，但要达到这样的精度还与传感器性能有关。热敏电阻 R_t 与 24kΩ 电阻并联作为反馈电阻，当温度变化后输出与温度成比例的信号。A_5 的输出信号，一路送到加法器进行温度补偿，另一路输入到 A_6 经放大后输出温度检测信号。

4）加法器。A_3 组成一个加法运算放大器电路，因为温度的变化对湿度传感器的输出信号影响很大，故采用加法器对温度的影响加以补偿，尽管这样，仍不能完全消除输出的非线性。

5）电压放大器。A_3 输出的经温度补偿的湿度电压信号，再经电压放大器 A_4 的放大，最后输出与湿度成比例的放大了的电压信号，进行模拟显示或 DVM 显示。

2. 二氧化碳气体分析仪

医用二氧化碳气体分析仪，是利用二氧化碳气体对波长为 4.3μm 的红外辐射有强烈的吸收特性而进行测量分析的，它主要用来测量、分析二氧化碳气体的浓度，下面以Y-1型医用二氧化碳分析仪来说明红外分析仪的工作原理。分析仪包括采气和测量两大部分。采气装置收集二氧化碳气体后，将它送入测量气室。测量部分对气体进行测量分析，并显示其测量结果。

医用二氧化碳分析仪的光学系统如图7.23所示，它由红外光源、调制系统、标准气室、测量气室、红外探测器等部分组成。

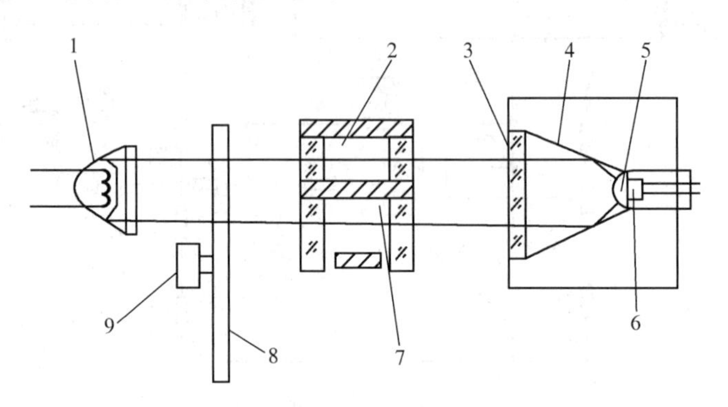

图7.23　二氧化碳分析仪光学系统

1. 红外光源；2. 标准气室；3. 干涉滤光片；4. 反射光锥；5. 锗浸没透镜；
6. 红外探测器；7. 测量气室；8. 调制盘；9. 电动机

在标准气室里充满了没有二氧化碳的气体（或含有固定量二氧化碳的气体）。待测气体经采气装置，由进气口进入测量气室。调节红外光源，使之分别通过标准气室和测量气室，并采用干涉滤光片滤光，只允许波长$(4.3\pm0.15)\mu m$的红外辐射通过，此波段正好是二氧化碳的吸收带。假设标准气室中没有二氧化碳气体，而进入测量气室中的被测气体也不含二氧化碳气体时，则红外光源的辐射经过两个气室后，射出的两束红外辐射完全相等。红外探测器相当于接收一束恒定不变的红外辐射，因此可看成只有直流响应，接于探测器后面的交流放大器是没有输出的。当进入测量气室中的被测气体里含有二氧化碳时，射入气室的红外辐射中的$(4.3\pm0.15)\mu m$波段红外辐射被二氧化碳吸收，使测量气室中出来的红外辐射比标准气室中出来的红外辐射弱。被测气室中二氧化碳浓度越大，两个气室出来的红外辐射强度差别越大。红外探测器交替接收两束不等的红外辐射后，将输出一个交变电信号，经过电子系统处理与适当标定后，就可以根据输出信号的大小来判断被测气体中含二氧化碳的浓度。

二氧化碳分析仪的电路框图如图7.24所示。该仪器可连续测量人或动物呼出的气体中二氧化碳的含量，是研究呼吸系统和检查肺功能的有效手段。

3. 二氧化硫分析器

(1) 工作原理

荧光二氧化硫分析器采用双通道检测系统，由泵吸入的大气样品经流量计和碳氢化

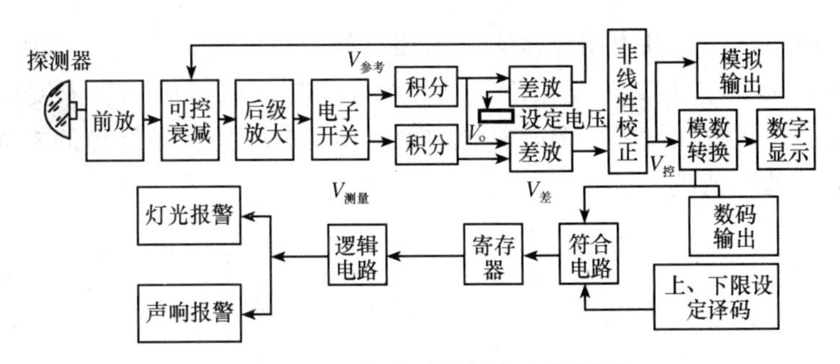

图 7.24　二氧化碳分析仪电路框图

$V_{差}$. 差分放大器（即图中差放电压）；V_o. 输出电压；$V_{参考}$. 参考电压；

$V_{测量}$. 测量电压；$V_{控}$. 控制电压

合物消除器后进入测试室，其中所含的二氧化硫分子经光源发出的紫外线照射后受到激发，产生与二氧化硫浓度成正比的荧光，被光电倍增管（PMT）接收，放大为电信号。在与紫外线光直接相对应的位置上还装有一个参比检测器，用来补偿由于紫外光源、电源电压或温度变化而产生的漂移。两路信号经过比较和放大后，通过表头和输出接口得到二氧化硫的浓度。该仪器的原理结构示意图如图 7.25 所示。

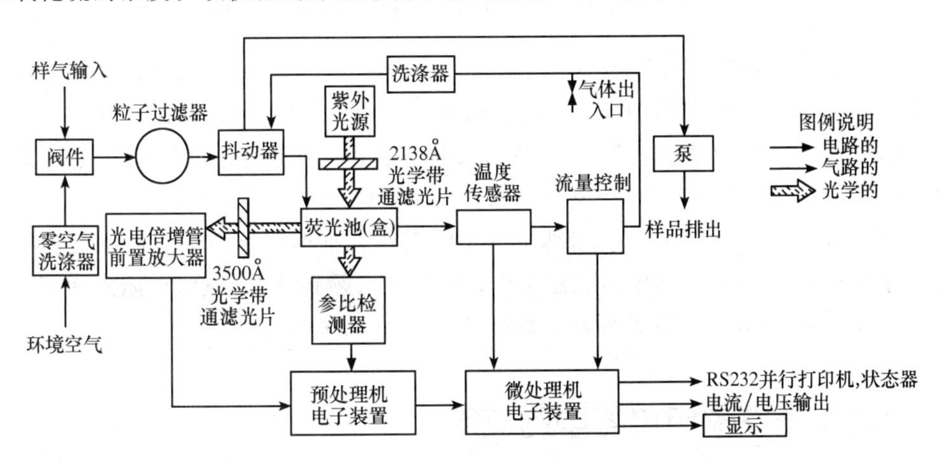

图 7.25　荧光二氧化硫分析仪的原理结构示意图

(2) 适用范围

荧光二氧化硫分析器适用于监测大气中二氧化硫的浓度及其他需要监测二氧化硫的地方，为积累大气环境中二氧化硫含量资料提供基础数据。仪器能够监测二氧化硫污染源变化，从而评定大气污染治理效果；也可用于高层大气中二氧化硫含量的测量，以研究酸雨的形成规律。

4. 二氧化钛氧浓度传感器

半导体材料二氧化钛（TiO_2）属于 N 型半导体，对氧气十分敏感。其电阻值的大小取决于周围环境的氧气浓度。当周围氧气浓度较大时，氧原子进入二氧化钛晶格，改变了半导体的电阻率，使其电阻值增大。上述过程是可逆的，当氧气浓度下降时，氧原子析出，电阻值减小。图 7.26 是用于汽车或燃烧炉排放气体中的氧浓度传感器结构及测量转换电路。二氧化钛气敏电阻与补偿热敏电阻同处于陶瓷绝缘体的末端。当氧气含量减小时，R_{TiO_2} 的阻值减小，U_o 增大。

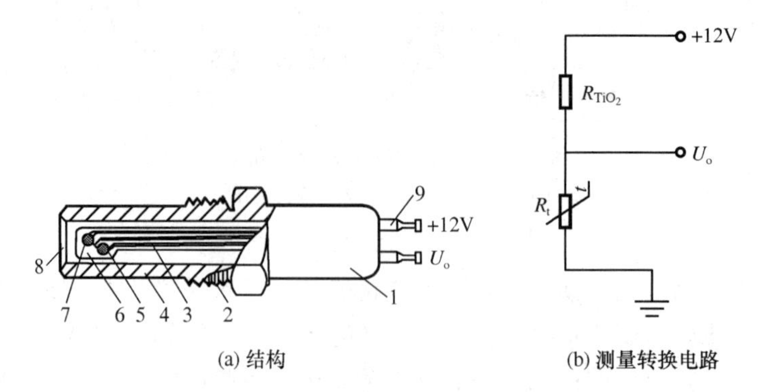

图 7.26　二氧化钛氧浓度传感器结构及测量转换电路

1. 外壳（接地）；2. 安装螺栓；3. 搭铁线；4. 保护管；5. 补偿电阻；6. 陶瓷片；
7. TiO_2 氧敏电阻；8. 进气口；9. 引脚端子

在图 7.26（b）中，与 TiO_2 气敏电阻串联的热敏电阻 R_t 起温度补偿作用。当环境温度升高时，TiO_2 气敏电阻的阻值会逐渐减小，只要 R_t 也以同样的比例减小，根据分压比定律，U_o 不受温度影响，减小了测量误差。事实上，R_t 与 TiO_2 气敏电阻是相同材料制作的，只不过是 R_t 用陶瓷密封起来，以免与燃烧尾气直接接触。

TiO_2 气敏电阻必须在上百度的高温下才能工作。汽车之类的燃烧器刚起动时，排气管的温度较低，TiO_2 气敏电阻无法工作，所以还必须在 TiO_2 气敏电阻外面套一个加热电阻丝（图中未画出），进行预热，以激活 TiO_2 气敏电阻。

7.2　传感器在家用电器中的应用

随着家用电器的发展和普及，家电控制的电子化对传感器的需求量越来越大。本节仅对一般家用电器中较典型的传感器应用做一介绍。

7.2.1　传感器在电冰箱中的应用

1. 传感器在电冰箱中的作用

电冰箱主要由制冷系统和控制系统两大部分组成。控制系统主要包括温度自动控制、除霜温度控制、流量自动控制、过热及过电流保护等。每项控制都必须用传感器。

图 7.27 是常见的电冰箱电路图，它主要由温度控制器、温度显示器、PTC 启动器、除

霜温控器、电动机保护装置、开关、风扇及压缩机电动机等组成。电冰箱运行时，由温度传感器组成的温控器按所调定的冰箱温度自动接通和断开电路，控制制冷压缩机的关与停。当给冰箱加热除霜时，由温度传感器组成的除霜温控器将会在除霜加热器达到一定温度时自动断开加热器的电源，停止除霜加热。热敏电阻检测到的冰箱内的温度将由显示器直接显示出来。PTC 启动器是用电流控制的方式来实现压缩机的启动，并对电机进行保护。

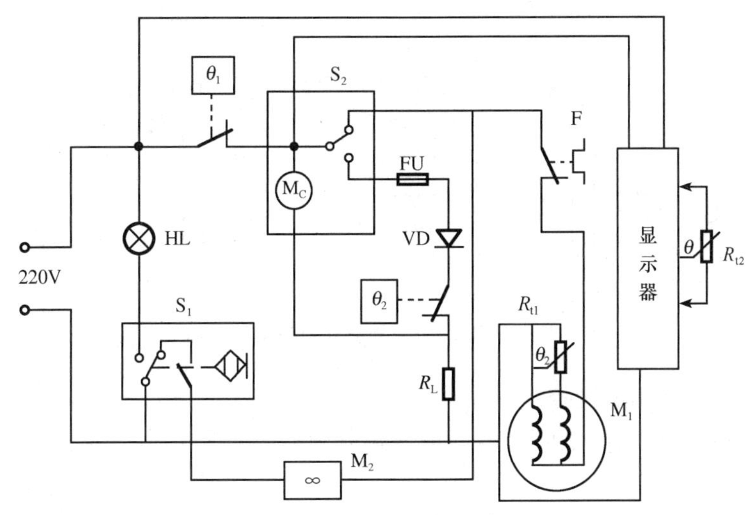

图 7.27　常见电冰箱电路图

θ_1. 温控器；θ_2. 除霜温控器；R_L. 除霜热丝；S_1. 门开关；S_2. 除霜定时开关；F. 热保护器；R_{t1}. PTC 启动器值；R_{t2}. 测温热敏电阻阻值

2. 电冰箱中的温度传感器

(1) 压力式温度传感器

压力式温度传感器有波纹管式和膜盒式两种形式，如图 7.28 所示，主要用于温度控制器和除霜温控器。传感器由波纹管（或膜盒）与感温管连成一体，内部填充感温剂。感温管紧贴在电冰箱的蒸发器上，感温剂的体积将随蒸发器的温度而变化，引起腔内压力变化，由波纹管（或膜盒）变换成位移变化。这一位移变化通过温度控制器中的机械传动机构推动微动开关机构切断或接通压缩机的电源。

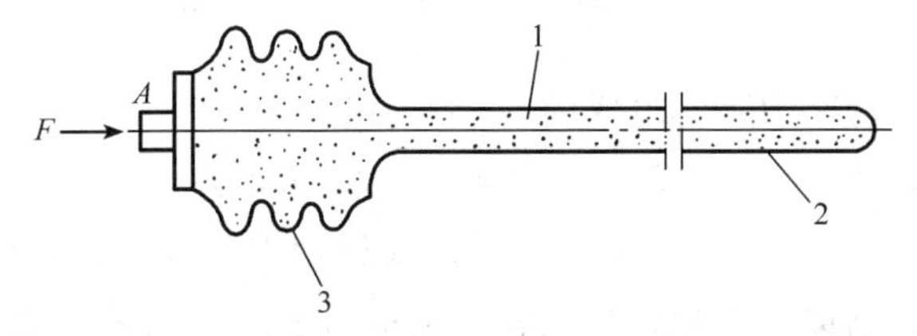

图 7.28　压力式温度传感器

1. 感温剂；2. 波纹管；3. 感温管

（2）热敏电阻式温控电路

热敏电阻式温控电路如图 7.29 所示。热敏电阻 R_1 与电阻 R_3、R_4、R_5 组成电桥，经 IC_1 组成的比较器、IC_2组成的触发器、驱动管 V、继电器 K 控制压缩机的启停。

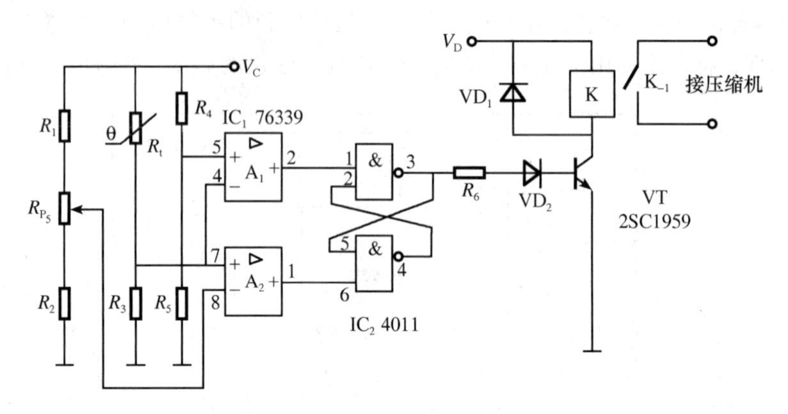

图 7.29　热敏电阻式温控电路

（3）热敏电阻除霜温度控制

图 7.30 所示是用热敏电阻组成的除霜温控电路，使除霜以手动开始，自动结束，实现了半自动除霜。

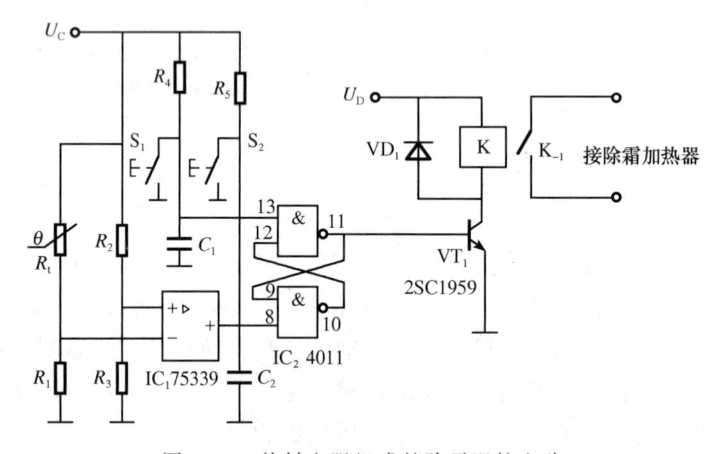

图 7.30　热敏电阻组成的除霜温控电路

当要除霜时，按动 S_1 使 IC_2组成的 RS 触发器置位端接地，其输出端为高电平，晶体管 VT_1 导通，继电器 K 接通除霜加热器。当除霜加热一段时间后，冰箱内温度回升，R_t 阻值下降，IC_2反相输入端电位升高，最终使 RS 触发器翻转，晶体管 V 截止，继电器 K 失电，除霜结束。在除霜期间若人工按动 S_2，也可停止除霜。

（4）双金属除霜温度传感器

双金属除霜温度传感器的结构如图 7.31 所示。它由双金属热敏元件、推杆及微动开关组成，平时微动开关处于常闭状态。接通除霜开关，除霜加热器经双金属热敏元件构成回路，除霜开始。除霜后，电冰箱蒸发器温度升高，双金属热敏元件产生形变，经推杆使微动开关的触点断开，停止除霜。

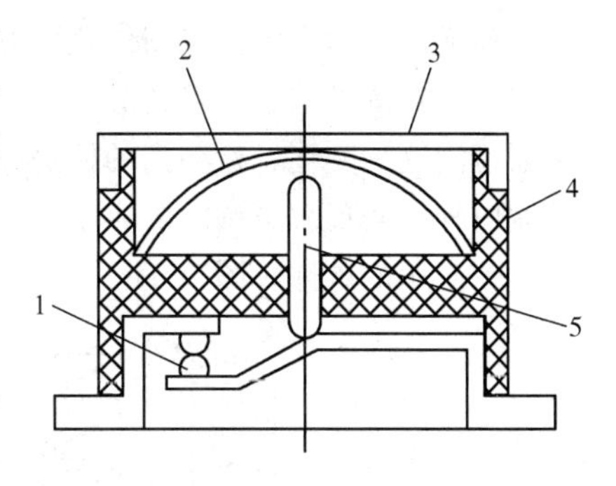

图 7.31　双金属除霜温度传感器的结构

1. 微动开关；2. 双金属热敏元件；3. 护盖；4. 外壳；5. 推杆

(5) 双金属热保护器

如图 7.32 所示，双金属热保护器是一个封装起来的固定双金属热敏元件。它埋设在压缩机内的电动机绕组中，对电动机绕组的温度进行控制。当电动机绕组过热时，保护器内的双金属片产生形变，切断压缩机的电源。

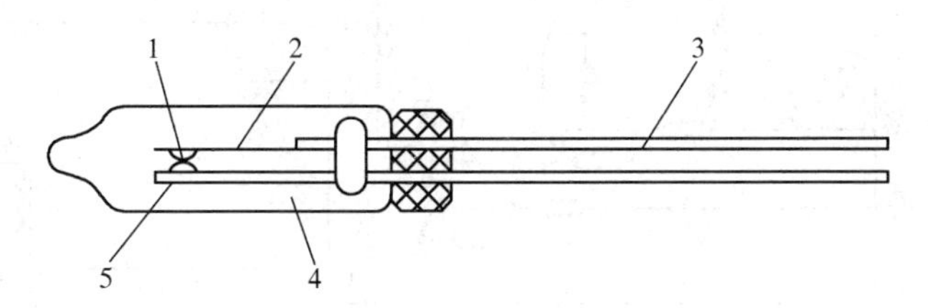

图 7.32　双金属热保护器

1. 可动触点；2. 双金属片；3. 引线；4. 铅玻璃套；5. 固定触点

7.2.2　传感器在厨具中的应用

1. 传感器在微波电子灶中的应用

微波电子灶与普通灶具的加热方式、控制方式不同，它有多种多样的功能，不但省力、省时，又清洁、卫生，而且做出来的菜肴味美可口，因此受到人们的喜爱。这一成功是与微机和传感器技术的应用分不开的。

电子灶烹调自动化从装入电脑（单片微机）开始，输入温度、时间，由传感器检测温度、湿度、气体等信息，由电脑自动定时。存储器可以是半导体存储器或外部磁卡。磁卡方式需要在食品分量和初始温度上进行调整，因此属半自动方式，它可由用户自由编程。采用传感器检测方式，用户无需调整，因此是全自动方式。

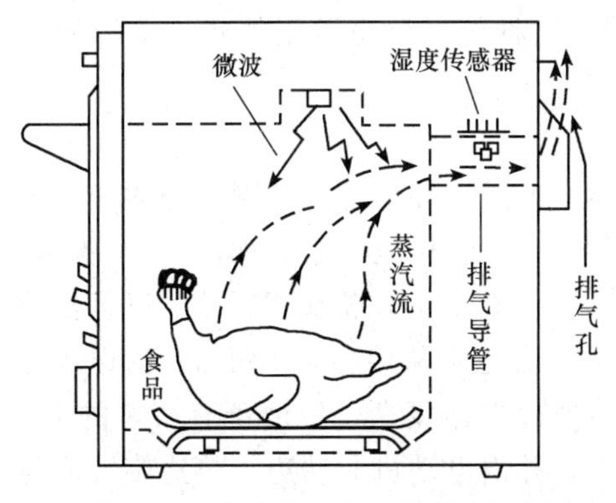

图 7.33　传感器安装在排气通道内

(1) 电子灶的湿度传感器控制

日本松下电气公司采用的 $MgCr_2O_4 \cdot TiO_2$ 半导体多孔质陶瓷湿度传感器是耐高温材料且具有疏水性，既能用于加热清除油、烟等污染物质，又不受湿气的影响。图 7.33 是传感器安装在排气通道内的示意图。按图位置装好湿度传感器，测量前先加热活化，烹调开始后，食品受热，相对湿度减小，当食品中的水沸腾时，相对湿度又急剧上升。控制时，通过湿度传感器检测这一变化，检测到的振荡频率达到某设定值后还不能马上停止微波加热，此后的控制由软件实现。烹调的内容不同，时间常数也不同，通过实验分析、整理可以设计出供电子灶应用的软件。图 7.34 为湿度传感器控制电路简图。

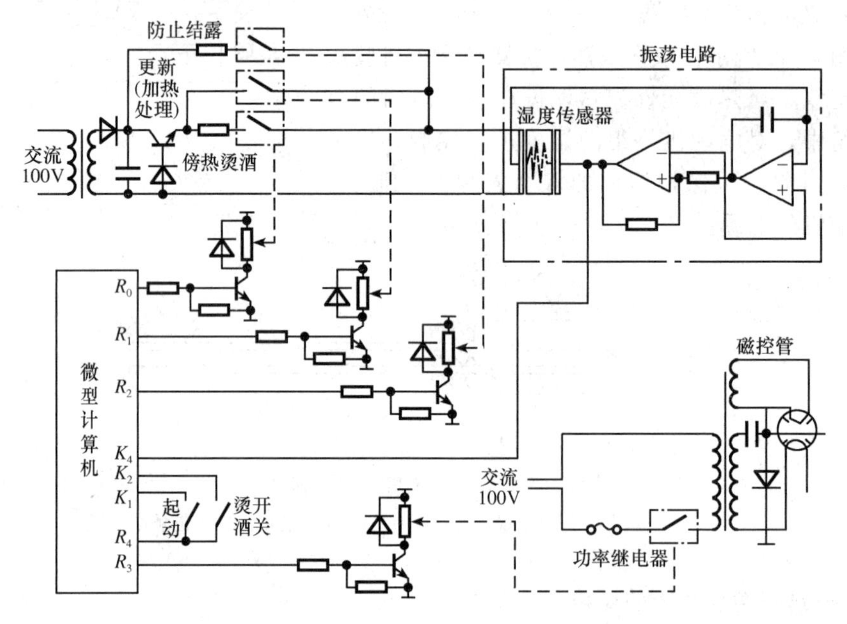

图 7.34 湿度传感器控制电路简图

（2）电子灶的气体传感器控制

日本夏普公司采用 SnO_2 烧结型气体传感器进行控制。这种传感器可耐 400℃高温，具有电路简单的特点。一般的气体传感器多检测甲烷、丙烷等低分子量气体，与此不同，这种传感器可检测食物产生的高分子量气体。传感器也放在排气通道内，对不同的食物挥发气体的浓度和烹调情况之间的关系，通过实验分类整理，编制成应用软件即可。图 7.35 为气体传感器输出与烹调过程的关系。这种传感器也可用加热方法清除灶内油污等污染物质的影响。

（3）电子灶的温度传感器控制

日本三洋公司生产的电子灶，采用 $LiTaO_3$ 晶体热电式红外传感器检测食物的表面温度进行控制。这种传感器比一般红外传感器测量范围广，价格也便宜。如图 7.36 所示，传感器安装在灶具上方的天井里。热电型红外传感器需要斩波器，机械式斩波器以每秒十几转的速度在传感器面前旋转。为避免油污附着在传感器上，从传感器侧面向灶内送入冷气流。面向灶腔内送入冷气流。尽管包含斩波器的外部电路复杂，但由于有市售的 IC，该方法切实可行。图 7.36 中，食物放在食品台中心，并由电动机驱动边加热边旋转。与上面提到的两种控制方法相同，烹调时可根据不同的食物作相应的追加加热。

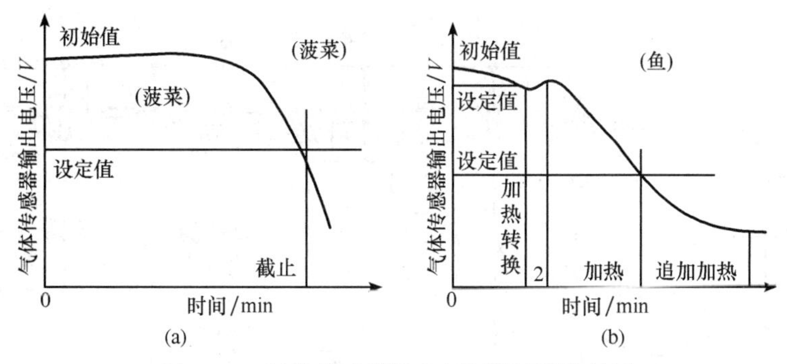

图 7.35　气体传感器输出与烹调过程的关系

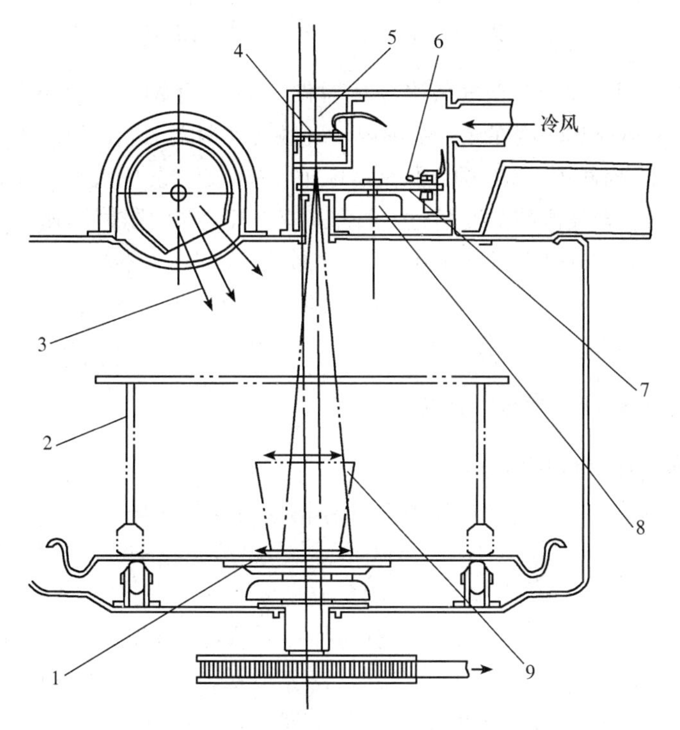

图 7.36　微波炉中传感器装配示意图

1. 转台；2. 烹调罩；3. 微波；4. 红外线温度传感器；5. 检测箱；6. 温度校正二极管；7. 斩波器；8. 电动机；9. 容器（至电动机）

2. 换气扇的自动控制电路

如图 7.37 所示，换气扇的自动控制电路可根据室内气温变化实现换气扇的自动通、断，以改善室内气温环境。

控制电路包括交流降压整流电路（$V_{DD}=+9V$）、有害气敏传感器、温度检测电路和双稳态控制电路。

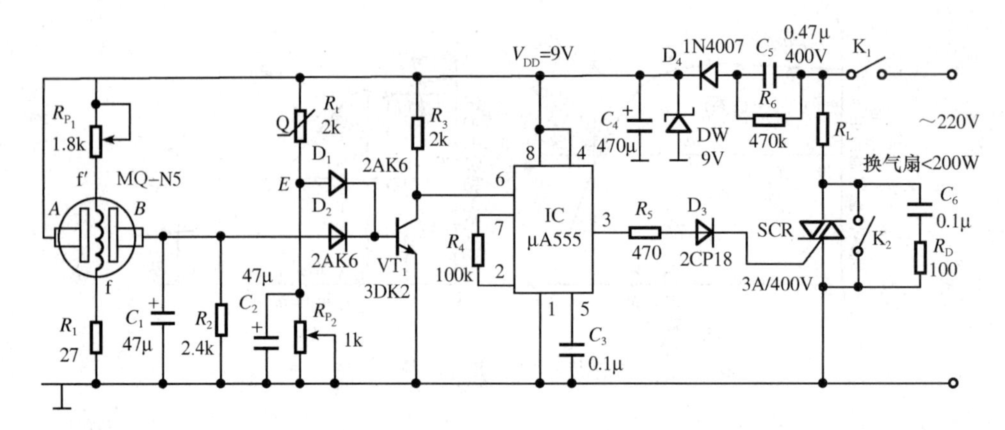

图 7.37　换气扇的自动控制电路

气敏传感器采用 MQ-N5 型气敏半导体器件，R_t 采用 MF-51 型 NTC 热敏电阻。平时，室内无有害气体或其浓度在允许范围内，气敏元件两端 A、B 间阻值较大，B 点电位低于 1V，D_2、VT_1 均截止，555 的 6 脚呈高电平，555 处于复位状态，SCR 截止，换气扇不工作。而当室内有害气体的浓度超过允许值时，MQ-N5 的阻值迅速减小，B 点电位升高，D_2、VT_1 导通，555 的 6 脚呈低电平，555 置位，SCR 触发导通，换气扇工作。

当室温上升到约 36℃时，热敏电阻 R_t 的阻值减小，E 点电位升高，导致 D_1、VT_1 导通，同样使 555 置位，换气扇运转。

3. 电饭锅中的热敏铁氧体温度传感器

(1) 热敏铁氧体材料与温度特性

热敏磁性材料在 −50～400℃范围内具有相变温度，即居里温度 t_c。利用饱和磁通密度 B_m、起始导磁率 μ 以及矫顽力 H_c 在 t_c 时的急变现象构成的温度传感器，可进行温度检测与控制，应用广泛。热敏磁性材料有铁氧体系及镍合金系，若严格把握材料组成的配方以及热处理条件，t_c 的复现性也非常好，这种传感器适用于恒温检测，并具有放大功能。

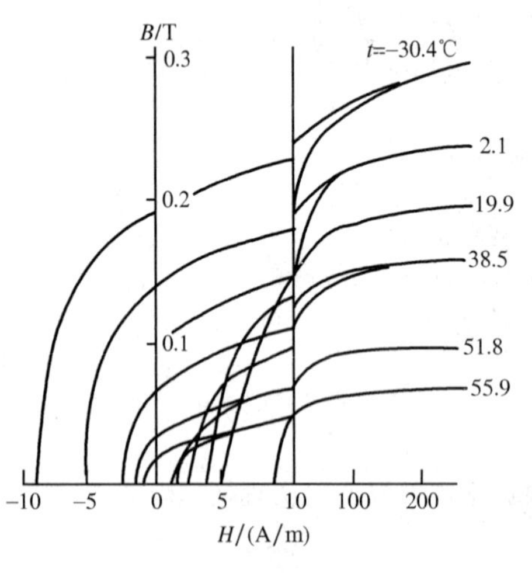

图 7.38　铁氧体的磁滞特性与温度之间的关系

铁氧体的磁滞特性与温度之间的关系如图 7.38 所示，磁滞特性随温度而变化。其作为温度传感器使用时，可根据磁滞特性随温度变化的利用方法不同进行分类，即可利用 B_m、μ、t_c 中任何参数随温度变化的特性构成温度传感器，这要根据使用目的、检测电路与经济性决定。

(2) 热敏铁氧体传感器在电饭锅中的应用

图 7.39 所示是电饭锅的温度控制情况，

受热板紧靠锅底，接通电源的同时永久磁铁被推上，热敏簧片开关被吸着。若锅中米饭已做好，锅底的温度急剧升高，先是受热板的温度升高，若热敏铁氧体的温度超过 t_c，则它将失去磁性，弹簧力将永久磁铁压下，电源被切断。铁氧体的吸力与温度之间关系如图 7.40 所示，吸力大小随热敏铁氧体厚度不同而异，调整吸力也可改变±5℃的工作温度。

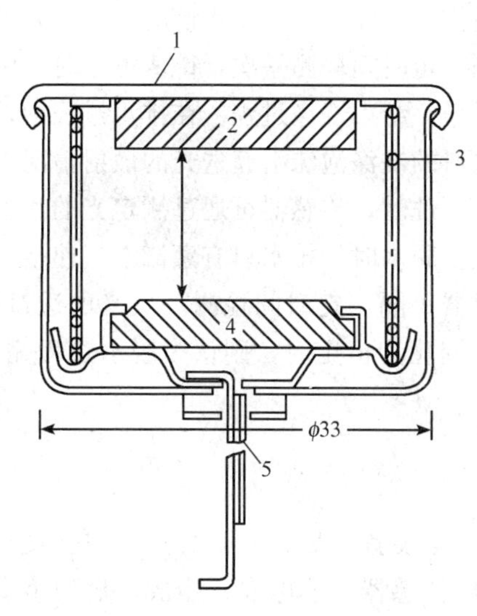

图 7.39　电饭锅的温度控制情况

1. 受热板；2. 热敏铁氧体；3. 弹簧；
4. 永久磁铁；5. 驱动开关

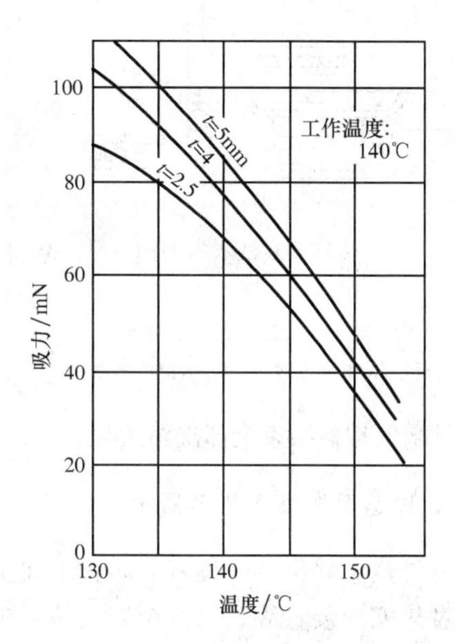

图 7.40　铁氧体的吸力与温度之间关系

对于热敏铁氧体作为磁芯、其上绕有线圈的温度传感器，通常热敏铁氧体使用环状或近似环状的铁氧体，使用的电源大致有 50/60Hz 的市电、30～500kHz 的正弦交流电源或脉冲电源，线圈使用的振荡电路有电压输出或频率变化的方式。

7.2.3　传感器在洗涤电器中的应用

1. 传感器在洗衣机中的应用

目前，全自动洗衣机已实现了利用传感器和微处理器对洗涤过程进行监控，使用的传感器有水位传感器、布量传感器和光电传感器等，使洗衣机能够自动进水、控制洗涤时间、判断洗净度和脱水时间，并将洗涤控制于最佳状态。

图 7.41 所示是传感器在洗衣机中的应用示意图。

（1）水位传感器

洗衣机中的水位传感器用来检测水位的等级。它由三个发光元件和一个光敏元件组成，根据依次点亮三个发光元件后，光到达光敏元件的变化而得到水位的数据。

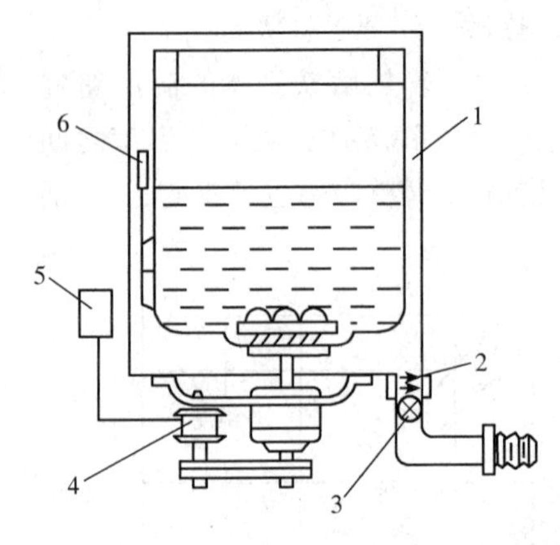

图 7.41　传感器在洗衣机中的应用示意图

1. 脱水缸；2. 光电传感器；3. 排水阀；4. 电动机；5. 布量传感器；6. 水位传感器

（2）布量传感器

布量传感器用来检测洗涤物的重量，是通过电动机负荷的电流变化来检测洗涤物的。

（3）光电传感器

光电传感器由发光二极管和光敏三极管组成，安装在排水口上部。根据排水口上部的光透射率检测洗涤净度，判断排水、漂净度及脱水情况。在微处理器控制下，每隔一定时间检测一次，待值恒定时，则认为洗涤物已干净，结束洗涤过程。在排水过程中，传感器根据排水口的洗涤泡沫引起透光的散射情况来判断排水过程。漂洗时，传感器可通过测定光的透射率来判断漂净度。脱水时，排水口有紊流空气使透光散射，光电传感器每隔一定时间检测一次光的透过率，当光的透过率变化为恒定时，则认为脱水过程完成，便通过微处理器结束全部洗涤过程。

2. 传感器在燃气热水器中的应用

燃气热水器中一般设置有防止不完全燃烧的安全装置、熄火安全装置、空烧安全装置及过热安全装置等。前两个安全装置主要由温度传感器（热电偶）构成，后两个安全装置由水气联动装置来实现。如图 7.42 所示，水气联动装置实际上是一个压力敏感元件，它根据不同的水压控制燃气阀的开关。当打开冷水阀时，A 腔的水压力大于 B 腔的气体压力，膜片向 B 腔鼓起，通过节流塞连杆压缩弹簧，当水压力大于弹簧的预压力时，打开燃气阀门。可见，当水阀未打开或关闭或水压过低时，燃气通路自动关闭，防止了空烧或过热的现象。如果在使用中将热水出口关闭，A 腔的水将通过节流塞上的小孔流向 B 腔，同样会关闭燃气阀门。

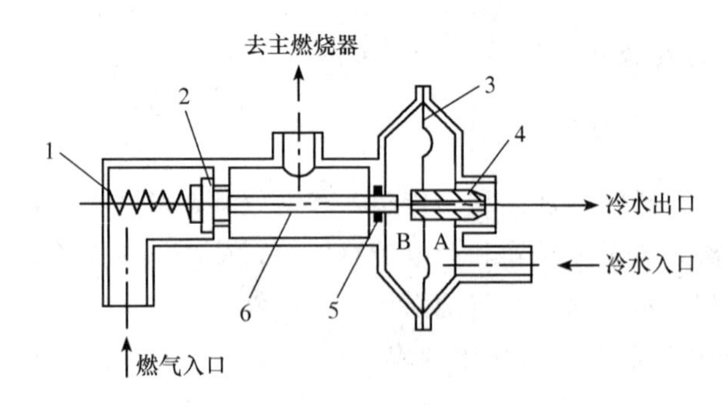

图 7.42　水气联动装置结构示意图

1. 弹簧；2. 密封塞；3. 膜片；4. 节流塞；5. 密封圈；6. 连杆

燃气热水器的工作原理如图 7.43 所示。当打开燃气进气阀，按动开关 S 时，电源通过 VD_1 向 C_1 充电，使 VT_1、VT_2 导通，电磁阀 Y 得电工作，打开燃气输入通道，高压发生器输出高压脉冲点燃长明火。打开冷水阀门，在水压作用下燃气进入主燃烧室，经长明火引燃。在热水器中的两个热电偶，一个设置在长明火的旁边，其热电动势加在电磁阀 Y 线圈的两端，在松开开关 S 时维持电磁阀的工作。如果发生意外使长明火熄灭，电磁阀关闭，切断燃气通路。

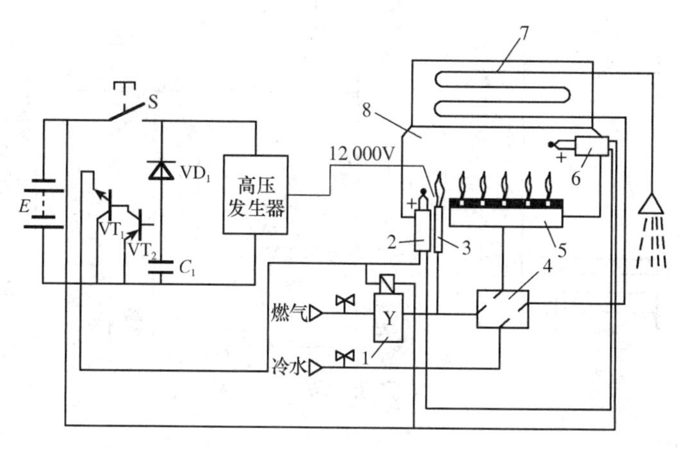

图 7.43　燃气热水器工作原理

1. 燃气电磁阀；2. 热电偶 1；3. 长明火；4. 水气联动开关；
5. 主燃烧器；6. 热电偶 2；7. 热交换器；8. 燃烧室

缺氧保护热电偶 2 设置在燃烧室的上方，与热电偶 1 反极性串联。热水器正常工作时，热电偶 2 的热电动势较小，不影响电磁阀的工作。当氧气不足时，火焰变红且拉长，热电偶 2 被拉长的火焰加热，产生较大的热电动势，抵消了热电偶 1 的热电动势，使电磁阀 Y 关闭，起到了缺氧保护的作用。

7.3　传感器在现代汽车中的应用

7.3.1　汽车结构及工作过程概述

汽车类型繁多，结构比较复杂，大体可分为发动机、底盘和电气设备三大部分，每一部分均安装有许多检测和控制用的传感器。为分析方便起见，把汽车中与传感器有关联的部分画在图 7.44 中，我们将之分成燃料系、点火系、传动系、轿厢系等几个系统，其他无关的部分没有在图上画出。

发动机是汽车的动力装置，其作用是将吸入的燃料燃烧而产生动力，通过传动系统使汽车行驶。

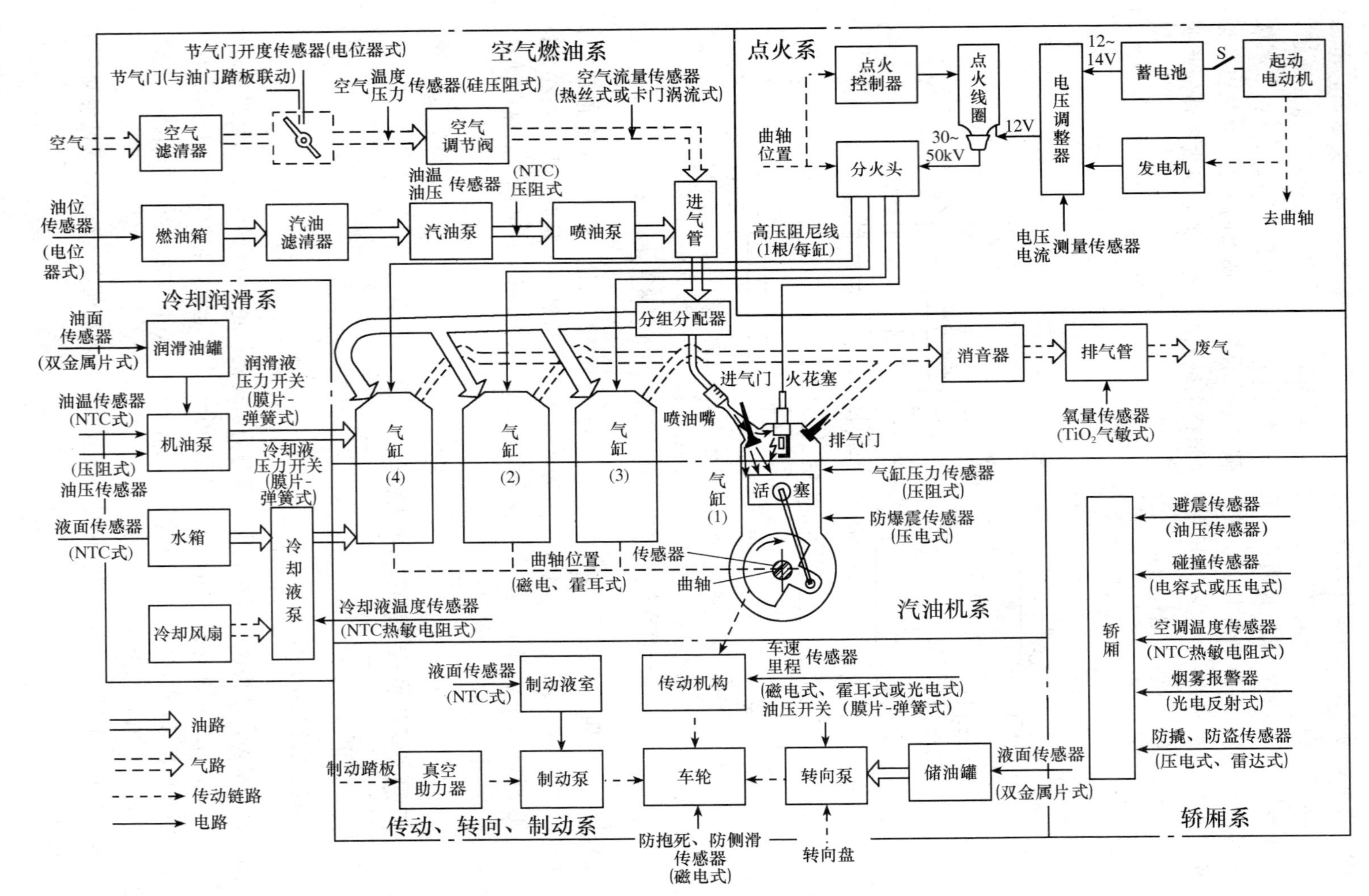

图 7.44 汽车组成结构框架图及传感器分布

汽油发动机主要由气缸、燃料系、点火系、起动系、冷却系及润滑系等组成。当汽车起动后，电动汽油泵将汽油从油箱内吸出，由滤清器滤出杂质后，经喷油器喷射到空气进气管中，与适当比例的空气均匀混合，再分配到各气缸中。混合气由火花塞点火而在气缸内迅速燃烧，推动活塞，带动连杆、曲轴作回转运动。曲轴运动通过齿轮机构驱动车轮使汽车行驶起来。以上工作过程均是在电控单元 ECU（electronic control unit）控制下进行的。ECU 的内部原理框图如图 7.45（b）所示。

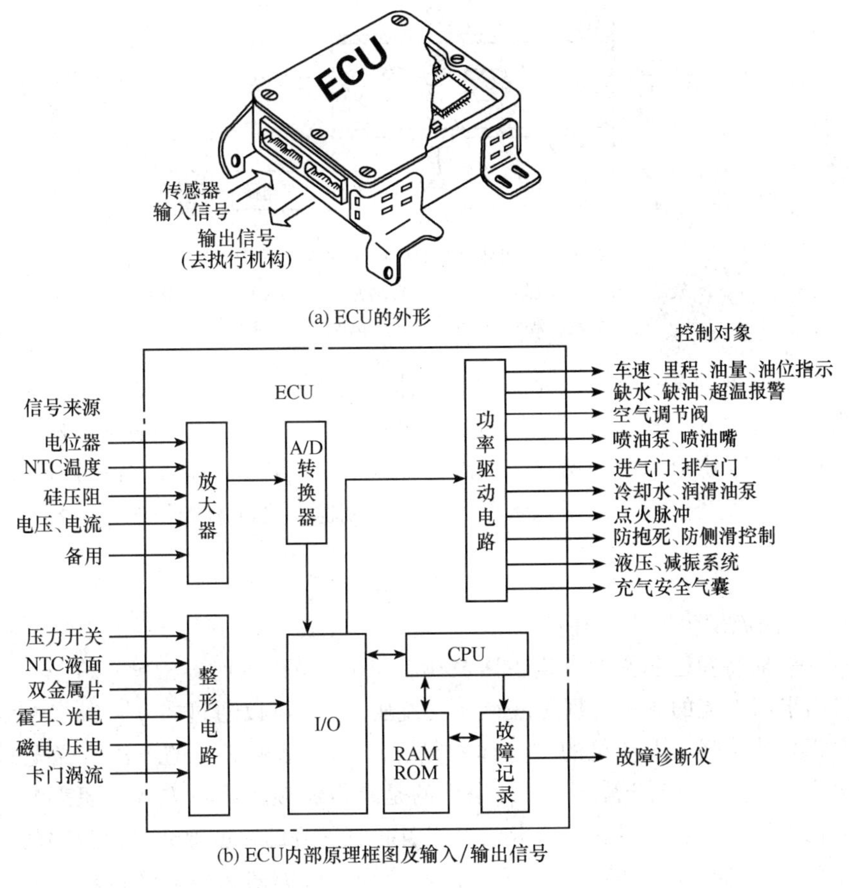

(a) ECU的外形

(b) ECU内部原理框图及输入/输出信号

图 7.45　ECU 结构

7.3.2　传感器在汽车运行中的作用

1. 空气系统中的传感器的作用

为了得到最佳的燃烧状态和最小的排气污染，必须对油气混合气中的空气-燃油比例（空燃比）进行精确的控制。空气系统中传感器的作用是计量和控制发动机燃烧所需要的空气量。

经空气滤清器过滤的新鲜空气经空气流量传感器测量之后再进入进气管，与喷油器喷射的汽油混合后才进入气缸。ECU 根据车速、功率（载重量、爬坡等）等不同运行状况，控制电磁调节阀的开合程度来增加或减少空气流量。空气流量传感器有多种类型，使用较多的有热丝式气体测速仪以及卡门涡流流量计。卡门涡流流量计结构如图 7.46 所示。

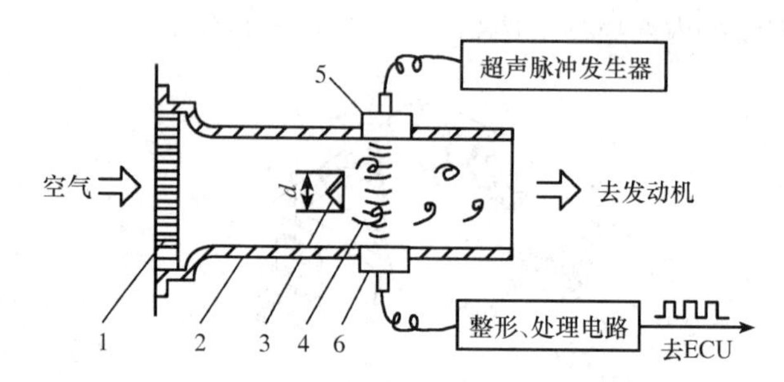

图 7.46　卡门涡流流量计结构示意图

1. 气流整流栅；2. 进气管；3. 涡流发生锥体；4. 卡门空气涡流；
5. 超声波发生器探头；6. 超声波接收探头

在进气管中央设置一只直径为 d 的圆锥体（涡流发生器）。锥底面与空气流速方向垂直。当空气流过锥体时，由于空气和锥体之间的摩擦，在锥体的后部两侧交替地产生旋涡，并在锥体下游形成两列涡流，该涡流称为卡门涡流。两侧旋涡的旋转方向相反，所以使下游的空气产生振动。振动频率 f 与空气流速 v 之间有如下关系，即

$$f = St\,\frac{v}{d}$$

式中，d——涡流发生器锥体外径，m；

St——斯特罗巴尔常数（当雷诺数在 $10\sim10^4$ 范围内时，$St\approx0.2$）。

测量出卡门涡流的频率，即可获得空气流速 v，并可以通过式 $q=Av$（A 为进气管横截面面积）计算吸入发动机的空气体积量。测量涡流频率 f 的方法有光电式和超声波式，图 7.46 所示的卡门涡流流量计采用的是超声波频率测量方式。超声波发射、接收器安装在卡门涡流发生器后部。卡门涡流引起空气流的密度变化（涡流中的空气密度高），超声波发生器接收到的超声波为卡门涡流调频过的疏密波，经过整形电路、检波器和低通滤波器就可以得到低频调制脉冲信号 f。

卡门涡流流量计旁边还安装有 NTC 热敏电阻式气温传感器，用于测量进气温度，以便修正因气温引起的空气密度变化。NTC 气温传感器的外形以及阻值 R 与气温 t 的关系特性如图 7.47（b）所示。

2. 燃油系统的作用

燃油系统的作用是供给气缸内燃烧所需的汽油。在燃油泵的作用下，汽油从油箱吸出，再经调压器将燃油压力调整到比进气压力高 250～300kPa 左右，然后由分配管分配

到各气缸对应的喷油器上。油压的测量可以采用图 7.48（a～d）所示的压阻式压力传感器。

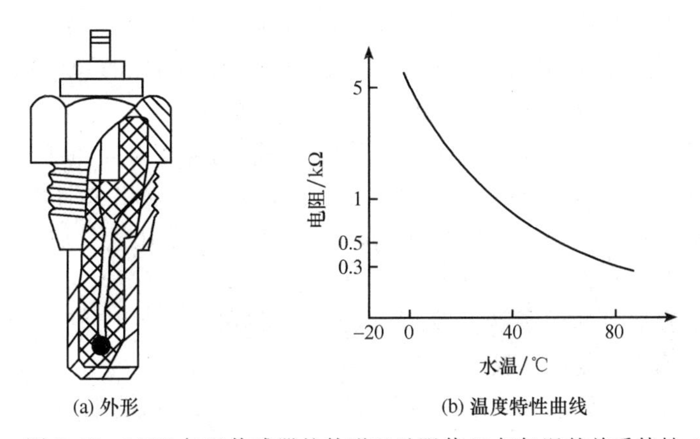

图 7.47　NTC 气温传感器的外形以及阻值 R 与气温的关系特性

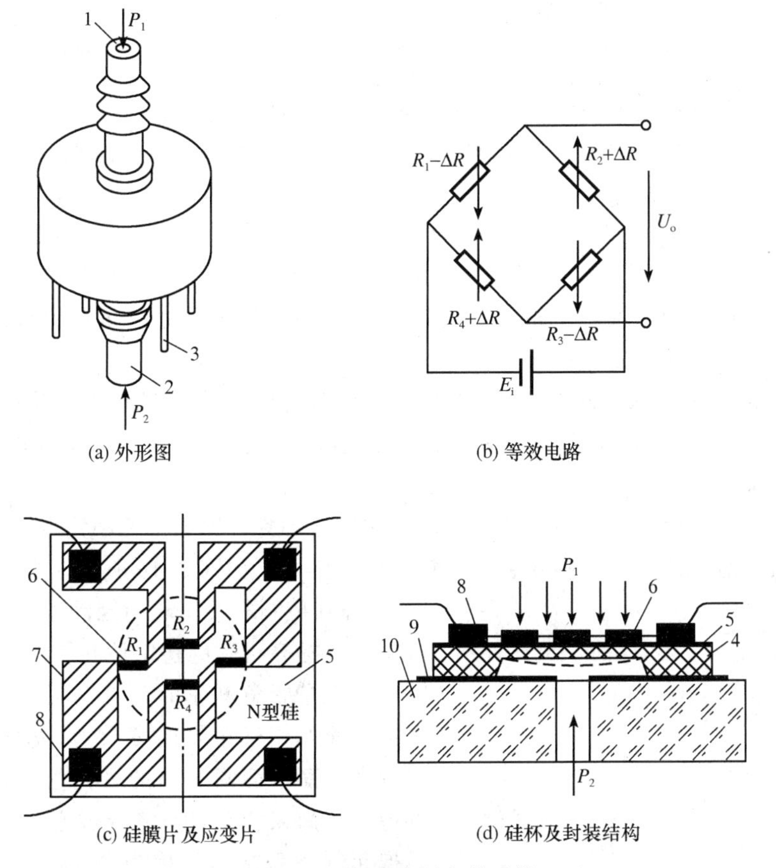

图 7.48　压阻式压力传感器

L. 进气口 1（高压侧）；2. 进气口 2（低压侧）；3. 引脚；4. 硅杯；5. 单晶硅膜片；6. 扩散型应变片；7. 扩散电阻引线；8. 电极及引线；9. 玻璃粘结剂；10. 玻璃基板

当硅杯两侧存在压力差时，硅膜片产生变形。四个全桥式应变电阻在应力的作用下阻值发生变化，电桥失去平衡，输出电压与膜片两侧的压差成正比。油压信号送到 ECU，ECU 根据货物载重量及爬坡度、加速度、车速度等负载条件和运行参数调整燃油泵及喷油器中的电磁线圈通电时间（占空比），以控制喷油量。

例如，在怠速状态（发动机在未带负载的情况下空转）时，油门踏板处于松开状态，节气门开度很小，ECU 检测出开度大小，控制喷油器喷出少而浓的混合气；在大负载时，油门踏板被踩下较多，节气门开度增大，喷油器喷出大量加浓的混合气；在加速时，节气门突然开大，喷油器必须在瞬间喷出加浓的混合气。

燃油温度会影响燃油的黏稠度及喷射效果，所以通常采用 NTC（也有采用 PTC）热敏电阻温度传感器来测量油温。

现代汽车还在排气管前端安装一只如图 7.26 所示的二氧化钛氧浓度传感器。当排气中的氧含量不足时，由 ECU 控制增大空燃比，改变油气浓度，提高燃烧效率，减少黑烟污染。

3. 发动机点火系统的作用

发动机火花塞点火时刻的正确性关系到发动机输出功率、效率及排气污染等重要参数。在第 4 章已介绍过利用霍尔传感器来取得曲轴转角和确定点火时刻的方法。点火提前角必须根据发动机转速来确定。

4. 传动系的作用

为了检测汽车的行驶速度和里程数，ECU 将曲轴转速信号与车轮周长进行适当的换算，可以得到车速和公里数。

为了让驾车者从繁琐的换挡和离合器操作中解脱出来，ECU 还可以根据行驶状态，在自动控制传动比的同时调节油路和气路，以达到最佳的换挡点、最大的效率、最小的耗油量和污染。

汽车在行驶过程中还必须保持驱动车轮在冰雪等易滑路面上的稳定性并防止侧偏力的产生，故在前后四个车轮中安装有车轮速度传感器，如图 7.49 所示。当发生侧滑时，ECU 分别控制有关车轮的制动控制装置及发动机功率，提高行驶的稳定性和转向操作性。

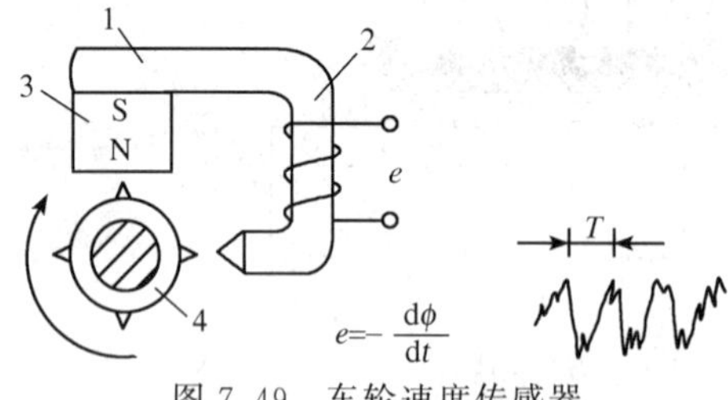

图 7.49　车轮速度传感器

1. 导磁铁芯；2. 线圈；3. 永久磁铁；4. 汽车发动机曲轴转子；*T*. 传感器输出脉冲的周期

当汽车紧急刹车时，汽车减速的外力主要来自地面作用于车轮的摩擦力，即所谓的地面附着力，而地面附着力的最大值出现在车轮接近抱死而尚未抱死的状态。这就必须设置一个防抱死制动系统（又称为 ABS）。ABS 由车轮速度传感器、ECU 以及电-液控制阀等组成。ECU 根据从车轮速度传感器来的脉冲信号控制电液制动系统，使各车轮的制动力满足少量滑动但接近抱死的制动状态，以使车辆在紧急刹车时不致失去方向性和稳定性。

为了减小汽车在崎岖的道路上的颠簸，提高舒适性，ECU 还能根据四个车轮的独立悬挂系统的受力情况控制油压系统，调节四个车轮的高度，跟踪地面的变化，保持轿厢的平稳。

5. 自动空调系统的作用

汽车的基本空调系统经过不断发展和元件改进、功能完善和电子化，最终发展成为自动空调系统。自动空调系统的特点为：空气流动的路线和方向可以自动调节，并迅速达到所需的最佳温度；在天气不是燥热时，使用设置的“经济挡”控制，使空压机关掉，但仍有新鲜空气进入车内，既保证一定舒适性要求，又节省制冷系统燃料，具有自动诊断功能，迅速查出空调系统存在的或“曾经”出现过的故障，给检测维修带来很大方便。

图 7.50 为自动空调系统框图。它由操纵显示装置、控制和调节装置、空调电动机控制装置以及各种传感器和自动空调系统各种开关组成。温度传感器是系统中应用最多的。两个相同的外部温度传感器分别安装在蒸发器壳体和散热器罩背后，计算机感知这两个检测值，一般用低值计算，因为在行驶时和停止时温度会有很大差别。图中高压传感器实际上是一个温度传感器，是一个负温度系数的热敏电阻，起保护作用。它装在冷凝器和膨胀阀之间，以保证压缩机在超压的情况下，例如散热风扇损坏时，关闭并被保

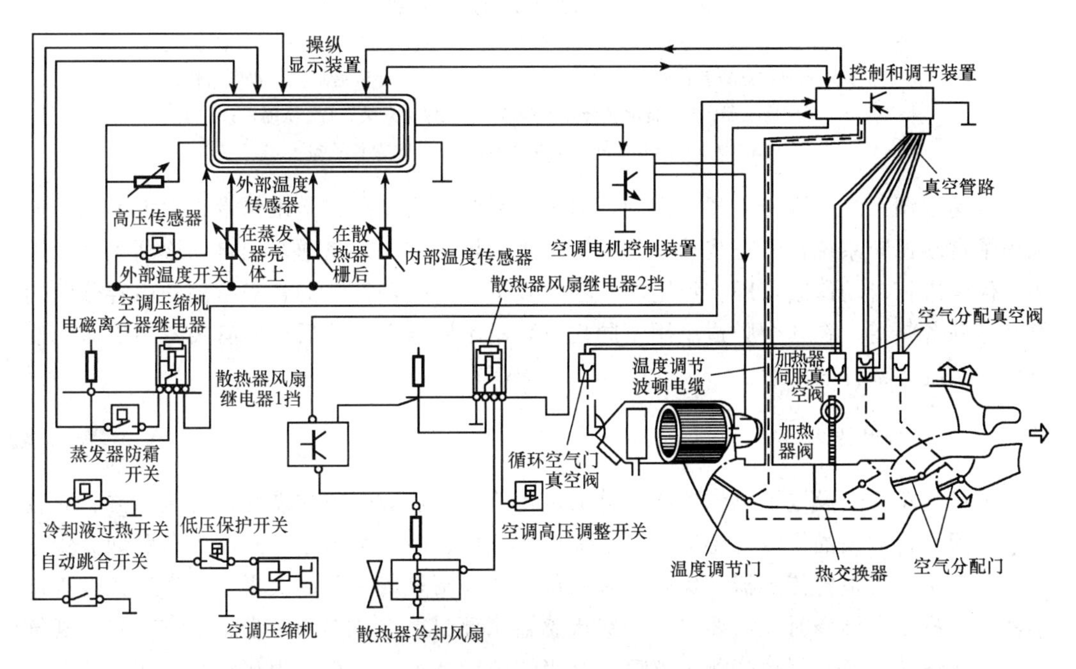

图 7.50　自动空调系统框图

护。各种开关有防霜开关、外部温度开关、高/低压保护开关、自动跳合开关等。当外部温度 $T \leqslant 5$℃时，可通过外部温度开关关断压缩机电磁离合器。自动跳合开关的作用是在加速、急踩油门踏板时关断压缩机，使发动机有足够的功率加速，然后再自动接通压缩机。

奥迪轿车自动空调系统中的传感器、各种开关及各种装置的安装位置如图 7.51 所示。

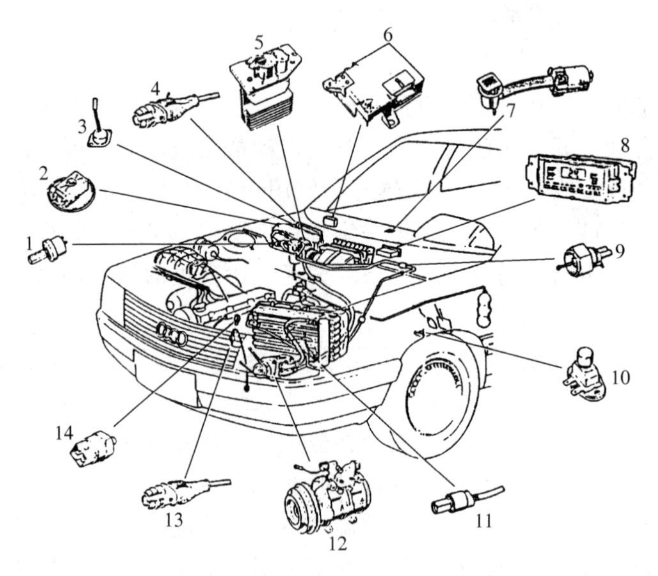

图 7.51　自动空调系统元件安装位置示意图

1. 低压保护开关；2. 防霜开关；3. 外部温度开关；4. 蒸发器壳体上的外部温度传感器；
5. 空调电动机控制装置；6. 控制和调节装置；7. 内部温度传感器；8. 操纵机构；
9. 高压传感器；10. 自动跳合开关；11. 高压保护开关；12. 压缩机；
13. 散热器栅处的外部温度传感器；14. 水温传感器

自动空调系统无疑带来很大便利，但也使系统更为复杂，给维修带来很大困难。但采用了自动诊断系统，给查找故障和维修都带来极大方便。奥迪车的自动诊断系统采用频道代码进行自动诊断，即在设定的自检方式下，将空调系统的各需检测的内容分门别类地分到各频道，在各个频道里用不同代码表示不同意义，然后检阅有关专用手册，便可确定系统各部件的状态。

6. 其他车用传感器

现代汽车中还设置了电位器式油箱油位传感器、热敏电阻式缺油报警传感器、双金属片式润滑机油缺油报警传感器、机油油压传感器、冷却水水温传感器、车厢烟雾传感器、车门未关紧报警传感器、保险带未系传感器、雨量传感器以及霍尔式直流大电流传感器等。汽车在维修时还需要另外一些传感器来测试汽车的各种特性，例如 CO、氮氢化合物测试仪以及专用故障测试仪等，有兴趣的读者可参阅有关现代汽车方面的资料。

7.4　传感器的选择

7.4.1　对传感器的要求

由于传感器的精度高低、性能好坏直接影响到整个自动测试系统的品质和运行状态，因此对传感器的要求是全面的、严格的，这些要求是选用传感器的依据。

1. 技术指标要求

1）静态特性要求，主要有线性度及测量范围、灵敏度、分辨率、精确度和重复性等。

2）动态特性要求，主要有快速性和稳定性等。

3）信息传递要求，主要有形式和距离等。

4）过载能力要求，主要有机械、电气和热的过载。

2. 使用环境的要求

使用环境的要求包括温度、湿度、大气压力、振动、磁场、电气、附近有无大功率用电设备、加速、倾斜、防火、防爆、防化学腐蚀以及对周围材料寿命和操作人员的身体健康不产生危害等。

3. 电源的要求

电源的要求有电源电压形式、等级、功率及波动范围，频率及高频干扰等。

4. 基本安全要求

基本安全要求如绝缘电阻、耐压强度及接地保护等。

5. 可靠性要求

可靠性要求有抗干扰、寿命、无故障工作时间等。

6. 维修及管理要求

维修及管理要求包括结构简单、模块化、有自诊断能力、有故障显示等。

上述要求又可分为两类：一类要求是共同的，如线性度及测量范围、精确度、工作温度等；另一类是特殊要求，如过载能力、防火及防化学腐蚀要求等。对于一个具体的传感器，只需满足上述部分要求即可。

7.4.2　选择传感器的一般原则

一个自动测试系统的质量优劣关键在于传感器的选择。选择传感器总的原则是：在满足对传感器的要求情况下，尽量成本低廉、工作可靠和易于维修，即所谓性能价格比要大。

选择传感器一般可按下列步骤进行：

1）借助表 7.5，按被测量的性质可以初步选定传感器的类别。

表 7.5　传感器能检测的物理量对应表

传感器＼物理量	位移	振动	加速度	力	压力	流量	温度	液位	转速	转矩	位置
电阻式	★	★	★	★	★	★	★	★		★	★
电容式	★	★	★	★	★	★	★	★	★	★	★
电感式	★	★	★	★	★	★		★	★	★	★
压电式		★	★	★	★	★	★				
霍尔式	★		★		★	★			★	★	★
光电式	★	★	★				★	★	★	★	★
光纤式	★			★	★	★	★		★		★
数字式			★	★	★		★			★	★
热电式						★	★				
超声波	★					★		★			★

注：★表示此传感器可以用来测量该物理量。

2）借助表 7.6，按被测量的范围、精度要求、环境要求等确定传感器的类别。

表 7.6　几种常用传感器性能比较

传感器类型	典型示值范围	特点及对环境要求	应用场合与领域
电位器	500mm 以下 或 360℃以下	结构简单，输出信号大，测量电路简单，摩擦力大，需要较大的输入能量，动态响应差，应置于无腐蚀性气体的环境中	直线和角位移测量
应变片	2000μm 以下	体积小，价格低廉，精度高，频率特性较好，输出信号小，测量电路复杂，易损坏	力、应力、应变、小位移、振动、速度、加速度及扭矩测量
自感互感	0.001～20mm	结构简单，分辨力高，输出电压高，体积大，动态响应较差，需要较大的激励功率，易受环境振动的影响	小位移、液体及气体的压力测量、振动测量
电容	0.001～0.5mm	体积小，动态响应好，能在恶劣条件下工作，需要的激励源功率小，测量电路复杂，对湿度影响较敏感，需要良好屏蔽	小位移、气体及液体压力测量、与介电常数有关的参数如含水量、湿度、液位测量
压电	0.5mm 以下	体积小，高频响应好，属于发电型传感器，测量电路简单，受潮后易产生漏电	振动、加速度、速度测量
光电	视应用情况而定	非接触式测量，动态响应好，精度高，应用范围广，易受外界杂光干扰，需要防光护罩	亮度、温度、转速、位移、振动、透明度测量或其他特殊领域的应用

续表

传感器类型	典型示值范围	特点及对环境要求	应用场合与领域
霍尔	5mm 以下	体积小，灵敏度高，线性好，动态响应好，非接触式，测量电路简单，应用范围广，易受外界磁场、温度变化的干扰	磁场强度、角度、位移、振动、转速、压力测量或其他特殊场合应用
热电偶	－200～1300℃	体积小、精度高，安装方便，属发电型传感器，测量电路简单，冷端补偿复杂	测温
超声波	视应用情况而定	灵敏度高，动态响应好，非接触式，应用范围广，测量电路复杂，测量结果标定复杂	距离、速度、位移、流量、流速、厚度、液位、物位测量及无损探伤
光栅	0.001～1×10^4mm	测量结果易数字化，精度高，受温度影响小，成本高，不耐冲击，易受油污及灰尘影响，应有遮光、防尘的防护罩	大位移、静动态测量，多用于自动化机床
感应同步器	0.005mm 至几米	测量结果易数字化，精度较高，受温度影响小，对环境要求低，易产生接长误差	大位移、静动态测量，多用于自动化机床

3）借助于传感器的产品目录、选型样本，最后查出传感器的规格、型号和性能、尺寸。

以上步骤不是绝对的，仅供经验少的工程技术人员选择常用传感器时参考。

7.5　超声波汽车尾部防撞探测器的设计

汽车倒车，司机多有不便，特别是超长汽车倒车更是困难。本节所述的汽车倒车超声波防撞报警系统可以解决这一问题，其报警距离为 2～3m。

7.5.1　超声波传感器

1. 超声波传感器的等效电路

现在检测超声波最常用的是各种类型的压电陶瓷振子。

将两个压电元件（或一个压电元件和一片金属板）粘合在一起，称为双压电晶片（由一个压电元件构成的称为单压电晶片）。超声波射在压电晶片上，使压电晶片振动便会产生电压信号；反之，在压电晶片上加上一个电压便会产生超声波。

超声波传感器即压电陶瓷振子的符号如图 7.52（a）所示，其等效电路如图 7.52（b）所示。

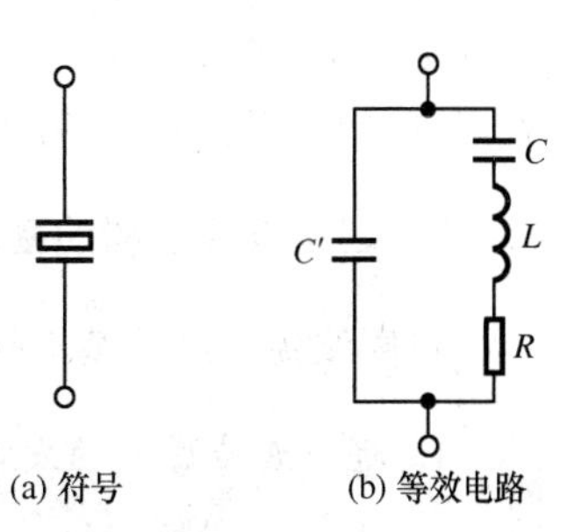

图 7.52　超声波传感器的符号及等效电路

超声波传感器有两个共振频率，低频共振频率 f_T 叫串联共振频率，在电阻 R、电感 L 和电容 C 的串联电路中振荡，这时的传感器阻抗最低；在高频处的共振频率 f_a 称为逆共振频率，在 L、C 和 C' 的并联电路中产生共振。

例如，对于 MA40A3R 超声波传感器，$f_T=37.625\text{kHz}$，$f_a=40.875\text{kHz}$

$$f_T = \frac{1}{\sqrt{LC}}$$

$$f_a = f_T\left(1+\frac{C}{2C'}\right)$$

$$\frac{f_T}{f_a} = 0.92 = \frac{1}{1+\frac{1}{2C'}}$$

若 $C'=1300\text{pF}$，则 $C\approx230\text{pF}$，$L\approx\frac{1}{(2\pi f_T)^2C}=78\text{mH}$，这是超声波传感器等效电路中的电容值和电感值。

2. 超声波传感器的种类

超声波传感器通常分为通用型、宽频带型、封闭型和高频型等。

（1）通用型

通用型超声波传感器频带宽一般可达数千赫兹，并有对频率的选择性。通用型超声波传感器频带虽然窄，但灵敏度高，抗干扰性强，如 MA403R（接收用）和 MA40A3S（发射用）均为通用型。

（2）宽频带型

宽频带型超声波传感器在工作频带内有两个共振点，因而加宽了频带，如 MA23L3 即为宽频带型，它兼作发射与接收传感器。

（3）封闭型

封闭型超声波传感器用于室外环境下，有较好的耐风雨性能，可用于汽车尾侧的检测装置上，如 MA40EIR（接收用）和 MA40EIS 均属封闭型。

（4）高频型

以上介绍的各种类型超声波传感器的中心频率都在数十千赫兹。高频型超声波传感器有 100kHz 以上的，如 MA200AI 超声波传感器的中心频率高达 200kHz，既可作接收用也可作发射用，而且方向性相当强，可进行高分辨率的测量。

7.5.2 超声波传感器的基本探测电路

超声波传感器的基本探测电路分为发射电路和接收电路

1. 超声波传感器的发射电路

（1）晶体管振荡电路

自激振荡型电路像晶体振子一样，用传感器自身所具有的谐振性在谐振频率附近产生谐振。

图 7.53 所示的电路为科尔皮斯振荡电路，超声波传感器在感性频率段振荡。因为振荡频率不与串联共振频率一致，偏靠逆共振频率（调整 C_1，C_2 可靠近 f_T），发射灵敏度偏离最大灵敏度频率，故发射频率不高。

图 7.54 是有振荡控制的电路。把图中接地点接晶体管 VT_2 的集电极，VT_2 不导通，电路不产生振荡。给 VT_2 的基极加一幅值为 5V 的方波，当输入为高电平时 VT_2 导通，VT_1 的发射极电位 $V_{E1} \approx 0$，相当于发射极接地，故 VT_1 起振；当 VT_2 的输入为低电平时，VT_2 截止，使 VT_1 的射极电位较高，故 VT_1 停振。

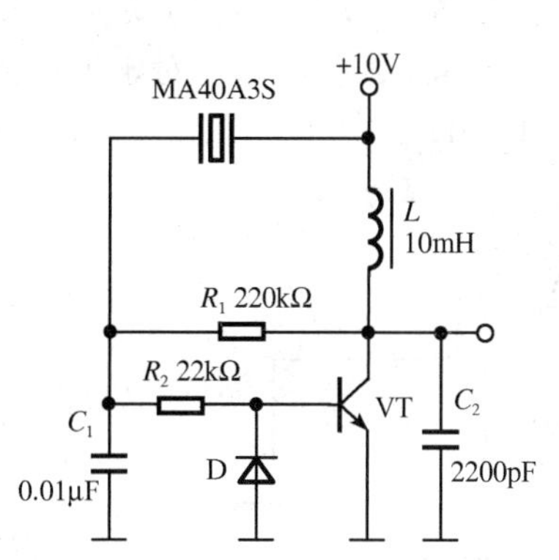

图 7.53　基本型晶体管振荡电路

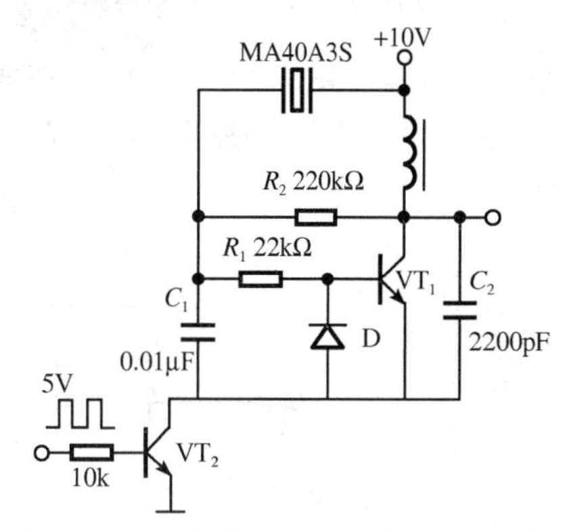

图 7.54　带振荡控制的晶体管振荡电路

（2）集成电路振荡电路

图 7.55 为使用运算放大器的自激驱动电路，该电路可在串联谐振频率附近振荡，发射效率高。运算放大器为 MC34082，实际上只要转换速率在 10V/μV 以上的运算放大器都可使用。

图 7.56 为定时器芯片 555 的他激振荡电路。该电路容易起振，但频率稳定性较差，555 芯片的温度系数随工作频率的提高而变坏，10kHz 以下时为 50ppm/℃，40kHz 时为 100～200ppm/℃，温度变化 10℃，频率变化约 100Hz，应用不会产生问题。

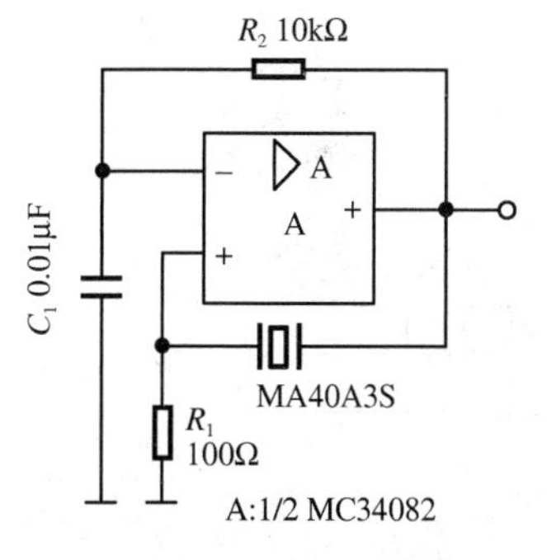

图 7.55　使用运放的超声波发射电路

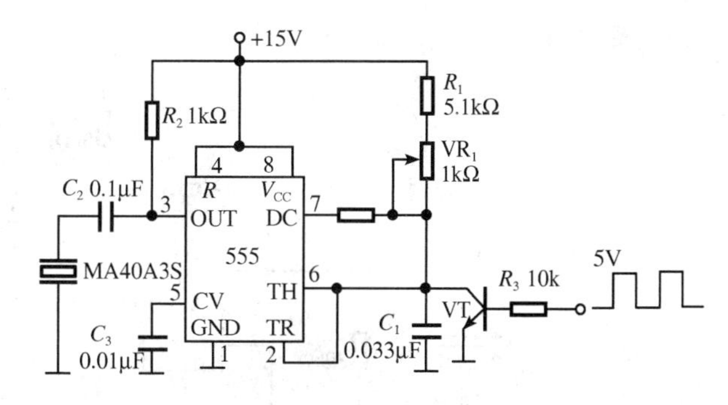

图 7.56　使用 555 的超声波发射电路

图 7.57 为门电路组成的传感器振荡发射电路，反相器 4049 组成振荡电路。门 1、2 组成振荡电路，其余 4 门组成驱动电路，使传感器发射超声波。

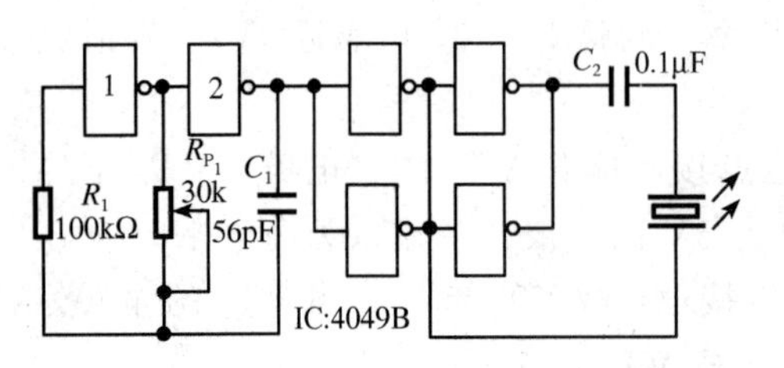

图 7.57　使用门电路的超声波发射电路

2. 超声波传感器的接收电路

（1）使用运算放大器的接收电路

运算放大器超声波接收电路如图 7.58 所示。

超声波传感器的接收信号一般在 1mV～1V 之间，为了便于使用，电路要使之提供 100 倍以上的增益。图 7.58 所示的运算放大器组成的超声波接收电路，对于工作频率 40kHz 以上的放大器，要使用高速运算放大器，如 TL080、LF356、LF357、MC34080 系列均可。

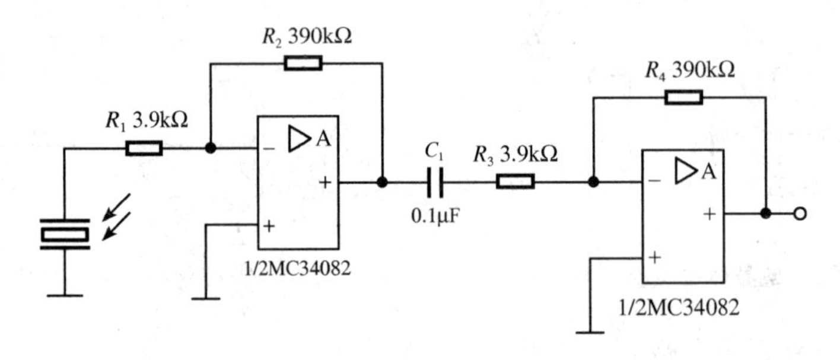

图 7.58　使用运放的超声波接收电路

一个运算放大电路的增益最好在 100 倍以下，若要求更高的增益，要再增加一级放大电路。

（2）使用比较器的接收电路

图 7.59 为使用集成比较器的超声波接收电路，比较器不需要像运算放大器那样进行相位补偿，故适应高速工作。比较器的输出为＋5V 或－5V 的数字信号。

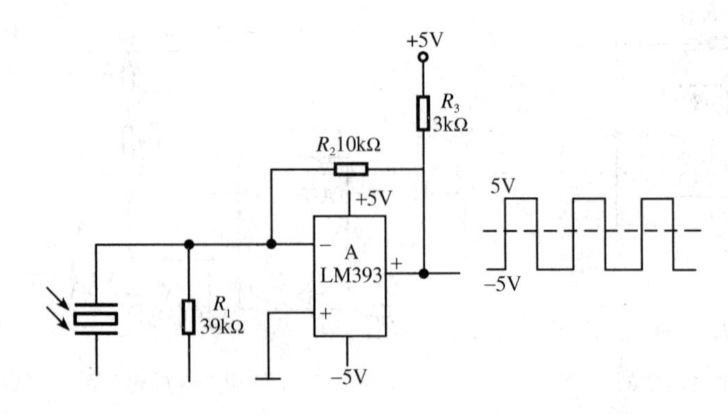

图 7.59　使用集成比较器的超声波接收电路

7.5.3　超声波专用集成电路 LM1812

LM1812 是能够发送及接收超声波的专用集成电路。它可用于料位或液位测量及控制、测距、测厚等领域。LM1812 内部框图如图 7.60 所示。

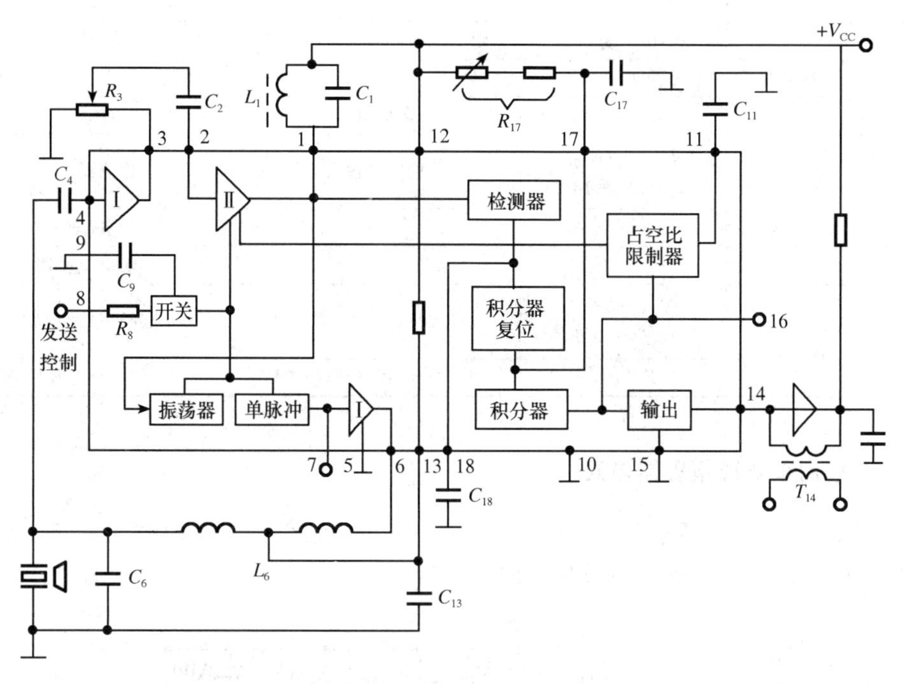

图 7.60　LM1812 内部框图

LM1812 的 8 脚是发射超声波与接收超声波的切换开关，能控制发送或接收的模式。当 8 脚为高电平时，LM1812 处于发射模式；8 脚为低电平时，LM1812 处于接收模式。8 脚的输入电流设计在 1～10mA 范围内。

LM1812 的引脚及外围元件功能见表 7.7。

表 7.7　LM1812 的引脚及外围元件功能

引　脚	元　件	典 型 值	元件功能	引脚说明
1	L_1 C_1	500μH～5mH 250pF～2.2nF	发送器的振荡及接收器的选频，设定工作频率 f_0	第二增益级输出/振荡器
2	C_2	500pF～10nF	耦合电容	第二增益级输入
3	R_3	5.1k	输出电阻	第一增益级输出
4	C_4	1000pF～10nF	输入耦合电容	第一增益级输入
5	接地	—	—	接地
6	L_6	50μH～10mH	与换能器匹配	发射器输出
7	NC	—	—	发射器驱动器

续表

引　　脚	元　　件	典 型 值	元件功能	引脚说明
8	R_8	1k～10k	开关脉冲限流	切换开关
9	C_9	1000nF～10μF	接收器开启延迟	接收器第二级延迟
10	接地	—	—	接地
11	C_{11}	200nF～2.2μF	限制检测器输出的占空比	对地短路失效
12	接电源	—	—	不超过18V，一般为12V
13	C_{13}	100μF～1000μF	电源退耦	电源退耦
14	T_{14}	$L_p>50$mH，$N_s/N_p=10$	检出器输出	检测器输出
15	接地	—	—	接地
16	—	—	—	输出驱动器
17	R_{17}，C_{17}	开路～22k，10nF～10μF	控制积分时间常数	起噪声控制作用
18	C_{18}	1nF～100μF	控制积分器复位时间常数	脉冲积分复位

7.5.4　汽车倒车防撞报警器电路

汽车倒车防撞报警器电路如图7.61所示。超声波发射与控制电路由接至LM1812的1脚的LC振荡器、多谐振荡器Ⅱ-NE555，反相器（9018）和发送器2SB504等组成；

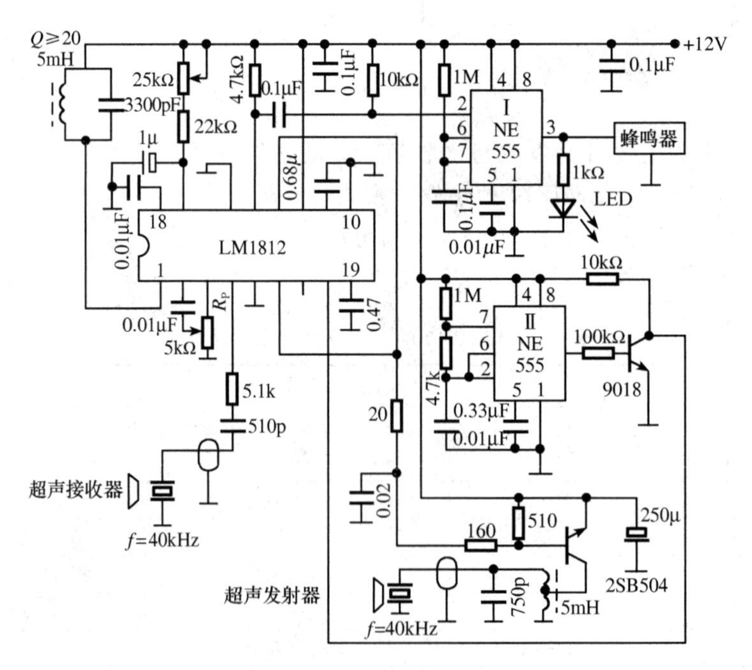

图7.61　汽车倒车防撞报警器电路

超声波接收电路则由超声波接收器及简单的阻容耦合组成；报警电路由单稳态电路Ⅰ-NE555组成。

LM1812 内部的脉冲调制 C 类振荡器，其 L_1C_1 确定了发送器的接收器的工作频率，即

$$f_0 = \frac{1}{2\pi\sqrt{L_1C_1}} = \frac{1}{2\pi\sqrt{5\times10^{-3}\times3300\times10^{-12}}} \approx 40\text{kHz}$$

改变 L_1、C_1 的值可以改变振荡频率，最高可达 325kHz，本设计采用近 40kHz 的工作频率，可以防止环境噪声的干扰。40kHz 频率通过Ⅱ-NE555、9081、2SB504 组成的发送电路由超声波发送器发送出去。

LM1812 及这一部分电路的工作原理叙述如下。

多谐振荡器Ⅱ-NE555 产生一系列方波，如图 7.62 所示，其占空比为

$$D = \frac{t_1}{T} = \frac{1000+4.7}{1000+2\times4.7} = 99.5\%$$

这一方波经 9018 组成的反相器输入到 LM1812 的发送端 8，当反相后的方波为“1”时，即 LM1812 的 8 脚为“1”，LM1812 处于发射模式，14 脚暂无输出，2SB504 基极接收到 LM1812 的 6 脚与 13 脚的输出信号，2SB504 开始振荡，发射器发出 40kHz 的超声波；当反相器的方波为“0”时，即 LM1812 的 8 脚为“0”，LM1812 处于接收模式，内部放大器Ⅱ暂不接通，经 9 脚接地电容（0.47μF）延时后再接通。4 脚接超声波换能器，它接收被反射的超声波，其膜片的机械振动转换成 40kHz 的电信号输入到 4 脚，4 脚将此信号输入到内部放大器Ⅰ，再经阻容耦合（3 脚与 2 脚之间接电阻、电容）输入到内部放大器Ⅱ，延时后，放大器Ⅱ接通，经检测器内部电路使 14 脚输出一低电平（约为 1/3V_{CC}），该输出送至Ⅰ-NE555 组成的单稳态电路，使其触发，输出高电平，致使蜂鸣器发声报警，发光二极管点燃，达到声光报警的目的。

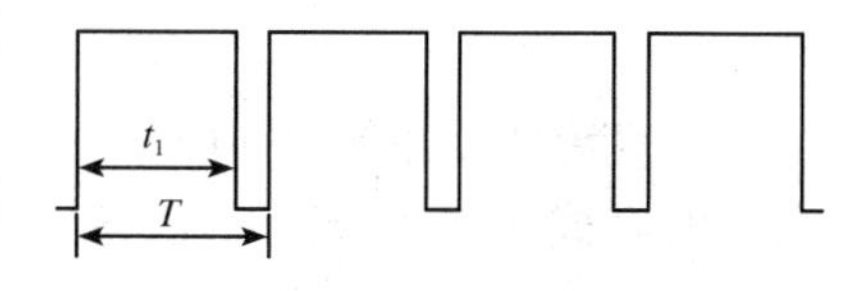

图 7.62　Ⅱ-NE555 振荡器的波形

7.5.5　调试

电路的调试很简介，用接于 3 脚的 5kΩ 电位器 R_P 可调节其报警距离，调节范围为 2～3m 或更小一些。

小　　结

本章主要介绍传感在过程量检测、家用电器及现代汽车中的应用。

1. 传感器在过程量检测中的应用

过程量包括温度、压力、流量、物位和成分量。温度测量方法一般可以分为接触测量和非接触测量。接触测量常用的有热电阻传感器和热电偶等。热电阻传感器具有尺寸

小、响应快、灵敏度高等优点，但须注意环境温度的影响；热电偶种类多、适应性强、结构简单、经济方便、应用广泛，但须注意寄生热电势及动圈式仪表电阻对测量结果的影响。非接触测量常用的有辐射温度计和光电高温计等，具有不干扰被测温度场、辐射率影响小、应用简便等优点。

物位传感器种类较多，按其工作原理可分为下列几种类型：直读式、浮力式、差压式、电学式、核辐射式、声学式、微波式、激光式、射流式、超声波式、光纤式传感器等。

流量的测量一般可分为三大类：①速度式，包括差压式流量计、转子流量计、靶式流量计、涡轮流量计、电磁流量计、漩涡流量计、超声波流量计等。②容积式。其特点是流动状态对测量结果的影响较小，精确度较高，但不适用于高温、高压和脏污介质的流量测量。这种类型的流量计包括椭圆齿轮流量计、腰轮流量计、刮板式流量计和伺服式流量计等。③质量式，常用的有量热式、微动式、角动式和振动陀螺式等。

压力传感器主要类别有电位器式、应变式、霍尔式、电感式、压电式、压阻式、电容式及振弦式等，测量范围为 $7\times10^{-5}\sim5\times10^{8}$ Pa；信号输出有电阻、电流、电压、频率等形式。压力测量系统一般由传感器、测量线路和测量装置以及辅助电源所组成。常见的信号测量装置有电流表、电压表、应变仪以及计算机等。目前利用压阻效应、压电效应或其他固体物理特性的压力传感器已实现小型化、数字化、集成化和智能化，直接把压力转换为数字信号输出或与计算机接口，实现工业过程的现场控制。

成分分析器有实验室用仪器与过程分析仪器两种基本形式，后者是能完全自动工作的分析器。过程分析器又可分为两类：一类测定混合物中某一组分的含量或性质，如湿度计等；另一类测定多组分混合物中的几种或全部组分的含量，如气相色谱仪等，它们都属于定量分析仪器。

2. 传感器在家用电器中的应用

家用电器种类很多，使用的传感器也很多，例如测量温度、湿度、气体、烟雾、压力、等物理量的传感器，它们有电阻式、热电式、光电式、磁电式、压电式、气敏、湿敏、超声波等类型。例如，微波电子灶由于采用了与微机与传感器技术，自动化从装入电脑（单片微机）开始，输入温度、时间，由传感器检测温度、湿度、气体等信息，由电脑自动定时，用户无需调整，是全自动方式。不但省力、省时，又清洁、卫生，而且做出来的菜肴味美可口，因此受到人们的喜爱。

3. 传感器在现代汽车中的应用

传感器在现代汽车中运用非常广泛。例如，利用卡门涡流流量计可以计量和控制发动机燃烧所需要的空气量，得到最佳的燃烧状态和最小的排气污染。汽车的自动空调系统可以自动调节空气流动的路线和方向，并迅速达到所需的最佳温度；在天气不是燥热时，使用设置的“经济挡”控制，使空压机关掉，但仍有新鲜空气进入车内，既保证一定舒适性要求，又节省制冷系统燃料；具有自动诊断功能，迅速查出空调系统存在的或曾经出现过的故障，给检测维修带来很大方便。

4. 传感器的选择

对传感器的要求包括：技术指标要求、使用环境的要求、电源的要求、基本安全要求、可靠性要求、维修及管理要求等。选择传感器总的原则是：在满足对传感器的要求情况下，尽量成本低廉、工作可靠和易于维修，即所谓性能价格比要大。

习　题

7.1 流量测量有哪些方法？

7.2 试列举家用电冰箱和洗衣机中所用的传感器及其作用。

7.3 简述汽车自动空调系统的特点。

7.4 请参考图7.44，回答以下问题：

(1) 总结现代汽车中大约有多少个传感器，可分成多少种类型。

(2) 请观察各种类型的汽车，例如小轿车、大客车、大卡车、工程车甚至拖拉机之后，你觉得除了本书中介绍的传感器之外，还可以在这些车辆的哪些部位安装哪些传感器，从而可以进一步提高车辆的合适性和诸如效率、环保、安全性能等？

(3) 除了汽车之外，飞机、火车等交通工具中都安装有众多各种类型的传感器。请你举例谈谈传感器可靠和寿命在这些综合应用系统中的重要性。

7.5 工业或汽车中经常需要测量运动部件的转速、直线速度及累积计行程等参数。现以大家都较熟悉的自行车车速及累计公里数测量为例，来了解其他类似运动机构的测量原理。

要求在自行车的适当位置安装一套传感器及有关的电路，使之能显示出车速(km/h)及累计公里数(km)。当车速未达到设定值(V_{min})时，绿色LED闪亮；当累计公里数达到设定值(L_{max})时，红色LED闪亮、喇叭响。具体要求如下：

(1) 画出传感器在自行车上的安装简图(要求做到读者能看懂两者之间的相互关系)。

(2) 画出测量转换电路原理框图(包括显示电路)。

(3) 简要说明工件原理。

(4) 写出公里数L与车轮周长l及转动圈数N之间的计算公式。

(5) 写出车速V与车轮周长l及车轮每分钟转动数n之间的计算公式。

7.6 请观察空调的运行过程，谈谈你对“模糊空调”的初步想法，并说明必须包括含哪些传感器才能实现这个构思。

7.7 有一驾驶员希望实现以下设想：下雨时，能自动开启汽车挡风玻璃下方的雨刷。雨越大，雨刷来回摆得越快。请谈谈你的构思，并画出你的方案。

7.8　请按以下要求构思一个宾馆智能保安系统，系统包括：

(1) 客房火灾报警系统（火焰、温度、烟雾监测等)，并说明如何防止误报警。

(2) 宾馆大堂玻璃门来自自动开门、关门以及防夹系统。

(3) 财务室防盗系统。

请写出总体构思，画图说明以上三个子系统与计算机之间的联系。

附录　标准热电偶分度表

a　铂铑$_{10}$-铂热电偶分度表

分度号：LB-3，S　　　　（参比端温度为 0℃）

工作端温度/℃	热电动势/mV		工作端温度/℃	热电动势/mV	
	LB-3	S		LB-3	S
0	0.000	0.000	310	2.407	2.414
			320	2.498	2.506
10	0.056	0.055	330	2.591	2.599
20	0.113	0.113	340	2.684	2.692
30	0.173	0.173	350	2.777	2.786
40	0.235	0.235	360	2.871	2.880
50	0.299	0.299	370	2.965	2.974
60	0.364	0.365	380	3.060	3.069
70	0.431	0.432	390	3.155	3.164
80	0.500	0.502	400	3.250	3.260
90	0.571	0.573			
100	0.643	0.645	410	3.346	3.356
			420	3.441	3.452
110	0.717	0.719	430	3.538	3.549
120	0.792	0.795	440	3.634	3.645
130	0.869	0.872	450	3.731	3.743
140	0.946	0.950	460	3.828	3.840
150	1.025	1.029	470	3.925	3.938
160	1.106	1.109	480	4.023	4.036
170	1.187	1.190	490	4.121	4.135
180	1.269	1.273	500	4.220	4.234
190	1.352	1.356			
200	1.436	1.440	510	4.318	4.333
			520	4.418	4.432
210	1.521	1.525	530	4.517	4.432
220	1.607	1.611	540	4.617	4.632
230	1.693	1.698	550	4.717	4.732
240	1.780	1.785	560	4.817	4.832
250	1.867	1.873	570	4.918	4.933
260	1.955	1.962	580	5.019	5.034
270	2.044	2.051	590	5.121	5.136
280	2.134	2.141	600	5.222	5.237
290	2.224	2.232			
300	2.315	2.323			

续表

工作端温度/℃	热电动势/mV		工作端温度/℃	热电动势/mV	
	LB-3	S		LB-3	S
610	5.324	5.339	1010	9.671	9.700
620	5.427	5.442	1020	9.787	9.816
630	5.530	5.544	1030	9.902	9.932
640	5.633	5.648	1040	10.019	10.048
650	5.735	5.751	1050	10.136	10.165
660	5.839	5.855	1060	10.252	10.282
670	5.943	5.960	1070	10.370	10.400
680	6.046	6.064	1080	10.488	10.517
690	6.151	6.169	1090	10.605	10.635
700	6.256	6.274	1100	10.723	10.754
710	6.361	6.380	1110	10.842	10.872
720	6.466	6.486	1120	10.961	10.991
730	6.572	6.592	1130	11.080	11.110
740	6.667	6.699	1140	11.198	11.229
750	6.784	6.805	1150	11.317	11.348
760	6.891	6.913	1160	11.437	11.467
770	6.999	7.020	1170	11.556	11.587
780	7.105	7.128	1180	11.676	11.707
790	7.213	7.236	1190	11.795	11.827
800	7.322	7.345	1200	11.915	11.947
810	7.430	7.454	1210	12.035	12.067
820	7.539	7.563	1220	12.155	12.188
830	7.648	7.672	1230	12.275	12.308
840	7.757	7.782	1240	12.395	12.429
850	7.867	7.892	1250	12.515	12.550
860	7.978	8.003	1260	12.636	12.671
870	8.088	8.114	1270	12.756	12.792
880	8.199	8.225	1280	12.875	12.913
890	8.310	8.336	1290	12.996	13.034
900	8.421	8.448	1300	13.116	13.155
910	8.534	8.560	1310	13.236	13.276
920	8.646	8.673	1320	13.356	13.397
930	8.758	8.786	1330	13.475	13.519
940	8.871	8.899	1340	13.595	13.640
950	8.985	9.012	1350	13.715	13.761
960	9.098	9.126	1360	13.835	13.883
970	9.212	9.240	1370	13.955	14.004
980	9.326	9.355	1380	14.074	14.125
990	9.441	9.470	1390	14.193	14.247
1000	9.556	9.585	1400	14.313	14.368

续表

工作端温度/℃	热电动势/mV		工作端温度/℃	热电动势/mV	
	LB-3	S		LB-3	S
1410	14.433	14.489	1510	15.623	15.697
1420	14.552	14.610	1520	15.742	15.817
1430	14.671	14.731	1530	15.860	15.937
1440	14.790	14.852	1540	15.979	16.057
1450	14.910	14.973	1550	16.097	16.176
1460	15.029	15.094	1560	16.216	16.296
1470	15.148	15.215	1570	16.334	16.415
1480	15.266	15.336	1580	16.451	16.534
1490	15.385	15.456	1590	16.569	16.653
1500	15.504	15.576	1600	16.688	16.771

b　铂铑$_{30}$-铂铑$_{6}$热电偶分度表

分度号：LL-2，B　　(参比端温度为0℃)

工作端温度/℃	热电动势/mV		工作端温度/℃	热电动势/mV		工作端温度/℃	热电动势/mV	
	LL-2	B		LL-2	B		LL-2	B
0	0.000	0.000	300	0.431	0.431	600	1.791	1.791
10	−0.001	−0.002	310	0.462	0.462	610	1.851	1.851
20	−0.002	−0.003	320	0.494	0.494	620	1.912	1.912
30	−0.002	−0.002	330	0.527	0.527	630	1.973	1.974
40	0.000	0.000	340	0.561	0.561	640	2.036	2.036
50	0.003	0.002	350	0.596	0.596	650	2.099	2.100
60	0.007	0.006	360	0.632	0.632	660	2.164	2.164
70	0.012	0.011	370	0.670	0.669	670	2.229	2.230
80	0.018	0.017	380	0.708	0.707	680	2.295	2.296
90	0.025	0.025	390	0.747	0.746	690	2.362	2.363
100	0.034	0.033	400	0.787	0.786	700	2.429	2.430
110	0.043	0.043	410	0.828	0.827	710	2.498	2.499
120	0.054	0.053	420	0.870	0.870	720	2.567	2.569
130	0.065	0.065	430	0.913	0.913	730	2.638	2.639
140	0.078	0.078	440	0.957	0.957	740	2.709	2.710
150	0.092	0.092	450	1.002	1.002	750	2.781	2.782
160	0.107	0.107	460	1.048	1.048	760	2.853	2.855
170	0.123	0.123	470	1.096	1.095	770	2.927	2.928
180	0.141	0.140	480	1.143	1.143	780	3.001	3.003
190	0.159	0.159	490	1.192	1.192	790	3.076	3.078
200	0.178	0.178	500	1.242	1.241	800	3.152	3.154
210	0.199	0.199	510	1.293	1.292	810	3.229	3.231
220	0.220	0.220	520	1.345	1.344	820	3.307	3.308
230	0.243	0.243	530	1.397	1.397	830	3.385	3.387
240	0.267	0.266	540	1.451	1.450	840	3.464	3.466
250	0.291	0.291	550	1.505	1.505	850	3.544	3.546
260	0.317	0.317	560	1.560	1.560	860	3.624	3.626
270	0.344	0.344	570	1.617	1.617	870	3.706	3.708
280	0.372	0.372	580	1.674	1.674	880	3.788	3.790
290	0.401	0.401	590	1.732	1.732	890	3.871	3.873

续表

工作端温度/℃	热电动势/mV	
	LL-2	B
900	3.955	3.957
910	4.039	4.041
920	4.124	4.126
930	4.211	4.212
940	4.297	4.298
950	4.385	4.386
960	4.473	4.474
970	4.562	4.562
980	4.651	4.652
990	4.741	4.742
1000	4.832	4.833
1010	4.924	4.924
1020	5.016	5.016
1030	5.109	5.109
1040	5.203	5.202
1050	5.297	5.297
1060	5.393	5.391
1070	5.488	5.487
1080	5.585	5.583
1090	5.683	5.680
1100	5.780	5.777
1110	5.879	5.875
1120	5.978	5.973
1130	6.078	6.073
1140	6.178	6.172
1150	6.279	6.273
1160	6.380	6.374
1170	6.482	6.475
1180	6.585	6.577
1190	6.688	6.680

工作端温度/℃	热电动势/mV	
	LL-2	B
1200	6.792	6.783
1210	6.896	6.887
1220	7.001	6.991
1230	7.106	7.096
1240	7.212	7.202
1250	7.319	7.308
1260	7.426	7.414
1270	7.533	7.521
1280	7.641	7.628
1290	7.749	7.736
1300	7.858	7.845
1310	7.967	7.953
1320	8.076	8.063
1330	8.186	8.172
1340	8.297	8.283
1350	8.408	8.393
1360	8.519	8.504
1370	8.630	8.616
1380	8.742	8.727
1390	8.854	8.839
1400	8.967	8.952
1410	9.089	9.065
1420	9.193	9.178
1430	9.307	9.291
1440	9.420	9.405
1450	9.534	9.519
1460	9.619	9.634
1470	9.753	9.748
1480	9.878	9.863
1490	9.993	9.979

工作端温度/℃	热电动势/mV	
	LL-2	B
1500	10.108	10.094
1510	10.224	10.210
1520	10.339	10.325
1530	10.455	10.441
1540	10.571	10.558
1550	10.687	10.674
1560	10.803	10.790
1570	10.919	10.907
1580	11.035	11.024
1590	11.451	11.441
1600	11.268	11.257
1610	11.384	11.374
1620	11.501	11.491
1630	11.617	11.608
1640	11.734	11.725
1650	11.850	11.842
1660	11.966	11.959
1670	12.083	12.076
1680	12.199	12.193
1690	12.315	12.310
1700	12.431	12.426
1710	12.547	12.543
1720	12.663	12.659
1730	12.778	12.776
1740	12.894	12.892
1750	13.009	13.008
1760	13.124	13.124
1770	13.239	13.239
1780	13.354	13.354
1790	13.468	13.470
1800	13.582	13.585
1810		13.699
1820		13.814

c　镍铬-镍硅（镍铝）热电偶分度表

分度号：EU-2，K　　　（参比端温度为0℃）

工作端温度/℃	热电动势/mV		工作端温度/℃	热电动势/mV	
	EU-2	K		EU-2	K
−50	−1.86	−1.889	−0	−0.00	−0.000
−40	−1.50	−1.527			
−30	−1.14	−1.156			
−20	−0.77	−0.777	+0	0.00	0.000
−10	−0.39	−0.392			

续表

工作端温度/℃	热电动势/mV		工作端温度/℃	热电动势/mV	
	EU-2	K		EU-2	K
10	0.40	0.397	410	16.83	16.818
20	0.80	0.798	420	17.25	17.241
30	1.20	1.203	430	17.67	17.664
40	1.61	1.611	440	18.09	18.088
50	2.02	2.022	450	18.51	18.513
60	2.43	2.436	460	18.94	18.938
70	2.85	2.850	470	19.37	19.363
80	3.26	3.266	480	19.79	19.788
90	3.68	3.681	490	20.22	20.214
100	4.10	4.095	500	20.65	20.640
110	4.51	4.508	510	21.08	21.066
120	4.92	4.919	520	21.50	21.493
130	5.33	5.327	530	21.93	21.919
140	5.73	5.733	540	22.35	22.346
150	6.13	6.137	550	22.78	22.772
160	6.53	6.539	560	23.21	23.198
170	6.93	6.939	570	23.63	23.624
180	7.33	7.338	580	24.05	24.050
190	7.73	7.737	590	24.48	24.476
200	8.13	8.137	600	24.90	24.902
210	8.53	8.537	610	25.32	25.327
220	8.93	8.938	620	25.75	25.751
230	9.34	9.341	630	26.18	26.176
240	9.74	9.745	640	26.00	26.599
250	10.15	10.151	650	27.03	27.022
260	10.56	10.560	660	27.45	27.445
270	10.97	10.969	670	27.87	27.867
280	11.38	11.381	680	28.29	28.288
290	11.80	11.793	690	28.71	28.709
300	12.21	12.207	700	29.13	29.128
310	12.62	12.623	710	29.55	29.547
320	13.04	13.039	720	29.97	29.965
330	13.45	13.456	730	30.39	30.388
340	13.87	13.874	740	30.81	30.799
350	14.30	14.292	750	31.22	31.214
360	14.72	14.712	760	31.64	31.629
370	15.14	15.132	770	32.06	32.042
380	15.56	15.552	780	32.46	32.455
390	15.99	15.974	790	32.87	32.866
400	16.40	16.395	800	33.29	32.277

续表

工作端温度/℃	热电动势/mV		工作端温度/℃	热电动势/mV	
	EU-2	K		EU-2	K
810	33.69	33.686	1110	45.48	45.486
820	34.10	34.095	1120	45.85	45.863
830	34.51	34.502	1130	46.23	46.238
840	34.91	34.909	1140	46.60	46.612
850	35.32	35.314	1150	46.97	46.985
860	35.72	35.718	1160	47.34	47.356
870	36.13	36.121	1170	47.71	47.726
880	36.53	36.524	1180	48.08	48.095
890	36.93	36.925	1190	48.44	48.462
900	37.33	37.325	1200	48.81	48.828
910	37.73	37.724	1210	49.17	49.192
920	38.13	38.122	1220	49.53	49.555
930	38.53	38.519	1230	49.89	49.916
940	38.93	38.915	1240	50.25	50.276
950	39.32	39.310	1250	50.61	50.633
960	39.72	39.703	1260	50.96	50.990
970	40.10	40.096	1270	51.32	51.344
980	40.49	40.488	1280	51.67	51.697
990	40.88	40.897	1290	52.02	52.049
1000	41.27	41.264	1300	52.37	52.398
1010	41.66	41.657	1310		52.747
1020	42.04	42.045	1320		53.093
1030	42.43	42.432	1330		53.439
1040	42.83	42.817	1340		53.782
1050	43.21	43.202	1350		54.125
1060	43.59	43.585	1360		54.466
1070	43.97	43.968	1370		54.807
1080	44.34	44.349			
1090	44.72	44.729			
1100	45.10	45.108			

d　镍铬-考铜热电偶分度表

分度号：EA-2　　　　（参比端温度为0℃）

工作端温度/℃	热电动势/mV	工作端温度/℃	热电动势/mV	工作端温度/℃	热电动势/mV
−50	−3.11	10	0.65	110	7.69
−40	−2.50	20	1.31	120	8.43
−30	−1.89	30	1.98	130	9.18
−20	−1.27	40	2.66	140	9.93
−10	−0.64	50	3.35	150	10.69
−0	−0.00	60	4.05	160	11.46
		70	4.76	170	12.24
		80	5.48	180	13.03
+0	0.00	90	6.21	190	13.84
		100	6.95	200	14.66

续表

工作端温度/℃	热电动势/mV	工作端温度/℃	热电动势/mV	工作端温度/℃	热电动势/mV
210	15.48	410	32.34	610	49.89
220	16.30	420	33.21	620	50.76
230	17.12	430	34.07	630	51.64
240	17.95	440	34.94	640	52.51
250	18.76	450	35.81	650	53.39
260	19.59	460	36.67	660	54.26
270	20.42	470	37.54	670	55.12
280	21.24	480	38.41	680	56.00
290	22.07	490	39.28	690	56.87
300	22.90	500	40.15	700	57.74
310	23.74	510	41.02	710	58.57
320	24.59	520	41.90	720	59.47
330	25.44	530	42.78	730	60.33
340	26.30	540	43.67	740	61.20
350	27.15	550	44.55	750	62.06
360	28.01	560	45.44	760	62.92
370	28.88	570	46.33	770	63.78
380	29.75	580	47.22	780	64.64
390	30.61	590	48.11	790	65.50
400	31.48	600	49.01	800	66.36

e　铜-康铜热电偶分度表

分度号：CK 或 T　　　　（参比端温度为 0℃）

工作端温度/℃	热电动势/mV	工作端温度/℃	热电动势/mV	工作端温度/℃	热电动势/mV
−270	−6.258	−40	−1.475	180	8.235
−260	−6.232	−30	−1.121	190	8.758
−250	−6.181	−20	−0.757	200	9.286
−240	−6.105	−10	−0.383	210	9.820
−230	−6.007	−0	−0.000	220	10.360
−220	−5.889	0	0.000	230	10.905
−210	−5.753	10	0.391	240	11.456
−200	−5.603	20	0.780	250	12.011
−190	−5.439	30	1.196	260	12.572
−180	−5.261	40	1.611	270	13.137
−170	−5.069	50	2.035	280	13.707
−160	−4.865	60	2.468	290	14.281
−150	−4.648	70	2.908	300	14.860
−140	−4.419	80	3.357	310	15.442
−130	−4.177	90	3.813	320	16.030
−120	−3.923	100	4.277	330	16.621
−110	−3.656	110	4.749	340	17.217
−100	−3.378	120	5.227	350	17.816
−90	−3.089	130	5.712	360	18.420
−80	−2.788	140	6.204	370	19.027
−70	−2.475	150	6.702	380	19.638
−60	−2.152	160	7.207	390	20.252
−50	−1.819	170	7.718	400	20.869

部分习题参考答案

第 1 章

1.1 （1）B、C；（2）C；（3）A、A

1.4 2.5V；6.25%

1.5 0.5 级；0.2 级；0.2 级

1.6 2.0 级

1.7 1.0 级较好；$\gamma_{m1}=3.75\%$；$\gamma_{m2}=1.43\%$

1.11 （1）0.035cm/℃；（2）114.3℃

第 2 章

2.1 （1）C；（2）B；（3）A；（4）D；（5）A；（6）C；（7）B；（8）B；（9）A

2.10 3.75mV

2.11 71.40Ω

2.12 （3）4mA、20mA、16mA；（6）62.5kPa

2.13 （1）40mV；（2）50Hz

2.14 $h=2.04$m；$m=11.53$t

2.15 $2.27\sin\omega t$（V）

2.16 7.08×10^{-9}

第 3 章

3.1 （1）C；（2）B、A；（3）B；（4）C；（5）C；（6）C；（7）B、A

3.8 （1）$10^{-4}\sin\omega t$（PC）；（2）$50\sin\omega t$（N）

3.9 740℃

3.10 （1）950℃；（2）950℃

第4章

4.1 (1) A、B、D；(2) B、A；(3) A；(4) C、D；(5) A

第5章

5.1 (1) C；(2) C；(3) D；(4) A；(5) B

5.3 0.4m，1200r/min

5.4 10mm，2.5mm，2.5μm

主要参考文献

常健生等. 2002. 检测与转换技术. 北京：机械工业出版社.
陈尔绍. 2000. 传感器实用装置制作集锦. 北京：人民邮电出版社.
陈杰等. 2002. 传感器与检测技术. 北京：高等教育出版社.
陈永甫. 2000. 新编555集成电路应用800例. 北京：电子工业出版社.
丁镇生. 1998. 传感器及传感器技术应用. 北京：电子工业出版社.
何希才. 2001. 传感器及应用电路. 北京：电子工业出版社.
梁森等. 2004. 自动检测与转换技术. 北京：机械工业出版社.
刘君华等. 2005. 现代测试技术与系统应用. 北京：电子工业出版社.
马西秦. 2004. 自动检测技术. 北京：机械工业出版社.
沙占友. 2004. 集成化智能传感器原理与应用. 北京：电子工业出版社.
宋健. 2007. 传感器技术及应用. 北京：北京理工大学出版社.
宋文绪等. 2001. 自动检测技术. 北京：高等教育出版社.
孙宝元等. 2004. 传感器及其应用手册. 北京：机械工业出版社.
王文雪. 2004. 传感器原理及应用. 北京：北京航空航天大学出版社.
王煜东. 2004. 传感器技术及应用. 北京：机械工业出版社.
王兆奇. 2005. 电工基础. 北京：机械工业出版社.
郁有文等. 2000. 传感器原理及工程应用. 西安：西安电子科技大学出版社.
张建民. 2000. 传感器与检测技术. 北京：机械工业出版社.
赵继文. 2002. 传感器与应用电路设计. 北京：科学出版社.
朱自勤. 2005. 传感器与检测技术. 北京：机械工业出版社.